Die Vereinigten Staaten von Nordamerika

mit besonderer Rücksicht

auf

deutsche Auswanderung dahin

nach eigener Anschauung beschrieben

von

Gottfried Menzel.

Berlin, 1853.
Verlag von Georg Reimer.

Vorrede.

Ueber die Vereinigten Staaten von Nordamerika und einzelne Theile derselben sind in den letztvergangenen Jahren so viele deutsche Bücher erschienen, daß es völlig überflüssig erscheinen möchte, die Menge derselben zu vermehren. Aber die meisten dieser Werke sind im Interesse der Auswanderung geschrieben, und haben den unverkennbaren Zweck, die Zahl der deutschen Auswanderer nach Nordamerika zu vergrößern, oder sie dort einer gewissen Gegend zuzuführen; wobei nicht das Loos der Auswandernden, sondern der materielle Vortheil der Spekulanten, welche von der Auswanderung Gewinn ziehen, berücksichtiget wird.

Ich fand während meines Aufenthaltes in den Vereinigten Staaten gar häufig Gelegenheit, mich zu überzeugen, daß die Lage der dorthin eingewanderten Deutschen bei weitem nicht so zufriedenstellend ist, wie sie in den Auswanderungsbüchern dargestellt wird, und Viele gestanden es unumwunden, daß sie sich hatten täuschen lassen. Ich halte es für meine Pflicht, die auf meiner Reise vom August 1849 bis Juni 1851 über jenes große Ländergebiet gesammelten Beobachtungen meinen auswanderungslustigen Landsleuten vorzulegen, wobei ich weder das Vortheilhafte, noch das Nachtheilige verschweigen darf, was der deutsche Auswanderer dort zu gewärtigen hat. Ich halte mich für vollständig sicher, daß mich Niemand einer dießfälligen Parteilichkeit wird überweisen können.

Demjenigen Theile des verehrten Publikums, welcher weniger wegen der Auswanderungsfrage, als vielmehr wegen der allgemeinen steigenden Wichtigkeit des nordamerikanischen Staatenbundes dieses weite Ländergebiet und seine Bewohner mit ihrer raschen Entwickelung und dem gegenwärtigen Civilisations-Stadium kennen zu lernen wünscht — genügen die gewöhnlichen Auswanderungsbücher *nicht*. Selbst aus allgemeinen geographischen Werken dürfte es für Jedermann schwer seyn, sich eine richtige und klare Vorstellung von den Vereinigten Staaten zu verschaffen, da deutsche Schriftsteller dieses Faches sehr oft aus älteren, schon lange nicht mehr richtigen Angaben schöpfen müssen, und aus Abgang eigener Anschauung und charakterisirender Details von den so eigenthümlichen Landes- und Volksverhältnissen selbst keine deutlichen Begriffe haben können. In wie weit es mir gelungen, in diesen Blättern einige Züge zu einem deutlicheren Bilde der räthselhaften nordamerikanischen Unionsverhältnisse zu liefern, stelle ich dem nachsichtigen Urtheile des geneigten Lesers gänzlich anheim.

Daß ich physikalische und historische Notizen einzuweben mir erlaubte, soll zur Begründung und zum Verständnisse des Ganzen beitragen, und bot mir zugleich Gelegenheit, manche nicht ganz uninteressante Beobachtung mitzutheilen.

Darüber, daß ich die Anführung der Quellen, besonders bei historischen und statistischen Daten, verabsäumte, werde ich den Tadel kaum durch die Bemerkung abwenden können: daß Vieles so allgemein bekannt und anerkannt ist, daß es keiner Gewähr bedarf; daß die meisten amerikanischen Gewährsmänner und öffentlichen Blätter in Deutschland, weil daselbst unbekannt, wenig Gewicht haben, und daß ich wegen Ersparniß an Raume gelehrtes Ornament vermeiden wollte.

Schönwald, den 20. April 1853.

G. Menzel.

Inhalt.

I. Physische Beschaffenheit des Landes.

II. Naturprodukte.

III. Einwohner.

IV. Geschichtlicher Ueberblick.

V. Gesellschaftliche Einrichtungen.

Der Staat.

VI. Erwerbszweige.

VII. Die Auswanderung der Deutschen nach den Vereinigten Staaten.

Anhang.

I. Physische Beschaffenheit des Landes.

1. Allgemeine Uebersicht.

Die Vereinigten Staaten von Nordamerika sind über einen Flächenraum von 3,300,000 engl. Quadratmeilen ausgebreitet, und gehören somit zu den größten Staatskörpern der Erde. Im Osten sind sie von dem Atlantischen, im Westen von dem Stillen Oceane, im Norden von den Brittischen Besitzungen, im Süden von Mexico und dessen Golfe begränzt.

Nur zwei große Gebirgsketten durchziehen das umfangreiche Gebiet. Das kahle Felsengebirge (Rocky mountains), eine Fortsetzung der Cordilleren, geht von Süden nach Norden durch die wüsten westlichen Regionen und überragt die Schneelinie mit vielen seiner Höhen. In den Ebenen von Alabama und Georgien erheben sich die dicht bewaldeten und wasserreichen Alleghany-Gebirge, welche von Südwest nach Nordost in mehreren fast parallelen Zügen den östlichen und civilisirtesten Theil der Unionsstaaten durchstreichen. Die größte Höhe dieses nach Länge und Breite so ausgedehnten Gebirges ist der Washington im Staate New Hampshire von nur 6428 Fuß.

Die Gewässer von den innern Seiten dieser beiden Gebirge und dem ungeheuren Raume zwischen denselben nimmt größtentheils der Hauptstrom des Landes, der riesige Missisippi auf, um sie dem Golfe von Mexico zuzuführen; nur eine Anzahl kleinerer Ströme und Flüsse aus den südlichen Theilen des Gebietes ergießen sich unmittelbar nebst ihm dahin. Die westlichen Abflüsse des Felsengebirges, unter welchen der Columbia-Strom den ersten Rang behauptet, empfängt der stille Ocean; in den Atlantischen gelangen die in süd- und östlicher Richtung aus den Alleghanys zahlreich kommenden und großen Theils schiffbaren Ströme und Flüsse, und durch den St. Lorenz-Strom auch der Ablauf der großen Canadischen Seen.

An der Küste des Atlantischen Weltmeeres im Osten und des mexikanischen Busens im Süden, von der Mündung des Hudson an bis hin zum Rio Grande ist das Unionsgebiet mit einem bald breiteren, bald schmäleren ebenen Streifen von diluvialen und alluvialen Ablagerungen eingesäumt. Die Hauptzüge des Felsengebirges so wie die südöstlichen Reihen der Alleghanys bestehen aus primitiven Felsarten; Granit und Gneis nehmen in gewöhnlicher Weise die höchsten Punkte ein, und verbreiten sich nach Norden hin in die Ebenen, während sie nach Süden hin die Niederungen jüngeren Formationen überlassen, oder sich daselbst mit einer sehr untergeordneten Rolle begnügen.

Den Bereich der Alleghany-Gebirge und die nördlichen Gränzgegenden nehmen Nadelholzwälder ein, gegen den Missisippi hinab ist Laubwald vorherrschend; an der Westseite des Stromes beginnt allmählig die waldlose Prairie, und weiter hin drückender Holzmangel, so daß die Reisenden die Excremente der Büffel zur Feuerung benützen müssen, während im Osten Millionen der schönsten Baumstämme mit harter Mühe durch Feuer vertilgt werden müssen, um für Aecker und Wiesen Raum zu gewinnen.

Viele meinen, alles unkultivirte Land von Nordamerika sei mit finsterem Urwalde bedeckt. Diese Vorstellung ist nur theilweise richtig und paßt kaum auf die zwischen dem Missisippi und dem Atlantischen Ocean gelegenen Länderstrecken, in welchen das waldige Alleghany-Gebirge ausgebreitet liegt. Im Westen vom Missisippi finden sich wenig ausgedehnte Wälder; Wald bildet da nur die Einsäumung der Flüsse, oder krönt als Buschwerk steile Berge und Hügel. Der übrige Raum hat nur Graswuchs, mit buntem Blumenschmucke nicht selten reich verziert, über welchen niedrige

Bäume mit breiten Kronen einzeln oder in kleinen Gruppen sich erheben. Solche über Berg und Thal oft viele Hundert Meilen ausgebreitete Grasflächen heißen Prairien: auf ihnen weiden die zahllosen Büffel, das Brot der Prairie-Indianer, und die wilden Pferde (mustangs). Wo aber die Kultur diese Gefilde, immer vorwärts schreitend, *allmählig erobert*, da müssen die Büffel ihre Weide den zahmen Heerden und dem Pfluge der weißen Ansiedler überlassen, und die rothen Wilden immer weiter zurückweichen.

Innerhalb der Gränzen der Vereinigten Staaten ist noch viel des fruchtbarsten Bodens, der nur auf Bearbeitung wartet, um die reichlichsten Ernten zu liefern; kaum der vierte Theil des kulturfähigen Bodens wird gegenwärtig noch von den 24 Millionen Einwohnern bebaut, selbst wenn man annimmt, daß die sämmtliche Grundfläche der ganzen Vereinigten Staaten nur zur Hälfte kultivirbar sei. Diese Annahme wird weniger auffallen, wenn man auf die umfangreichen Sandwüsten im Westen, am großen Colorado, am Gila u. s. w. hinweiset, so wie auf die ungeheure Ausdehnung der steinigen Prairie, die in einigen Staaten mehr als die Hälfte der Bodenfläche einnimmt, wo zwischen den Steintrümmern kaum so viel Erde ist, um einen spärlichen Graswuchs zu ernähren. Auch die vielen Seen und Sümpfe an den Meeresküsten, in dem Quellengebiete des Mississippi und am untern Laufe dieses Stromes werden sich nur sehr wenig beschränken lassen. Endlich wird der Mangel an Holz und gutem Wasser auf großen Strecken von fruchtbarem Boden der landwirthschaftlichen Benutzung desselben ein schwer abzuwendendes Hinderniß entgegensetzen.

2. Der Mississippi und sein Stromgebiet.

Die Quellen dieses Riesenstromes wurden erst im Jahre 1832 von Heinr. Schoolcraft aufgefunden, sie liegen im See Itasca in dem Gebiete Minnesota unter 47° 13′ 35″ nördl. Breite, und 95° 2′ westl. Länge von Greenwich. Der Wasserspiegel dieses Sees liegt 1575 Fuß über dem Meerbusen von Mexico. Dieser Vater der nordamerikanischen Gewässer nimmt auf seinem 2990 Meilen langen und vielgekrümmten Laufe eine fast unzählige Menge von Zuflüssen, theils unmittelbar, theils durch seine vier Hauptarme: Red River, Arkansas, Missouri und Ohio, auf, und übergibt seine gesammelten Wassermassen durch sieben Mündungen dem genannten Golfe. Unterhalb seiner Vereinigung mit dem Ohio ist seine Breite 2500 Fuß, nach der Aufnahme des Arkansas 2970 Fuß, unterhalb der Mündung des Red River aber 3650 Fuß. Bei New Orleans fand man seine Tiefe 150 Fuß, stellenweis finden selbst die flachen Flußdampfer von vier Fuß Tiefgang im Spätsommer nicht immer Wasser genug, und die Fahrt wird zu dieser Jahreszeit beschwerlich und theuer. Seine mittlere Geschwindigkeit zwischen der Ohio-Mündung und dem Ausflusse ist per Stunde 5 Meilen. Von der Einmündung des Red River bis zum Ausflusse in den Golf nimmt die Wassermasse des Stromes nicht mehr zu, sondern ab; statt der Zuflüsse hat er nämlich von da an Abflüsse, welche in Seen und Sümpfe oder in den Golf selbst sich ergießen. Das Strombottom hat in diesen untern Regionen eine Breite von 140 Meilen, oberhalb der Ohio-Mündung beträgt es nur 7 Meilen, hier nehmen die das Bottom begränzenden Höhen (bluffs) an Größe zu, und zeigen oft steile felsige Gehänge. Unter dem 44.° nördl. Br. erweitert sich das Strombett zu einem 60 Meilen langen inselreichen See (lake Pepin), in dessen Nähe sich einige vom Fischfange lebenden Indianerstämme in beständigen Hütten aufhalten. Oberhalb dieses Sees sind bedeutende Stromschnellen und Wasserfälle (St. Anthony-falls), die der Schifffahrt Schranken setzen. Zwischen diesen Fällen und dem 48° nördl. Br. dehnt sich das wüste See- und Sumpflabyrinth aus, in welchem dieser große Stromfürst seine Quellen hat, von welcher Wildniß an bis zum mexikanischen Golfe er alle Stadien der amerikanischen Civilisation an seinen Ufern findet.

Die alljährliche Ueberschwemmung des Mississippi beginnt Anfangs März, wenn die eintretende Frühlingswärme in den nördlichen Regionen den Schnee zum Schmelzen bringt. Die Quantität des Schnees und des um diese Zeit fallenden Regens, so wie die Temperatur bestimmen die Höhe des Wassers. Vom Einflusse des Ohio bis einige Meilen unter Memphis ist die Erhebung am stärksten, und beträgt 50 bis 60 Fuß über den Normalstand, bei New Orleans selten über 10 Fuß. Um Ende Mai läßt die Fluth allmählig nach. Die Holzmassen, welche der Strom bei diesen großartigen Ueberschwemmungen mit sich führt, setzen in Verwunderung. Grüne, dürre, halbverfaulte Stämme von jedem Kaliber, nordische Fichten, Ahorne und Pappeln von Missouri und Illinois, Tulpenbäume, Cypressen und Magnolien aus den südlichen Gegenden ziehen auf den schmutzig gelben Fluthen langsam und geräuschlos dahin. Vom Festlande sowohl als von den vielen Strominseln spült das Wasser bei jeder Ueberschwemmung große Stücke Landes hinweg, um es eben so launenhaft irgendwo wieder anzusetzen. So entstehen und verschwinden jedes Jahr große und kleine Inseln und ausgedehnte Uferstücke. Das auf weggespültem Erdreich befindliche Baum- und Strauchwerk fällt in den Strom und wird fortgetragen. Große Stämme setzen sich häufig mit ihrem schwereren Wurzelstocke auf dem Grunde fest, während sie den leichteren Wipfel stromabwärts gekehrt über den Wasserspiegel erheben, oder ihn ein wenig unter demselben tückisch verbergen. Diese Stämme (snags) gefährden sehr die Schifffahrt auf dem Strome, und dies um so mehr, da jede Ueberschwemmung die Zahl und Lage dieser gefährlichen Schlangen verändert. Sie sind so zahlreich, daß man ihrer sechs und mehr zugleich in Sicht bekommt; hierzu denke man sich die halsbrecherische Schnelligkeit, mit der die amerikanischen Dampfer stromauf und abwärts brausen.

Das meiste Treibholz wird an die Ufer geworfen, und wenn es trocken und leichter geworden, von der nächsten Fluth weiter geflößt; ein Theil erreicht den Golf und ist das Hauptmaterial zu dem angeschwemmten Lande, welches der Strom an seinen Mündungen fortwährend ansetzt; denn nur eine geringe Quantität des im Meere anlangenden Gehölzes wird von demselben weiter getragen, das meiste wirft die Brandung ans Land zurück. Der vom Stromwasser mitgebrachte Schlamm, feiner Sand und Pflanzenstoffe setzen sich dazwischen, bald wuchern Binsen, Rohr und Weidengebüsch darauf, die mit ihren Wurzeln das Ganze binden. Ein solcher in der Entstehung begriffner Boden steigt und fällt noch lange mit den Wellen und gewinnt nur allmählig Grund und Festigkeit.

Unterhalb der Vereinigung mit dem Arkansas beginnen beide Ufer landeinwärts abzufallen, so daß das Strombett von einem breiten Damme getragen wird. Indem der Strom an seinen Ausflüssen fortwährend Land ansetzt und so seine Mündungen immer weiter hinausrückt, muß er auch sein Bett erhöhen, wenn er nicht sein Gefäll verlieren, die untern Regionen überfluthen, und sein eignes Werk wieder zerstören soll. Diese Erhöhung geschieht durch die jährlichen Ueberschwemmungen, indem das Wasser, wenn es die Ufer übersteigt, eine beträchtliche Menge seinen Sandes und andere Stoffe fallen läßt; dieser zurückgelassene Absatz auf den Ufern ist von ungleicher Stärke, beträgt aber gewöhnlich einige Zolle. Die schweren von dem Wasser mitgebrachten Substanzen dienen zur Erhöhung des Bettgrundes. Wo den Ufern entlang Ansiedlungen und Felder durch Dämme gegen die Ueberfluthung geschützt werden, kann diese natürliche Erhöhung der Ufer nicht mehr vor sich gehen; die allmählige Erhebung des Strombettes fordert daher kategorisch eine Erhöhung dieser Dämme. Aber dieser Umstand wird dereinst den Ansiedelungen große Schwierigkeiten und Gefahr bringen. Man hat jetzt schon einen zweiten Damm hinter dem ersten errichten müssen, da dieser häufig durchbrochen und stellenweis ganz weggespült worden ist.

Nicht selten gräbt das bei Ueberschwemmungen über die Ufer landeinwärts fließende Wasser tiefe Lücken, und eine ungeheure Wassermasse stürzt wie durch eine geöffnete Schleuse den Niederungen zu, daß man glauben sollte, der ganze Strom werde alsbald seinen Lauf dahin verlegen. Aber die Holzmassen und wirres Gestrüpp schießen mit durch den Uferriß, bleiben aber in einiger Entfernung, wo sich das strömende Wasser ausbreitet und seichter wird, fest sitzen; kleines Gehölz und Erdstoffe füllen die hohlen Räume aus, und nach einigen Fluthen hat die Natur solche, oft mehrere hundert Fuß breite Uferrisse selbst wieder ausgefüllt, was für die Kunst eine schwere Aufgabe gewesen seyn würde. Hier und dort ist auch ein solcher Durchbruch geblieben, und es haben sich auf diese Art Arme des Stromes gebildet, die, wie oben bemerkt wurde, ihr Wasser bis in den Golf oder in Sümpfe und Seen führen. Solche Abzüge, wie der Lafourche und andere, erheben nach der Weise ihres Vaters

Mississippi ebenfalls ihr Bette, und tragen so zur allgemeinen Erhöhung des großen Alluviums ihr Scherflein bei. Selbst die tiefen Seen und Sümpfe, in welche sie bei jeder Ueberschwemmung eine große Masse von erdigen und organischen Stoffen führen, und darin absetzen, werden dereinst sich endlich füllen und trocken werden.

Der größte Nebenfluß des Mississippi ist der Missouri. Er entspringt am östlichen Abhange des Windriver-Gebirges, wo er anfänglich den Namen Jefferson führt, fließt zuerst nordwärts durch einen meilenlangen Abgrund von 1200 Fuß Tiefe zwischen senkrechten Felswänden, stürzt dann über einen 90 Fuß hohen Felsen herab, wendet sich östlich, von der Einmündung des kleinen Missouri südöstlich, und ergießt sich oberhalb St. Louis in den Mississippi, nachdem er auf seinem 3000 Meilen langen sonderbar gekrümmten Laufe 119 Zuflüsse aufgenommen hat. Seine Schnelligkeit ist die doppelte des Mississippi, 10 Meilen per Stunde. Sein ganzes ungeheures Flußgebiet ist noch wüst und die Heimath der Büffel und Indianer, erst an seinem untersten Laufe im Staate Missouri hat die Kultur begonnen. Er wird auch noch lange und zum Theil für immer der Fluß der Wüste bleiben; denn trotz seiner Größe ist er zur Schifffahrt nicht geeignet; Felsblöcke, Flußschnellen und Wasserfälle verschließen jeglichem Fahrzeuge und der Civilisation das Eindringen in diese holz- und kohlenlosen Steppen.

Am Arkansas und Red River ist die Civilisation ebenfalls erst einige Hundert Meilen vom Mississippi an vorgedrungen, und der größere westliche Theil ihrer Flußgebiete ist eben auch Büffelweide und Indianerrevier. Aber diese Flüsse sind bessere Wasserstraßen, und immer weiter dringen die verwegenen Dampfer auf denselben vor, um mit den langen Rauchschweifen aus den hohen Schornsteinen, wie mit drohenden gigantischen Geißeln, den rothen Bewohnern zugleich anzudeuten, daß die Stunde bereits geschlagen habe, wo sie von den Weißen auch aus diesem ihrem Vaterlande, wohin man sie nach ihrer Vertreibung aus dem Osten gewiesen, vertrieben werden sollen.

Im Staate New York unfern vom Erie-See entspringt der Alleghany; der Monongahela hat seine Quellen in Virginien;

diese beiden schiffbaren Flüsse vereinigen sich bei Pittsburg und bilden von da an den Ohio, der in südwestlicher Richtung zwischen den Staaten Ohio, Indiana, Illinois rechterseits, und Pennsylvanien, Virginien, Kentucky linkerseits die Gränze macht, und nach einem 940 Meilen langen Laufe in den Missisippi fällt. Er hat nur ein schmales, aber tief ins Land eingeschnittenes Bottom, und seine romantischen, mit Buchenwald schön bekleideten Uferhöhen erheben sich 300 Fuß über den Wasserspiegel. Im Jahre 1832 stieg das Wasser bei Pittsburg 32 Fuß, bei Wheeling 45 Fuß, an der Mündung des Columbia 70 Fuß, im Herbste 1847 bei Cincinnati 57 Fuß über den Normalstand. Der Ohio ist zur Schifffahrt ganz vorzüglich geeignet; seine einzigen Schnellen bei Louisville sind durch einen Schleusenkanal umgangen. Dieser schöne Fluß fließt durch den schönsten Theil der Vereinigten Staaten; schade, daß sein helles reines Wasser mit der schmutzigen Tunke des Missisippi sich vermischen muß.

3. Geognostische Bemerkungen.

Da das Missisippi-Gebiet an seiner Nordgränze von den Quellen des Ohio bis zu jenen des Missouri eine beiläufige Breite von 2000 Meilen hat, im Süden dagegen bis auf das Bottom des Stromes von nur 140 Meilen sich verschmälert, so können die an der Golfküste zu beiden Seiten des Stromes nachbarlich gelegenen Landtheile wohl füglich in diese oberflächliche Darstellung einbezogen werden. Mit dieser Zugabe wird das besagte Gebiet nahe an zwei Drittheile der Vereinigten Staaten betragen.

Ohne mich in eine streng wissenschaftliche Darlegung der geognostischen Verhältnisse einlassen zu wollen, sollen hier nur jene drei Formationen angedeutet werden, welche über die Missisippi-Länder in einer Ausdehnung verbreitet sind, in welcher sie nicht leicht anderswo anzutreffen sind, nämlich: das aufgeschwemmte Land, die Kreide- und Kohlenformation.

Das Bottom des Stromes und seiner größeren Nebenflüsse ist alluviale Ablagerung von mineralischen und organischen

Stoffen, welche von den Fluthen in diesen Niederungen abgesetzt wurden. Dieser feine, humusreiche Marschboden ist leicht, locker, schwammig und von so geringer Bündigkeit, daß auch das dichteste Wurzelwerk der darauf wuchernden Vegetation ihn gegen das Wegspülen durch die Fluthen nicht zu schützen vermag. Die Fruchtbarkeit desselben ist außerordentlich: einjährige Triebe am Laubgebüsch von $1\frac{1}{2}$ Zoll Durchmesser und 10 bis 12 Fuß Länge sind keine Seltenheit. Das Zuckerrohr gedeiht in größter Vollkommenheit und gibt den reichlichsten Ertrag.

Das der Golfküste entlang in einer Breite von 100 bis 150 Meilen abgesetzte Land ist alluviale und diluviale Ablagerung. Der Alluvial-Boden dieses breiten Küstensaumes besteht aus feinem Sande, zähem Schlamme, der ihm im trockenen Zustande einen ziemlichen Grad von Härte und Bündigkeit gibt, ferner aus Humus, Muscheltrümmern und feinen Kalktheilen, welche letzteren aus den höheren Gegenden der Kreideformation herabgespült worden sind. Er bildet in der Küstengegend jene ebene fette Grasprairie, welche nur durch die Uferwälder an den Strömen und Sümpfen unterbrochen wird. Die Fruchtbarkeit dieses Bodens locket noch fortwährend eine Menge amerikanischer Landaussauger nach dem südlichen Texas, nachdem sie den Boden in den östlichen Staaten ausgesogen haben.

Diluviale Ablagerungen von Lehm und Thon liegen im Niveau des Alluvial-Bodens; Ablagerungen von Sand und Kieselgeschieben, worunter sich verschiedenfarbige abgerundete Feuersteintrümmer und fossiles Holz mit Kieselversteinerung aus der oberen Kreidekalkformation finden, erheben sich zu mäßigen langgedehnten Hügeln von minderer Fruchtbarkeit, und sind mit geringerem Graswuchse, niedrigem Walde und Gebüsch bedeckt.

Tertiäre Gebilde kommen in ziemlicher Entfernung von der Küste, und zwar von Texas bis Georgien, vor. Ein eisenhaltiger Sandstein in mäßigen Hügeln, unterhalb der Einmündung des St. Marcos in die Guadalupe in Texas, scheint den Anfang dieser nicht weit verbreiteten Formation im Westen zu machen, die in Alabama am deutlichsten ausgesprochen ist.

Auf diese folgt nach Norden aufwärts die ausgebreitete Kreideformation. Ihre südliche Gränze überschreitet den Rio Grande unter dem 28°, den San Antonio unter dem 29°, den Brazos unter dem 31° und den Red River unter dem 33° nördlicher Breite. Sie verbreitet sich nordwestlich bis in die Nähe des Urgebirges von New Mexico, gränzt nördlich vom Red River mit dem sekundären Sandstein, umschließt die primitiven Ozark-Hügelreihen von Arkansas und Missouri, und wird im Osten von dem Missisippi-Alluvium überlagert. Am Colorado von Texas, unweit von der Einmündung des Llano, bildet Granit den Hausberg und einige westlich davon gelegene unbedeutende Hügel. Am rechten Ufer des Life-Oak kommt in einer engen Thalschlucht Porphyr zum Vorschein. Sonst leidet im Bereiche von Texas diese Formation keine bemerkte Unterbrechung. Im Osten des Missisippi zeigt sie sich im westlichen Tennessee und Kentucky, am Timber-Creek in Pennsylvanien, in New Jersey, weit verbreitet in den Ebenen von Alabama und eines kleinen Theiles von Georgien.

Ein im Süden allgemeiner, mannigfaltig variirender Kalkstein unterscheidet durch die vielen eingeschlossenen charakteristischen fossilen Schalenthiere und rundlichen Feuersteinklumpen die südliche Region der Kreidebildung unzweifelhaft von der nördlichen, wie fast derselbe Unterschied in Europa zwischen der südlichen und nördlichen Kreideformation obwaltet. In den Bereich dieser Formation gehört auch das zoolithenreiche Terrain Süd-Alabama's, wo Dr. Koch im Jahre 1845 das Skelett eines ungeheuern vorweltlichen Reptils (Hydrarchos Harlani. Koch) auffand, das an Größe alles bisher Gesehene dieser Art weit übertrifft. Die Länge desselben beträgt 114 Fuß, das Gewicht 75 Zentner. Die noch zweifelhafte Existenz der ungeheuern Seeschlange im Weltmeere wäre dadurch wenigstens für jene Vorzeit sichergestellt.

An die dem Atlantischen Ocean näheren primitiven Reihen des Alleghany-Gebirges lehnen sich die aus Uebergangsfelsarten zusammengesetzten nordwestlichen Züge desselben; von diesen aus verbreitet sich in nordwestlicher Richtung jene große sekundäre, fast söhlige Ablagerung, welche den ausgebreiteten Kohlenfeldern des centralen Westens zur Unterlage dient. Durch die Staaten Pennsylvanien, Ohio, Indiana, Illinois, Maryland, Virginien, Kentucky, Tennessee, ja sogar bis Alabama, Missouri und Michigan erstreckt sich dieser ungeheure Kohlenreichthum, dessen Lager einen Flächenraum von 75,000 Quadratmeilen einnehmen sollen. Der Staat Indiana hat allein dreimal so viel Steinkohlen als ganz Großbritannien. Pennsylvaniens Anthracit-Kohle ist von allen die beste. Sie tritt nicht nur an den Ufern des Ohio, sondern auch auf dem ebenen Lande in niedrigen Hügeln zu Tage. Im Staate Ohio hat ein ununterbrochenes Kohlenlager von 5000 Quadratmeilen eine durchschnittliche Mächtigkeit von 6 Fuß. Nebstdem werden auch noch in New Merico und Californien Steinkohlen gefunden. Man schätzt die sämmtlichen Kohlenfelder der Vereinigten Staaten auf 133,000 Quadratmeilen, welchen Raum alle übrigen bisher entdeckten Kohlenlager der ganzen Erde nicht einnehmen. Das Liegende der nordamerikanischen Kohlenlager besteht häufig aus vortrefflichen und reichhaltigen Eisenerzen. So sind unweit Pittsburg am Ohio Kohlen- und Eisengruben ganz nahe beisammen.

In dem Bergkalke des Mississippi- und Ohio-Bettes befinden sich jene räthselhaften menschlichen Fußtapfen eingedrückt, über welche sich die amerikanischen und europäischen Gelehrten vom Fache den Kopf schon sehr zerbrochen, aber immer noch keine haltbare Erklärung gegeben haben. Am Mississippi sind neben den Fußtritten eines erwachsenen Menschen auch kleinere, wie von einem Knaben, vorhanden. Es hat den Anschein, als wären diese Eindrücke geschehen, während die Masse des Bergkalkes noch weich war, welchen Zustand aber die Geologen in eine Bildungsperiode der Erdoberfläche versetzen zu müssen glauben, zwischen welcher und dem historischen Ursprunge des Menschengeschlechtes eine unmeßbare Zeit liegen soll.

Vulkanische Gesteine von namhaftem Belange wurden in diesem großen Flußgebiete bisher nicht entdeckt; doch mögen, nach einigen Produkten der Art in Arkansas und Süd-Alabama zu schließen, auch hier unterirdische Kräfte ihre Wirkungen zu Zeiten auf der Oberfläche kundgegeben haben. Wenigstens ist das Erdbeben vom Jahre 1812, unterhalb der Ohio-Mündung um New Madrid, sehr ernstlich aufgetreten, und seine zurückgelassenen Spuren lassen sich noch sehr leicht auffinden. Es ist merkwürdig, daß dieses

Erdbeben mit dem von Caracas, wo 12,000 Menschen das Leben verloren, gleichzeitig war, und daß die unteren Gegenden des Stromthales von dieser Katastrophe weniger berührt wurden. G. Duden's Tagebuch, Bonn 1833, enthält aus den Recollections of the last ten years passed in the valley of the Missisippi by Timothy Flint, Boston 1826, hierüber folgenden Bericht:

„Nach sämmtlichen mit einander verglichenen und berichtigten Erzählungen behaupte ich, daß diese Erdbeben, wo die Stöße am stärksten waren, in der furchtbaren Erhebung des Bodens Alles übertroffen haben, was man von solchen Erscheinungen kennt. Wir sind gewohnt, sie nach den umgestürzten Gebäuden und der Zahl der Umgekommenen zu bemessen. Hier war nur eine spärliche Bevölkerung; die Häuser waren glücklicher Weise von Baumstämmen, und schwerer umzustürzen, als eines gebaut werden kann. Und doch ging es sehr übel. Ganze Strecken Landes sind in den Mississippi gefallen. Die Grabstätte von New Madrid mit allen ihren schlafenden Inhabern versank in das Strombett. Die meisten Häuser stürzten zusammen. Breite Seen von zwanzig Meilen Länge entstanden in einer Stunde, andere Seen versiegten. Die ganze Gegend zu der Mündung des Ohio in einer Richtung, und zu dem St. Francis-Flusse in der andern, war in solchen Convulsionen, daß Seen und Inseln entstanden, deren Zahl noch nicht ganz bekannt ist; daß eine viele Meilen große Strecke nahe bei der kleinen Savanne (little prairie) vier Fuß hoch mit Wasser bedeckt wurde, und als das Wasser verschwand, eine Lage Sand von gleicher Höhe zurückblieb. Die Bäume brachen in der Mitte, schlugen gegen einander, und noch sieht man deren über weite Räume, die in jeder Richtung gegen den Boden stehen. Man beschrieb mir die Bewegungen der Erde wie Wellen, die an Höhe zunahmen, je mehr sie fortrückten, und wenn sie eine furchtbare Höhe erreicht gehabt, sei der Boden geborsten, und aus den Spalten eine große Menge Wasser, Sand und Kohlen emporgestiegen, so hoch wie die Gipfel der höchsten Bäume. Ich habe über hundert dieser Schlünde gesehen, die, obgleich in einem lockern aufgeschwemmten Boden und bereits sieben Jahre alt, noch von einer schaurigen Tiefe sind. Es muß eine schreckliche Scene gewesen seyn, in diesen dichten Wäldern in der finstersten Nacht mehrere Fuß tief durch ausgetretene Gewässer vor Erschütterungen zu flüchten, die sich nach wenig Stunden stets wiederholten, mit einem Getöse, das gleich fürchterlich war für alle lebenden Wesen. Die Hausthiere schaarten sich um die Gruppen der mit Vernunft Begabten, und schienen Schutz oder Gemeinschaft der Gefahr zu fordern. Die Vögel der Wälder verloren ihren Flug, und flatterten zu dem Busen der Menschen, ihren Leidensgenossen in diesen allgemeinen Zuckungen der ganzen Natur. Einige Personen sanken in jene Risse, wurden aber durch Wunder der Vorsehung gerettet; eine andere starb vor Schrecken; eine dritte kam jämmerlich auf einer Insel um, welche durch Einsinken und Ueberschwemmung des Bodens umher entstand, man fand später den Hut und die Kleider. Wieder andere wurden sammt ihren Booten in die Tiefe des Missisippi versenket. Nahe bei dem Dorfe New Madrid wurde gar der Lauf dieses mächtigen Stromes selbst durch einen Riß im Boden unterbrochen und es entstand ein Rückfluß der unteren Gewässer, der in kurzer Zeit eine Menge Fahrzeuge stromaufwärts zog und ans Ufer warf.

Die Zahl der Stöße war sehr groß, aber zwei Reihen von Erschütterungen waren besonders heftig und weit schrecklicher als die übrigen. Man berichtet, daß die Stöße sich deutlich in zwei Arten unterschieden, in horizontale und perpendiculäre. Die letzteren wurden von jenen Explosionen begleitet und ein furchtbares Getöse ging ihnen voran; aber sie waren keineswegs so zerstörend als die erstern. Bei diesen stürzten die Häuser ein, die Gipfel der Bäume wogten zu einander, der Boden sank, und alle verwüstenden Erscheinungen waren mehr sichtbar.

Mitten unter den Erschütterungen gab es einen sehr schönen heiteren Abend, an welchem der westliche Horizont in einem beständigen Glanze von Blitzen blieb, wobei man das wiederholte Tosen eines unterirdischen Donners hörte, das, wie die Blitze, unterhalb des Horizonts zu entstehen schien. Man hat bemerkt, daß diese Nacht mit dem unheilvollen Erdbeben von Caracas zusammentraf.

In der Zeit solcher Schreckens-Scenen wurden alle Religionen, die der Katholiken wie die der Protestanten, zu einer einzigen, und dieser wendeten sich auch die Freigeister zu. Zweihundert Personen, Engländer, Franzosen und Spanier, drängten sich dicht zusammen mit blassen Gesichtern, die Mütter ihre Kinder umfassend. Sobald die Vorzeichen erschienen, sobald die Luft etwas dunkler wurde, wie von einem plötzlichen Nebel im Osten, erhoben sie sammt und sonders in ihren verschiedenen Sprachen und Formen, aber alle in dem schauerlichsten Ernste, ihre Stimmen zum Gebete.

Wenn die Erschütterungen begannen, so war der allgemeine Trieb zu entlaufen; aber wenn die Bewegung der Erde am heftigsten war, so wurde man fast bei jedem Schritte niedergeworfen. Ein angesehener Franzose erzählte mir, bei dem Fliehen aus seinem Hause, dem größten im Dorfe, sei ein Kind vermißt worden, er habe deßhalb versucht, die Gallerie hinauf zu steigen, und auf diesem Wege sei er ein Dutzend Male niedergefallen. Die verehrungswürdige Dame, in deren Hause wir wohnten, wurde aus den Trümmern ihres Hauses hervorgezogen. Sie hatte Alles verloren, was zerbrochen oder zerstört werden konnte.

Die Bewohner der kleinen Savanne (little prairie) büßten so viel ein, daß sie ihre Niederlassung, welche aus hundert Familien bestand, die einen sehr fruchtbaren Boden besaßen, verließen. Als ich vorbeikam und Halt machte, um die Spuren der Katastrophe zu betrachten, waren die Erdrisse noch deutlich genug zu sehen, und die ganze Gegend war zwei bis drei Fuß hoch mit weißem Sande bedeckt. Dieser Sand war reichlich mit rothem Eisenstein und Steinkohlen vermischt. Nur zwei Familien waren zurück geblieben.

In den ersten Paroxismen scheint man die Richtung zu den 25 Meilen fernen Hügeln genommen zu haben, aber die Tiefe des Wassers hemmte die Flucht sehr bald. Es waren alle ununterrichtete Hinterwäldler (backwoods-people), die an langes Ueberlegen nicht gewohnt sind. Und doch ist es merkwürdig, wie überlegt sie verfuhren, als die Gefahr ihre Geisteskraft conzentrirte. Sie bemerkten, daß die Erdstöße in der Richtung von Südwest nach Nordost fielen. Die Risse waren breit genug, nicht blos Menschen, sondern ganze Häuser zu verschlingen, und es entstanden ihrer in der Ausdehnung einer halben Meile manche. Was thaten die Menschen nun? Sie fällten die höchsten und schlankesten Bäume quer über jene Längenrichtung, und setzten sich selbst auf die Stämme. Dieser Erfindung verdankten Alle ihre Rettung. Denn mehr als einmal spaltete sich die Erde gerade unter den gefällten Bäumen. Vieh und Aernte ging freilich größtentheils verloren. Man wagte nicht länger in den Häusern zu wohnen, und brachte den Winter, wie auch den folgenden, nach der Weise der Indianer zu, im Freien und in Buden von Baumrinde, die so leicht sind, daß sie beim Umsturze kein Leben gefährden. Es wurden bei der Mündung des Bayou, welches Flüßchen den Hafen von New Madrid bildet, eine solche Menge von Trümmern zerstörter Boote ans Ufer geworfen, daß es Lebensmittel aller Art in Fülle gab: Mehl, gesalznes Rindfleisch, gesalznes Schweinfleisch, Speck, Butter, Käse, Aepfel, was den Strom hinuntergebracht zu werden pflegt, war in solcher Masse da, daß es kaum einen Preis hatte. Manche Boote, die glücklich in den Hafen gekommen waren, wurden von ihren erschrockenen Eigenthümern für Kleinigkeiten verkauft. Die Erschütterungen dauerten nämlich jeden Tag fort, und die Eigenthümer glaubten, die ganze untere Gegend sei versunken; weßhalb sie froh waren, so schnell als möglich nach oben zurückkehren zu können. In der That waren auch viele Inseln versunken, und neue hatten sich erhoben, so daß das Strombett sehr verändert worden ist.

Die Regierung faßte den Beschluß, wodurch den Bewohnern dieser Gegend erlaubt wurde, dieselbe Ausdehnung, welche sie hier besessen, in irgend einem andern Theile des Missouri-Gebietes (damals gab es noch keinen Missouri-Staat) unter den öffentlichen Ländereien auszuwählen. Indeß geriethen die Verleihungen meist in die Hände von Spekulanten, und nutzten den Beschenkten selbst wenig. Bei meinem jetzigen Aufenthalte hat dieser früher so ebene, so fruchtbare, so schöne Strich den allertraurigsten Schein von Zerstörung, wobei die Spuren des vormaligen Anbaues und der Bewohnung nur als Monumente der Verödung und Auswanderung erscheinen. Große und schöne Obstgärten unumzäunt, Häuser unbewohnt, tiefe Erdschlünde — das bildet jetzt die Gestalt der Gegend. Und dennoch haben sich die Menschen nach und nach so an schwächere Erdbeben, welche keinen besonderen Schaden verursachen, gewöhnt, daß der Bodenwerth wieder zu steigen beginnt, und New Madrid allmählig wieder aufgebaut wird, aber mit leichten Wohnungen, wie sie sich für die Besorgnisse der Eigenthümer schicken."

4. Die Canadischen Seen und der St. Lorenz-Strom.

Beim ersten Blicke auf die Karte von Nordamerika fallen jene ausgedehnten Wassermassen in die Augen, welche das Mississippi-Thal gegen Nordosten schließen, fünf große und viele kleinere Seen, welche eine Menge von Flüssen aus ihrer Umgegend aufnehmen, und ihr klares Süßwasser durch den St. Lorenz-Strom (St. Lawrence) in den Atlantischen Ocean ergießen.

Der Obere See (lake Superior), 420 Meilen lang, 100 Meilen breit und 1000 Fuß tief, ist von allen der größte, und hat die höchste Lage von 641 Fuß über dem Meere. Er ist berühmt wegen der reichen Kupferminen an seinem Ufer, und berüchtigt wegen seiner häufigen und heftigen Stürme. Dieser und der Michigan-See überfließen in den 45 Fuß tiefer liegenden Huron, welcher seinen Ueberfluß durch den St. Clair und Detroit dem 31 Fuß niedrigeren Erie übergiebt, der durch den Niagara mit dem Ontario verbunden ist, von wo an der St. Lorenz, dessen Breite am Ausflusse 100 Meilen beträgt, diese Gewässer nebst andern Zuflüssen nach dem Atlantischen Meere führt.

Diese große Wasserstraße bietet durch Stromschnellen und Wasserfälle der Schiffahrt bedeutende Hindernisse, welche durch die Kunst noch nicht alle beseitigt oder umgangen sind. Die Wasserfälle des Niagara zwischen dem Erie und Ontario sind auf der Canadischen Seite bereits durch einen Kanal umgangen.

Der weltberühmte Niagarafall ist schon oft beschrieben und abgebildet worden, aber weder Feder noch Pinsel vermögen das großartige Naturschauspiel treffend und würdig darzustellen, von dem man nur durch eigene Anschauung eine richtige und vollständige Vorstellung erlangen kann.

Der Strom hat oberhalb des Falles eine Breite von 3200 F. Die Ufer sind zwar niedrig, werden jedoch wenig überfluthet, da die Höhe des Wasserspiegels kaum um 3 Fuß variirt. In geringer ungleicher Entfernung von den Ufern ziehen sich beiderseits sanfte, theilweise bewaldete Anhöhen hin, an welchen einzelne hübsche Häuser recht freundlich stehen. An dem östlichen, amerikanischen Ufer liegt das schön gebaute Städtchen Niagara mit einigen Mühlen am Strome.

Die lieblich bewaldete Iris-Insel von 75 Acres Flächeninhalt theilt den Strom vor dem Falle in zwei ungleich breite Arme, von welchen der östliche, amerikanische 1140, der westliche oder canadische aber 2125 Fuß breit ist. Beide stürzen über eine senkrechte Felswand hinab, der schwächere 164, der stärkere 152 Fuß tief. Eine hölzerne Brücke, welcher die im Bette liegenden Felsenstücke als Pfeiler dienen, führt über den schwächeren Arm auf die Insel, welche stromabwärts einen Vorsprung vor den beiden Wasserfällen macht, an dessen östlichem steilen Abhange man hinabklettern kann, um den kleinen Fall von unten anzusehen. Um den westlichen großen Fall von unten zu betrachten, führt eine Wendeltreppe in einem hölzernen Thurme an der perpendikulären Felsenwand der westlichen Seite des Inselvorsprungs bis zur halben Tiefe hinab; den übrigen Theil bis zum Wasser bildet ein schiefes, noch ziemlich steiles Lager von Steingeröll, über welches ein praktikabler Weg hinunterführt. Von diesem Abhange aus hat man einen sehr imposanten Anblick, und man wird vor Verwunderung und Staunen kaum gewahr, daß man durchnäßt wird.

Oben ganz nahe am Falle im breiten Arme des Stromes, 100 Fuß vom Ufer der Insel, ist auf kolossalen Felsstücken ein steinerner Thurm von etwa 30 Fuß Höhe erbaut, zu welchem man auf einer hölzernen, über Felstrümmer gelegten schmalen Brücke gelangt. Von der zitternden Gallerie dieses Thurmes aus übersieht man die ganze Breite der niederstürzenden Wassermassen des großen Falles.

Will man das herrliche Schauspiel von der Ferne betrachten, so bietet die unterhalb der Fälle im Jahre 1849 über das Strombett gespannte Drahtbrücke hierzu einen günstigen Standpunkt. Sechzehn gewaltige Drahtseile halten dieses Kunstwerk von 40 Fuß Breite schwebend über dem 230 Fuß tiefen und 800 Fuß breiten Abgrunde. Auch am canadischen Ufer sind noch einige interessante entferntere und nähere Beobachtungspunkte.

Die Kante der Felswand, über welche das Wasser des großen Falles hinabstürzt, ist zwar der ganzen Länge nach horizontal, bildet aber keine grade Linie, sondern einen Bogen gegen den Strom, daher die Amerikaner diesen Fall das Hufeisen (horse-shoe) nennen. In der Mitte dieses Bogens scheint das Strombett etwas tiefer zu seyn, und es fällt da die größte Wassermasse herab, wo auch der Tumult derselben am heftigsten ist. Dort siedet, brauset, toset und donnert es unaufhörlich, und schwere Nebel von zerstäubtem Wasser steigen empor, welche weit umher ihren Inhalt niederträufeln. In diesen Dünsten zeigen sich bei Sonnenschein zu jeder Tageszeit nach dem Standpunkte des Beobachters die schönsten Regenbogen.

Wer einen beständigen Regenguß und ein zeitweiliges heftiges Sturzbad nicht scheuet, und an der westlichen Seite des Inselvorsprunges am Rande des Bassins über die wirren, immer nassen und riesenhaften Felsentrümmer bis auf etwa 10 Fuß dem Falle sich zu nähern vermag, der wird von dem da empfundenen großartigen Eindrucke vollständig gesättigt werden. Wer aber so nahe sich wagt, der sehe sich vor, daß er feststehe und an einem passenden Felsenriffe sich fest anhalte; denn die Windstöße, welche die frei durch die Luft in einem ungeheuern Bogen herabfliegenden gewaltigen Fluthen bewirken, sind heftig, und oft reißt sich in der Höhe, wo die Hauptmasse ihren Flug beginnt, eine beträchtliche Quantität los, beschreibt im Fallen einen größeren Bogen und überschüttet den so nahen Beobachter, oder bespritzt ihn, von einem nahen Felsen reflektirt, unsanft und unverhofft; auch darf er sich an dem klippigen Ufer dem Becken nicht zu sehr nähern, weil der Wellenschlag und die Brandung, bewirkt von den herabstürzenden Fluthen, sehr hoch geht, und nicht selten eine tückische Welle, als hätte sie es auf den Verwegenen abgesehen, 12 Fuß über die Uferklippen herauflangt, um ihn in das schäumende Getöse mit hinabzuziehen. Blicket der Beschauer aus der Tiefe durch seine wasservolle Atmosphäre an dem vor ihm stehenden Wassergebirge auf Augenblicke hinauf, so scheint es, als schütte der Strom eine immense Lawine von der Höhe herab; die weißen flockigen Massen senken sich majestätisch langsam nieder, sie scheinen leicht und locker wie Schaum; aber ihr stoßweises, donnerähnliches Dröhnen im Fallen, ihr betäubendes Rauschen und Brausen beim Niederstürzen in das hüpfende, schäumende Wogenspiel des Beckens und die Erschütterung der Felsen umher belehren über ihren gewichtigen Inhalt.

Oberhalb des Falles ist eine weit aufwärts sich erstreckende Stromschnelle, durch welche die Fluthen mit großer Schnelligkeit nach dem Falle hinschießen, wo sie ihren parabolischen Sturz beginnen, um in einiger Entfernung von der Basis der Felsenwand ins Becken niederzudonnern. Diese Felsenwand, 2125 Fuß breit und 152 Fuß hoch, hat noch kein sterbliches Auge ganz gesehen; aber zwischen ihr und der östlichen Kante des Wasserstrahles ist ein Raum von sehr veränderlicher Breite, dessen Grund eine abschüssige, von dem niederstürzenden Wasser angespülte Bank von Steingeröll bildet. Wer den Muth hat, in diese Wasserhalle einzutreten, kann auf der erwähnten Geröllbank zwanzig Schritte vorwärts gehen; dort wird die Wand etwas überhängend, und das an ihr herabschießende Wasser ist minder beträchtlich. Weiter vorwärts zu dringen, ist durchaus unmöglich; denn die Mauer tritt mit der Basis vor und die Wasser stürzen unmittelbar an ihren zackigen Riffen herab. In der angedeuteten Nische kann man ohne besondere Gefahr, wenn auch unter manchen Unannehmlichkeiten, verweilen. Das an der Mauer unmittelbar, wenn gleich hier schwächer herabkommende Wasser bespült den Leib ohne Unterlaß, und von den im Bogen niederstürzenden Hauptmassen fallen und sprützen ansehnliche Quantitäten nach allen Richtungen, und es ist kein Aufblick zu dem interessanten Wassergewölbe möglich. Auf diesem dunklen ergreifenden Standpunkt ist der Eindruck des furchtbaren Schauspiels auf den Beobachter ein unbeschreiblich ergreifender, vernichtender. Keine einzelne Wahrnehmung ist mehr möglich, die Sinne sind betäubt. Hat man den fürchterlichen Raum verlassen, so ist Alles still umher; das ganze große Schauspiel der Natur erscheint geräuschlos, verstummt. Erst allmählig findet man sich wieder, fühlt das Athmen der Brust, die schweren, gründlich durchnäßten Kleider, steigt zur freundlich lichten Insel hinauf, sendet noch einen Blick zur wunderbaren Tiefe nieder, wo, von Regenbogen überwölbt, in Wolken eingehüllt, unter tausendfachem Donner des Wassers Riesenkraft die Felsen bricht, und scheidet dann von dem Könige der Wasserfälle, der Jedem, welcher ihn gesehen, unvergeßlich bleibt.

Gegen den Ontario-See, sieben Meilen von dem Falle stromabwärts, ist ein bedeutender Abfall des Landes; von dort soll der Wasserfall begonnen und die genannte Strecke in 40,000 Jahren zurückgelegt haben. Um den Weg von achtzehn Meilen bis an den Erie-See zu vollbringen, werden ihm 100,000 Jahre berechnet. Man nimmt dabei an, daß er während einem Jahre etwa einen Fuß fortschreite. Andere machen ihm für sein Fortrücken eine andere Zeitberechnung. Manche wollen ihm das Rückwärtsgehen ganz absprechen. Für einen Stillstand des Wasserfalles auf seinem jetzigen Platze ist auch nicht der geringste Grund vorhanden. An den lothrechten Felsenwänden der Insel, rings um ihren Vorsprung von einem Falle bis zum andern, ist die fortschreitende Zerstörung evident; wer sich von ihr fühlbar überzeugen wollte, der dürfte sich nur an die Felsenwände hinstellen, wo ihm nicht allein das oben auflagernde Flußgeröll, sondern auch Bruchstücke von dem sehr compakten Thonschieferfelsen den Standort sehr bald verleiden würden. Wenn im Frühjahr der Eispanzer von den Wänden schwindet und der tief eingedrungene Frost weicht, ist das immerwährende Bröckeln und Herabstürzen ganzer Massen ein unwiderleglicher Beweis der Zerstörung. Welches Gestein könnte der beständigen Nässe, dem Froste und dieser Erschütterung widerstehen? Ist die fortschreitende Zerstörung an der vorspringenden Insel so offenbar, so muß sie an den Fällen selbst, die schon eine ansehnliche Strecke weiter stroman gerückt sind, noch größer seyn. — So wird die Natur, ohne auf der Geologen Streit und Rechnung zu achten, mit ungeschwächter Kraft ihr Ziel verfolgen, und hat sie Zeit genug, den Wasserfall bis an den Erie führen, um den See abzulassen und ein neues Stück Land trocken zu legen, wie sie das schon so oft gethan. Aber dann wird auch der Niagara-Fall mit all' seiner Herrlichkeit verschwunden seyn, und jenes späte Geschlecht wird nur aus einer dann vielleicht oft bezweifelten Geschichte vergangener Jahrtausende, oder aus verschieden gedeuteten rückgelassenen Spuren schwache Kunde von dem großen Schauspiele der Natur schöpfen können. Vielleicht hat man dann einen andern Gegenstand der Bewunderung und Erbauung, oder man ist gar so weit vorgeschritten, daß man nichts mehr bewundert, an nichts mehr sich erbauen kann.

5. Die Küstenländer an den beiden Weltmeeren.

Die Hälfte der Atlantischen Küste von der Possamaquoddy-Bai bis zum Pamplico-Sunde hat so viele tief ins Land vordringende Baien und es münden in dieselbe so viele ansehnliche Ströme, daß sich wohl kein anderes Küstenland der Erde einer gleichen Begünstigung der Natur erfreut. Einige dieser Ströme haben sogar die Alleghany-Gebirgsreihen von West nach Ost quer durchschnitten (Hudson, Susquehanna, Delaware), um das nordwestlich hinter denselben liegende Land mit dem Oceane in Verbindung zu bringen. Diese Durchschnitte, deren es in den nördlichen und mittleren Regionen dieses Gebirges viele giebt, bieten oft einen sehr imposanten Anblick dar, und gleichen ungeheuern Thüren durch die langgedehnten schwarzbewaldeten Bergkämme: man möchte sie lieber für Kunstwerke eines ehemaligen Gigantengeschlechts, als für das Werk der Natur ansehen. Durch diese gewaltigen Einschnitte und durch den Missisippi- und St. Lorenz-Strom soll das Meer, welches einst das große Thalbecken des Missisippi füllte, nach dem Ocean abgelaufen seyn. Vom Pamplico-Sunde bis zur Spitze Floridas findet sich keine für maritime Zwecke so günstige Gestaltung des Küstenlandes, wo sie auch weit entbehrlicher ist.

Der sandige Boden der Küste entlang trägt Wälder von Cypressen, Fichten und Tannen; die Hügelregion von da bis an die ersten Gebirgszüge hat fruchtbaren, schon meist kultivirten Boden.

Den Stillen Ocean im Westen berühren zwei Unionsbestandtheile, der Staat Californien und das Gebiet Oregon, mit einer Küstenstrecke von 18 Breitegraden, welche sehr wenig Einschnitte von nautischer Bedeutung hat. Aus den weiten Wüsteneien Oregons kommt der große schiffbare Columbia. Den westlichen goldreichen Theil Californiens zwischen der Küste und dem hohen Nevadagebirge bewässern die Ströme San Sacramento und San Joaquim, welche vereint in die San Francisco-Bai fließen, welche letztere einen der besten und schönsten Häfen der Erde mit ihren Ufern umschließt. Der westliche Colorado und der Gila kommen in den Golf von Californien; sie sind bis jetzt den räuberischen Horden der Prairie-Indianer bekannter als den Weißen.

6. Klima, Witterung.

Ein Ländergebiet, das vom Atlantischen bis zum Stillen Oceane und über 25 Breitegrade reicht, muß bei seiner Verschiedenheit der Lage über dem Meeresspiegel, der Bewässerung, des Kulturzustandes u. s. w. in seinen einzelnen Theilen ein sehr verschiedenes Klima haben.

Durch die Missouri compromite line, eine Linie, welche unter 36° 30′ n. Br. den Westen der Union durchschneidet, wird der sklavenhaltende südliche von dem sklavenlosen nördlichen Theile der westlichen Staaten abgegränzt. Verlängert man in Gedanken diese Linie bis zum Atlantischen Ocean, und theilt man die sklavenfreien nördlichen Staaten wieder durch eine mit dem 42. Breitegrade laufende Linie, so hat man die sämmtlichen Vereinigten Staaten in drei an Flächeninhalt ungleiche Abtheilungen gebracht, welche sich auch in klimatischer Hinsicht sehr merklich von einander unterscheiden. Auf die wüsten Gebiete des Westens, die eigenthümlichen klimatischen Verhältnissen unterworfen sind, wird bei dieser Eintheilung keine Rücksicht genommen.

Die südliche der genannten Abtheilungen nimmt beinahe 11 Grade der Breite ein (vom 25° bis 36° 30′) und hat in ihrer Mitte, um den 31. Breitegrad eine jährliche Durchschnitts-Temperatur von 16° Reaumur. Innerhalb derselben beginnt zu blühen: der Pfirsichbaum vom 10. Januar bis 1. März, der Kirschbaum vom 1. März bis 15. April, der Apfelbaum vom 5. März bis 10. April. Diese wärmste Abtheilung ist das Land der Baumwolle, des Reißes, und bis zum 31.° auch des Zuckers; sie umfaßt die Staaten: Texas, Louisiana, Mississippi, Alabama, Florida, Georgia, Süd- und Nord-Carolina, Tennessee und Arkansas.

Die mittlere Abtheilung, von 36° 30′ bis 42° n. Br. über 5½ Breitegrade sich erstreckend, zeigt um die Mitte eine durchschnittliche Temperatur von 10° R. Es entwickeln hier ihre Blüthen: der Pfirsichbaum vom 1. April bis 5. Mai, der Kirschbaum vom 10. April bis 10. Mai, der Apfelbaum vom 20 April bis 20. Mai. Sie hat Halmfrüchte und Aepfel in größter Vollkommenheit; ihr gehören folgende Staaten an: Missouri, Kentucky,

Virginien, Maryland, Delaware, New Jersey, Rhode Island, Connecticut, der südöstliche Theil von New York, Pennsylvanien, Ohio, Indiana, Illinois und die südlichen Bezirke von Jowa.

Die nördliche, kalte Abtheilung reicht vom 42.° bis gegen den 50.°, über 8 Breitegrade, mit einer mittleren Temperatur von 6° R. Hier zeigt sich die Blüthe des Pfirsichbaums erst um Mitte Mai, des Kirschbaums vom 1. bis 25. Mai, des Apfelbaums vom 1. bis 30. Mai; Halmfrüchte und Kartoffeln liefern die ergiebigste Aernte. In ihren Bereich fallen die Staaten: Maine, New Hampshire, Massachusetts, Vermont, New York, Michigan, Wisconsin und das nördliche Jowa.

Die Lufttemperatur Nordamerikas ist niedriger, als die europäischer Länder von gleicher Breite, sowie auch öfteren und größeren Veränderungen unterworfen, als in Europa. Aus Mangel an genügenden Beobachtungen wird man genaue Isothermen, Isotheren und Isochimenen in Amerika noch lange nicht zu Stande bringen können und man wird sich, bis die Meteorologie daselbst einen höheren Standpunkt erreicht haben wird, eben nur mit vereinzelten unvollständigen Angaben über Wärme-Verhältnisse begnügen müssen.

Der 42.° n. Br. durchschneidet Italien unweit von Rom, und macht in Nordamerika die Gränze zwischen den Staaten New York und Pennsylvanien; aber welch ein Unterschied der Temperatur unter dieser Breite in Amerika und Europa! Hier eine durchschnittliche Temperatur von $15,_{50}$ R., eine Winterkälte von kaum 4° R., Schnee eine Seltenheit: dort eine mittlere Temperatur von 8° R., ein strenger Winter von Mitte Dezember bis März mit fußtiefem dauerndem Schnee bei einer Kälte, die 18° R. erreicht, öfters noch übersteigt.

Im Staate Maine, dem nördlichsten der Union im Osten, beobachtete man am 28. Juni 1837 eine Kälte von — $26,_{22}$ R., am 9. Mai des folgenden Jahres eine Hitze von $30,_{12}$ R. = Unterschied: $56,_{34}$ R. Im Staate Missouri (Franklin county) fiel die Temperatur von 28° R. auf — 3° R. innerhalb 48 Stunden.

Die größte Hitze von $37,_{33}$ R. wurde im Jahre 1835 im Fort Gibson am Arkansas unter 35° 48′ n. Br. beobachtet. In

New Orleans unter 29° 57′ n. Br. stieg die Wärme auf 35° R. New Orleans hat eine mittlere Temperatur von 17,10 R., Natchez 15,80 R., Nashville 11,41 R., Cincinnati 10,10 R., St. Louis 10,80 R., Montreal (Canada) 6,01 R.

In der südlichen Abtheilung hat die Natur einen leisen Winterschlaf von zwei Monaten, nämlich von Mitte Dezember bis Mitte Februar. Ist der Winter sanft, so behält die Prairie ihe grünes Kleid. Das Laub der Lebenseiche (Quercus virens) tödtet auch ein strenger Winter nicht, es fällt im März, wenn das neue hervorbricht. Während eines gewöhnlichen Winters hat man in Gärten fortwährend grünes Gemüse. Selbst im Januar, wenn kein Nordwind geht, hat man um Mittag eine Wärme von 12° bis 16°, auch 20° R., sie sinkt bei Nacht selten unter 10° R. Nur ein Nordwind bringt die Temperatur unter 0° R. Das Flußwasser behält eine Wärme von 13° bis 15° R., und man kann um Weihnachten im Freien baden. In der zweiten Hälfte Februar oder Anfang März beginnt Alles wieder zu grünen und zu blühen, der Frühling, und fast mit ihm zugleich der Sommer, ist wieder da. Die gewöhnliche Sommerwärme um Mittag ist 24° bis 26° R., sie übersteigt bei Südwind oft auch 30° R. und sinkt bei Nacht selten unter 20° R. Der Juli ist der heißeste Monat; in der zweiten Hälfte September wird die Hitze erträglicher. In der Mittagszeit des Sommers ist dem Weißen das Arbeiten im Freien wenn nicht unmöglich, so doch höchst schädlich, die Schwarzen ertragen die Mittagshitze ohne Nachtheil. Der lange Herbst ist angenehm.

In der mittleren Abtheilung behauptet sich der Winter durch volle vier Monate, von Anfang Dezember bis April, und trägt durch drei Monate das weiße, in heftigen Winden flatternde Kleid des Schnees, das ihm ein plötzliches Thauwetter oft auf kurze Zeit entreißt, und ein rauher Nordwest wiederbringt. Die Kälte erreicht oft — 16° R. und springt manchmal über — 20° R. Das Vieh verlangt da Schutz und Futter. Das Eis der Flüsse trägt schwer beladene Wagen. Ein kurzer Frühling, trüb und naß, verkündet im April den nahenden Sommer, welcher im Mai mit voller Kraft und Wärme anrückt. Er ist wohl kürzer, aber fast eben so heiß, wie in der südlichen Abtheilung, hat um Mittag eine Temperatur von 23° R. bis 26° R., ausnahmsweise auch 30° R., aber weit kühlere Nächte. Der Herbst ist die angenehmste Jahreszeit und dauert mit dem sogenannten indianischen Sommer bis gegen Ende Novembers. Im Oktober und November ist westlich vom Mississippi die Atmosphäre voll Höhenrauch, so daß Sonne und Mond düster scheinen; nach Osten hin findet diese Erscheinung weniger statt, die vielleicht eine Wirkung der westlichen Prairie-Brände ist.

Die nördliche Abtheilung hat einen misanthropischen Winter, der über 5 Monate, von der Mitte des November bis in die zweite Hälfte des April dauert. Er ist im Osten strenger, als an den Canadischen Seen; besonders der Michigan- und der Obere See mäßigen sowohl Winterkälte als Sommerhitze. Die Kälte übersteigt im Osten zuweilen — 24° R., und 2 Fuß dickes Eis bedeckt die Flüsse. Der Obere See gefriert nur am Ufer. Eisige Stürme aus Nordwest treiben mit 3 bis 4 Fuß tiefem Schnee wochenlang ihr manchmal allen Verkehr hemmendes Spiel. Die Freuden des Frühlings kennt man nicht; auf den rauhen Winter folgt der heiße Sommer, dessen Hitze 28° R. nicht selten übersteigt. Schädliche Nachtfröste kommen noch zu Anfang Juni. Der Herbst hat bei Tage eine angenehme Wärme, um Ende September kommen schon die Nachtfröste wieder.

Die atmosphärische Feuchtigkeit und die Niederschläge betragen im Süden weit mehr als im Norden; diese Abnahme ist sowohl im Mississippi-Thale als am Atlantischen Oceane sehr beträchtlich. Die durchschnittliche jährliche Quantität der atmosphärischen Niederschläge beträgt zu Savannah 63, Charleston 57, New York 45, Boston 39, New Orleans 59, Cincinnati 40, Pittsburg 32 Zoll. In der südlichen Abtheilung fällt der meiste Regen im Winter und im Frühlinge; der Sommer und Herbst haben dessen nur wenig. Trotz der großen Regenmenge leiden doch einige südliche Gegenden im Sommer an einer dem Ackerbau oft sehr nachtheiligen Trockenheit. In Castroville (Texas) sind dürre Sommer ein Hauptleiden der Einwohner. In New Mexico, Arkansas und andern Gegenden ist der Regen im Sommer äußerst spärlich und die Maispflanzungen leiden sehr.

Die Zeit des Regenfalles ist im Süden zu kurz, das

Wasser überfluthet den Boden, ohne gehörig einzudringen. Wo die Erdoberfläche durch die Kultur weit umher bereits aufgeschlossen ist, hat sich dieser Uebelstand, der Erfahrung zufolge, etwas vermindert. Der unkultivirte, weder vom Pfluge noch vom Winterfroste gelockerte Boden ist ungemein fest zusammengelagert, auch wenn er nach seinen mineralischen Bestandtheilen keine besondere Bündigkeit besitzt, und nur ein sehr kleiner Theil des in tropischen Güssen niederfallenden Wassers kann auf geringe Tiefe eindringen; die Hauptmasse schießt darüber hin, schwellt die Flüsse hoch an und eilt dem Meere zu, statt, vom Boden aufgenommen, durch die hohe Temperatur verdünstet, der Atmosphäre Zuthat zu neuen öfteren Niederschlägen zu geben.

Nach den nördlichen Gegenden hin und im Bereiche des Alleghany-Gebirges tritt schädliche Trockenheit viel seltener ein, obgleich die jährliche Menge atmosphärischer Niederschläge sich als weit geringer darstellt.

Nasse Jahrgänge belästigen mitunter im Süden wie im Norden. Im Jahre 1837 hatte selbst Texas und Arkansas einen regnerischen Sommer, wo sich erst im September beständige heitere Witterung einstellte.

Eine eigentliche bestimmte Regenperiode gibt es, außer im westlichen Californien, in den Vereinigten Staaten nicht.

Thau fällt allenthalben reichlich, und dient der Vegetation während der heißen Sommerzeit zur unentbehrlichen Erfrischung.

Die Luft ist in Nordamerika überall viel durchsichtiger als in Europa, so daß ferne Gegenstände deutlichere Umrisse zeigen und das Auge viel weiter trägt. Ihr Feuchtigkeitszustand unterliegt einem großen Wechsel. Im Süden ist sie im Sommer oft so trocken, daß alles Holzwerk reißt, und weit aufklaffende Spalten bekommt, bald darauf wieder so feucht, daß Salze flüssig werden, Metalle sich mit Rost überziehen und Kleidungsstücke durch Moder leiden. Im Norden ist sie durchschnittlich trockener, nur bei Ausgang des Winters voll von Nässe.

Nebel sind seltener im Süden als im Norden, häufig an den Canadischen Seen. Die Nebel im Ohio-Thale sind wegen ihres schädlichen Einflusses auf die menschliche Gesundheit berüchtigt.

Von den Sümpfen des unteren Mississippi-Thales weicht die dichte, selten hohe Lage von schweren Dünsten nur dem Winde und den kräftigen Strahlen der Mittagssonne.

Heitere Tage zählt die südwestliche Region mehr als die nördliche und nordöstliche; trübe Tage sind im Sommer selten.

Der Nordwind ist in der südlichen Abtheilung den Winter über der herrschende. Seine Dauer beträgt 1 bis 6, zuweilen auch 8 Tage. Er ist der kälteste von allen und eine große Plage für die Bewohner der südlichen Staaten, die außerdem auch im Winter einer sehr angenehmen Lufttemperatur sich erfreuen. Er fängt in der Regel als Nordostwind an, wendet sich dann nach Nord und endet als Nordwestwind. Seine Heftigkeit und Kälte nimmt beim Fortschreiten nach Norden zu, von da nach Nordwest wieder ab. Feuchtigkeit bringt er am meisten bei seiner anfänglichen Richtung aus Nordost. Die Geschwindigkeit, mit welcher er, von Nordost an, fortzurücken begonnen hat, behält er, bis er in Nordwest angelangt ist; woraus man gleich anfangs mit ziemlicher Genauigkeit auf seine Dauer schließen kann. Wenn er z. B. in den ersten 24 Stunden 30 Grade zurücklegt, so wird er noch zwei, im Ganzen drei Tage brauchen, um den Bogen von 90 Graden zu bestreichen und in Nordwest anzukommen, wo er abstirbt. Ich habe in den zwei Wintern von 1850 und 1851 nicht ein einziges Mal bemerkt, daß er im Nordwest begonnen hätte und in entgegengesetzter Richtung nach Nordost vorgeschritten wäre. Begann er manchmal aus Nord oder Nordwest zu blasen, so war er weder heftig noch kalt, und seine Dauer beschränkte sich nur auf einige Stunden. Seiner Ankunft geht immer eine unangenehme schwüle Windstille voran; dann überzieht sich der Himmel allmählig mit einem grauen Dunste, Vögel ziehen eilend vom Norden nach Süden, und auf einmal brauset er daher, entweder mit feinem Staubregen und Nebel, oder doch sehr feucht, daß er dadurch für das Gefühl um so kälter wird. Die Temperatur sinkt sehr schnell, in 24 Stunden nicht selten von 20° R. auf einige Grade unter 0° R. Das zahme Vieh verläßt die Weide, sucht Schutz in Gebüschen und Uferdickichten, das Wild flieht in sein Versteck, kein Vogel ist zu sehen, alle Gewässer dampfen, auf seichten Pfützen zeigt sich Eis. Das ist der Norther, das Leiden des Winters in den südlichen Gegenden; so lange er dauert, sitzt der Amerikaner schweigsam am Kamin und spuckt den braunen Saft vom Kautaback ohne Unterlaß in das mit ganzen Holzblöcken reichlich genährte Feuer. Es vergeht im Winter selten eine Woche, wo sich kein Nordwind einstellt. Gegen das Frühjahr hin verliert er mehr und mehr an Heftigkeit und Kälte, und mit Anfang Mai geht seine Periode ganz zu Ende. Im September meldet er sich wieder, und ist erquicklich, da er die lästige Sommerhitze mildert. In den nördlichen Gegenden, jenseit des 36sten Breitegrades, macht er sich weniger fühlbar; nach Süden hin erstreckt derselbe seine Wirksamkeit im Winter bis über die westindischen Gewässer hinaus.

Im Sommer bringt der Südwest fast täglich sanfte Kühlung. Er ruht in der Nacht, stellt sich früh eine Weile nach Sonnenaufgang ein, nimmt bis gegen neun Uhr an Kraft zu, wird dann wieder schwächer, ruht um Mittag fast ganz, erhebt sich gegen zwei Uhr Nachmittags aufs Neue und weht bis zum Sonnenuntergange, worauf die Luft still und schwül wird. Ohne diesen sanft kühlenden Wind würde die Hitze des südlichen Sommers viel drückender seyn. Jenseits des 36.° nördlicher Breite ist seine kühlende Wirkung kaum bemerkbar; dafür hat man dort kühlere Nächte.

Der Südwind weht selten anhaltend, und kühlt blos in unmittelbarer Nähe des mexikanischen Golfes die Luft ein wenig. Er verursacht bei längerer Dauer Herabstimmung der Kräfte des Menschen, was nicht blos eine Folge seiner höheren Temperatur zu seyn scheint.

Ost- und Südostwinde bestreichen die südlichen Staaten bis zum 33.° nördlicher Breite als Passatwinde. Westlich vom Missisippi ist der Südost auf weit höherer Breite von sehr unangenehmer Einwirkung auf das Befinden der Bewohner. Man fühlt sich da während desselben auffallend matt, weder zu körperlicher noch geistiger Beschäftigung fähig und aufgelegt; er ist von höherer Temperatur, als der Südwest.

Westwind tritt selten ein, geht aber leicht in Sturm über und bringt Gewitter und Regen.

In der mittleren und nördlichen Abtheilung sind nördliche

Winde ebenfalls im Winter, südliche im Sommer vorherrschend. Direkter Nordwind kommt selten, weit öfter Nordost, der feucht und kalt ist. Der Nordwest bläst heftig und kalt, und bringt den meisten Schnee. Der Westwind ist von gleicher Beschaffenheit wie im Süden. Der Südwest stellt sich zu Ende des Winters ein, bringt Regen und öfters auch noch Schnee. Süd- und Südostwinde zeigen weniger die unangenehmen Eigenschaften wie im Süden.

Stürme und Orkane sind nirgends selten, am häufigsten aber in den Küstengegenden des Atlantischen Meeres und an den Canadischen Seen.

Die Gewitter sind sehr zahlreich und intensiv, fast immer von heftigen Regengüssen, oft auch von Stürmen und Hagel begleitet. Sie ereignen sich im Frühlinge bis Ende Juni am häufigsten, im Süden auch zur Winterszeit. In den nördlichen Gegenden sind die Erscheinungen bei Gewittern fast dieselben wie in Deutschland, im Süden weichen sie davon bedeutend ab: die Gewitterwolken schweben sehr niedrig, die Blitze sind weniger roth, aber von ungeheurer Intensität, seltener von Zickzackform. Der Knall ist von entsprechender Stärke, aber statt des majestätischen Rollens ist vielmehr ein Gepolter zu hören, als würden gewaltige Felsblöcke über den Bretterboden eines großen Hauses mit Schnelligkeit dahingewälzt. An zündender Kraft scheinen aber die Blitze weit schwächer als in Deutschland zu seyn; man hört äußerst selten von Gewitterbränden, auch an Bäumen trifft man nicht leicht Spuren von Zerstörungen durch den Blitz. Oft lagern Gewitter mehrere Tage über einer Gegend, wie es vornehmlich über den Stromthälern des südöstlichen Texas und den Sümpfen von Louisiana der Fall ist.

Derselbe Maßstab der Großartigkeit, welcher den Kräften, Einrichtungen und Erscheinungen der Natur in Amerika zum Grunde liegt, gibt sich auch in den Witterungsverhältnissen daselbst deutlich kund; großartig sind die Veränderungen der Wärme, Feuchtigkeit, Elektrizität und Bewegung der Luft, und sie ertheilen der Witterung den Charakter einer sehr wirksamen, auf das organische Leben einflußreichen Veränderlichkeit.

7. Eigenthümlichkeit der Bewässerung und Beschaffenheit des Wassers.

In Nordamerika ist lästiger Ueberfluß und drückender Mangel an Wasser anzutreffen. Von dem Quellgebiete des Mississippi im Norden bis zur Küste des Atlantischen Oceans sind Seen, Flüsse und Ströme jeder Größe in solcher Menge vorhanden, daß kein anderes an Umfang gleich großes Ländergebiet einen solchen Reichthum an Süßwasser besitzt. An der östlichen und südlichen Küste, vorzüglich um die Mündungen des Mississippi, und an diesem Strome weit aufwärts verbreiten Seen und Sümpfe sich über ungeheure Landstrecken. Der ganze Bereich des Alleghany-Gebirges hat für alle Bedürfnisse und Zwecke Wasser genug. Aber westlich vom Mississippi nach dem Stillen Weltmeere hin herrscht großer Wassermangel, nicht blos in solchen Gegenden, wo man tagelang reisen muß, um von einem Flusse zum andern zu gelangen, sondern auch in solchen Ländern, welche auf der Landkarte Ströme und Flüsse in Menge zeigen.

Die Flüsse sind da überall tief ins Land eingeschnitten; auch unbedeutende, selbst im Sommer vertrocknende Bäche haben sich im Verlaufe der Jahrtausende tiefe Bottoms ausgegraben. Bei größeren Flüssen und Strömen beträgt die Breite derselben oft mehrere Meilen. In die Sohle eines solchen Flußthales ist wieder ein weit schmäleres eingeschnitten, in welchem erst das eigentliche Flußbett vertieft ist. Bei größeren fließenden Gewässern läßt sich dieses erste und zweite oder das große und kleine Bottom immer deutlich unterscheiden. Das Steigen des Wassers in den Flüssen erfolgt bei starken Regengüssen mit großer Schnelligkeit und zu einer überraschenden Höhe. Diese Beschaffenheit erschwert ungemein die Anlegung von Wasserwerken zu Mühlen u. dergl. Die Flüsse kommen oft aus ihren Quellen schon als ansehnliche Flüsse hervor, ohne auf ihrem Laufe durch viele kleine Bäche allmählig verstärkt zu werden. Kleine Quellen sind nicht häufig und die wenigen kommen meistens an den Ufern der Flüsse hervor, ohne das Land zu bewässern. Die im Winter vom Regenwasser entstandenen Zuflüsse bleiben im Sommer aus, solche Winterbäche ohne Quellen vertrocknen bis auf einige tiefe Becken, worin etwas stinkendes Wasser zurückbleibt. Viele Flüsse gehen auch weite Strecken, oft 10 Meilen weit, unterirdisch, und kommen dann wieder zu Tage. Die Formation des Kreidekalkes scheint zu dieser sonderbaren Constitution der Flüsse am meisten geeignet. Das Wasser versinkt in den Klüften und Spalten dieses Gesteins, sammelt sich in der Tiefe und stürzt als Fluß hervor. Die leichte Auflösbarkeit der meisten der vorkommenden Varietäten dieses Kalksteins ist der Grund, daß fließende Wasser ihr Bett so tief einzusenken vermochten.

Große Strecken des fruchtbarsten Bodens und mit hinreichendem Holze versehen, sind wegen Wassermangels bis jetzt unbebaut geblieben. Durch Brunnengraben könnte man wohl das für Menschen nöthige Wasser gewinnen, aber zahlreiche Viehheerden aus Brunnen zu tränken, ist bei dem hohen Preise der Arbeit unthunlich. Hat in solchen Gegenden der Bodenwerth einmal eine gewisse Höhe erreicht, so wird man wohl zur Anlegung zweckmäßiger Cisternen an Bergabhängen sich bequemen, aus welchen man beliebige auch für die Heerden genügende Quantitäten Wassers mühelos ablassen kann. Abgegohrenes Regenwasser ist trotz seinem Mangel an Kohlensäure immer noch ein ziemlich schmackhaftes und unschädliches Wasser. In der Hafenstadt Galveston auf der gleichnamigen Insel von Texas hat man zum Genusse kein anderes, als Regenwasser, welches man von den Dächern auffängt, und in große bedeckte Fässer leitet, wo es eine Art von Gährung übersteht, und dann ganz brauchbar ist.

An den Seeküsten ist selten gutes Wasser, wenn es nicht durch Kunst dahin geleitet wird. Das süße Wasser der Flüsse ist nicht blos an der Mündung derselben, sondern bis tief ins Land mit dem salzigen Meerwasser vermischt. Auch Brunnen geben an der Küste nur selten gutes Wasser.

Das Wasser des aufgeschwemmten Landes schmeckt unangenehm, und ist der Gesundheit nachtheilig, wenn es nicht von den darin enthaltenen aufgelösten organischen Stoffen gereiniget wird. Durch das Kochen verliert es seine Schädlichkeit größtentheils. Oft hat solches Wasser, auch wenn es krystallhell erscheint, einen bitterherben Geschmack und darf ohne Kochen nicht genossen werden.

So weit die Kreideformation reicht, ist das Wasser der Quellen und Flüsse von ausgezeichneter Klarheit und nicht unangenehm vom Geschmacke, das Quellwasser ist überdies sehr reich an kohlensaurem Gase; aber es enthält dennoch viel aufgelösten Kalk, so daß es nach dem Kochen am Boden des Geschirres einen starken Satz bildet. Ich habe nicht bemerken können, daß solch kalkhaltiges Wasser für die Gesundheit offenbar schädlich wäre; auch die Aerzte halten es nicht für ungesund. Innerhalb dieser Formation liegt hier und da in ungleicher Tiefe eine Schicht von grauem schwefelhaltigem Kalkstein; findet man beim Graben der Brunnen das Wasser in derselben, so ist es seines Schwefelgehaltes wegen zum Genusse nicht tauglich.

Reisende nach Californien haben auf den westlichen Prairien oberhalb Paso del Norte, von quälendem Durste verleitet, stehendes Wasser aus Felsenbecken genossen, welches auch gekocht tödtliche Wirkungen hatte, und Mehreren den Tod gebracht hat.

Nordamerika ist in seinen westlichen und südwestlichen Theilen sehr reich an Salzseen, in welchen das Wasser so salzreich ist, daß große Quantitäten Kochsalz durch Verdunstung daraus gewonnen werden.

Das Alleghany-Gebirge hat überall, bis auf wenige sehr beschränkte Punkte, sehr gutes Wasser. Auch im Norden gegen die Canadischen Seen hin fehlt es nicht daran. Wenn in diesen Gegenden dennoch schlechtes Wasser genossen wird, so ist es nur Schuld der Bewohner, welche freilich nicht selten aus Sümpfen und Morästen Wasser zum Genusse nehmen, oder in humusreichen Boden, in torfige Wiesen Löcher stechen, welche sie Brunnen nennen, und das darin zusammengesinterte Wasser für Brunnenwasser genießen. Wo primitive, Uebergangsgesteine oder Sandsteinarten vorherrschen, da hält es in Nordamerika nirgends sehr schwer, sich gesundes Wasser zu verschaffen. Auf dieses wichtige Element sollte man in einem Lande, wo ein drückend heißer, fieberhafter Sommer so ernstlich dazu mahnt, zur Erhaltung der Gesundheit mehr Sorgfalt und Mühe verwenden.

8. Einfluß der Landesbeschaffenheit auf die Gesundheit des Menschen, Krankheiten.

Daß die noch niemals oder seit lange nicht umgearbeitete Erde auch in geringer Tiefe Dünste einschließe, welche bei dem Aufbrechen der Oberfläche entweichen, zuweilen durch einen unangenehmen Geruch sich kund geben, und für die menschliche Gesundheit schädliche Wirkungen äußern, davon kann man sich überall überzeugen, und Leute, die mit Erdarbeiten sich beschäftigen, wissen das sehr wohl. Je bündiger und feuchter der Boden ist, je mehr er verwesende thierische und Pflanzenstoffe enthält, je größer die Wärme der Erde und der Luft beim Aufbrechen ist: desto reichlicher wird die Ausströmung solcher Dünste seyn. Sie äußern ihre Wirkung oftmals sogleich auf die Menschen, welche in ihrem Bereiche sich befinden, daß sie an demselben Tage noch schwer erkranken. Ist die Aufschließung der früher unbearbeiteten Erdoberfläche eine umfangreiche, so wird auch der schädliche Einfluß auf die Nahewohnenden um so stärker und ausgebreiteter seyn. Wird wüstes Land weit umher durch den Pflug aufgebrochen, so muß die Atmosphäre ein so großes Quantum solcher Ausdünstungen aufnehmen, daß der Gesundheitszustand der Bewohner eines ganzen Landes für längere Dauer gefährdet wird. Da die Kultur eines vordem wüsten Landes erst in einer langen Reihe von Jahren bewerkstelliget wird, und der Boden auch nach einer mehrjährigen Bearbeitung immer noch, wenn auch in abnehmendem Maße, schädliche flüchtige Substanzen an den Luftkreis abgibt: so kann auf eine bald erfolgende Verbesserung des erwähnten Nachtheiles keineswegs gerechnet werden; ein neukultivirtes Land bleibt lange Zeit ungesund.

Wenn in Nordamerika bei Errichtung einer Farm auch nur ein kleines Stück Land urbar gemacht wird, und die Wohnung des Farmers befindet sich auf der Nordseite desselben, so daß die im Sommer wehenden südlichen Winde die aufsteigenden schädlichen Dünste in das Haus führen können, so ist die Lage der Wohnung ungesund, häufige Erkrankungen, selbst Todesfälle bleiben nicht aus. Heftige Stürme und Regengüsse treiben in Nordamerika die verwesenden Stoffe der Thier- und Pflanzenwelt von den Höhen nach den Niederungen, wo sie oft in großen Massen angehäufet sind, und von da die flüchtigen Produkte ihrer fortschreitenden Zersetzung durch die Fäulniß der Luft mittheilen. Die mehrentheils sehr breiten Flußthäler (Bottoms) sind vorzügliche Sammelplätze von solchen organischen Ueberresten, welche die Fruchtbarkeit derselben, so wie ihre Schädlichkeit für die menschliche Gesundheit begründen. In den südlichen Gegenden, wo der lockere leichte Humus durch Bäume gegen die Gewalt der Stürme und Wasserfluthen wenig geschützt ist, tritt diese Erscheinung noch auffallender hervor. Da sind ungeheure Landstrecken von Erde entblößt, und nackte Steintrümmer bedecken unabsehbare Flächen, die ein magerer, zwischen dem Gestein nothdürftig wurzelnder Graswuchs im Sommer von fern als grüne Wiesen erscheinen läßt, welche aber nach einem Prairiebrande und im Winter in ihrer ärmlichen Gestalt sich zeigen. Was auf so weitem Raume fehlt, das liegt in den Niederungen und in den Bottoms der Flüsse angehäuft. Verweilt man bei windstiller schwüler Abendluft, besonders im Frühjahr in einem solchen Bottom nur kurze Zeit: so wird man durch den Geruch, oder ein bald eintretendes Unwohlseyn von dem Vorhandenseyn schädlicher Dünste überzeugt werden. Ist eine Wohnung in einem solchen Bottom oder einer feuchten Niederung, oder auf der Nordseite derselben angelegt, daß die aufsteigenden Dünste im Sommer von den südlichen Winden ihr zugeführt werden: so hat diese Wohnung eine ungesunde Lage. Daher ist es außerhalb den Gebirgsgegenden von wesentlichem Nutzen für die Gesundheit, die Wohnungen so hoch als möglich, und zwar südlich von Flüssen, feuchten Niederungen und unaufgebrochenen Aeckern anzulegen; was freilich wegen der größeren Entfernung vom Wasser wieder eine, aber im Vergleich des erzielten Vortheiles unbedeutende Unbequemlichkeit zur Folge hat.

Die Amerikaner nehmen bei der Wahl ihres Wohnsitzes wenig Rücksicht auf gesunde Lage; die Fruchtbarkeit des Bodens gilt ihnen fast Alles. Man wird aber auch während des Hochsommers kaum ein Haus, das in einer für die Gesundheit ungünstigen Lage sich befindet, antreffen, in welchem nicht eine oder die andere der vielen gangbaren Fieberarten eingesprochen hätte. Wird es Einem zu arg mit den oft wiederkehrenden Krankheiten, hat er dem Arzte zu viel zahlen müssen, oder ist ihm ein Glied der Familie gestorben: so zieht er wieder einmal weiter, um sich anderwärts eben so sorglos niederzulassen. Kauft ein unkundiger Neueingewanderter eine solche Farm, so findet er oder ein Theil seiner Familie daselbst gar bald ein sicheres Grab. Unweit Houston in Texas, wo auch das gelbe Fieber manchmal sich zeigt, ist ein Haus während vier Jahren dreimal ausgestorben; blos von der letzten da wohnhaft gewesenen Familie ist ein Sohn von allen sechs Gliedern derselben übrig geblieben. In diese Kategorie gehört das ganze aufgeschwemmte Land am Meerbusen von Mexico mit den Flußthälern bis weit hinauf in die Hügelregion, das ganze Mississippi-Thal bis gegen die Einmündung des Missouri, im Osten bis an den Fuß des Alleghany-Gebirges, im Westen bis zur höheren Prairie-Region, so wie theilweise auch die Küstenstriche am Atlantischen Oceane. Eine nordamerikanische Gegend von ausgezeichneter Fruchtbarkeit ist ungesund.

Der Einfluß vieler Sümpfe auf den Gesundheitszustand der Bewohner einer Gegend ist allbekannt. Amerika ist unter allen Continenten mit Sümpfen am reichlichsten versehen, und Nordamerika hat einen guten Theil davon. Der sumpfreichste Staat ist Louisiana, auch in Alabama, Mississippi, den beiden Carolinas und Florida sind weite Strecken versumpft. Viele umfangreiche Niederungen sehen im Winter und Frühlinge, wo Regen und Ueberschwemmungen durch Flüsse sie füllen, wie Seen aus; sobald aber die Sommerhitze das Wasser zum Theile verdunstet hat, zeigen sie ihren Sumpfcharakter. Die faulenden Wasser mit den vielen verwesenden Ueberresten einer üppigen Vegetation verderben mit ihren miasmatischen Dünsten weit umher die Luft. New Orleans, Baton-Rouge, Natchez und andere Städte sind im Sommer wahre Lazarethe, und das gelbe Fieber holt sich da regelmäßig im Hochsommer jedes Jahres seine Opfer. Die hier und da zerstreut liegenden Sümpfe oder Moräste des Nordens sind weniger verderblich; der kalte Winter und die kälteren Nächte im Sommer lassen sie weniger schädliche Dünste entbinden; einzelne sumpfige Distrikte an den großen Canadischen Seen, z. B. in Michigan, haben im Herbste allerdings auch ihre Gallen- und Wechselfieber, aber weniger bösartig als im Süden.

Höher gelegene Gegenden mit trockenem, etwas sandigen Boden, oder wo die Amerikaner bereits durch lange Zeit ihr Aussaugungssystem getrieben haben, und die ursprünglichen organischen Substanzen in der Ackererde aufgezehrt sind, haben eine weit gesündere Luft, aber auch eine weit geringere Fruchtbarkeit. Einige ältere Staaten haben sich durch eine langjährige Boden-Kultur in dieser Hinsicht bemerkbar gebessert. So hielt man Illinois in früherer Zeit für äußerst ungesund, jetzt will man diesem Staate eher einen Vorzug vor seinen Nachbaren einräumen.

Die Temperaturverhältnisse von Nordamerika sind der Gesundheit keineswegs günstig. Schon die Sommerhitze ist von entschieden nachtheiliger Einwirkung, besonders auf alle diejenigen, welche sich derselben im Freien anhaltend auszusetzen genöthiget sind. Die Wirkung der beinahe senkrechten Sonnenstrahlen auf den menschlichen Körper ist eine eigenthümliche. Wenn man bei einer Lufttemperatur von 30° bis 32° R. ohne Rock, den Kopf gehörig mit dem Hute bedeckt, sich ruhig von der Mittagssonne bescheinen läßt: so fühlt man alsbald eine starke Aufregung des ganzen Körpers, ein leises Zittern der Haut und einen Andrang des Geblüts nach Brust und Kopf, was Alles sogleich nachläßt, wenn man durch einen Regenschirm die Sonnenstrahlen abhält. Bei unbedecktem Haupte würde der Sonnenstich sehr bald erfolgen, da er nicht selten ohne Entblößung desselben eintritt, und in vielen Fällen sich schon tödtlich erwiesen hat. Ich habe oft die Erfahrung gemacht, daß man bei leerem Magen leicht große Hitze erträgt, was man durchaus nicht mehr vermag, wenn man sich auch kaum noch zur Hälfte gesättiget hat. Der unmäßige Fleischgenuß, dessen sich bei der Wohlfeilheit dieses Artikels sehr Viele schuldig machen, ist unverkennbar schädlich, sie ziehen sich dadurch bald diese, bald jene Fieber-Species zu. Geräuchertes Fleisch ist lange nicht so verderblich für die Gesundheit. Ich sah von vielen Personen, die den ganzen Sommer über regelmäßig täglich dreimal geräucherten Speck verzehrten, nicht eine erkranken, was vielleicht dem fäulnißwidrigen Creosot, welches während der Räucherung in das Fleisch eingedrungen ist, beizumessen seyn dürfte. Ein Kaufmann aus Mexico nahm täglich drei Tropfen Creosot in einem Glas Wasser, um sich im Sommer gegen Fieberanfälle zu schützen; er versicherte mich, daß er dieses Mittel an sich und Andern auf Reisen in den Tropenländern probat gefunden habe. Auch gegen die Seekrankheit soll dieses Mittel gute Dienste leisten. Das Rindfleich riecht im Sommer schon 12 Stunden nach der Schlachtung; die Aerzte empfehlen *einen sehr mäßigen Genuß desselben.* Grünes Gemüse ist sehr zuträglich, eben so getrocknetes Obst.

Eine vermehrte Absonderung der Galle stellt sich im heißen Sommer bei den meisten Individuen ein, welcher Umstand vielen, ursprünglich nicht gallichten Krankheiten einen biliösen Charakter ertheilt.

Es ist zu wundern, daß die meisten in Städten wohnenden Amerikaner im Sommer schwarze Kleider tragen, ja nicht einmal den schwarzen Hut gegen den weißen breitkrempigen Strohhut vertauschen wollen. Die Damen tragen leichte Kleider und weiße, sehr zweckmäßig construirte Hüte.

Durch kaltes Trinken fügt man der Gesundheit nicht leicht Schaden zu, da das Wasser der frischesten Quelle in der südlichen Abtheilung doch eine Temperatur von 16° R. hat. Nur wenn man das Wasser künstlich kühlt, wie z. B. auf den Dampfern des Missisippi, wo man dem trüben Stromwasser durch Eis einen bessern Geschmack geben will, kann dieses allerdings der Fall seyn. Durch geistige Getränke zerstören noch Viele im Sommer ihre Gesundheit.

So viel man auch schwitzt, und die vom Schweiße durchnäßten Kleider angenehm kühlend auf den Körper wirken, und deßhalb nicht gar häufig gewechselt werden: so sind schädliche Erkältungen im Süden dennoch nicht gar häufig, weil zu dieser Zeit die Nächte windstill und warm sind, was zu andern Jahreszeiten und in den nördlichen Gegenden mit kälteren Nächten ganz anders sich verhält.

Die landwirthschaftlichen Verrichtungen im Freien sind während der Sommerhitze in den nördlichen Staaten weit häufiger und anstrengender als im Süden. Hier werden alle Arbeiten des Zucker- und Baumwollenbaues durch Negersklaven verrichtet; die Weißen beschäftigen sich als Farmer daselbst nur mit der fast mühelosen Viehzucht und dem Maisbaue, welche Frucht im

Frühjahr gepflanzt und im September mittelst geringer Arbeit eingebracht wird. Dagegen erfordert im Norden die Heufechsung und die Kultur der Halmfrüchte vielfach mehr und größere Anstrengung in den heißen Sommertagen; woher es auch zum Theile kommen mag, daß während der Aernte hier weit mehr Kranke sind, als im Süden.

Wenn auch der winterliche Nordwind für das Gefühl der Bewohner des Südens äußerst empfindlich ist, so wirket er doch nicht sichtlich schädlich auf die Gesundheit ein; vielmehr lassen die Wechsel- und Gallenfieber grade zur Zeit der strengsten Nordwinde sehr nach. Die Winterkälte des Nordens von mehr als — 20° R., begleitet von wüthenden Nordweststürmen, hat im Freien schon Manchem den Tod gebracht, und verursacht häufige Lungenentzündungen. Bei der schlechten Beschaffenheit der Wohnungen vermögen sich die Landbewohner auch zu Hause gegen die Kälte nicht genügend zu schützen. Ein großer Theil der Häuser auf dem Lande und in kleinen Städten sind nämlich luftige Bretterverschläge oder Blockhäuser, in welchen über Nacht das Wasser in Geschirren zolldickes Eis bekommt. Mit warmen Betten sind die Leute im allgemeinen nicht versehen, gewirkte schafwollene Decken können Federbetten in dieser Jahreszeit nicht ersetzen. Die häufigen Durchfälle, welche vielen Kindern den Tod bringen, mögen wohl in diesem Umstande ihren Grund haben.

Während im Juli die Hitze fast überall gleich ist, stellt sich die Temperatur des Winters sehr verschieden dar. Im Süden bringt sie nur ein kalter Nordwind unter 0° R., im Norden fällt sie oft unter — 20° R.; nach 24 Stunden ist vollständiges Thauwetter bei 10° R. da, — ein eisiger Nordwest tritt ein, und Alles starrt wieder vor heftiger Kälte. Daher zu dieser Zeit die vorherrschenden katarrhalischen Leiden, von welchen im Süden so wenig zu merken ist.

Wer zu Anfang des Winters aus Europa in einem südlichen Staate von Nordamerika ankommt, der erträgt während dieses ersten Winters die Kälte eines Nordwindes sehr leicht. Hat er aber erst einen Sommer da zugebracht, so ist er im kommenden Winter schon viel empfindlicher. Alle Eingewanderten gestehen, daß ihnen die viel größere Kälte in der europäischen Heimath lange nicht so viel Schmerz verursacht habe. In Ansehung des Gefühles bietet ein wärmeres Land mit großem Wechsel der Wärme gegen ein kälteres mit gleichmäßigerer Temperatur durchaus keinen Vortheil.

Die häufige Feuchtigkeit der Atmosphäre, welche im Norden kurze Zeit bei Ausgang des Winters, im Süden aber während des Winters und Frühlings am auffälligsten sich kund gibt, so wie die zu Zeiten eintretende große Trockenheit derselben kann nicht ohne wichtigen Einfluß auf die Gesundheit bleiben. Je niedriger eine Gegend ist, desto mehr Feuchtigkeit enthält da die Luft. Solche niedrige, feuchte, aus anderweitigen vorhin erwähnten Ursachen schon als ungesund geltende Gegenden hat die Natur selbst durch ein warnendes Merkmal bezeichnet. Eine Schmarotzerpflanze, das sogenannte spanische oder Fieber-Moos (Tillandsia usneoides. L.) wächst da auf den Bäumen in solchen Massen, daß oft kaum ein grüner Zweig aus dem grauen Ueberzuge hervorragt. Von weitem scheint es, als wären die Bäume ganz mit Werg behangen, das in ungeheuern, über 25 Fuß langen Zöpfen von den Aesten bis zur Erde herabhängt. Nicht nur im untern Thale des Missisippi, sondern auch an andern Strömen, Seen und Sümpfen des Südens auf große Entfernungen von der Küste des Meerbusens von Merico hängt diese Warnungstafel fast an jedem Baume, besonders an den Lebenseichen und Ulmen. Wer trotz dem sich da niederläßt, der lebt in einer feuchten, faulen, vom Winde wenig bewegten Luft, und kann auf faulichte Fieber, Ruhren und ein baldiges Ende gefaßt seyn.

Die mit der Sommerhitze eintretende Trockenheit der Luft bewirkt im Norden, wie die Trockenheit bei Winterkälte, entzündliche Krankheiten der Respirationsorgane; im Süden aber nur einen juckenden Hautausschlag, die sogenannte „Brickelhitze," der an den Schenkeln zu beginnen pflegt, und sich dann oft über den ganzen Körper verbreitet; aber bei eintretender Feuchtigkeit der Luft im September von selbst wieder verschwindet.

Die Stärke der Luftbewegung und ihre veränderliche Richtung sind für die Gesundheit ersprießlich; die dem freien Zuge der Winde ausgesetzten Gegenden erfreuen sich eines unbestrittenen Vorzuges vor jenen, welche wenig von Winden bestrichen werden können. Selbst im Thale des Mississippi will man eine Verbesserung der Gesundheitsverhältnisse bemerken, seitdem 600 große Dampfer auf diesem Strome und seinen Nebengewässern auf- und abbrausen, und dadurch die Luft und das Wasser mehr in Bewegung gebracht wird. In einem Lande, wo übermäßige Feuchtigkeit, schädliche Ausdünstungen der Erde und der stehenden Gewässer die Luft verderben, die drückende Sommerhitze eine Kühlung durch Winde so wünschenswerth macht — wird es immer gerathen seyn, eine freie, luftige Gegend zu seinem bleibenden Aufenthalte zu wählen. Ich fragte einen amerikanischen Doktor, der im Begriffe stand, seinen Wohnsitz zu verändern, warum er diese freundliche Gegend verlasse, und erhielt die Antwort: „Diese Gegend ist wohl recht schön, aber zu luftig, es sind da zu wenig Kranke; für Aerzte sind niedrige Gegenden weit zuträglicher.“ Aus dem Zahlenverhältnisse der Aerzte zur Bevölkerung einer Gegend läßt sich mit ziemlicher Verläßlichkeit abnehmen, wie es da mit der Gesundheit stehe.

Den aus West oder Südwest immer mit einer stärkeren oder schwächeren Luftströmung ankommenden Gewittern geht keine so unangenehme und drückende Schwüle, wie den übrigen voran, obschon sie auf entzündliche Krankheiten denselben vorübergehend verschlimmernden Einfluß wie andere äußern. Jene Erfrischung des organischen Lebens, welche man in Deutschland nach einem Gewitter bemerkt, ist in Nordamerika nicht wahrzunehmen.

Jeder Europäer, der nach Amerika kommt, macht sehr bald die merkwürdige Beobachtung, daß er sich da nicht so kräftig und rüstig fühlt, daß körperliche Beschäftigungen, selbst das Gehen viel beschwerlicher fallen. Man hat das Gefühl, als ob die amerikanische Luft ermattend auf den Körper wirke, die Vitalität nicht hinreichend anzuregen vermöge, als wenn es ihr an Sauerstoff fehlete. Dieselbe Erscheinung zeigt sich auch bei den Amerikanern, wenn sie sich desselben auch nicht bewußt sind. Der Amerikaner ist selten munter, fast niemals lustig. Selbst die Jugend hat nicht den heitern Sinn, das muntre Spiel, das lustige Lachen und Springen; was keineswegs als sittliche Eingezogenheit anzusehen ist. So verlieren auch die Eingewanderten gar bald den europäischen Frohsinn, das heitre

Wesen des Deutschen verdüstert sich; die Muskeln verlieren an Schnellkraft, alle Bewegungen des Körpers erfolgen langsamer, matter, wie bei den Amerikanern. Diese fühlbare Schwere des Körpers wirkt auch deprimirend auf den Geist; geistige Thätigkeit fällt schwer, es ist kein Drang dazu vorhanden, man muß sich dazu zwingen. Ich habe oft von eingewanderten Europäern in Nordamerika die Aeußerung vernommen: „Mir geht es hier sonst gut, ich darf keine Noth leiden, ich bin nicht krank; aber ich fühle mich niemals so recht wohl, so munter wie in Europa." Bei den aus Süddeutschland Hingekommenen tritt diese Erscheinung noch stärker hervor, als bei den Norddeutschen, welche dort ihre neue Heimat aufgeschlagen haben. Auffallend ist die allgemeine Magerheit und blasse Gesichtsfarbe der Bewohner Nordamerikas, so wohl der Eingebornen als der Eingewanderten, bei Letzteren auch die Abnahme der körperlichen Stärke, so bald sie eine Zeit da gelebt haben, auch wenn sie keiner übermäßigen Anstrengung sich unterziehen dürfen, und sich auf das reichlichste, viel besser als in der europäischen Heimat nähren können. Bei Negern, sowohl Sklaven als Freien, findet keine dieser Erscheinungen Statt; sie sind in der Regel bei körperlicher Fülle und Kraft zugleich heitern Temperaments und lustig, wofern den Sklaven etwa das Joch nicht gar zu drückend wird.

Daß Amerika weniger Krankheiten (Gattungen und Arten von Krankheiten) als Europa habe, kann den dortigen Aerzten, von welchen man oft diese Meinung hört, zugegeben werden, wenn nur nicht behauptet wird, daß es dort auch weniger Kranke gebe. Von rheumatischen und gichtischen Leiden hat die nordamerikanische Bevölkerung allerdings weniger zu leiden, als es z. B. in Deutschland durchschnittlich der Fall ist. Aber wie viele Krankheiten treten dort allgemein und mörderisch auf, welche in Europa nur auf einen sehr kleinen Raum beschränkt, oder milden Charakters sind.

Die orientalische Cholera hat in Nordamerika weit höhere Prozente der Bevölkerung als Opfer verlangt, als dieses selbst bei ihrem ersten Erscheinen in den europäischen Ländern der Fall war. Da es dieser räthselhaften Epidemie eigen ist, an den Flüssen auf und ab zu wandeln, so sind ihr die tiefen breiten Bottoms der großen nordamerikanischen Ströme und Flüsse, vorzüglich des Missisippi, mit aufgeschwemmtem Boden, mit einer feuchten, von miasmatischen Dünsten angefüllten Luft so angenehm, daß sie sich seit dem Jahre 1833, wo sie in New York landete, nie ganz aus der Union mehr entfernt hat. Die meisten amerikanischen Aerzte halten sie für ansteckend. Von allgemeinen Mitteln gegen dieselbe ist man längst auch auf ein individuelles symptomatisches Heilverfahren zurückgekommen.

Die gefürchtetste Epidemie ist das gelbe Fieber, welches im Spätsommer in den südlichen und östlichen Küstengegenden, am bösartigsten aber am untern Missisippi auftritt, welches viele Tausende der Bewohner von New Orleans verscheucht, die im Herbste dahin zurückkehren. Der Verlauf dieser abendländischen Pest vom ersten merkbaren Anfalle bis zum Tode beträgt manchmal nur einige Stunden. Es hat etwas ungemein Ernstes, wenn man in den Abendstunden eine Leiche zum Grabe fahren sieht, und erfährt, daß es der Leichnam eines Bekannten ist, mit dem man zu Mittag desselben Tages noch speisete, und ihn frohen Sinnes beim Abendessen wiederzusehen hoffte. — Es muß bemerkt werden, daß alle acuten Krankheiten da einen äußerst schnellen Verlauf haben, und eben so rasch erfolgen ihre Uebergänge in andere. Langwierige Krankenlager kennt man nicht; was kommen will, kommt bald, Genesung oder Tod. Das beobachtende Zuwarten von Seiten des behandelnden Arztes würde sehr unpraktisch erscheinen; es gilt da, rasch und energisch einzugreifen, oder die Heilkunst ist ganz unnütz. Hierin mag die häufige Anwendung des Kalomel in ungeheuer starken Gaben ihren Grund haben. Der kranke Amerikaner will um jeden Preis schnell hergestellt seyn, zu einer gründlichen, langen Kur hat er weder Zeit noch Geduld; er verlangt selbst ein heroisches Einschreiten von seinem Heilkünstler, ohne ihn etwa für die ferneren Folgen desselben verantwortlich machen zu wollen. —

Der Blatter-Epidemie hat man in Nordamerika seit dem Jahre 1799 durch die Kuhpockenimpfung, welche dort keiner gesetzlichen Unterstützung bedurfte, eben auch Schranken gesetzt; nur unter den Indianerstämmen wüthet sie noch oftmals mit ihrer ursprünglichen Intensität, und hilft das Geschlecht der Rothen von der Erde vertilgen.

Von der Klasse der Fieber ist jede Gattung und Art stark vertreten. Wechselfieber sind am Mississippi endemisch, und durch alle Theile der Vereinigten Staaten, vornehmlich im Herbste, die gemeinsten Krankheiten. Sie zeigen aber in allen ihren Arten einen viel bösartigeren Charakter als in Deutschland. Nach den häufigen Rückfällen tritt oft totale Erschöpfung ein; ohne anhaltende Zerrüttung der Verdauungskraft genes'et selten Jemand, welche Folge auch oft ihren Grund in der übermäßigen und ungeschickten Anwendung von China und andern Mitteln ihren Grund haben dürfte. Erde, Luft und Wasser disponiren da zu diesen langwierigen Krankheiten, das undiätetische Verhalten macht den Einfluß eines vierten Elementes überflüssig.

Unter den gastrischen Fiebern macht sich das Gallenfieber den Sommer über am bemerkbarsten. Große Hitze, unmäßiger Genuß von geistigen Getränken und Fleisch sind die erregenden Ursachen desselben. Bei anfänglicher Vernachlässigung desselben tritt oft eine nervöse oder faulichte Beschaffenheit, Verstopfung und Entzündung des Unterleibes hinzu, und das zuvor gering scheinende Uebel wird unheilbar und schnell tödtend. Ein biliöser Charakter begleitet während der heißen Jahreszeit sehr häufig auch andere Krankheiten und erschwert die Erkenntniß des Grundübels.

Das Faulfieber, in welches viele andere Fieber übergehen, und mit ihm in Verbindung treten, vollendet in äußerst schnellem Verlaufe die vollständige Entmischung der Säfte, und führt den Tod herbei, ehe der Arzt gegen den tückisch complicirten Zustand, der durch frühere Mißhandlung des Kranken mit Merkur noch sehr eigenthümlich modificirt erscheint, die nöthigen Vorkehrungen getroffen hat.

Katarrhalfieber sind selten im Süden, häufig im Norden beim Uebergange des Winters in den Sommer.

Lungenentzündungen sind in den nördlichen Staaten im Winter sehr gemein.

Die allgemeine Unregelmäßigkeit der Galleabsonderung während der Sommerhitze und die dadurch verstimmte Verdauung veranlassen häufig die gallichte Ruhr, die faulichte stellt sich im Herbste ein, und soll in manchen Jahren zu einer bösartigen Epidemie werden. Die Soldaten brachten im Jahre 1837 aus dem merikanischen Kriege mehrere Arten der Ruhr mit nach Hause, die sich dann epidemisch verbreiteten. Kinder sterben im Norden zur Winterszeit viele an der Ruhr.

Der Abdominal-Typhus ist sporadisch jederzeit, oft auch epidemisch anzutreffen.

Während im Süden gastrische Krankheiten vorherrschen, sind die Bewohner des Nordens mit den vielen Leiden der Respirationsorgane kaum weniger belästiget und gefährdet.

Obgleich in Nordamerika die physische Beschaffenheit des Landes sich im Allgemeinen als nicht günstig für das körperliche Befinden seiner Bewohner darstellt, so gibt es doch auch da Menschen von hohem Lebensalter. Joh. Vanhofer, ein Deutscher, der vor 100 Jahren nach Amerika auswanderte, erreichte im Jahre 1850 in Tennessee sein 122. Lebensjahr. In Nord-Carolina wurde ein Kind geboren, dessen Vater 84, dessen Mutter 57 Jahre alt, und beide Eltern noch gesund und rüstig waren.

Wenn auch die Eingebornen (Amerikaner) von Jugend auf an das Klima ihres Landes gewöhnt sind, so bleibt die Einwirkung desselben dennoch eine derartige, daß ihr Gesundheitszustand überhaupt als ein ungünstiger bezeichnet werden muß. Man sieht in ganz Nordamerika selten einen Menschen von kräftigem Körperbaue und gesundem Aussehen, obschon fast Niemand da Mangel an Nahrung leidet, vielmehr Jedermann sich reichlicher als in Deutschland nähret. Ueberall begegnet man hageren Gestalten und blassen Gesichtern sowohl des männlichen als des weiblichen Geschlechtes. Nur einige Gegenden Pennsylvaniens machen hiervon eine erwähnenswerthe Ausnahme. Die Zahl der schweren Erkrankungen und der oft daselbst kaum minder gefährlichen Aerzte ist im Verhältniß zur Einwohnerzahl viel größer als in Deutschland.

9. Die Acclimatisirung der Deutschen in Nordamerika.

Es ist bekannt, daß das Klima eines Landes, auch wenn es überhaupt ein ungesundes ist, auf die Eingebornen weniger nachtheilig einwirke, als auf die Eingewanderten, und die Letzteren eine dem Grade nach sehr verschiedene Einwirkung von demselben, besonders im Anfange, erleiden. Eben so anerkannt ist es, daß der Fremde binnen einer gewissen Zeit sich an die klimatische Einwirkung des Landes also gewöhnen kann, daß er sie fast eben so, wie der Eingeborne, erträgt: dann ist er acclimatisirt.

Die Acclimatisirung braucht bei verschiedenen Individuen eine bald längere, bald kürzere Zeit, erfolgt unter leichteren oder schwereren Störungen der Gesundheit. Manche acclimatisiren sich gar nicht, sondern sterben wie ein übersetzter Baum, der auf dem neuen Standorte nicht einwurzelt. Bei Individuen von jugendlichem Alter und jenen Erwachsenen, die sich leicht acclimatisiren, erfolgt die Acclimatisirung in drei Jahren, bei Anderen in fünf Jahren. Nach dem 50. Lebensjahre Eingewanderte haben weniger eingreifende Krankheiten zu bestehen, aber eine vollständige Acclimatisirung erfolgt bei solchen nicht mehr. Personen eines solchen und noch höheren Alters befinden sich als Einwanderer besser im Süden als im Norden.

Weibliche Individuen acclimatisiren sich im Allgemeinen leichter als männliche, zum Theile aus dem Grunde, weil sie sich weit weniger den Einwirkungen des neuen Klima im Freien auszusetzen haben.

Die Norddeutschen acclimatisiren sich in ganz Nordamerika leichter als die Süddeutschen.

Ein verzärtelter und schwächlicher Körper taugt nach Amerika nicht; er würde dem Klima um so sicherer erliegen.

Es ist nicht unbedingt richtig, daß Deutsche sich in den nördlichen Staaten leichter und früher acclimatisiren, als in den südlichen.

Leute mit Anlagen zu Krankheiten der Respirationsorgane können sich in den südlichen Staaten sogar besser als in Deutschland befinden, aber gewiß nicht in den nördlichen Gegenden.

Die zu Unterleibskrankheiten inclinirem, sind im Norden besser daran.

Denjenigen, welche an Rheumatismen oder Gicht leiden, vorausgesetzt, daß diese Krankheiten ihren Körper noch nicht zu anstrengender Arbeit unfähig gemacht haben, wird der Aufenthalt im Süden am besten zusagen, wo sie Linderung, im günstigen Falle Heilung ihres Uebels hoffen können.

Das Verderblichste während der Acclimatisirung ist: viel geistige Getränke zu sich nehmen, im Sommer viel Fleisch essen, um Mittag sich der Sommerhitze im Freien aussetzen und seine Wohnung an einer tiefen dunstigen Stelle aufschlagen — das macht den Einwanderer in Nordamerika gar bald zum Auswanderer in die Ewigkeit, auch wenn er von Natur die festeste und stärkste Körper-Constitution besäße. Tausende und abermal Tausende von eingewanderten Deutschen sind durch Fehler dieser Art schon zu Grunde gegangen, und Tausende folgen ihnen noch fortwährend alljährlich nach!

II. Naturprodukte.

10. Mineralien.

Das große Gebiet der nordamerikanischen Union ist von der Natur mit Allem reichlich ausgestattet, was den Bewohnern desselben nicht blos nothwendig ist, sondern Wohlstand, Macht und Reichthum gewährt. Die unentbehrlichsten Fossilien, Salz und Eisen, das werthvollste Metall, das Gold, und was für die materielle Entwickelung eines Volkes wichtiger ist, die vortreffliche Steinkohle, bilden zusammen einen Mineralreichthum, wie er keinem andern Lande der Erde beschieden ist.

Durch Ober-Californien läuft mit der Küste des Stillen Oceans fast parallel, und von derselben 150 bis 200 Meilen entfernt, eine hohe Gebirgskette, die Sierra Nevada. Näher an der Küste ziehen sich minder hohe, unterbrochene Bergreihen hin. Zwischen beiden liegt ein mehrere hundert Meilen langes Thal, das von zwei großen Flüssen bewässert wird, dem San Sacramento, welcher von Norden nach Süden fließt, und dem San Joaquim, welcher, aus Süden kommend, das Thal durchströmt; beide ergießen sich in die Bai von San Francisco. Beide Ströme nehmen eine große Menge größerer und kleinerer Flüsse auf, welche von dem westlichen Abhange des Nevada-Gebirges herabkommen. Dieses Thal, an der Ostseite der beiden Ströme, ist die Goldregion von Californien.

Der Rücken des Nevada-Gebirges besteht mit seinen bis zu 17,000 Fuß hohen, die Schneelinie weit überragenden Gipfeln aus Granit, Gneis und Quarz; am westlichen Abhange desselben läuft ein Gürtel von Uebergangsgesteinen, meistens Thon- und Talkschiefer, von Quarz häufig durchsetzt, der ganzen Länge nach hin. Dieser Gürtel, ein Streifen von zwei bis drei Meilen Breite, aber einige hundert Meilen lang, ist die Lagerstätte des kostbaren Metalls. Durch die Verwitterung des Gesteins sind die Körnchen, Plättchen und Klümpchen gediegenen Goldes entblößt und von den Gebirgswassern hinabgeführt worden; daher wird das Gold in dem Erdreiche des ganzen Thales auf der Ostseite der beiden genannten Ströme, vornehmlich aber in dem Sande der Flüsse und Bäche gefunden.

Die Entdeckung des längst vermutheten, von den eingebornen Indianern lange vorher gekannten und benützten, aber streng verheimlichten Goldreichthums Californiens wurde durch einen Deutschen veranlaßt. Joh. Aug. Sutter, aus Baden gebürtig, eine Zeit lang, bis zum Jahre 1830, Schweizer-Gardist Carls X. von Frankreich, wandte Europa, wo er keinen ihm entsprechenden Wirkungskreis finden konnte, 1834 den Rücken und wanderte nach Amerika aus. Auch hier mißlang ihm noch manches Unternehmen, bis 1839 sein Glücksstern auf einmal am amerikanischen Himmel glänzend sich erhob. Er übernahm von der mexikanischen Regierung eine große Strecke Landes am San Sacramento-Strome in Californien zur Kultivirung, schloß mit den benachbarten Indianerstämmen

Verträge, bildete sich aus den Rothhäuten eine bewaffnete Macht und eine große Zahl wohlfeiler Feldarbeiter, legte ein von zwölf Geschützen vertheidigtes Fort an, kaufte von der russisch-amerikanischen Handelscompagnie noch das Fort Roß, trieb Seehandel mit eigenen Schiffen, und gelangte zu Macht und Reichthum, bevor er noch ahnete, welche Metallschätze in seinem Boden schlummerten.

Im Februar 1848 ließ Sutter an einem Nebenbache des American-Flusses eine Sägemühle anlegen. Um den Wassergraben nach üblicher Weise minder kostspielig zu erweitern, trieb sein Werkführer Jakob Marschall die ganze Wassermasse des Baches durch denselben. Die schwereren Bestandtheile des hinausgespülten Erdreiches hatten sich am Ausgange des Grabens abgesetzt, darunter fanden sich unzählige kleine Plättchen von gelber Farbe; Marschall ruft Herrn Sutter herbei, — man erkennt sie für Gold. Beide wollten die Entdeckung verheimlichen, aber die Arbeiter, meist Mormonen, breiten sie aus, und nach vier Wochen wimmelte es da schon von Goldsuchern wie von Ameisen. Die Nachricht von dem neuentdeckten Goldlande durchflog alle Welttheile, und golddürstige Abenteurer aus allen Ländern der Erde strömten zu Wasser und zu Lande herbei; zu Ende des Jahres 1849 war schon für 50 Mill. Doll. Gold aufgelesen worden. Reich an Ausbeute kehrten Einige glücklich in ihre Heimat zurück, und entzündeten in vielen Anderen den gleichen Durst, die Lust zu gleichem Wagnisse, und bald waren mehr als 50,000 Goldsucher und Goldwäscher in Thätigkeit. Der Eine fand viel, der Andere wenig, ein Dritter kaum, was er zum nothwendigen Lebensunterhalte bedurfte, je nach Glück und Geschicklichkeit. Chilenen, Peruaner und Mexicaner, in den heimatlichen Minen bergmännisch erfahren und gebildet, machten zum Verdrusse der Amerikaner die beste Ausbeute. Noth, Neid und wilde Raubsucht bewirkten blutige Conflikte und Tumulte. Die Behörde, kaum vorhanden und anerkannt, war ohnmächtig; statt der Gesetze waltete die rohe Gewalt der Fäuste und die Verschlagenheit der Gauner. Militairgewalt sollte dem anarchischen Unwesen steuern, doch die Soldaten reißen aus und suchen Gold, viele der verlassenen Offiziere folgen ihnen nach und thun dasselbe. Im Hafen von San Francisco landeten fremde Schiffe mit Lebensmitteln und anderen Waaren, man verkaufte zu enormen Preisen (ein Paar Schuhe 12, eine Flasche Branntwein 40 Doll.); aber sie können nicht zurücksegeln, die Schiffskapitaine sind allein, weil die Matrosen nach den diggings (Gruben) entwischten.

Sind auch die Nachrichten von der ungeheuern Reichhaltigkeit der Californischen Goldregion aus spekulativen Gründen theils erlogen, theils weit übertrieben: so berichten doch Alle, welche die dortigen Verhältnisse jahrelang mit eigenen Augen beobachtet haben, daß zuweilen Einer oder der Andere bis zu 20,000 Doll., ja bis 50,000 Doll. an Gold erbeutete, Viele dagegen auch bettelarm das Goldland schon verlassen haben. Fünf Arbeiter fanden einmal in drei Tagen für 20,000 Doll. Gold. Ein Belgier hatte durch zwei Jahre nichts erübrigen können; ein kleiner Fund bot ihm eines Tages die Mittel zur Rückkehr in sein europäisches Vaterland; bevor er dieselbe antrat, wollte er von einigen, in einer entfernten Mine beschäftigten Bekannten Abschied nehmen. Auf dem Wege entdeckte er an einer unscheinbaren Stelle hinter einem Felsblocke einen neun Zoll langen, gewichtigen Goldstreifen, den er für 5,200 Doll. verkaufte und befriedigt heimkehrte. Alle, welche das Goldwaschen dort betrieben haben, schildern es als eine höchst beschwerliche und ungesunde Arbeit, deren Strapazen in Verbindung mit den klimatischen Einflüssen auch die festeste Gesundheit zu erschüttern vermögen, daher schon Tausende von Fremden in jener goldgeschwängerten Erde ihr Grab gefunden haben. Zahlreiche Gesellschaften von Amerikanern und Fremden mit ansehnlichen Kapitalien betreiben in den höheren bergigen Gegenden kunstmäßigen Bergbau, während die Wäscherei in den Flüssen der Niederungen mehr dem wechselnden regellosen Treiben Einzelner oder momentaner Verbände von vermögenslosen Glücksrittern überlassen bleibt. Die Amerikaner (Bürger der Vereinigten Staaten) haben schon mehrmals versucht, die Fremden aus der Goldregion zu vertreiben, und es ist darüber zu blutigen Scharmützeln gekommen. Im Plane der Regierung scheint die Ausschließung der Fremden nicht zu liegen, vielleicht aus dem gewichtigen Grunde, weil sie unausführbar erscheint. Und so werden amerikanische wie fremde Vagabunden und Galgenvögel noch lange da ihr wildes Wesen treiben, bis endlich der goldreiche Sand ausgebeutet seyn und hinfort das edle Metall aus seinen Lagerstätten, wenn auch in verringertem Betrage, bergmännisch gewonnen werden wird.

Für die Besiedlung und Kultur Californiens hat das Gold seine Zaubermacht bethätiget. Im Jahre 1846 zählte das Land 15,000 weiße Bewohner und an 50,000 Indianer; zu Ende 1851 war die weiße Bevölkerung bereits auf 250,000 gestiegen, darunter befanden sich 20,000 Chinesen mit nur drei weiblichen Individuen, da dem schönen Geschlechte die Auswanderung aus dem himmlischen Reiche verboten ist. Die chinesischen Einwanderer gelten unter allen da vertretenen Nationalitäten als die ehrenhaftesten in jeder Beziehung. Die Stadt San Francisco hatte im Jahre 1847 kaum 500 Einwohner, im Jahre 1851 aber schon 30,000, die zu- und abziehenden Fremden nicht gerechnet. Sie hat drei Jahre nach einander verheerende Feuersbrünste erlitten; die vom 15. Mai 1851 zerstörte den größten Theil derselben, der Schaden betrug 10,000,000 Doll.

Die Vereinigten Staaten hatten schon lange vor der Einverleibung Californiens und der Entdeckung des Goldreichthums dieses Staates ihre Goldregion. Im Jahre 1803 wurde in Nord-Carolina ein Klumpen gediegenen Goldes von 27 Pfund, im Werthe von 8000 Doll., gefunden. Hierauf forschte man fleißig nach diesem Metall in Louisiana, Alabama, Georgia, Virginia und den beiden Carolinas. In diesen Staaten wurde bis zum Jahre 1850 für 20 Mill. Doll. Gold gewonnen. Seit dem Jahre 1832 hat der Betrieb dieser Minen bedeutend nachgelassen, weil der Gewinn den gehegten Erwartungen nicht entsprach. In New Mexico war der von den Spaniern ehemals so schwunghaft auch auf Gold betriebene Bergbau ziemlich eingeschlafen; seit dem Anschlusse dieses Gebietes an die Union ist er durch einige Gesellschaften wieder zu neuer Thätigkeit gebracht worden und soll vollkommen entsprechen.

Silber wird außer Californien auch in New Mexico, Louisiana, Süd-Carolina und Michigan gefunden. In letzterem Staate kommt gediegenes Silber in dem gediegenen Kupfer vor, ohne daß man es bisher auszuscheiden unternommen hätte. An Silber ist das Unionsgebiet bisher verhältnißmäßig gar nicht reich, und die Aufdeckung einer reichen Silberregion würde den Amerikanern gar nicht ungelegen kommen, damit die Pressen der Vereinigten Staaten nicht auf das Umprägen ausländischer Silbermünzen allein beschränkt bleiben möchten.

Kupfer hat New Mexico, New Hampshire, Vermont, Connecticut, New York, Süd-Carolina, Wisconsin, vorzüglich aber Michigan an dem südlichen Ufer des lake Superior, wo gediegenes Kupfer in ungeheuern Massen vorhanden ist. Man gab das in den sämmtlichen Minen von Michigan gewonnene Kupfer auf jährlich 80,000 Zentner an. Zur Kupferung der Schiffe soll dieses Kupfer sich vorzüglich eignen, weil es durch seinen Silbergehalt der Orydirung, die durch das Seewasser beschleunigt wird, länger widersteht. Es lassen auch in der That viele europäische Kapitaine ihre Schiffe in den amerikanischen Häfen kupfern, obgleich sie da mehr zahlen müssen.

Eisen ist vorhanden in Maine, New Hampshire, Vermont, Massachusetts, New Jersey, Pennsylvanien, Nord-Carolina, Kentucky, Missouri, Tennessee, Connecticut, New York, Maryland, Alabama, Louisiana, Texas, New Mexico und noch in anderen Gegenden. Im Jahre 1850 wurden in den Eisengießereien mit einem Betriebskapitale von 16½ Mill. Doll. 6½ Mill. Zentner, im Werthe von 24 Mill. Doll., erzeugt; in der Roheisenfabrikation produzirte man mit einem Kapitale von 16 Mill. Doll. 10 Mill. Zentner im Werthe von 13 Mill. Doll. Die Einfuhr von Stahl- und Eisenwaaren betrug 7,800,000 Doll., die Ausfuhr nur 2 Mill. Doll.

Quecksilber liefert Californien schon in großem Betrage. Die Gruben von New Almaden sind sehr reich, und die Gewerke werden immer mehr erweitert. Dieses Metall ist für die künstliche Ausbringung des Goldes daselbst von größter Wichtigkeit.

Blei ist an sehr vielen Orten bauwürdig. Die Bleiregion von Wisconsin, wo das Metall im Bergkalke lagert, beträgt an 20,000 Quadratmeilen; hier wie in den Bergwerken von Galena in Illinois gewinnt man aus dem Erz gewöhnlich 80 Procente Blei. Das Erträgniß der sämmtlichen Bleigruben der Union ist jährlich 350,000 Zentner.

Zinn ist bisher noch nicht entdeckt worden, daher auch im

Jahre 1850 Zinn und Zinnwaaren für 3 Mill. Doll. importirt wurden.

Zink, Spießglanz und einige andere minder wichtige Metalle finden sich zwar ebenfalls vor, ohne jedoch belangreich bearbeitet zu werden.

Salz (Stein-, Quell- und Seesalz) ist in großer Fülle verbreitet, als in New York, Ohio, Indiana, Illinois, Missouri, Kentucky, Virginien, Tennessee, Alabama, Louisiana, Arkansas, Texas, New Mexico und Utah. Zu dem einheimischen Erträgnisse von 150,000 Zentnern wurde im Jahre 1850 noch für 1½ Mill. Doll. fremdes Salz eingeführt, und nur für 78,000 Doll. ausgeführt.

Der ungeheure Kohlenreichthum der Vereinigten Staaten wurde schon oben angedeutet. Anthrazit- und Steinkohlen werden jährlich an 800,000 Tonnen (16 Mill. Zentner) zu Tage gefördert, was im Durchschnittspreise von 6 Doll. pro Tonne einen Werth von 4,800,000 Doll. gibt. Trotz dieser großen Produktion bei so häufigen und bequemen Transportmitteln importiren die Engländer immer noch jährlich für ½ Mill. Doll. Kohlen, wogegen nur für 50,000 Doll. aus dem Lande gehen.

Asphalt, Graphit, Porzellanerde, Töpfer- und Ziegelthon, Pfeiffentalg, Kalk, Serpentin, Gyps, Bausteine und andere Fossilien fehlen ebenfalls nicht.

Werthvolle Edelsteine wurden noch nicht aufgefunden. Amethyste, Karneole, Opale und Achate sind von geringem Belange.

Bei dem seltenen Reichthume an Mineralien steht der Bergbau in den Vereinigten Staaten dennoch auf einer sehr niedrigen Stufe. Er zeigt sich überall als ein rücksichtsloses Streben, in der kürzesten Zeit den größtmöglichen Gewinn zu erreichen, — es wird überall auf Raub gebaut. Ein solches Verfahren muß auch bei den größten Reichthümern der Fossilien von bitteren Folgen seyn. Die Ursache hiervon scheint in Folgendem zu liegen.

In den Vereinigten Staaten ist der Grundbesitzer auch unbeschränkter Eigenthümer von Allem, was sich unter der Erdoberfläche befindet; hierdurch unterliegen die Bergwerke der unheilvollen Landspekulation; und es sind von Seiten des Staates keine gesetzlichen Bestimmungen zur Emancipation und freieren Entwickelung des Bergbaues zu erwarten; jeder Grundbesitzer würde darin nur eine aristokratische Beschränkung seines unantastbaren Eigenthumsrechts sehen.

Der Amerikaner, welcher sich sonst in Alles zu schicken, in Allem zu verbessern weiß, hat für den Bergbau durchaus keine Vorliebe; er scheut den Aufenthalt in den unterirdischen dunklen Räumen; ihm gilt der Bergbau gleich jedem andern Geschäfte, er will nur schnellen Gewinn ärnten, ist aber durchaus nicht geneigt, bedeutende Vorauslagen zu machen, von welchen er den Nutzen erst nach Jahren sehen soll. Selbst Bergwerksvereine lösen sich schnell auf, und ziehen ihre Kapitalien zurück, wenn ihnen diese zu geringe Zinsen bringen, und anderswo höhere winken. Unter solchen Intentionen gedeiht das Bergwesen in keinem Lande, und kann nie das höchste nachhaltige Erträgniß gewähren.

Endlich fehlt es auch durchgängig an tüchtigen Bergleuten mit einem genügenden theoretischen sowohl als praktischen Wissen; wo sollten aber solche gebildet werden? Derartige Bildungsanstalten sind nicht vorhanden. Für beständig widmet sich selten Jemand dem Bergfach, wer eine bessere Condition irgendwo ersieht, verläßt die Grube oder die Schmelzhütte, und an seine Stelle tritt ein Einwanderer aus Irland oder Deutschland, der sich anfänglich mit geringem Lohne begnügt, nach Verlauf eines Jahres aber kaum mehr da anzutreffen seyn wird. Deutsche Bergleute zeichnen sich überall sehr vortheilhaft aus, aber ihre Zahl ist viel zu gering. Im Bergbaue müssen die Amerikaner unbedingt von den Deutschen lernen.

II. Vegetabilien.

Schon die geographische Lage, die Beschaffenheit des Bodens, das Klima, so wie die verhältnißmäßig schwache Bevölkerung des umfangreichen Unionsgebietes, lassen auf Verschiedenheit, Großartigkeit und Fülle der Vegetation schließen. Merkwürdig ist besonders der Reichthum an schönen und nutzbaren Baumarten, welche die Wälder der holzreichen Regionen bilden. Nadelwälder sind im

Norden und auf den hohen Alleghany-Reihen vorherrschend, die übrigen Gegenden haben mehr Laubhölzer, welche eine weit größere Zahl von Gattungen und Arten aufzuweisen haben.

Die Balsam-Tanne, Pinus Balsamea. Ait., am zahlreichsten in Virginien und Pensylvanien vertreten, ist einer der schönsten Waldbäume von schlankem majestätischem Wuchse, dessen oft über 100 Fuß hoher Stamm zu Mastbäumen dient. Im Frühlinge enthalten die in der Rinde befindlichen Blattern einen balsamisch duftenden Terpentin, welcher in englischen Apotheken verkauft wird.

Die Taxus-Tanne, Hemlock der Amerikaner, auch Schierlingstanne genannt, P. taxifolia. Lamb., ein im ganzen Norden von Amerika weit verbreiteter, prachtvoller Baum, der in Deutschland bereits cultivirt wird, und wohl zu gedeihen scheint. Sein Stamm erreicht ebenfalls die Höhe von 100 Fuß. Die Krone hat das Auffallende, daß die Aeste wie bei Laubbäumen stehen und verzweigt sind.

Die Canadische oder Weißtanne, P. alba. Lamb., P. canadensis. Du Roi., in Carolina und Florida am meisten zu Hause, gibt durch die weiße Rinde ihres Stammes den Wäldern ein eigenthümliches heiteres Ansehen.

Die Weymuthskiefer, P. Strobus. Lamb., am häufigsten in Virginien zu finden, ist schon längst in deutschen Anlagen zu sehen, wo sie aber bei weitem nicht die Schönheit und die Höhe des Stammes, wie in ihrem Vaterlande, erreicht.

Die Bottom-Kiefer, P. Taeda. Lamb., bildet schöne Bottomwälder in Virginien, Carolina und Texas; in welchem letzteren Staate sie das einzige Nadelholz ist. Sie gibt ein vortreffliches Bauholz, das nicht vom Würmerfraße leidet. [1])

Die Cypresse, Taxodium distichum. Rich., wächst in den mittleren und südlichen Staaten in Sümpfen und an Flüssen. Dieser Baum bildet die finsteren unheimlichen Wälder in den sogenannten Cypressen-Swamps, welche in Louisiana, Mississippi, Florida, Geor-

---

[1]) Von Pinus-Arten kommen noch folgende häufig vor: P. nigra. Lamb. — canadensis. Lamb. — virginiana. Du Roi. — resinosa. Ait. — pendula. Du Roi.

gien, Nord-Carolina (der Alligator- und Dismal-Swamp), Maryland und Delaware viele Tausende von Quadratmeilen einnehmen, welche der Herrschaft des Alligators und Consorten unbestritten verbleiben werden. Das Wasser in den Cypressensümpfen wird von den Amerikanern als Magenstärkung genossen. Auf das Verdauungsvermögen der in dieser medizinischen Flüssigkeit lebenden zahlreichen Alligatoren scheint dieselbe sehr stärkend zu wirken. Diese Cypresse, welche man mit Recht Sumpfcypresse nennen könnte, erreicht im gedrängten Bestande eine ansehnliche Höhe von 80 Fuß bei einer Dicke von 10 bis 12 Fuß im Durchmesser. Das etwas schwammige Holz eignet sich sehr gut zu Dachschindeln, welche auf der Maschine geschnitten werden.

Die rothe Ceder, oder Virginischer Wachholder, Juniperus virginiana L., macht ganze Wälder in Virginien, Carolina, Texas und Arkansas auf steinigen oder sandigen Höhen, findet sich auch einzeln in Bottomwäldern unter Laubbäumen. Auf trocknen Höhen behält diese Wachholderart die Form von ungeheuern Sträuchern, da oft mehrere von unten auf beästete Triebe auf einem gemeinschaftlichen Wurzelstocke stehen, wovon der mittlere Hauptstamm aber doch nicht selten zwei Fuß und darüber im Durchmesser hat. Das Cedernholz ist sehr dauerhaft und wird zu Bauholz für Häuser und Fencen (Feldeinfriedigungen) häufig benützt. Wegen der röthlichen Farbe und dem angenehmen Geruche wird es auch zu Bleistiften, Cigarrenkästchen u. dergl. verwendet. Es gibt wohl kein Holz, welches sich leichter als dieses spalten ließe. [1])

Das Geschlecht der Eichen, deren es in den Vereinigten Staaten wohl an 40 verschiedene Arten gibt, macht den Hauptbestandtheil der nordamerikanischen Laubwälder aus.

Die Lebenseiche, life-oak der Amerikaner, Quercus virens. W., wächst in den mittleren und südlichen Staaten mehr auf trock-

---

[1]) Juniperus communis. L. findet sich unter andern am Niagara von ausgezeichneter Größe. J. prostrata. Mx. ist unansehnlich, trägt aber viele Früchte.

Thuja occidentalis W. und Thyoides W. zieren die Ufer vieler Seen in den nordöstlichen Staaten.

Taxus canadensis. W. reicht vom Norden bis Pennsylvanien herab.

nem und minder fruchtbarem Boden, ziert vornehmlich die Anhöhen der wellenförmigen Prairien mit ihren breiten immergrünen Kronen, sowohl einzeln als in kleinen Wäldchen von schütterem (lichtem) Bestande. Auf offener Prairie erreicht der Stamm wohl eine sehr ansehnliche Dicke, aber nur eine unbedeutende Höhe. Oft gehen von einem Stocke mehrere Stämme aus, neigen sich nach verschiedener Richtung, und biegen sich mit ihren Wipfeln bis zur Erde nieder; ein solcher Baum hat von der Ferne das Aussehen eines grünen Hügels. Von dieser Form sieht man sie oft in Texas. Schlanker und höher wächst dieser Baum in Florida, wo auf einem großen dazu bestimmten Distrikte im Westen des Staates die Unions-Regierung die Cultivirung desselben eingeleitet hat, um dieses köstliche Schiffbauholz für die Zukunft nicht ausgehen zu lassen. Das Holz übertrifft an Härte und Dauerhaftigkeit jedes andere Eichenholz; Stellmachern und andern Handwerkern ist es zu hart zum Verarbeiten. Ist der Stahl und die Härte der Werkzeuge nicht ganz gut und richtig, so kann man diesem Holze gar nichts anhaben, da sie biegen oder brechen.

Die weiße Eiche, Q. alba. W., kommt fast in allen Staaten vor, hat aber in Virginien, wo sie umfangreiche dicht geschlossene Wälder bildet, den schönsten Wuchs. Ihre gewöhnliche Höhe ist 80 Fuß bei einem Durchmesser von 6 bis 7 Fuß. Das Holz empfiehlt sich durch seine Leichtigkeit und Dauerhaftigkeit zu allgemeiner Benützung, als zu Schiffbau, Stellmacher-, Tischler- und Binderarbeit. Das Holz der jungen Stämmchen besitzt eine außerordentliche Biegsamkeit und Elastizität, daher es zu mancherlei Flechtwerk und Peitschenstöcken verwendet wird. Die Rinde braucht man in der Medizin und zum Gerben.

Die Posteiche, Post-oak der Amerikaner, Q. obtusiloba. Mx., wächst vom Hudson bis an den Rio Grande und der Atlantischen Küste entlang in großen Wäldern, aber immer von schütterem Bestande auf trockenem kiesigem Boden. Die Höhe beträgt selten über 40 Fuß, der Durchmesser an zwei Fuß; dabei sind die Stämme sehr grad und unten astlos, und deßhalb als Bauholz brauchbar. Mit den Früchten ernähren sich Millionen von zahmen Schweinen.

Die großfruchtige Eiche, Q. macrocarpa. W., mit der

ihr nahe verwandten Q. Tournefortii. W., in den mittleren und südlichen Staaten in Uferwäldern unter andern Laubbäumen. Der Kelch der reifen Frucht von der zweiten Art mißt zwei Zoll im Durchmesser, die Frucht selbst hat die Größe eines Hühnereies, ist aber herb. Die Länge des Blattes beträgt 15, die Breite 8 Zoll. Es gibt riesige Stämme von 85 Fuß Höhe und über 6 Fuß im Durchmesser; aber das Holz schwindet beim Trocknen ungeheuer, und widersteht der Fäulniß nicht. Bei der erstgenannten Art ist die Frucht etwas kleiner und der Stamm von geringerer Höhe, im übrigen sind beide von gleicher Beschaffenheit.

Die Kastanien-Eiche, Q. Castanea. W., Q. Prinus acuminata. W., findet sich in den südlichen Alleghany-Gegenden auf fruchtbarem Boden. Trotz der ansehnlichen Höhe von 80 Fuß ist das Holz dieser Eiche von geringerem Werthe, aber die Frucht ist süß, kann aber dennoch wegen ihrer abstringirenden Wirkung nur in geringer Quantitat genossen werden.

Die Färbereiche, Q. tinctoria. Mx., ist am meisten in Pennsylvanien, Carolina und Georgien verbreitet. Bei einem Durchmesser von 5 bis 6 Fuß erreicht sie eine Höhe von 100 Fuß. Sie ist sehr reichlich mit Knoppern besetzt, das Holz dauerhaft und vielseitig verwendbar, die Rinde dient zum Gelbfärben besonders der Wolle. [1])

Der Zucker-Ahorn, Acer Saccharinum. L., findet sich in den nördlichen und mittleren Staaten auf fruchtbarem Boden in Berggegenden, erreicht eine Höhe von 70 Fuß, einen Durchmesser von 1 bis 2 Fuß. Das Holz ist fest und schwer, widersteht aber in der Nässe der Fäulniß nicht lange, wird zu Bauholz, Tischler- und Wagnerarbeit verwendet; es nimmt eine sehr schöne Politur an. Aus dem Safte dieses Baumes wird in Nordamerika der Ahorn-

---

[1]) Folgende Arten sind mehr oder weniger verbreitet anzutreffen Q. coccinea. W., die zierliche Scharlacheiche. — Q. maritima. W. — pumila. Mx. — lyrata. W. — rubra. W. — bicolor. W. — imbricaria. Mx. — montana. W. — laurifolia. W. — myrtifolia. W. — cinerea. W. — nigra. W. — triloba. W. — hemisphaerica. W. immergrün. — falcata. Mx. — discolor. Mx. — palustris. W. — stellata. W. — Catesbaei. Mx. — nana. W. — aquatica. Mx. — Prinus palustris et pumila. Mx. — etc.

Zucker gewonnen. Um Anfang März werden die Bäume angebohrt; der Saft, mittelst Hollunderröhrchen in hölzerne Tröge abgezapft, wird dann in einem kupfernen Kessel bis zur Consistenz eines dicken Syrups eingekocht und endlich in Formen zur Krystallisirung gefüllt. Der so gewonnene Zucker hat zwar einen eigenthümlichen, aber weder unangenehmen, noch schädlichen Beigeschmack, und wird dem Rohrzucker vollkommen gleich geachtet. Ein ausgewachsener Zuckerbaum gibt im Durchschnitte 10 Gallonen (40 Quart) Saft, dieser gibt 4 Pfund Zucker. Stehen die Bäume nicht zu weit von einander entfernt, so können 4 Personen 1000 Bäume besorgen, und zugleich den Saft in Zucker verwandeln. Die ganze Arbeit dauert etwa 4 bis 5 Wochen; dann fließt nämlich der Saft schwächer und enthält weniger Zucker. Sonach würde eine Person während 5 Wochen 10 Zentner Zucker zu Stande bringen. Rechnet man das Pfund nur zu 3 Cents, so beträgt der Erwerb einer Person 30 Doll. (62 Fl. C. M.)

In den 18 mittleren und nördlichen Staaten, wo dieser Baum wächst, ist die jährliche Production des Ahornzuckers = 350,000 Zentner. Diese werthvollen Bäume sollten daher nicht nur geschont, sondern auch allen Fleißes cultivirt werden. Aber man denkt weder an das eine, noch an das andere, sondern behandelt sie nicht nur während der Zuckergewinnung höchst rücksichtslos, zapft ihnen den ganzen Saft, oft durch zwölf Löcher ab, statt sich mit dreien zu begnügen, was der Baum ohne Nachtheil vertrüge, und überliefert sie durch diese Entkräftung einem tödtlichen Siechthume und dem Würmerfraße; denn der Art entkräftete Bäume werden alsbald von Würmern häufig angebohrt und zernagt. Noch mehr — man haut die Bäume um, verbrennt das Holz, um Pottasche zu gewinnen, weil sie deren mehr als irgend eine andere Baumart enthalten. Das liegt ganz in der Wirthschaftsmethode des Amerikaners, der schnell den größten, wenn auch rücksichtslosesten Gewinn erhaschen will, und wenn die Quelle zu versiegen beginnt, zusammenpackt und weiterzieht, um es anderswo eben so zu thun. Die deutschen Ansiedler machen sich dieser Versündigung an der Nachwelt leider nicht viel weniger schuldig.

Außer dem Zucker-Ahorn enthält auch der Saft noch anderer

Ahornarten, z. B. des rothen und schwarzen Ahorns, Acer rubrum und nigrum. L., eine ziemliche Quantität Zucker, der aber bisher unbenutzt geblieben ist.

Der gestreifte Ahorn, A. striatum. Lam., den man in europäischen Anlagen cultivirt, stellt in dem mittleren Alleghany-Gebirge einen sehr schönen Baum dar.

Der rauhe Ahorn, A. dasycarpum. Ehrh., ist eine allgemein verbreitete Art, die sich durch den ungeheuer dicken Stamm bei geringer Höhe auszeichnet. In fettem Bottomlande findet man Exemplare von 10 bis 12 Fuß im Durchmesser. Die Rinde enthält viel schwefelsaures Eisen. Das Holz ist nur zum Kohlenbrennen vortrefflich.

Die amerikanische Ulme, Ulmus americana. Mx., kommt sowohl in eigenen als gemischten Wäldern vor, erreicht zuweilen die Höhe von 100 Fuß bei einem Durchmesser von 6 Fuß, und gibt ein festes vortreffliches Nutzholz.

Die geflügelte Ulme, U. alata. Mx., zeichnet sich weniger durch ihren Wuchs als durch die sonderbaren 1/4 Zoll breiten Streifen an beiden Seiten der Zweige aus, welche aus Rindensubstanz bestehen.

Die gelbe Ulme, U. fulva. Mx., ein Baum von mittlerer Größe und von äußerst festem Holze, das sich aber beim Trockenwerden sehr wirft und reißt. Die Rinde wird als Heilmittel sehr geachtet; eine Abkochung davon ist ein allgemeines Hausmittel gegen allerlei Hautausschläge.

Die abendländische Platane, Sycamore der Amerikaner, Platanus occidentalis. W. — Dieser Riese der Bäume ist in der ganzen Union verbreitet, sein liebster Standort ist der geile Bottomgrund, der noch zeitweiligen Ueberschwemmungen ausgesetzt ist. Seine Höhe beträgt oft 150 Fuß, der Durchmesser des Stammes 10 bis 15 Fuß. Ich sah ein Exemplar von 17 1/2 Fuß Durchmesser des Stammes 3 Fuß über der Erde! Das Holz ist wenig werth, es fault sehr leicht, und wirft sich beim Trockenwerden außerordentlich. Die daraus geschnittenen Bretter reißen zuweilen der ganzen Länge nach von einander, und die einzelnen Theile bilden dann einen Halbkreis. Die ungeheuer großen Stämme verfaulen an den Flüssen, und man sieht häufig solche riesige Cadavers ganz mit Schwämmen bedeckt.

Die amerikanische Linde, Tilia americana. Ait., findet man in den nördlichen Gegenden allenthalben; sie gleicht an Natur ihrer europäischen Schwester, Holz und Bast wird von ihr eben so benutzt. *Bei eintretendem Futtermangel zur Winterszeit fällt man* die Bäume, und nährt das Vieh mit den Zweigen, welche wegen dem darin enthaltenen süßen Schleime sehr gern gefressen werden. [1])

Der Tulpenbaum, Liriodendron tulipifera. W., eine der vornehmsten Schönheiten der Wälder in den mittleren Staaten, erreicht auf dem geeigneten Standorte und fruchtbaren Boden beinahe die Höhe der Sykamore, 120 bis 140 Fuß, und einen Durchmesser von 3 bis 7 Fuß. Die Rinde wird als Surrogat der Chinarinde gegen Wechselfieber gebraucht, so wie ihr auch krampfstillende Kräfte von amerikanischen Aerzten zugeschrieben werden. Das Holz hat wenig Empfehlendes, als daß es sich schön poliren läßt, und wenig vom Würmerfraße leidet. Man findet diesen schönen Baum in europäischen Gartenanlagen.

Die amerikanische Esche, Fraxinus americana W., ist in ganz Nordamerika in gemischten Laubwäldern anzutreffen. Das Holz hat alle die vorzüglichen Eigenschaften, die wir an der europäischen Esche (F. excelsior) schätzen. In Blanken geschnittenes Eschenholz wird sogar nach Europa gebracht. [2])

Unter den nordamerikanischen Birkenarten ist die Hochbirke, Betula excelsa. Ait., die schönste und größte, und wurde bereits nach Europa verpflanzt. Im Flußgebiete des Ohio ist das Birkengeschlecht durch einige Arten, [3]) im Süden aber gar nicht vertreten. Man achtet die Birken in Nordamerika noch wenig, und benutzt sie

---

[1]) In beiden Carolinas kommen noch folgende drei Arten vor: F. laxiflora. Mx. — pubescens. Ait. — canadensis. Mx.

[2]) F. sambucifolia. W. — juglandifolia. Lam. — quadrangulata. Mx. — epiptera. Vahl. — pubescens. W. liefern sämmtlich ein sehr brauchbares Nutzholz besonders für Stellmacher.

[3]) B. populifolia. Ait. — nigra. Ait. in Virginien. — papyracea. W. — glandulosa. W. — pumila. W. — Von Erlen sind Alnus undulata und serrulata. W. zu bemerken.

nur zu Brennholz; zur Bedeckung der Forstsünden hat man ihrer nicht vonnöthen.

Die Balsam-Pappel, Populus balsamifera. W., ist weit verbreitet. Ihre Knospen sind im Frühjahre mit einem klebrigen, gelben, balsamisch duftenden Ueberzuge bedeckt, der eine starke urintreibende Kraft besitzt, und in der Heilkunde angewendet wird. Sowohl diese als die übrigen Arten des Pappelgeschlechtes liefern ein brauchbares Nutzholz, wo nicht Härte und Dauerhaftigkeit verlangt wird.[1])

Von Weiden sind eine Menge von Arten vorhanden, sie liefern aber allesammt nur Brennholz, und es ist nicht eine einzige darunter, deren Schößer sich zu Flechtwerk gut eigneten, da sie entweder zu spröde oder zu weich sind; letzters gilt von Salix nigra. Mx., welche in den südlichen Staaten wohnt. Daher wird auch das Material zum Korbflechten aus Frankreich und Norddeutschland im jährlichen Betrage von 10 Mill. Doll. eingeführt. Nach einem Berichte aus New York vom Jahre 1852 (Allg. Ausw.-Zeitung Nr. 114) hat ein gewisser Haines im Staate New York mit dem Anbaue der Weide (S. viminalis) ein sehr günstiges Resultat erreicht, was um so glaubwürdiger ist, da die Tonne (20 Zentner) ausländischer Flechtweiden in Nordamerika 100 bis 150 Doll. zu stehen kommt.[2])

Die großblumige Magnolie, Magnolia grandiflora. Ait., ein Bewohner der südlichsten Staaten, ist einer der prachtvollsten Bäume Nordamerikas, was die in unsern Glashäusern gezogenen Exemplare nur sehr schwach anzudeuten vermögen. Sein Stamm, so vollkommen rund und grade, hebt die majestätische, kegelförmige Krone, aus deren dichtbelaubten hellgrünen Zweigen die schneeweißen großen Glockenblumen so wunderschön hervortreten, oft über 100 Fuß hoch. An Größe steht ihr die in Carolina und Georgien wachsende M. tripetala. Lam. wenig nach, deren junge Blätter

---

[1]) P. laevigata. W. — herophylla. Ait. — tremuloides. Mx. — angulata. W. — grandidentata. Mx.

[2]) Die gewöhnlichsten in Nordamerika wachsenden Weidenarten sind: S. grisea. W. — lucida. Mühlenb. — discolor. W. — myricoides. W. — cordata. W. — tristis. W. — longifolia. W. — rigida. W. — conifera. W.

mit einem im Sonnenschein prächtig schimmernden Seidenfilze überzogen sind; nur schwindet diese reizende Schönheit, sobald die Blätter ausgewachsen sind. [1])

Es ist für den europäischen Wanderer in den einsamen amerikanischen Wäldern eine sehr angenehme Erscheinung, wenn er unter den vielen fremden Gestalten dann und wann einen Baum seiner Heimat findet. So begegnet er, gleich einem Landsmanne in der Fremde, der bescheidenen heimatlichen Weißbuche, Fagus sylvatica. Lam., welche am Ohio ausgedehnte Wälder bildet, und außerdem in den mittleren und nördlichen Staaten noch einzeln in gemischten Wäldern wohnt. Sie ist im Allgemeinen etwas höher, als in Deutschland, sonst aber ganz dieselbe.

Der Muskit-Baum, Muskeet-tree der Amerikaner, Algarobia glandulosa. Torr. et Gr. (Prosopis spicigera. L.), ein Baum von etwa 20 Fuß Höhe und 10 Zoll im Durchmesser, bewohnt die Prairien der südwestlichen Regionen einzeln oder auch in weiten Wäldern von schütterem Bestande. Im westlichen holzarmen Texas ist dieser Baum dennoch von Wichtigkeit, und dient zu Fencen und Brennholz; er leidet aber sehr durch die alljährlichen Prairiebrände, und sein Abgang wird demnächst sehr schmerzlich seyn, so angenehm es auch einstweilen ist, die von der Erde losgebrannten und umgefallenen Stämme umsonst von der Prairie als Brennholz hereinzuholen.

Die gemeine Akazie, Robinia Pseudacacia. W., ist von der Ostküste bis Arkansas in den mittleren Staaten ursprünglich einheimisch, nach Süden und Norden scheint sie durch Kultur verbreitet worden zu seyn. Ihre Größe ist sehr verschieden; man findet in günstigen Verhältnissen Exemplare von 70 bis 80 Fuß Höhe und 4 Fuß im Durchmesser. Man pflanzet sie schon seit dem Jahre 1796 in Deutschland mit gutem Erfolge, und sie verdiente noch weit häufiger angebaut zu werden, sowohl wegen ihrem schnellen Wuchse als wegen dem vortrefflichen Holze. [2])

---

[1]) Außer den zwei angeführten sind folgende schöne Spezies meistens in den mittleren Staaten anzutreffen: M. glauca. W. — cordata. Mx. — auriculata. Lam. — macrophylla. Mx. — acuminata. Catesb.

[2]) R. viscosa. Duham. und hispida. Pers., welche unsere Anlagen zieren, stammen ebenfalls aus Nordamerika.

Der Kornel-Kirschbaum, Hartriegel, Cornus florida. L., ist überall verbreitet, nur von sehr verschiedener Größe, in günstiger Lage über 30 Fuß hoch und 1 Fuß im Durchmesser, von ausgezeichnet schöner Blüthe, aber herben Früchten. Desto vorzüglicher ist das Holz desselben, welches, was Festigkeit betrifft, nichts zu wünschen übrig läßt, weßhalb es auch zu Werkzeugen vielerlei Art, sogar zu Eggenzinken gebraucht wird.

Die texanische Dattelpflaume, Persimon-tree der Amerikaner, Diospyros texana. Scheele., findet sich in Texas, Arkansas und anderen südlichen Staaten an Waldrändern oder auf offener Prairie. Ein niedriger Obstbaum mit schöner Krone, dessen Früchte genießbar sind und vollständig reif einen feigenähnlichen Geschmack haben. Von vielen Bäumen dieser Art verursachen aber die Früchte nach dem Genusse ein Brennen im Gaumen und im Schlunde, das über eine Stunde anhält, während oft die Frucht von einem sehr nahe stehenden Baume diese Wirkung nicht macht. Das Holz dieses Baumes ist brauchbar für Tischler und Drechsler.

Die virginische Dattelpflaume, D. virginiana. W., wächst in den mittleren und südlichen Staaten, erreicht auf gutem Boden die Höhe von 60 Fuß bei einem Durchmesser von 1½ Fuß, kommt auf unfruchtbaren Höhen aber auch sehr verkrüppelt und strauchartig vor. Die Früchte sind genießbar, wie von der vorigen Art, aber von Bären mehr als von Menschen gesucht. Die Rinde dieses Baumes galt bei den Indianern schon seit lange als ein probates Mittel gegen Wechselfieber, und wird auch in neuester Zeit von amerikanischen Aerzten gegen diese Krankheit mit gerühmtem Erfolge gebraucht.

Die mexikanische Dattelpflaume, D. mexicana, kommt als krüppelhafter Baum in Texas vor, seine Früchte sind unbedeutend, das Holz ist, wie von der vorigen Art, für Tischler brauchbar.

Die schwarze Wallnuß, Juglans nigra. W., in den südlichen und mittleren Staaten von Pennsylvanien bis Florida und Texas auf fruchtbarem feuchten Boden besonders an Flüssen anzutreffen. Ein sehr stattlicher Baum von 70 bis 80 Fuß Höhe und 5 bis 6 Fuß Durchmesser, dessen Frucht zwar äußerlich mit der Königsnuß viel Aehnlichkeit hat, aber von widerlichem Geschmacke ist, und daher nur von Bären und Schweinen gesucht wird. Um so werthvoller ist das dunkelbraune Holz, welches alle Vorzüge besitzt, welche Tischler, Drechsler, Wagner, Büchsenmacher u. s. w. nur wünschen können.

Der Pecan-Nußbaum, J. olivaeformis. W., Carya olivaeformis. Nutt., in den mittleren und südlichen Staaten, besonders in Texas an den Ufern der Flüsse anzutreffen. Dieser Baum erreicht die Größe und Schönheit des vorigen nicht, aber die Frucht ist von allen amerikanischen Nußarten die beste. Die harte Schale hat Aehnlichkeit mit der Haselnuß, der Kern aber die Form der Wallnuß. Sie ist sehr wohlschmeckend und ölreich. In Texas wird sie in manchen Jahren, wo sie gut geräth, in großen Quantitäten gesammelt und als Handelsartikel nach den nördlichen Staaten verführt. Es ergeht diesem so nutzbaren Baume, wie dem Zuckerahorn. Ist ein Baum mit Früchten reichlich beladen, so wird er unbarmherzig umgehauen, um der Nüsse bequemer habhaft zu werden. Obgleich dieser scheußliche Unfug unter einer Strafe von 5 Doll. für jeden auf fremdem Grundeigenthum gefällten Baum verboten ist, so hilft dieses, wie so viele ähnliche Gesetze, — gar nichts.

Es gibt in den Vereinigten Staaten noch mehrere Wallnußarten,[1] die wohl dem schwarzen Wallnußbaume gleich ein treffliches Holz liefern, aber die Früchte sind wenig oder gar nichts werth.

Der virginische Kirschbaum, Cerasus virginiana. W., in den mittleren und nördlichen Staaten zu Hause, erreicht eine Höhe von 80 Fuß und einen Durchmesser von 5 Fuß, hat ein vortreffliches Holz, aber gleich den übrigen wildwachsenden Kirschbaumarten [2]) kleine und saure Früchte.

Die Chikasa-Pflaume, Prunus Chicasa. Mx., wächst zwar in Carolina und anderen Gegenden nur wild, wurde aber von den Indianern ehemals der guten Früchte wegen dahin ver-

---

[1]) J. alba. W. — sulcata. W. — compressa. W. — obcordata. W. — glabra. W. — cinerea. W. — fraxinifolia. Lam.

[2]) C. serotina. W. — lusitanica. Ait. — canadensis. L. — caroliniana Ait. — pennsylvanica Ait. — pygmaea. W. — rubra. Ait.

pflanzt. Die Früchte aller übrigen ursprünglich wilden Pflaumarten [1]) sind zum Genusse nichts werth.

Nordamerika hat auch seine Giftbäume. Unter den vielen da wachsenden Sumacharten sind einige, welche diesen Namen mit vollem Rechte tragen. Auch die übrigen, in Europa zum Theile cultivirten Arten dieser Gattung sind von narkotischen Eigenschaften nicht frei. [2])

Der Firniß-Sumach, Rhus Vernix. Dill., ein 15 Fuß hoher strauchartiger Baum, wächst auf trocknen Anhöhen in vielen Gegenden Nordamerikas. Bei windstillen heißen Sommertagen bewirkt schon die Ausdünstung desselben Kopfschmerz und Neigung zum Erbrechen, wie ich es mehrmals erfahren habe. Der aus der verwundeten Rinde quellende Saft ätzet die Haut weit stärker und schmerzlicher, als die Rinde vom Seidelbast (Mezereum); derselbe wird zu Lack gebraucht. Der Rauch und der Dunst des brennenden Holzes soll selbst tödtliche Zufälle bewirken.

Der wurzelnde Sumach, R. radicans. L., meist in den südlichen Staaten wohnhaft, steigt wie Stricke von der Dicke eines Fingers an den höchsten Bäumen bis zu den Wipfeln hinauf, während seine zahllosen Wurzeln am Baume so tief in die Rinde eindringen, daß er eher bricht, als sich losreißen läßt. Man schreibt ihm ähnliche Wirkungen wie dem vorigen zu, er besitzt aber gewiß nicht die giftige Substanz in demselben Grade.

Der Kopal-Sumach, R. Copallinum. Pluck., in den südlichen Staaten, besonders in Texas häufig, wo er ganze Hecken bildet. Es wird bezweifelt, ob der abendländische Kopal von diesem Sumach komme. Wahrscheinlich wird dieser Lack von verschiedenen Sumacharten gewonnen, daher wohl auch seine Güte verschieden ist. Der orientalische Kopal kann um so weniger aus Nordamerika kommen.

---

[1]) Pr. sphaerocarpae. W. — cerasifera. W. — acuminata. Mx. — hyemalis Mx.

[2]) R. typhinum. W. in Virginien. — glabrum. Ait. — elegans. Ait. — pumilum. Mx. — Toxicodendron. Barr. eine Varietät von radicans? — aromaticum. Ait. — suaveolens. Ait. — Dasselbe gilt von einigen in Texas wachsenden noch unbeschriebenen Arten sp. nov.

Der Sassafras-Baum, Laurus Sassafras. L., erreicht im Süden eine Höhe von 50 Fuß und eine Dicke von 2 Fuß, wogegen er im Norden von niedrigem strauchartigen Wuchse ist. Der Baum enthält in allen seinen Theilen diese medizinische Substanz. Aus den jungen Schößlingen und der Wurzelrinde verfertiget man in Nordamerika ein im Sommer beliebtes kühlendes Getränk, root-beer, worin aber deutsche Biertrinker keinen Biergeschmack finden können. Ein Decoct von den Blättern wird häufig als blutreinigend getrunken. Das röthliche Holz verbreitet einen angenehmen Geruch, der den Insekten widersteht, daher man es gern zu Bettstellen benützt.

Der Storax-Baum, Liquidambar styraciflua. Lam., wächst einzeln in den mittleren und südlichen Staaten, erreicht bei einer Höhe von 50 Fuß einen Durchmesser von 10 Fuß. Der angenehme aromatische Geruch, den dieser Baum bei warmem Sonnenschein, oder die in der Hand geriebenen Blätter und Zweige verbreiten, ist dem Geruche des käuflichen Storax wohl sehr ähnlich, und mag diesen Namen veranlaßt haben; aber von diesem in Nordamerika wild wachsenden Baume kommt gewiß nicht viel dieses Harzes in den Handel. [1])

Aus diesem unvollständigen Verzeichnisse, welches nur die interessantesten und am häufigsten vorkommenden Arten enthalten soll, geht schon hervor, daß die nordamerikanischen Freistaaten einen großen Reichthum von schönen und nutzbaren Bäumen besitzen, welche zum Theile mit gedeihlichem Erfolge in Europa kultivirt werden. Aber nicht alle Gegenden dieses großen Gebietes erfreuen sich, wie schon bemerkt worden ist, dieses Reichthums; derselbe ist vielmehr auf die östlichen und nördlichen Theile der Union beschränkt, während der Südwest zum größten Theile an einem Holzmangel

---

[1]) Es verdienten wohl noch mehrere Bäume hier eine Erwähnung, wie z. B. Carpinus americana. W. — Celtis occidentalis. Lam. — Sorbus aucup. americana. Pers. — Olea americana. Ait. — Castanea americana. Pers. — Ostrya virginiaca. W. — Bignonia Catalpa W. — Xanthoxylum fraxineum. W. u. X. carolinianum. Lam. — aber der beschränkte Raum dieses Werkchens gestattet eine längere Besprechung einzelner Gattungen und Arten nicht.

leidet, wie wir ihn in Europa nicht kennen; und da man überall rücksichtslos Wälder und Bäume verwüstet: so muß dieser Uebelstand bei der ungeheuern Volksvermehrung in der Folge um so fühlbarer werden, und der Mangel des Holzes selbst da eintreten, wo jetzt noch der Ueberfluß lästig erscheint.

In Gegenden, die vom Walde förmlich bedeckt sind, und wo das Holz fast keinen Werth hat, ist die Holzverwüstung in so weit nothwendig, um Raum für Aecker und Wiesen zu gewinnen. Aber wenn man in holzarmen Bezirken auf Stellen, die zum Ackerbaue untauglich sind, schonungslos die Bäume vertilgt, so ist das gewiß thöricht und unverzeihlich. Es ist allgemein üblich, auf sogenanntem Congreßlande, welches die Centralregierung noch nicht verkauft hat, auf Ländereien, welche für Erziehungs- und andere öffentliche Anstalten vorbehalten sind, so wie auf Privatgründen, deren Eigenthümer in weiter Ferne wohnen, das Holz zu stehlen, um sein eigenes schonen zu können. In einem solchen fremden Walde verfährt man also: die schönsten Stämme werden ausgesucht und gefällt; um sie wegführen zu können, müssen oft viele andere umgehauen werden; zu Brettklötzern nimmt man nur das schönste astlose Stück des Stammes, das andere sammt der Krone bleibt liegen. So entsteht ein Chaos von Ueberresten, durch welches man kaum sich durchzuarbeiten vermag. Gerathen nun diese Massen von Abraum irgend wie in Brand, so ist der Wald rettungslos vernichtet, das Feuer unterstützt die Zerstörungswuth der Menschen. Auf diese Art ging im Jahre 1848 ein Stück Cederwald von drei Meilen Länge bei New Braunfels in Texas zu Grunde; die übriggebliebenen schwarzen Baumstumpen zeugen noch von diesem durch die Ansiedler in der angeführten Weise herbeigeführten Ereignisse. Selbst auf ihrem eigenen Grunde wirthschaften Viele in den Wäldern ohne alle Rücksicht auf die Zukunft, vorzüglich die geldgierigen beduinischen Amerikaner; die fester sitzenden deutschen Ansiedler sind wenigstens im eigenen Walde etwas wirthschaftlicher. Von Forstwirthschaft, Forstkultur und Aufsicht ist noch nirgend eine Spur, damit wartet man in Nordamerika, bis kein oder sehr wenig Holz mehr seyn wird, obwohl man bei dem Umstande, daß zur Einzäunung der Aecker, um die Saaten gegen das frei herumlaufende Vieh zu schützen, so viel Holz gebraucht wird, die Nothwendigkeit mit den Händen greifen könnte, mit den Wäldern vernünftiger umzugehen.

In den Prairie-Regionen haben Wälder und Bäume an dem Prairiebrande einen sehr verderblichen Feind, welcher alljährlich im Spätsommer und Herbste das dürre Gras der Prairie verzehrt, aber auch keine Baumpflanze aufkommen läßt, und sogar erwachsenes Gebüsch zerstört. Daher findet sich nur auf steinigen Höhen, wo der spärliche Graswuchs den Flammen zu wenig Nahrung bietet, in den feuchten Bottoms an Flüssen und auf sumpfigen Stellen, wo das Gras nicht dürr wird, Gestrüpp oder Wald.

Von den Urwäldern Amerikas hegt man gewöhnlich eine Vorstellung, welcher die Wirklichkeit nur ausnahmsweise in einzelnen Gegenden entspricht. Die Benennung „Urwald" bezeichnet eigentlich nur einen Wald, dessen ursprünglicher Zustand durch Menschen noch nicht verändert worden ist. Die gewöhnliche Vorstellung von einem großartigen, wildromantischen Urwalde paßt auf die ausgedehnten Sumpfwälder in Louisiana, auf den Alligator-swamp in Nord-Carolina u. s. w. sehr wohl. Da stehen auf morastigem Boden oder im Sumpfwasser jene riesenhaften Cypressen, Fichten, Sumpfeichen und andere Bäume oft sehr nahe beisammen, daß durch ihre dicht verwachsenen Kronen kein Sonnenstrahl einzudringen vermag, und es bei hellem Sonnenschein ziemlich dunkel, bei trüber Witterung aber selbst am Mittag so finster ist, daß selbst der Wegkundige sich nicht ohne Fackel in die Tiefe des Waldes wagt. Die abgestorbenen, in allen Graden der Verwesung begriffenen Bäume geben den dunklen Räumen eine grauenvolle Gestalt. Manche Stämme stehen noch aufrecht, obschon ihre Kronen schon längst abgefault sind; man legt die Hand an einen, und der morsche Koloß stürzt ganz oder zum Theile in tausend mürbe Trümmer zusammen. Andere lehnen sich unter allen Winkeln an ihre lebenden Brüder, es sind aber auch schon morsche Leichen, und das Gewicht einer gescheuchten wilden Katze langt hin, klafterdicke Stücke von ihnen herabzustürzen, die zerbröckelt der Sumpf verschlingt. Die vielfach über dem weichen Boden oder dem Wasser liegenden Baum-Cadaver haben meist auch nicht mehr Zusammenhang, und bilden sehr betrügliche Brücken über die tieferen Sumpfstellen; die ins Wasser versunkenen widerstehen lange der Fäulniß, ihnen kann man eher vertrauen, obschon man auch durch sie manchmal, wie durch eine tiefe Schneemasse, hindurchfährt, und an ihnen kaum Halt genug findet, um sich wieder empor zu arbeiten. Wenngleich ein ziemlich kräftiger Wind über das hohe dichte Laubdach dahinfährt, so macht er sich unter demselben nur durch das häufige Herabstreuen von leichten dürren Blättern und Rindentheilchen bemerkbar. Die tiefe Todtenstille besonders um die Mittagszeit, die nur dann und wann von dem monotonen Schnarchen eines schlafenden Alligators unterbrochen wird, gibt dieser Grabesöde einen so unheimlichen, die Brust beengenden Charakter, daß man sich sehr bald wieder nach dem Tageslichte sehnt.

Nicht minder entsprechen die Bottomwälder an den Strömen und Flüssen des Südens der allgemeinen Vorstellung von einem imposanten amerikanischen Urwalde, wo riesige Platanen, Nußbäume, Eichen mit Unterwuchs von unterschiedlichem Strauchwerk üppig durcheinander wuchern, der kletternde Sumach (Rh. radicans. L.) und wilde Weinreben, letztere oft von Mannsdicke, bis zu den Kronen der Bäume hinaufsteigen, und mit ihrem Laubwerk darin und darüber hin ein dichtes Geflecht bilden. Wälder auf Gebirgen und an mäßigen Höhen unterscheiden sich weniger von den unsrigen, wenn auch die Axt noch keine Verheerungen darin anrichtete, und weder Waldstreu noch Klaubholz daraus geholt worden ist. Während die nordamerikanischen Nadelwälder von den europäischen im äußeren Ansehen wenig verschieden sind, erfreuen sich die dortigen gemischten Laubwälder eines mannigfaltigen Blüthenschmuckes, welcher den hiesigen abgeht. Nicht nur viele Waldbäume selbst blühen ausgezeichnet schön, wie die Magnolien und der Tulpenbaum, sondern viele schönblühende Sträucher [1]) als Unterwuchs von verschiedener Höhe zieren prachtvoll diese Wälder und entwickeln zum Theile ihre Blüthen, bevor noch die Waldbäume ausschlagen.

---

[1]) Dahin gehören mehrere Arten der Gattungen Rhododendron, Cornus, Bignonia u. a. m.

Die Vegetation der Prairie.

Die großen Prairien, welche westlich vom Mississippi beginnen und bis ans Felsengebirge, theilweise bis an den Stillen Ocean sich ausdehnen, und die bewaldeten östlichen und nördlichen Regionen an Flächeninhalt übertreffen, sind entweder ganz baumlos, oder haben nur an den Flüssen etwas größeres Gehölz und auf sterilen Höhen krüppelhaftes Strauchwerk. Wer sich von diesen wüsten Gegenden eine ergötzliche Vorstellung machte, als wenn die Flora auf einem anmuthigen Wiesenteppich ihre Schätze verschwenderisch ausgeschüttet hätte, der würde sehr irren. Die Vegetation besteht auf weite unübersehbare Strecken hin nur aus Gräsern, die nach Verschiedenheit der Gattungen und Arten, so wie nach der Beschaffenheit des Bodens hier üppig und hoch aufgewachsen, dort niedrig und verkümmert nicht den steinigen Boden zu bedecken vermögen. Die Verschiedenheit der Grasarten ist auf einer nordamerikanischen Prairie bei weitem nicht so mannigfaltig, wie auf einer Wiese in Deutschland; eine oder zwei Arten bedecken oft ausschließlich meilenweite Strecken. So ist das niedrige zarte **Büffelgras**, Sesleria dactyloides. Nutt., im ganzen Flußgebiete des Missouri und noch weiter nach Süden das allgemeine Prairiegras. Auf den texanischen Prairien findet man während tagelangen Wanderungen nur wenige Arten, welche den Bestand des Prairiegrases darstellen,[1]) so daß eine Grasfläche ziemlich so gleichförmig aussieht, wie die Saat irgend einer Halmfrucht, wenn nicht viel Unkraut darunter ist. Das Prairiegras macht auch nicht einen ununterbrochenen Rasen, sondern nur einzelne Stücke, zwischen welchen man die bloße Erde sehen kann.

Der prachtvolle, viel beschriebene **Blumenschmelz** ist nicht allenthalben über die Prairie ausgebreitet. Auf fruchtbaren Ebenen und in Thälern, wo der Graswuchs hoch und üppig ist, eben so auf der dürren und windigen Hochprairie, findet man sehr wenig Blumen, oder es sind Frühlingsblümchen, deren Blüthezeit schon

---

[1]) Erianthus saccharoides. aut. — Leptochloa mucronata. Benth. — Andropogon furcatus. Mühlb. — A. avenaceus. Mx. — Elymus canadensis. L.

vorüber ist, wenn das Gras aufzuschießen beginnt. Aber am Saume des großen westlichen Prairie-Oceans auf weniger fruchtbarem Boden, in der Nähe von Bächen und Flüssen, selbst wenn sie im Sommer wasserlos sind, und an Bergabhängen ist die Flora überreich und prachtvoll, und man begegnet da fortwährend Gewächsen, die längst als Zierpflanzen ersten Ranges in europäischen Gärten und Glashäusern paradiren, oder dahin verpflanzt zu werden verdienten. Man wähnt sich oft in den schönsten Garten versetzt, so reich und bunt ist rings umher der Blumen Pracht entfaltet; und kommt man nach zwei Wochen wieder an den Ort, so findet man die meisten neu, und so geht es fort vom Frühlinge bis zum Spätsommer, wo die Feuchtigkeit nicht fehlt, bis zum späten Herbste. [1])

Mehrere zum Theil noch unbeschriebene Arten der Gattungen Cactus, Dasylirion und Yucca, welche auf den südlicheren Prai-

---

[1]) Zu den schönsten und häufig auf den Prairien von Texas vorkommenden Gewächsen gehören folgende:

Coreopsis Drummondii. Tor. et Gray.
Gaillardia picta. Don.
Anemone caroliniana. Walt.
Lisianthus glaucifolius. Jacq.
Phlox aristata. Mx.
— Drummondii. Hook.
Euphorbia marginata. Engelm.
Dalea laxiflora. Pursch.
— pogonanthera. Gray.
Acacia hirta. Nutt.
Neptunia lutea. Benth.
Desmanthus brachylobus. Benth.
— — — velutinus. Scheele.
Mimosa fragrans. Gray.
— — strigillosa. Tor. et Gr.
Schrankia platycarpa. Lindh.
Lobelia texensis. Rafin.
Verbena bipinnatifida. Schauer.
Salvia farinacea. Benth.
— Roemeriana. Scheele.
Lupinus texensis. Hook.
Delphinium azureum. Mx.
Ipomopsis caroliniana. Nutt.
Callichroe involucrata. Gray.
Oenothera Drummondii. Hook.
— — — speciosa. Nutt.
— — — serrulata. Tor. et Gr.
— — — missouriensis. Sims.
Linum Berlandieri. Hook.
Polygala Bayrichii. Tor. et Gr.
Solidago scaberrima. Tor. et Gr.
Castilleja purpurea. Don.
Penstemon Cobaea. Nutt.
— — — azureum. Mx.
Lantana Camara. L.
Opuntia vulgaris. Mill.
Echinocactus Lindheimeri. Engelm.
Sophora speciosa. Benth.
Amorpha Roemeriana. Scheele.
— — foliosa. nov. spec.
Eisenhardia texana. Scheele.

rien die höheren sterilen Orte einzunehmen pflegen, gewähren der Prairieflora daselbst einen eigenthümlichen Charakter. Eine palmenähnliche Yucca-Art, ähnlich der Y. gloriosa. L., zeichnet sich besonders aus. Der Schaft derselben, von 10 Fuß Höhe und 6 Zoll Durchmesser, trägt eine schöne dunkelgrüne Blätterkrone von 5 Fuß langen, ganz randigen, 2 bis 3 Zoll breiten Blättern, aus deren Mitte zu Ende Februar oder Anfangs März der vielverzweigte mannshohe Blüthenbusch mit unzähligen, großen, schneeweißen Glockenblumen sich erhebt, der auf meilenweite Entfernung sichtbar ist. Die im August reifenden Früchte sind genießbar, aber nicht sehr wohlschmeckend.

Das Hügelgebüsch von verkrüppelten Bäumen und Sträuchern ist von wilden Weinreben, dem katzenkralligen Smilax, so wie von anderen dornigen und stachligen Schling- und Rankengewächsen so dicht verflochten, daß es für den Menschen eine schwere Aufgabe ist, hindurch zu kommen; ohne Blutverlust geht es dabei selten ab. Mit ähnlichen Geflechten sind auch oft die Ufer der Prairiebäche eingefaßt. Solche Gehege dienen den wilden Thieren als Verstecke, und dem zahmen Vieh auf der Weide zum Schutze gegen die kalten Nordwinde.

Der Prairiebrand ist ein sehenswerthes imposantes Schauspiel. Die Hitze und Trockenheit des Sommers bewirkt, daß das Gras gegen Ende September schon abstirbt und vertrocknet, und dann durch Zufall oder mit Absicht angezündet wird. Je nach der Stärke des Windes und der Beschaffenheit des Grases schreitet der Brand mit verschiedener Geschwindigkeit vorwärts, und verbreitet sich weithin über Berg und Thal und unübersehbare Ebenen, bis ein konträrer Wind, Flüsse, Wege oder Wälder ihm Schranken setzen. Bei starkem Winde und großer Trockenheit des Grases schreitet er so schnell fort, daß ein Mensch ihm nicht lange entlaufen kann. Seine Gluth ist nach der Stärke des Windes, nach der Art, Höhe und Dichtigkeit des Grases ebenfalls sehr verschieden. Wo das Gras nur niedrig ist, hat man nichts zu fürchten; es brennt da immer nur ein schmaler Streifen von höchstens 2 Fuß Breite, da hinterher das Feuer wieder erlischt, und man kann unter solchen Umständen unbedenklich hindurch rennen.

Ist das Gras hingegen mehrere Fuß hoch, hat es harte und starke Halme, und weht der Wind heftig, so kann man durch den Prairiebrand allerdings gefährdet werden, wenn nicht schützende Schranken gegen denselben in der Nähe sind. Sieht man sich auf diese Art bedroht, so ist es das beste Mittel, das Gras, wo man sich befindet, sogleich selbst anzuzünden. Dieser selbst angelegte Brand schreitet vorwärts, breitet sich aus und macht einen freien Platz, auf dem man sicher ist, weil der von hinten anrückende dann keine Nahrung findet. Die abgebrannte Prairie hat ein schwarzes, ungemein düsteres Aussehen, bis das junge Gras wieder hervorsprießt. Man legt den Brand oft absichtlich an, um dem Viehe für den Herbst wieder frische Weide zu verschaffen. Indianer zünden oft die Prairie an, damit ihnen der Brand das Wild zutreibe. Durch das Feuer der im Freien lagernden Fuhrleute geräth die Prairie oftmals auch in Flammen.

Bei Tage ist das Schauspiel weniger imposant, aber bei Nacht gewährt es einen wahrhaft großartigen Anblick, wenn man von einem erhöhten Standpunkte die ungeheure, meilenlange Feuerschlange, über Berge und Thäler ausgestreckt, sich in mannigfaltigen Krümmungen fortwinden sieht, während die hochgerötheten Rauchwolken ihr voranzuleuchten scheinen. Wenn bei Nacht, wie es oft geschieht, nach mehreren Seiten hin ein solcher Brand stattfindet, so hat der glühende Himmel ein fürchterliches ergreifendes Ansehen, und wirft ein eigenthümliches magisches Licht auf die Erde nieder.

Die Ansiedlungen auf der Prairie gerathen durch diese Brände in Feuersgefahr, besonders wenn die Farmer unterlassen, rings um die Einfriedigung ihrer Felder einen Streifen Boden umzupflügen, um dadurch das Gras zu beseitigen, und so dieselben gegen den Brand zu isoliren. Es ist nichts Seltenes, daß eine Farm mit Haus, Umzäunung und Aernte ein Raub der Flammen wird.

Daß unter den nordamerikanischen Pflanzen trotz der Schönheit ihrer Blumen nur sehr wenig wohlriechende sind, ist schon vielfach berichtet worden. Man kann lange auf der blumenreichsten, prachtvollsten Prairie wandern, ehe man eine wohlriechende Blume gewahrt; es fehlt den schönsten Gefilden der liebliche Blüthenduft, den unsere bescheidenen Fluren uns im Frühlinge entgegenhauchen.

Selbst das schwach vertretene Geschlecht der Rosen ist geruchlos. [1])

Wer sich von Nordamerika, selbst den südlichsten Gegenden, eine allzu paradiesische Vorstellung macht und da wähnt, daß dort in der freien Natur ein Ueberfluß von wohlschmeckenden Früchten anzutreffen sey, nach welchen man nur die Hand auszustrecken und den Mund zu öffnen braucht, der irret sehr. Außer einigen allerdings schätzbaren Nußarten, die aber der Welschen Nuß an Güte und Größe nicht gleichkommen und nicht alljährlich gerathen, sind etwa noch zu erwähnen: die Dattelpflaume (Diospyros). eine kleine Pflaume (Prunus rivularis. Scheele.), die sehr gute virginische Erdbeere (Fragaria virginiana. W.), die Maulbeeren [2]) und Brombeeren. [3]) Ich wünschte, daß ein jeder von den Schriftstellern und Berichterstattern, welche von den wohlschmeckenden, großen und saftigen wilden Weintrauben Nordamerikas so lieblich faseln, und den Leuten den Mund wässerig machen, drei solche Trauben speisen müßte; er würde die Buße genügend finden und der Schmaus würde ihm denkwürdig bleiben. [4])

An eßbaren Schwämmen fehlt es ganz, so üppig und häufig auch an faulendem Holze Pilze wuchern.

Bei einem unparteiischen Vergleiche bringt man sehr bald heraus, daß eine Gegend Deutschlands mit Bergen und Wäldern den Bewohnern an wilden Früchten mehr zum Genusse bietet, als Nordamerika. [5])

---

[1]) Zu den wenigen wohlriechenden Prairiepflanzen von Nordamerika gehören: der schönblühende immergrüne Strauch Sophora speciosa. Benth. — Salviastrum texanum. Scheele. — Erysimum arkansanum. Nutt. — Monarda punctata. L. und andere Arten dieser Gattung, endlich zwei Arten Cooperia, deren lilienartiger Geruch aber allzu stark und betäubend ist.

[2]) Morus rubra. Mx. — nigra. L. — parvifolia. Engelm.

[3]) Rubus trivialis. Mx. — occidentalis. L. — stellaris. Sm. — pedatus. Sm. — pennsylvanicus. Poir.

[4]) Die Trauben aller in Nordamerika wild wachsenden Reben sind herb und sauer, dahin gehören unter andern: Vitis aestivalis. Mx. — populifolia. Lindh. — labrusca. L. — candicans. Engelm. — rupestris. Scheele.

[5]) Selbst unter den im Gebiete der Union wachsenden und bisher bekannten 20 Arten von Vaccinium ist nicht eine, welche so allgemein verbreitet, so fruchtbar und vortrefflich wäre, wie unsere Heidelbeere (V. Myrtillus. L.).

Von Arzneigewächsen ist der Ginseng, Ginzing oder Kraftwurzel (Panax quinquefolia. Mx.) ein wichtiger Ausfuhrartikel. In den Vereinigten Staaten selbst findet diese als unwirksam erklärte Pflanze wenig offizinellen Gebrauch; aber in China und Japan wird sie mit festem Vertrauen fast gegen alle innerlichen Krankheiten angewendet und sehr theuer bezahlt.

Die Flora des östlich vom Missisippi gelegenen Theiles der Vereinigten Staaten ist wohl ziemlich bekannt, aber die weit größere westliche Region zwischen dem genannten Strome und dem Stillen Ocean ist in botanischer und in jeder andern naturwissenschaftlichen Hinsicht größtentheils noch eine terra incognita, wo der Naturforscher noch ein weites und reiches Feld für seine Forschungen findet.

12. Thiere.

Der Büffel oder Bison, Buffalo der Amerikaner, Bison americanus. Sm. Dieses menschenscheue Thier hat sich aus dem kultivirten Osten nach den wüsten Prairien des Westens in das Flußgebiet des Missouri und Oregan zurückgezogen, wo es noch in unzählbaren Heerden anzutreffen ist. Eine Büffelheerde bedeckt oft meilenweite Strecken; so wandern sie auf der Prairie fort, wo ihnen das reichlichste und saftigste Büffelgras die beste Weide bietet. Hinter einem solchen weidenden Zuge ist kein Halm mehr zu sehen; was nicht abgeweidet worden, das ist von den Füßen zertreten. Setzt irgend ein gefürchteter Gegenstand sie in raschere Bewegung und Flucht, so erdröhnt der Boden unter ihren Alles zerstampfenden Füßen, und ein donnerähnliches Getöse verkündet auf weite Entfernung hin die Bewegung der schweren Massen. Ein Fußreisender, der sich nicht hinter irgend einen schützenden Gegenstand zu bergen vermöchte, würde rettungslos von ihren Füßen zermalmt werden. Das Gewicht eines ausgewachsenen Stieres ist 500 bis 600 Pfund. Weder die männlichen noch die weiblichen Thiere dieser Art haben Aehnlichkeit mit den zahmen Rindern. Der gedrungene plumpe Körper mit dem braunen dichten Pelze, der bei älteren

Stieren langhaarig und zottig wird, läßt kaum Kopf und Glieder unterscheiden, es ist ein unförmlicher Fleischklumpen. Während der Begattungszeit im Monat August gehen Stiere und Kühe durch einander, außerdem sind die älteren Stiere von der übrigen Heerde abgesondert. Das Fleisch ist fast die einzige Nahrung der Prairie-Indianer, so wie der Reisenden in diesen Gegenden; es läßt sich, in Streifen geschnitten und an der Sonne getrocknet, gut aufbewahren. Die Häute sind ein wichtiger Handelsartikel und kosten zubereitet pr. Stück 5 bis 8 Doll.; doch nimmt man gewöhnlich dieselben nur von Kühen und jungen Stieren, da die der älteren zu schwer und ungefüge sind, um rauch gegerbt zu werden. Die Jagd auf diese nützlichen Thiere geschieht immer in größerer Gesellschaft von berittenen Schützen, und ist nichts Anderes, als eine rücksichtslose wilde Verwüstung, da man oft von vielen getödteten Thieren nur die Zunge ausschneidet, welche getrocknet ebenfalls ein Handelsartikel ist und für sehr wohlschmeckend gehalten wird; das Uebrige überläßt man häufig den aasfressenden Thieren und der Fäulniß. So treiben aber nur die Weißen die Büffeljagd, die Wilden sind wirthschaftlicher und sehen die dumme Schlächterei der Civilisirten mit Ingrimm und Abscheu.

Der große schwarze Bär, Grizzli bear der Amerikaner, Ursus ferox. Say., hat seinen ständigen Aufenthalt in dem wüsten Felsengebirge, von wo aus er aber auch sporadisch in anderen Gegenden erscheint und selbst im Quellengebiete des texanischen Colorado sich zuweilen sehen läßt. Nach den von den Indianern zum Verkaufe gebrachten Häuten zu schließen, muß er die Länge eines mittelgroßen Pferdes haben; sein Gewicht soll bis 500 Pfund betragen. Er lebt von Pflanzennahrung, ohne Fleischkost zu verschmähen. Man versichert, daß kein anderes vierfüßiges Thier ein so zähes Leben habe, so daß er, von zehn Kugeln getroffen, noch gefährlich ist. Die Häute, das getrocknete Fleisch und das Fett sind Handelsartikel, welche meistens die Indianer zu Markte bringen.

Der amerikanische oder braune Bär, U. americanus. Pall., bewohnt mehr die Wälder der südlichen Gegenden, erscheint aber auf seinen Wanderungen an den Canadischen Seen und am Atlantischen Ocean, so wie er sich auch auf der Prairie, die ihm

Verstecke bietet, sehen läßt. Er lebt von Pflanzen und Thieren, sucht sich, ein Meister im Klettern, Nüsse, Eicheln und andere Früchte von den höchsten Bäumen, er wälzt die größten liegenden Baumstämme und schwere Felsblöcke fort, um die darunter wohnenden Käfer und Eidechsen, die ihm ein leckerer Bissen sind, zu erbeuten, und raubt den Farmern allerlei Vieh, besonders junge Rinder, Schafe, Ziegen, Schweine. Den empfindlichsten Schaden verursacht er in den Maisfeldern, wo er die junge süße Frucht in Massen verzehrt, und dabei noch weit mehr verwüstet. Dieses angenehmen Futters wegen hält er sich so gerne in der Nähe der Ansiedlungen auf. Sein Fleisch gilt mit Recht als sehr vortrefflich, das wasserhelle Fett dient als Speise- und Brennöl, und die Haut hat im Winter einen Werth von 3 bis 4 Doll., das Gewicht eines ausgewachsenen Thieres dieser Art beträgt 300 Pfund. Seine Räubereien und die werthvollen Artikel, die er nach seinem Tode liefert, ziehen ihm viele Nachstellungen zu, und machen ihn zu einem der werthvollsten Jagdthiere. Ein einzelner Jäger jedoch, wenn er nicht von guten Jagdhunden begleitet ist, riskirt sein Leben. Dieser Bär vergreift sich zwar unangetastet niemals an Menschen, man kann ihn sogar aus seinen Höhlen treiben, wenn er nicht etwa grade seine noch ungangbaren Jungen darin hat, und gibt seinen Unwillen nur durch ein dumpfes Brummen kund. Aber verwundet oder in die Enge getrieben, ist er fürchterlich, sein scharfes starkes Gebiß und die Klauen sind bei der ungeheuern Körperstärke gefährliche, ja tödtliche Waffen.

Der Waschbär, Racoon der Amerikaner, Procyon lotor. Cuv., ist der kleinste Bär, nur von der Größe eines Dachses. Er schlägt seine Wohnung ebenfalls am liebsten in der Nachbarschaft der Farmer auf, weil er eine absonderliche Vorliebe für Maisfelder und Hühnerställe hat. Die letzteren sind ihm nie zu hoch, da er wie eine Katze klettern kann. Man verargt es ihm sehr, daß er darin mehr tödtet, als er fortschleppen kann, und stellt ihm auf alle mögliche Weise nach. Aber wie Diebsgesindel sich auch durch die zweckmäßigsten Vorkehrungen und Nachstellungen nicht ganz ausrotten läßt, wo es noch zu stehlen gibt, so scheint sich dieser Spitzbube trotz der heftigen Verfolgung nur je länger desto mehr zu vervielfältigen. Sein Balg ist ein geschätztes Pelzwerk und das Material zu den sogenannten Schuppenpelzen; auch sein Fleisch wird genossen, und gilt als delikat.

Der Cuguar, Panther der Amerikaner, Felis concolor. L., ist in den östlichen Staaten bereits selten geworden, im Westen dagegen noch zahlreich vorhanden. In Vermont wird für jedes erlegte Stück von der Regierung ein Schußgeld von 40 Doll. bezahlt. Die Haut hat einen Werth von 3 bis 5 Doll. Seine Größe ist sehr verschieden: das größte Exemplar, welches ich zu sehen Gelegenheit hatte, und welches, nach seinem Gebiß zu schließen, sehr alt zu seyn schien, war von der Nase bis zur Schwanzspitze 7 Fuß 4 Zoll lang, und konnte 120 bis 130 Pfund schwer seyn. Dieses Raubthier hat ein ungemein zähes Leben; ein von vielen Kugeln durchbohrtes Stück wehrte sich mit heftigen Schlägen der Tatzen noch lange gegen die Angriffe der Hunde, und verletzte einen derselben der Art, daß er mit ihm zugleich verendete. Durch den Raub von großen und kleinen Thieren, besonders von Kälbern, hat sich diese Bestie bei den Farmern allgemein verhaßt gemacht; seine Angriffe gegen die Menschen, deren dieser Räuber häufig beschuldiget wird, mögen wohl erlogen oder in der Unvorsichtigkeit der Angegriffenen begründet seyn. Ein einzelner Mensch kann sich freilich ungefährdet nichts gegen ihn erlauben, nicht einmal seine Jungen zum Gegenstande genauerer Beobachtungen machen. In unbewohnten Gegenden ist er auch gar nicht scheu, und sieht dem einsamen Wanderer zuweilen dreist ins Gesicht.

Der Jaguar, amerikanischer Tiger, F. Onca. L., hat sich am Rio Grande zuweilen sehen lassen. Diese ansehnliche Katzenart bewohnt vornehmlich die Anden-Gebirge. Es wird diesem Thiere ebenfalls viel Appetit auf Menschenfleisch zugeschrieben; es hat damit dieselbe Bewandniß wie mit der vorhergehenden Art.

Der amerikanische Luchs, Wild-cat der Amerikaner, F. rufa. Tem., ist in allen nordamerikanischen Wäldern zu Hause, und weiß sich von kleineren Thieren aller Art sehr wohl zu nähren. Sein feister Körper wiegt 27 bis 30 Pfund.

Die Tigerkatze, Pantherkatze, F. pardalis. L., lebt in dunklen Uferwaldungen des Südens, ist weit scheuer und seltener als die vorige Art, sehr schön gefleckt und über 3 Fuß lang; mit dem Mausen macht sie sich wenig zu thun, dagegen sind ihr Hasen, junge Hirsche und Schafe erwünschte Gegenstände ihrer täglichen Jagd; sie besitzt eine bewunderungswürdige Schnelligkeit im Laufen und Klettern.

Der gemeine Wolf, dessen Identität mit dem europäischen, Canis lupus. L., trotz der Uebereinstimmung in Farbe und Größe zweifelhaft erscheint, hauset mehr in den nördlichen und mittleren Staaten. Er ist ein verwegenes und gefräßiges Raubthier, das dem jungen Vieh auf der Weide sehr gefährlich wird, daher er sehr eifrig verfolgt und in einigen Staaten ein Preis von 10 bis 20 Doll. auf seinen Kopf gesetzt ist. Man sagt, daß er im Hunger auch Menschen anfalle, und auf junge Neger mit besonderer Begierde losgehen solle.

Der amerikanische Wolf, Loafer der Amerikaner, C. occidentalis. Rich., ist etwas kleiner als der vorige und mehr ein Bewohner des Südens. Von dieser Art kommen mehrere Varietäten vor, eine davon ist auf dem Rücken gleichförmig gelb und an den Seiten weißgrau. Der amerikanische Wolf ist selbst in den Küstenstrichen bis an den Rio Grande hin häufig, und dem Viehe auf der Weide ebenfalls gefährlich, aber Gelüste nach Menschenblut werden ihm nicht zugeschrieben. Selbst wenn mehrere beisammen sind, fliehen sie scheu vor den Menschen. Es hatte mir einer dieser Schurken während dem Schlafe auf der Prairie ein Päckchen, in welchem ein frischer Hasenbalg sich befand, heimlich davon getragen; als ich nach längerem Suchen seiner ansichtig wurde, und nur mit leeren Händen auf ihn zukam, ließ er seine vermeintliche Beute fahren, und nahm Reißaus.

Der Prairie-Wolf, C. latrans. Say., eine kleinere Art, welche die Prairie bewohnt, und dem zahmen Jungvieh, dem Wilde und Geflügel nachstellt. Man macht große Jagden zu Pferde und mit Hunden auf ihn. Sein hundartiges Gebell bei Nacht in der Nähe der Ansiedlungen und der Städte, welches von den Haushunden fortwährend beantwortet wird, ist sehr widerlich, und geht in ein abscheuliches Geheul über.

Der gelbe Fuchs, C. fulvus. Desm., ist jungen Schafen

und Ziegen so wie dem Hausgeflügel ein arglistiger Feind, daher ihm die Farmer mit Jagd und Fallen nachstellen. Er vermehrt sich in kurzer Zeit sehr stark in einer Gegend.

Der virginische oder Silberfuchs, C. virginianus. Gmel., ein hübsches Thier mit silbergrauem Balge, weniger gefräßig und leicht zu zähmen, ist im Süden noch überall, wenn auch nicht häufig anzutreffen. Der Balg wird als Pelzwerk geschätzt.

Man sollte glauben, daß bei so vielen Raubthieren das zahme Vieh auf der Weide bei Nacht und im Winter außerordentlich viel leiden müßte; dies ist aber nur da der Fall, wo noch wenig Vieh auf der Weide geht. Wo die ausgedehnte Prairie von zahlreichen Rinderheerden beweidet wird, geht auf diese Art nicht leicht ein Kalb verloren. Ja es darf sich sogar bei Tage kein Wolf blicken lassen. Sobald ein Stück Rind eines solchen Räubers ansichtig wird, fängt es heftig an zu brüllen, worauf alle Kühe und Ochsen, die den Ruf vernommen, herbeistürmen, und auf den Feind losgehen, der aber indessen sich längst schon geflüchtet hat. Das über Nacht auf der Prairie bleibende Rindvieh lagert auf einem freien Platze mit den etwa vorhandenen Kälbern in der Mitte. Wer auch nur einen frisch abgestreiften Balg eines Raubthieres trägt, kann nicht unangefochten durch die Prairie wandern, wo zahlreiche Rinderheerden gehen. So bald das Vieh den Geruch davon empfängt, rennt es wüthend herbei, und man muß, um sich zu retten, den Gegenstand von sich werfen, über den es dann brüllend herfällt, mit den Hörnern zerstößt und mit den Füßen zerstampft. Wenn man zu Pferde ist, gewährt ein solcher Vorfall eine interessante Belustigung, nicht so dem Fußreisenden, wie ich es erfahren habe.

Der canadische Hirsch, Elk der Amerikaner, Cervus canadensis. Gmel., ein ansehnliches Jagdthier, doch nur mehr im Westen zahlreich zu finden. Früher wurde dieser Hirsch in Pennsylvanien und Kentucky häufig erlegt, und die schönen Decken davon kommen nach Deutschland zum Verkaufe. Er soll sich auf der Jagd sowohl gegen die ihn verfolgenden Hunde als gegen den Jäger tapfer vertheidigen.

Das amerikanische Rennthier, Cariboo der Amerikaner, C. Tarandus. L., wird nur noch in den nordöstlichen Staaten an den einsamen Seen von Nord-Maine angetroffen. Wenn er verwundet ist, geht er beherzt auf seinen Todfeind los.

Der Musehirsch, Moose der Amerikaner, C. Alecs. L., ebenfalls nur noch in den nordöstlichen Staaten vorhanden, von gedrungenem plumpen Körperbaue und schwerfällig. Im Monate März, *wenn der Schnee eine harte Kruste hat*, welche zwar den Jäger und die Hunde, nicht aber den Hirsch trägt, beginnt die Jagd. Ist das Thier ermüdet, so wehret es sich mit dem Geweihe gegen den Hund, während dem es das tödtende Blei aus dem Rohre des Schützen empfängt.

Der virginische Hirsch, C. virginianus. Harl., nur etwas größer als ein starker Rehbock, aber ein niedliches Thier mit schönem Geweih, ist überall, doch am häufigsten im Westen verbreitet. In Texas hat sich dieser Hirsch in neuester Zeit, seitdem er vor den Indianern ein wenig Ruhe hat, ungemein vermehrt, und ich habe da manchen Tag mehr als 20 Stück in kleinen Rudeln von 3 bis 6 beisammen gesehen. Auf ebener baumloser Prairie ist er schwer, aber leicht auf der wellenförmigen oder mit Strauchwerk versehenen zu erjagen.

Die amerikanische Antilope, Dicranoceros furcifer. Sm., von der Größe eines Rehbockes und einem gemsartigen zierlichen Ansehen, bewohnt die westlichen Prairien vom Felsengebirge bis Texas hinab; ihr Fleisch ist wohlschmeckend, sie wird aber, weil sie ungemein scheu und flüchtig ist, nur selten geschossen.

Der amerikanische Hase, Rabbit der Amerikaner, Lepus americanus. Gmel., ist zwar sehr klein, aber ungeheuer häufig und von zartem schmackhaftem Fleische; sein Balg ist für Hutmacher brauchbar. Er ist leicht zum Schusse zu bringen, und wird in Menge geschossen, wie auch von Hunden und mit Schlingen gefangen. Es gibt auch größere Arten von Hasen, wie der virginische (L. virginianus. Harl.) und andere, aber sie sind nirgends häufig.

Das Beutelthier, Opossum der Amerikaner, Didelphis virginiana. Harl., ist überall zu finden, doch häufiger im Süden; es wird 25 bis 30 Pfund schwer, der rattenartige nackte Schwanz ziert es nicht; sein Fleisch ist sehr fett und von den Amerikanern sehr gern genossen. Aus dieser Ursache, und wegen seinen öfteren Besuchen im Hühnerhofe stellt man ihm fleißig nach. Da es plump und langsam ist, so kann man seiner leicht habhaft werden; man schüttelt es auch von den Bäumen, und schlägt es dann todt.

Das Moschus-Schwein, Dicotyles torquatus. Cuv., bewohnt Arkansas, Texas und New Mexico gesellschaftlich, sein Gewicht beträgt oft über 70 Pfund. Das Fleisch ist wohlschmeckend, wenn man nach dem Tode des Thieres ungesäumt die auf dem hinteren Theile seines Rückens befindliche, mit einer moschusartig riechenden Fettigkeit gefüllte Drüse entfernt, sonst erhält es einen moschusartigen widerlichen Geschmack. Es widersetzt sich seinen Verfolgern mit großer Beherztheit, und weiß seine Hauer gut zu gebrauchen.

Das graue Eichhörnchen, Gray squirrel der Amerikaner, Sciurus caroliniensis. Gmel., ist zwar ein kleines Thierchen, macht aber großen Schaden in den Maisfeldern. Er vermehrt sich stark, und kommt in ganzen Heereszügen selbst über Flüsse in eine Gegend eingewandert.

Die Stinkkatze, Stinkthier, Mephitis americana. Sabine., kommt auf den Prairien des Südens häufig vor, wo es sich zur Wohnung Höhlen in die Erde gräbt. Es lebt von allerhand kleinen Thieren, verschmäht auch gelegenheitlich ein Hühnchen nicht. Das ungemein zierliche Thier hat kaum die Größe einer Hauskatze, und mit derselben gar keine Aehnlichkeit, eher ließe es sich mit dem Eichhörnchen vergleichen. Die Hauptfarbe ist schwarz oder braun, meistens noch mit großen weißen Flecken auf dem Rücken. Bei seinem hüpfenden Gange hebt es den langhaarigen langen Schwanz aufwärts. Unter dem After hat es eine starke Drüse von der Größe eines mittleren Apfels mit einigen Oeffnungen nach hinten; in derselben trägt es jene gelbe häßlich stinkende Flüssigkeit, womit es seine Feinde und Verfolger anspritzt; diese Spritze trägt 12 Schritte weit, und es verfehlt damit nie sein Ziel. Dieser sonderbare Köcher ist nach dem zehnten Schusse noch nicht ganz entleert, aber die Schüsse werden immer schwächer, und ihre Tragweite wird immer kürzer. Kommen auch nur wenig Tropfen auf ein Kleidungsstück, so muß man es 14 Tage in der Luft hängen lassen, ehe es den Gestank verliert.

Die Hunde nähern sich diesem Thiere nicht leicht, bekommmt aber doch einer auch nur einen geringen Theil einer Ladung von ihm, so versucht er alles mögliche, sich von dem Gestanke zu befreien. Wird ein Stinkthier getödtet, so stinkt der Ort tagelang weit umher, und die Luft trägt den Geruch meilenweit. Es ist eine nicht geringe Unannehmlichkeit, von einem solchen Thiere einen Besuch im Hause zu erhalten, und es ist die ganze Nachbarschaft dabei betheiligt.

Der Prairie-Hund, Prairie-dog der Amerikaner, Arctomys latrans. Harl., ein kleines Thierchen von der Größe eines Hamsters, lebt in selbst gegrabenen Erdlöchern zu Tausenden gesellschaftlich auf den westlichen einsamen Prairien. Wenn man sich einer solchen Kolonie nähert, so schlüpft jedes Individuum sogleich in seine Höhle. Das Thier hat nichts mit dem Hunde gemein, selbst sein widerliches nächtliches Geschrei läßt sich kaum mit dem Gebelle junger Hunde vergleichen.

Der Biber, Castor fiber. L., ist nur noch in den westlichen Regionen mehr nach Norden hin zahlreich anzutreffen. Die Biberfänger von Profession werden das Thier nach und nach in Nordamerika gänzlich ausrotten.

Fliegende Eichhörnchen, Ratten, Mäuse und andere kleine Vierfüßler sind in Nordamerika ebenfalls anzutreffen.

Unter dem wilden Geflügel nimmt der wilde Puter, Truthuhn, Wild turkey der Amerikaner, Meleagris gallopavo. L., die erste Stelle ein. In den östlichen Staaten haben die häufigen Nachstellungen seine Zahl schon sehr verringert, im Westen ist er dagegen noch häufig und in großen Gesellschaften zu finden. Der Hahn erreicht ein Gewicht von mehr als 25 Pfund. Man kann diesen wegen seinem köstlichen Fleische allgemein geschätzten Vogel in den Morgen- und Abendstunden leicht vom Baume schießen, oder auf der Erde in Fallen fangen. In entlegenen Gegenden, wo sie durch Verfolgung noch nicht scheu geworden sind, hält es nicht schwer, diese Thiere mit Steinen oder Knitteln todt zu werfen.

Das Prairie-Huhn, Prairie-hen der Amerikaner, Tetrao Cupido. L., ist auf den Prairien des Südens, doch weit mehr des Westens wohnhaft, es gibt im Herbste und Winter einen vortrefflichen Braten, und ist sehr leicht zu schießen. Bei einem kalten nassen Nordwinde im Winter, wenn das Gras der Prairie steif gefroren ist, erstarrt das feiste Thier der Art, daß man es mit den Händen zuweilen in Menge einfangen kann. Es hat die Größe eines Haushuhns. [1])

Das amerikanische Rebhuhn, Pardridge der Amerikaner, Ortyx virginiana. Bonap., Perdrix virg. Lath., ist nur von der Größe unserer Wachtel, aber im Süden außerordentlich häufig, leicht zu schießen und zu fangen und von sehr wohlschmeckendem Fleische. [2])

Der Regenvogel (Schnepfe), Totanus Bartramius. Gmel., im Süden besonders in Texas den Winter über sehr häufig, gilt den Leckermäulern als der köstlichste aller Vögel. Bei Annäherung eines Menschen weiß er sich so zu verstecken, daß er schwer zu finden und zum Schusse zu bringen ist.

Die Brachschnepfe, Limosa Fedoa. L., wird auf den südlichen Prairien häufig geschossen. Dieser Vogel hat die sonderbare, ihm sehr zum Verderben gereichende Eigenschaft, daß er nicht entflieht, wenn einer seiner Kameraden getödtet worden ist. Hat der Jäger nur erst einen geschossen, so ist ihm die ganze Gesellschaft gewiß; denn die übrigen kommen, umflattern den Todten, und schreien aus allen Kräften, als wollten sie ihn aufwecken, während dem sie alle des Todes Opfer und des Jägers Beute werden.

Die canadische Gans, Anser canadensis. L., bringt den Winter in den Küstenstrichen des mexikanischen Golfes in ungeheuern Heerden zu, wo sie des Fleisches und der Federn wegen leicht und häufig getödtet wird. Auf den südwestlichen Küsten-Prairien von Texas kann man bei Nacht und trüber Witterung sie mit dem Stocke todtschlagen.

Der Trompeter-Schwan, Cygnus Buccinator. Rich., an den Küsten des mexikanischen Golfes in Gesellschaft des

Amerikanischen Schwanes, C. americanus. Scharp.,

---

[1]) Weniger häufig sind anzutreffen: T. umbellus. L. — Saliceti. Swain. — Urophasianus. Bonap. — obscurus. L. u. a.

[2]) Seltener sind: O. californica. Lath. — picta. Vig. — Douglasii. Vig.

welcher aber weit häufiger am Atlantischen Oceane wohnt. Beide Arten sind im Herbste wohl sehr fett, aber das Fleisch ist nicht gut, weit schätzbarer sind ihre Federn.

Die gemeine wilde Ente, Anas Boschas. L., ist in Nordamerika weit häufiger als in Europa. Sie bringt den Winter im Süden, den Sommer im Norden zu. Es sind noch viele andere Arten [1]) dieses Geschlechtes zahlreich vorhanden, und die Entenjagd ist während des Herbstes und Winters in den Vereinigten Staaten von großem Ertrage.

Die Wandertaube, Columba migratoria. L., eine große Taubenart, welche in unglaublich großen Schwärmen im Frühlinge nach Norden und im Herbste nach dem Süden wandert. Wo des Nachts ein solcher Schwarm lagert, brechen unter der schweren Last die Aeste der Bäume, und Alles ist am Morgen mit Koth bedeckt. Ein Schuß wirft deren oft Hundert zur Erde, und man sammelt sie fuhrenweis; die meisten werden von den Schweinen verspeiset.

Der Aas-Geier, Cathartes aura. L., ein sehr nützlicher Vogel, welcher die Aeser der gefallenen größeren Thiere verzehrt. Er ist überall in zureichender Menge vorhanden, was wohl weniger dem Verbote der Regierung, ihn zu schießen, als dem Umstande zuzurechnen ist, daß er für den Menschen nichts Brauchbares hat, und seine Tödtung keinen Gewinn bringen kann.

Der Kuhvogel, Cow bird der Amerikaner, Icterus pecoris. Bonap., ähnlich unserem Staare und von glänzend schwarzem Gefieder, umschwärmt in großen Schaaren das Vieh auf der Prairie, um die thierquälenden Insekten abzufangen; er gräbt selbst die Eier des Ungeziefers aus der Haut hervor. Im Winter frißt er Beeren, Maiskörner und anderes Gesäme. Für den im Sommer geleisteten Dienst läßt man ihn im Winter an dem Futter des Hausgeflügels Theil nehmen.

---

[1]) A. sponsa. L. — americana. Gmel. — clypeata. L. — acuta. L. — Fuligula ferina. L. — Vallisneria. Wils. — americana. Swain. — Clangula. L. — spectabilis. L. und noch viele andere.

An angenehmen Singvögeln ist ganz Amerika sehr arm, und Nordamerika hat deren nur zwei, nämlich:

Die Singdrossel, Mocking bird der Amerikaner, Turdus polyglottus. Wils., und den Kardinal, Red bird der Amerikaner, Loxia cardinalis. Wils. Der Letztere zeichnet sich durch sein schönes rothes Gefieder aus, und kommt im Gesange unserer Nachtigall nahe.

Selbst die schöne gelbgefiederte amerikanische Lerche ist gesanglos, wenigstens steht sie noch unserem Goldammer nach. Könnte man unsere Lerche auf die amerikanischen Prairien versetzen, so würde das Land viel an Anmuth gewinnen. Es ist sonderbar, daß manche Berichterstatter über Amerika nicht einmal diesen auffallenden Mangel an Singvögeln eingestehen wollen, den selbst der ungebildete Einwanderer anfangs empfindet. Die Schönheit des Gefieders wollen wir den amerikanischen Vögeln gar nicht absprechen.

Abgesehen von der ausgebreiteten Fischerei auf dem Ocean hat Nordamerika in seinen innern Gewässern einen noch ungeschwächten großen Reichthum an allerhand Fischen, von welchen einige einen beträchtlichen Handelsartikel abgeben, wie der Weißsalm, Coregonus albus. le Sueur., welcher in den canadischen Seen in großer Menge gefangen wird, und eingesalzen in den Handel kommt. Das Geschlecht der Parschen scheint am zahlreichsten vertreten. Der amerikanische Parsch, Perca americana. Cuv., ist in allen Flüssen der nördlichen und mittleren Staaten der Union anzutreffen. Auch die Bachforelle, Bachsalm, Salmo fontinalis. Mitch., ist überall zu Hause. Der natürliche Ueberfluß an Fischen in den Seen und Flüssen der Vereinigten Staaten macht den Betrieb der Teichfischerei ganz überflüssig.

Der Alligator, das amerikanische Krokodil, Alligator lucius. Cuv., ist ein Bewohner des Südens, lebt in Flüssen, Seen und Sümpfen, legt seine Eier in den besonnten Ufersand, und verschläft manches Stündchen außerhalb dem Wasser. Seine Nahrung sind Thiere, groß und klein, wild und zahm, lebendig oder todt; am meisten lebt er jedoch von Fischen. Den ich öffnen sah, hatte einen großen Hund, zwei Puter und ein großes Stück halbverfaultes Holz in sich; derselbe war 18 Fuß lang. Im Winter verkriecht er sich im Wasser unter die Ufer und kommt nicht zum Vorschein, erstarrt aber nicht. Sein Schuppenpanzer schützt ihn gegen jede Büchsenkugel, deshalb zielen ihm die Amerikaner nach den Augen. Im Wasser ist er sehr schnell und gelenkig, außer demselben unbethunlich; kann aber gradaus ziemlich schnell laufen, wobei er den langen breiten Schwanz immer rechts und links bewegt, als wollte er damit sich schneller fortrudern. In mehr bewohnten Gegenden ist er scheu und furchtsam. Als ich an einer ziemlich einsamen Stelle der Guadaloupe badete, erhob Einer, etwa 25 Schritte von mir entfernt, seinen Kopf ein wenig über den Wasserspiegel; ich hielt diese Hervorragung für eine schwimmende Schildkröte. Der bei den Kleidern am Ufer sitzende Hund sah unverwandt nach dem Gegenstande hin, und schien ihn eben auch für nichts Gefährliches zu halten. Nach einer kleinen Weile erhob sich hinter mir ein starkes Rauschen; als ich mich umsah, war das Reptil schon am Ufer, aber der Hund riß heulend aus, da kroch es ins Wasser zurück, und verlor sich in der Tiefe nach dem jenseitigen Ufer. Ein Attentat auf mich würde ihm ohne Zweifel besser gelungen seyn. In Texas greift der Alligator erwachsene Menschen nicht an; blos ein Kind, welches die Mutter bei Seguin an das Ufer eines Baches gesetzt hatte, und unbedachtsam mit dem Wasser nach Hause gehend da sitzen ließ, soll er sich, wie man aus der im Ufersande zurückgelassenen Spur geschlossen hat, geholt haben. Aber an den unbewohnten Ufern der Flüsse und Sümpfe von Louisiana, Mississippi u. s. w., wo diese Ungethüme manchmal zu Hunderten beisammen an der Sonne lagern, und wie Katzen ihr possirliches Spiel treiben, darf sich ihnen zu Fuße Niemand nähern. Am La Fourche wurde im Jahre 1850 ein Angeler, als er eben einen großen Fisch über das Ufer hinaufzerrte, von einem solchen Vielfraße ergriffen und verzehrt; es war ein junger Neger, auf diese Menschen-Race sollen die Alligators einen ganz besonderen Appetit haben. Merkwürdig ist, daß kein Pferd, wenn es auch noch so durstig ist, aus einem Wasser säuft, in welchem Alligators in der Nähe sind, während der Hirsch den Feind nicht zu wittern scheint, der auf ihn lauert, wenn er kommt, seinen Durst zu löschen. In dem Sumpfe bei Victoria in Texas gibt es viele dieser scheußlichen Thiere, aber sie haben sich blos dann und wann ein Kalb, das zu nahe kam, zugeeignet. An eine gänzliche Ausrottung dieser Ungeheuer ist nicht zu denken: wer sollte ihnen auch jemals die großen Seen und Sümpfe des Südens, von Texas bis an den Atlantischen Ocean, streitig machen?

Die Klapperschlange, Rattle-snake der Amerikaner. Es gibt mehrere Arten der Gattung Crotalus [1]) in den Vereinigten Staaten; aber sie stimmen in dem, was man von diesen Thieren weiß, überein. Sie wohnen in Erdlöchern, in welche sie sich bei ungünstiger Witterung, bei Annäherung eines Prairiebrandes und zu Anfang des Winters zurückziehen; man kann in Gegenden, wo ihrer viele sind, mehr als 10 in einem Loche beisammen finden. Bei mäßiger Wärme sonnen sie sich gern, aber während der mittäglichen Sommerhitze verkriechen sie sich im Schatten, wie alle Amphibien. Sie nähren sich von kleinen Thieren aller Klassen, deren sie sich lebendig bemächtigen können. Auf den Menschen geht die Klapperschlange nie angriffsweise los; sie flieht zwar nach Art aller giftigen Schlangen nicht ängstlich vor ihm, sondern zieht sich nur ein wenig zurück, und verhält sich dann defensiv, indem sie ihren Körper in eine Spirale zusammenringelt, den Kopf über der Mitte des Ringes ein wenig erhebt, und mit der Klapper anfängt zu rasseln. In dieser Stellung kann man jede Klapperschlange ohne Gefahr mit dem Stocke todtschlagen. Der erste Schlag, wohin er immer treffe, lähmt und betäubt sie so, daß sie zwar rasseln, aber nicht beißen kann; ehe sie sich von dieser ersten Betäubung erholt, empfängt sie die übrigen zu ihrer Tödtung noch erforderlichen Streiche. Die Klapper am Schwanze rührt sie noch, wenn auch der Kopf schon zerschmettert ist. Tritt man aber auf eine Klapperschlange oder kommt man ihr mit einem Gliede so nahe, daß sie mit der ausgestreckten vorderen Körperhälfte so weit reichen kann, so beißt sie mit großer Schnelligkeit. Die Giftzähne dringen durch schwaches Kalbleder, nicht aber durch Rindsleder. Schuhe schützen den Fuß nicht vollständig gegen den Biß; denn dieser wird meistens über den

---

[1]) C. adamanteus. Holb. ist die schönste, von dieser Art sah ich die größten Exemplare. C. durissus. L. ist in der ganzen Union am häufigsten. C. miliarius Holb. scheint im Osten am gemeinsten zu seyn.

Knöcheln bis etwa zur Hälfte der Wade angebracht. Auf die Warnung der Klapper kann man sich nicht mit Sicherheit verlassen, diese ertönt erst zuweilen, wenn man der Schlange ganz nahe ist; wenn die Klapper im bethaueten oder beregneten Grase naß geworden, so ist ihr Ton auch in der Nähe kaum vernehmbar. Aeltere Klapperschlangen rasseln viel stärker als junge; das stärkste Rasseln gleicht so ziemlich dem Schwirren einer Feldgrille. Die Intensität des Bisses und somit seine Folgen sind sehr verschieden. Todesfälle in Folge eines Bisses der Klapperschlange habe ich nicht selbst beobachtet, wohl aber zwei Personen, welche nach dem Bisse schwer erkrankt waren. Ein Mann von 32 Jahren war in die Wade gebissen worden; er genas erst nach 13 Wochen vollständig, und hatte an der Stelle des Bisses, die 10 Wochen ununterbrochen eiterte, große Schmerzen, dabei heftige Fieberanfälle in den ersten Stadien; er behielt eine sehr tiefe Narbe in der Wade. Ein Mädchen von 12 Jahren war über dem äußern Knöchel des linken Fußes von einer $1\frac{1}{2}$ Fuß langen Klapperschlange gebissen worden; man zweifelte bereits an ihrem Aufkommen; die verletzte Stelle eiterte wenig; sie war nach 5 Wochen wieder gesund. Ein Pferd wurde auf der Weide in die Oberlippe gebissen, der Kopf schwoll sogleich bis zum doppelten Umfange, und das Thier litt sichtlich große Schmerzen; aber nach 5 Tagen war es ohne alle bemerkbare Folgen wieder gesund. Ein einjähriges Kalb erhielt den Biß in die Zunge, sein Kopf schwoll eben so, die Zunge eiterte eine Woche lang, nach 10 Tagen war es genesen; aber es konnte sich fortan auf der Weide nicht mehr gut ernähren, denn es hatte den vordern Theil der Zunge durch die Eiterung verloren. — Die Größe der Klapperschlange ist nicht so beträchtlich, als Manche vielleicht glauben dürften. Die größte, welche ich gesehen, war 5 Fuß lang, und so stark wie ein Mannsarm hinter dem Ellenbogen. Die meisten haben nur eine Länge von 2 bis $2\frac{1}{2}$ Fuß. In kultivirten und schon ziemlich bevölkerten Gegenden sind diese gefährlichen Thiere sehr selten, da kann man tagelang im Freien gehen, ohne auch nur eine einzige zu sehen; und man hört nicht gar oft von einem derartigen Unglücksfalle. Die Amerikaner tödten auch sehr viele derselben, und sehen es gern, wenn es der Fremde auch so thut. Es wird in Amerika allgemein behauptet, daß die Schweine Klapperschlangen fressen und so ihre Vertilgung bewirken. Daß man nicht leicht da eine Klapperschlange findet, wo viele Schweine herumlaufen, hat seine Richtigkeit. Das immerwährende Herumstöbern und Wühlen der Schweine mag wohl den phlegmatisch ruhigen Klapperschlangen sehr zuwider seyn, wahrscheinlich wird auch ihre Brut von jenen gestört oder verzehrt; aber ich habe nie gesehen, daß ein Schwein eine Klapperschlange aufgefressen hätte, ich mochte ihnen große oder kleine, todte oder lebendige vorwerfen; vor großen liefen sie sogar furchtsam davon.

Die schwarze Wasserschlange Moccasin-snake der Amerikaner, Trigonocephalus piscivorus. Holb., ist in den südlichen Staaten häufig; sie hält sich immer am Wasser auf, badet sehr oft und fischet meisterlich, verschmäht aber auch kleinere Landthiere nicht; in einer derselben fand ich eine Feldratte und ein Rebhuhn noch völlig unverdaut, aber der Länge nach ausgedehnt. Ihre Körperlänge beträgt selten über drei Fuß bei einer Dicke von zwei Zoll Durchmesser in der Mitte des Körpers. Ihr Biß ist gefährlicher als der von der Klapperschlange und bringt zuweilen den Tod. In New Braunfels starb im Jahre 1847 ein vierjähriges Kind nach zwei Tagen an den Folgen ihres Bisses. Ihr schwarzer träger Körper sieht sehr häßlich aus, besonders wenn sie den großen weißen Rachen zischend öffnet und ihre rothen Augen funkeln. Mit dem Beißen hält sie es eben so, wie die Klapperschlange; sie beißt nämlich nur, wenn man ihr sehr nahe kommt, oder sie berührt. In mehr bewohnten Gegenden ist sie nicht so häufig, wie in unbewohnten. Im Wasser habe ich sie immer scheuer als auf dem Lande gefunden; sie bewegt sich darin ziemlich schnell.

Die Kupferschlange, Copper-snake der Amerikaner, T. contortrix. Holb., in den mittleren und nördlichen Staaten gar nicht selten. Ihr giftiger Biß wird eben so sehr gefürchtet; das mag wohl auch seine gegründete Ursache haben; daß sie aber auf den Menschen losspringe, um ihm ihren Biß beizubringen, dagegen muß ich meine bescheidene Einwendung machen, weil es mir selbst durch allerhand Neckereien und Anreizungen nie gelungen ist, eine Schlange dieser Art zum Ausschnellen gegen mich zu bewegen.

Man behauptet allgemein, daß die Indianer sich mittelst einer

Wurzel (Schlangenwurzel) gegen die Folgen giftiger Schlangenbisse zu schützen wissen. Es ist aber sehr wahrscheinlich, daß sie eben so wenig ein untrügliches Spezificum dagegen haben, wie die Weißen. Mir wurden drei verschiedene Arten Euphorbia gezeigt, von welchen der Saft aus der Wurzel, in die mit einem Messer erweiterte Wunde eingerieben, den üblen Folgen vorbeugen soll. Wären die Wilden wirklich im Besitze eines solchen Mittels, so würde die Kenntniß und Anwendung desselben, bei den tausendfältigen und oft freundschaftlichen Berührungen mit den Weißen, längst auf diese übergegangen seyn. Ich hatte Gelegenheit, zu bemerken, daß diese Rothhäute, wie die meisten anderen Menschenkinder, vor den Schlangen, sogar unschädlichen, Abscheu und Furcht haben. Es machte auf die Kinder der Wüste von mehreren Stämmen einen eigenthümlichen Eindruck, als sie eine große lebendige Klapperschlange an mir hängen sahen, die ich als eine seltene Art meiner Sammlung einzuverleiben gedachte, aber nicht tödten durfte, sollte sie mir nicht alsbald in Fäulniß übergehen. Die Staunenden bemerkten freilich nicht, daß ich ihr ein hohles Stück Holz in den Rachen geschoben, und mittelst eines fest anschließenden Halsbandes dem Herauswerfen desselben vorgebeugt hatte; sonst würde ich in ihrer Meinung sehr gesunken seyn. Als ich einigen dieser für die Weißen immer sehr zweifelhaften Freunde, welche sich ohne vorhergegangene Einladung bei meinem Nachtfeuer eingefunden hatten und ihren Appetit auf meinen ohnehin geringen Proviant zu erkennen gaben, eine große Flasche, worin allerhand Schlangen in Spiritus waren, zeigte, — da stießen sie ein fürchterliches Geschrei, das Entsetzen verrieth, aus, und ich wurde meine lästigen Gäste alsbald los.

Wenn die Mexicaner bei Sommerzeit im Freien lagern, so legen sie ein langes Seil im Kreise um ihr Lager, wodurch sie alles Schlangengezücht abzuhalten glauben.

Nebst den vorhin genannten giftigen Arten gibt es auch viele unschädliche, welche durch Vertilgung schädlicher Thiere sich sogar nützlich erweisen. Aber leider müssen die Unschuldigen mit den Schuldigen leiden und werden zugleich vertilgt. Nur die nicht giftige Hühnerschlange ist in den Augen der Einwohner nicht so ganz unschuldig, weil sie sich manchmal ein Hühnchen holt und aus ähnlicher Absicht in die Taubenschläge klettert. Die schwarze Schlange, Racer der Amerikaner, Coluber constrictor. L.. eine ganz unschädliche Art, entgeht aber durch ihre außerordentliche Geschwindigkeit allen Nachstellungen. Sie schießt wie ein Pfeil über Felsen, Sträucher und Bäume dahin, daß man sie kaum wahrzunehmen vermag.

Der Ochsenfrosch, Bul-frog der Amerikaner, Rana pipiens. L., ein Riese unter den Fröschen, der aber seinen Namen doch nicht der Größe, sondern seiner Stimme verdankt, welche dem Brüllen eines Stieres nicht so ganz unähnlich ist, — lebt an den Ufern der Gewässer in feuchten Erdlöchern scheu verborgen. Er hat die Größe eines halb erwachsenen Kaninchens, sein Rachen ist drei bis vier Zoll breit.

Von Schildkröten gibt es sehr viele Arten, und die meisten davon werden genossen. In Florida vermehrt man sie durch förmliche Zucht und treibt damit einen nicht unbeträchtlichen Handel nach dem Auslande.

Die weichschalige Schildkröte, Snapping turtle der Amerikaner, Trionyx ferox. Say., welche in den Flüssen des Südens häufig vorkommt, gilt als die delikateste; der Rand ihrer Schale soll gar ein Hauptleckerbissen seyn. Ihr Gewicht beträgt zuweilen bis 40 Pfund. Man fängt sie an der Angel. Wer sie unbedachtsam anfaßt, kann auf einen sehr nachdrücklichen Biß von ihr gefaßt seyn.

Eine große Krebsart von zartem und schmackhaftem Fleische, Palaemon Jamaicensis. Edw., wurde bisher blos im Comal-Flusse bei New Braunfels in Texas gefunden, wo sie von J. Römer zuerst entdeckt wurde. Dieser Krebs erlangt eine ansehnliche Größe und wird über ein Pfund schwer. Man kann ihn in Fischreusen mittelst Fleischköder sehr leicht fangen. Kleinere Flußkrebse werden nicht sehr beachtet.

An schädlichen und quälenden Insekten hat ganz Amerika, und so auch die Vereinigten Staaten, einen ungeheuern Ueberfluß. Dahin gehören die blutdürstigen Muskiten, Mosquitos, unter welcher Benennung man mehrere größere und kleinere Mückenarten begreift. Sie finden sich überall in größerer oder geringerer Menge, je nach Maßgabe der stehenden Gewässer einer Gegend, worin sie ihre Brut haben. An den Meerküsten, an Sümpfen u. s. w. sind sie am zahlreichsten. Ihr Stich verursacht eine sehr schmerzhafte Geschwulst. In den schwülen Sommernächten sind sie im Hause und im Freien mit ihren Stichen und ihrem Gesumse eine wahre Höllenpein. Die Schlafstellen muß man mit Gaze-Vorhängen gegen diese Blutsauger verwahren.

Große und kleine Ameisen sind in den Häusern und in den Gärten lästig und schädlich, von einigen Arten bewirkt der Biß schmerzhafte Entzündungen.

An Fliegen, Wanzen, Flöhen und anderem Ungeziefer ist großer Ueberfluß aller Orten anzutreffen.

Eines der schädlichsten Insekten in Nordamerika ist die Hessische Fliege, Cecidonia destructor, deren Verwüstungen in den Weizensaaten alljährlich viele Millionen Dollars betragen.

III. Die Einwohner.

13. Die Weißen.

Die Bevölkerung der Vereinigten Staaten besteht aus mehreren sehr verschiedenen Theilen. Von den schwarzen Negern und rothen Indianern abgesehen sind selbst die weißen Bewohner noch eine Composition von fast allen europäischen Nationalitäten. Engländer, Deutsche, Franzosen u. s. w. gingen nach Nordamerika, bildeten da Kolonien, die nach und nach der englischen Nationalität, als der stärksten, sich bleibend anbequemten, und so zusammen einen neuen Volksstamm erzeugten, der keinem der früheren Mischungstheile gleich, nur dem englischen am ähnlichsten wurde. Dieser bei weitem zahlreichste Theil der Landeseinwohner sind die Amerikaner, auch Angloamerikaner genannt. Die fortwährend und von Jahr zu Jahr immer zahlreicher aus den europäischen Ländern ankommenden Einwanderer verlieren gar bald ihre nationale Eigenthümlichkeit und werden Amerikaner. Dieselben sind von den Europäern immer sehr verschieden, bald günstig, bald hart beurtheilt, bald mit Lob, bald mit Tadel überschüttet worden.

Um den Volkscharakter der Amerikaner ziemlich richtig aufzufassen, darf man nicht außer Acht lassen, daß sie nicht erst die vielen Entwickelungsphasen durchzumachen hatten, wie andere Völker, sondern daß sie aus Theilen der intelligentesten und ausgebildetsten Nationen der Erde zusammengesetzt wurden, daß ihre Vereinigung zu einem Volke unter Verhältnissen stattfand, wie die Geschichte sie nirgend anderswo zeigt, und daß dieses Volk sonach bei seiner unverkennbaren theilweise hohen Entwickelungsstufe dennoch ein junges Volk ist, das bei männlicher Reife doch noch viel Jugendliches haben muß.

In körperlicher Beziehung ist der Amerikaner von der Natur nicht bevorzugt. Seinem Körperbaue von mittlerer Größe ist wohl ein ziemlich hoher Grad von Zähigkeit und Ausdauer, aber weder besondere Kraft noch Wohlgestalt eigen, so wie auch dem schönen Geschlechte von fremden Beobachtern kein Uebermaß natürlicher Schönheit und Grazie zugeschrieben wird. Das magere einfarbige Aussehen zeugt nicht von Fülle der Gesundheit. Der täglich dreimalige Genuß des Fleisches, auch im Sommer, das hastige Verschlucken der Speisen, das immerwährende Tabackkauen, der Einfluß eines in den meisten Gegenden ungesunden Klimas, dazu noch die Anlegung der Wohnung in Niederungen, die Heilung der häufigen Fieber und der meisten anderen Krankheiten durch ungeheure Gaben von Calomel, das Alles dient zur hinreichenden Erklärung des ungünstigen Gesundheitszustandes.

In intellektueller und sittlicher Hinsicht lassen sich folgende Eigenthümlichkeiten dieses interessanten Volkscharakters bemerken.

Ein hoher Grad von Scharfsinn, Klugheit und Gewandtheit macht den Amerikaner zu einem ausgezeichneten Spekulanten in jeder Art von Unternehmung, vorzüglich aber im Handel. Hierin übertrifft er weit den europäischen Juden, mit dem er als Geschäftsmann überdies in Hinsicht der Redlichkeit und Verläßlichkeit eine auffallende Aehnlichkeit hat, welchen Punkt die Lobredner der Amerikaner mit Stillschweigen übergehen.

Zu anstrengender körperlicher Arbeit fehlt ihm Lust und Kraft. Hierfür haben die Pflanzer der südlichen Staaten ihre Negersklaven; *an den Kanälen und Eisenbahnen so wie in den Fabriken* des Nordens arbeiten Irländer und Deutsche. Obgleich die Amerikaner Vorliebe für Landwirthschaft besitzen, so legen sie doch nicht gerne selbst Hand an, daher ihr Feldbau dem der deutschen Ansiedler weit nachsteht; die mit geringerer Anstrengung verbundene Viehzucht behagt ihnen weit besser. Hat sich aber ein Amerikaner als Handwerker oder Fabrikarbeiter einmal zu einer bestimmten Arbeit bequemt, so ist er fleißig und verläßlich, weiß sich aber durch mechanische Mittel und Kunstgriffe die Mühe zu erleichtern.

Auf Erwerb ist der Amerikaner von Jugend auf außerordentlich erpicht; sein Thätigkeitstrieb läßt ihm keine Ruhe, er hat niemals genug. Das Dolce far niente des Italieners oder Mexikaners verabscheut er, wenn er auch sehr viel besitzt. Hat er auch einmal durch ein unglückliches Wagniß Alles verloren, den Muth läßt er nicht sinken, er fängt unverzagt von neuem an. Macht ihn diese unermüdliche Regsamkeit und Erwerbsucht auch zu einem sehr prosaischen Menschen, so möchte man vielen Bewohnern Deutschlands doch einen guten Theil davon wünschen, es wäre das beste Mittel zur Verringerung des zahlreichen Proletariats. Bei den Bewohnern der südlichen Staaten ist diese Geschäftswuth weit weniger als bei den Yankees des Nordens anzutreffen.

Dennoch ist der Amerikaner keineswegs geizig. Er läßt sich in Nahrung und Kleidung gar nichts abgehen, ist gastfrei und wohlthätig, und zeigt sich immer gern als gentleman. Für Besorgung des Hauswesens, für Erziehung der Kinder fällt ihm keine Auslage schwer; er steuert gern seinen Beitrag zu kirchlichen, Schul- und Wohlthätigkeitsanstalten, und bespöttelt selbstgefällig die dießfällige Kargheit vieler Deutschen. Er kann in einem Kleidungsstücke allenfalls einen Riß, aber keinen aufgeflickten Fleck vertragen.

Eine so große Vorliebe für irgend ein bewegliches oder unbewegliches Gut, daß er sich nicht davon trennen könnte, wenn es Vortheil bringt, kennt er nicht. Das liebste Pferd, die schönste Uhr, Haus und Land ist um einen guten Preis ihm feil. Er verlegt seine Wohnung nicht leicht über die Gränzen der Union hinaus, aber innerhalb derselben fühlt er sich überall daheim, und hängt nicht, wie der Deutsche, an der Scholle, auf der er das Licht der Welt erblickte. Es ist für ihn oft keine leichte Aufgabe, die vielen innegehabten Wohnplätze in chronologischer Ordnung aufzuzählen. Gold hat für ihn einen mächtigen Reiz, weßhalb der Weg nach Californien so Vielen weder zu weit noch zu gefährlich war.

In seinem Äußeren zeigt er Ernst und Ruhe; man wird einen Amerikaner selten lustig sehen oder singen hören. Er spricht wenig, langsam und ziemlich leise; Keiner fällt dem Andern in die Rede, Wortwechsel und Streit entsteht selten, eine lärmende Gesellschaft wird man nicht leicht finden.

Als ächter Republikaner von der wesentlichen Gleichheit aller Menschen, jedoch leider mit Ausschluß der schwarzen und zum Theil der rothen Race, durchdrungen, ist er von leeren Komplimenten und von Kriecherei wie von einem ungeschliffenen und rohen Benehmen gleich weit entfernt; er ist höflich gegen Jedermann, und ein natürliches, geschmeidiges Betragen trifft man beim Farmer auf dem Lande wie beim Städter an.

Wie er überhaupt auf Anstand und Reinlichkeit viel hält, so kleidet er sich auch elegant. Die Tracht unterscheidet sich wenig von der in europäischen Städten üblichen in Stoff, Form und Farbe. Der schwarze Frack und sehr feine weiße Wäsche sind unerläßlich. In großen Städten wird betreffs der Kleidung auf sehr unerhebliche Kleinigkeiten gesehen, und ein kleiner Verstoß gegen die bestehende Sitte oder Mode sehr mißliebig aufgenommen. Einsame Farmer und Hinterwäldler sind in der Kleidung wenig beschränkt, und tragen nicht selten Kleidungsstücke von Hirschleder. Westen zieht man gewöhnlich nur im Winter an.

Auf Ehre hält der Amerikaner sehr viel, und erträgt Ehrenbeleidigungen nicht, solche können ihn sehr bald in Harnisch bringen, und zur gewaltthätigsten Rache stacheln, da er ohnehin sowohl zum Zorne als zur Rache geneigt ist, was besonders von den Bewohnern des Südens gilt, unter welchen ungeachtet der strengen Gesetze dagegen Duelle häufiger als irgendwo vorfallen.

Anständigkeit und Züchtigkeit ist ein bemerkenswerther Zug in dem Charakter des Amerikaners. Er erlaubt sich keine ungeziemenden Zweideutigkeiten, will nicht durch Zoten unterhalten oder sich unterhalten lassen. Eheliche Untreue, Ehescheidungen, uneheliche Geburten sind selten. Einen unehlichen Vater trifft Schmach und tiefe Verachtung. Jahrelange Liebesverhältnisse und Freiereien dürfen vor der Verehlichung nicht stattfinden; ein Bräutigam, der die Heirath über wenige Monate hinaus verschiebt, wird von der Geliebten zurückgewiesen. Gewöhnlich erfolgt die Hochzeit schon in einigen Wochen nach geschehener Bekanntschaft. Neueingewanderte junge ledige Deutsche können die dießfällige Sittenstrenge der Amerikaner mit ihrem Begriffe von der amerikanischen Freiheit nicht immer so recht zusammenreimen.

Tiefe Religiosität ist dem Amerikaner durchweg eigen, welchem der vielen christlichen Bekenntnisse er immer angehören mag. Selbst dann, wenn er zu keiner bestimmten Confession sich hält, wie es bei Mehreren der Fall ist, bewahrt er noch positiven Glauben an die Hauptlehren des Christenthums, und ist, wenn auch nicht von einer Art Indifferentismus, so doch frei von all dem faden pietätslosen Wesen, womit sich in Deutschland Mancher sehr wohlfeil den Anstrich einer höheren Bildung zu geben meint. Die Religion des Amerikaners ist weniger ein erlerntes, eingeprägtes Quantum von Glaubens- und Sittenlehren, als vielmehr ein im Gemüthe tief wurzelndes religiös sittliches Gefühl, das ihn am Daseyn Gottes, Unsterblichkeit, Lohn und Strafe nach dem Tode, an der Göttlichkeit des Christenthums u. s. w. nimmer zweifeln läßt. So duldsam er gegen Bekenner anderer Confessionen ist, so meidet und verachtet er doch Ungläubige und Religionsspötter, und sondirt den religiösen Gehalt eines Fremden sorgfältig, wenn auch schonend und unbemerkt, ehe er sich mit ihm in freundschaftliche Verbindung einläßt. Reichthum und höhere Bildung bewirkt in dieser Eigenthümlichkeit des Amerikaners sonst keinen Unterschied, als daß bei Wohlhabenden und Gebildeten ein höherer Grad intellectueller Ueberzeugung von ihrer Religion ersichtlich wird. Wenn deutsche Literaten über die Abgeschlossenheit und Unzugänglichkeit der Amerikaner so hart tadelnd sich vernehmen lassen, so ist der subjective Grund hiervon gar oft nur der, daß der Fremde diesen beschriebenen allgemeinen Charakterzug des amerikanischen Volkes weder erkannte noch würdigte, er selbst aber mit seiner religiösen Verfassung richtig erkannt und gewürdiget worden ist.

Das Verhältniß der Amerikaner zu dem Frauengeschlechte ist ein sehr eigenthümliches und erinnert lebhaft an die schwärmerische Frauenverehrung des deutschen Ritterthums. Die Frau des Amerikaners leitet und beherrscht das Hauswesen ganz, der Mann besorgt das Auswärtige. Schwere Arbeiten werden einer Frauensperson nie zugemuthet, um so weniger irgend welche Verrichtung außer dem Hause. Nur in Pennsylvanien, und wo sich sonst etwas Deutschthum erhalten hat, sieht man weibliche Feldarbeiter. Das Herbeitragen des Wassers, der Victualien vom Markte, ja das Melken der Kühe kommt, wenn keine Dienstleute zu Gebote stehen, dem Manne zu. Eheliche Zwistigkeiten oder Mißhandlungen der Gattin von ihrem Gatten fallen äußerst selten vor. Da es jenseits des Oceans trotz der allgemeinen Gutmüthigkeit der Frauen dennoch manchmal eine Xantippe gibt: so bleibt dem Ehegemahl, da er energische Besserungsmittel nicht anwenden darf und will, und zur standhaften Ertragung seiner Leiden auch nicht die heroische Geduld des Sokrates besitzt, nichts übrig, als die Flucht etwa nach Californien oder in irgend eine deutsche Ansiedlung; unter Amerikanern, falls diesen seine Entweichung bekannt würde, hätte er weniger auf Bedauern als auf entschiedene Mißbilligung zu rechnen. Bezüglich der Ordnung und Reinlichkeit im Hauswesen kann man den Damen nichts zur Last legen. Aber ihre Ansprüche auf Bedienung und Bequemlichkeit, ihr Luxus in der Kleidertracht, besonders in großen Städten, ruinirt nicht selten Familien. Die Damen in Nordamerika sind schon durch die Staatsgesetze sehr begünstiget. Ihnen wird öffentlich überall alle Aufmerksamkeit und Achtung erwiesen. Eine Frauensperson ohne Rücksicht auf Vermögen und Bildungsstufe kann unbedenklich durch alle bewohnten Länder der Union allein reisen, kein verletzendes Wort wird ihr Ohr berühren, Jedermann wird ihr mit Anstand begegnen, sich als ihren Rathgeber, nöthigen Falles als ihren Beschützer, ja sogar als ihren Bedienten ansehen. In großen Städten würde man sicher gegen den Anstand verstoßen, wenn man auf der Gasse eine Dame anreden, sich um irgend etwas erkundigen wollte. Bei Tische setzt sich kein Mann, bevor nicht alle mitspeisenden Damen ihre Plätze eingenommen haben. Und alle diese und ähnliche Bevorzugungen nimmt das schöne Geschlecht mit der gleichgiltigsten Miene und als Schuldigkeit an, die sich ganz von selbst versteht.

Patriotismus und Nationalstolz ist jedem Amerikaner im hohen Grade eigen. Die Verfassung der Vereinigten Staaten hält er für das vollendetste Meisterstück der Staatsweisheit, für ein wahres Heiligthum; die geringste Veränderung an demselben gälte ihm als Versündigung gegen den hochverehrten Vater Washington und als Eingriff in die allgemeine Wohlfahrt Aller. Der Gedächtnißtag der Unabhängigkeitserklärung (4. Juli) wird allenthalben mit dem höchsten Jubel gefeiert. Alle Institutionen, Gesetze, Kriegswesen, Industrie, Handel, Sitten, Sprache, kurz Alles was sein ist, hält er für das Vollkommenste in seiner Art, und sieht mit hohem Stolze auf das Siechthum der übrigen amerikanischen Republiken und nach dem monarchischen Europa herüber, von wo fortwährend Tausende kommen, um an seinem Glücke Theil zu nehmen. Das Steigen des Wohlstandes, der Macht und des Ruhmes der großen Republik sieht jeder Staatsbürger zugleich mit als sein Werk an, ohne die Gunst der von der Natur gebotenen Verhältnisse des Landes, die auswärtigen politischen und sozialen Zustände und andere vortheilhafte Einflüsse in Rechnung zu bringen. Daraus läßt sich das conservative Festhalten der Amerikaner an dem Bestehenden, ihre Sympathie für auswärtige revolutionäre Bestrebungen und zugleich der bittere Spott gegen die Männer des Umsturzes erklären, wenn diese hinüber kommen und alles reformiren wollen. Ueber Staatsangelegenheiten und alle obschwebenden politischen Fragen wird der Bürger der Union durch die Tagespresse vollständig unterrichtet, und nimmt an Allem lebhaften Antheil, er ist ein Theil des souverainen Volkes, er regiert durch sein Wahlrecht mit, der Präsident ist sein Beamter. Darum darf es nicht befremden, wenn man bei dem einsamen Farmer eine Reife und Gediegen heit der politischen Ansichten und Urtheile wie nirgend sonst wo antrifft.

An Talent und Sinn für Wissenschaft und Kunst fehlt es den Amerikanern keineswegs, das zeigen ihre Fortschritte und Erfindungen in allen praktischen Fächern, so wie das Streben und die großen Opfer für Volksschulen und höhere Lehranstalten. Maler, Bildhauer, Musiker und Sänger von Bedeutung finden Anerkennung und eine gute Aufnahme, Stümper gehen leer aus und beklagen sich über Mangel an Kunstsinn. Daß Wissenschaften und Künste sich noch nicht auf den europäischen Höhepunkt erhoben, darf wohl nicht befremden. Hier steht die höhere Bildung auf gar altem Grunde, dort muß das junge Volk zuerst das Nothwendige, Unerläßliche thun, es mußte die Wüsteneien in Kultur setzen, sich einen materiellen Wohlstand, eine sichere Existenz nach Innen und Außen gründen, ehe es den Musen-Tempel bauen kann. Nur die kindische Eitelkeit, daß die Amerikaner sich einbilden, sie thäten es auch hierin allen andern Nationen zuvor, ist überaus lächerlich. Zu diesem faden Dünkel mag wohl der Umstand viel beitragen, daß so wenige unter ihnen europäische Sprachen lernen, und ihnen sonach die Literatur- und Kunstschätze dieser Völker fast unzugänglich sind; ferner, daß die Masse der Einwanderer aus den niederen Volksschichten ihrer Heimathländer ihnen bisher keinen richtigen Begriff von dem dasigen hohen Stande der Wissenschaften und Künste beizubringen geeignet war. Daß es in Europa Gelehrte von Profession und eine Volksklasse gibt, der wissenschaftliche Bildung und Kunstsinn fast ausschließlich angehören, läßt sich einem Amerikaner sehr schwer begreiflich machen, der den Gelehrten und Handwerker in einer Person, den ehemaligen Landwirth (Jackson) oder Schneider (Fillmore) auf dem Präsidentenstuhl zu sehen gewohnt ist.

Das gesellschaftliche Leben der Amerikaner hat noch keinen durchgängig gleichartigen Charakter angenommen, und ist nur theilweise bis zur nationalen Eigenthümlichkeit ausgeprägt. Der Yankee, d. h. der Bewohner der sechs Neu-Englandsstaaten: Maine, New Hampshire, Vermont, Massachusetts, Rhode Island und Connecticut, — ein intelligenter, erfinderischer, sparsamer, Alles unternehmender und rastloser Geschäftsmann mit einem derben Anstriche puritanischer Sittenstrenge, hat wenig Sinn und erübrigt wenig Zeit für die gesellschaftlichen Freuden des Lebens. Der Städter wie der Landmann ist da gleich prosaisch und trocken. Der auf seiner großen einträglichen von Sklaven bearbeiteten Pflanzung gemächlich und geschäftslos lebende, gastfreie, ritterlich feine Südländer weiß dem einsamen Landleben durch gesellschaftlichen Verkehr schon höheren Reiz zu geben, während das trockne Geschäftsleben des südlichen Städters durch diesen Genuß noch wenig gewürzet wird. In den übrigen (nördlichen und westlichen) Staaten ist bei den verschiedenartigen Bestandtheilen der Bevölkerung in gesellschaftlicher Hinsicht noch kein allgemeiner fester Typus entstanden. Das Wesen der Yankees und der Südländer bildet da mit dem noch nicht verdauten deutschen Elemente u. a. m. ein buntes Gemenge. Das gesellschaftliche Leben der Amerikaner steht mit der Familie in engster Verbindung, außer welcher ein gemüthliches Anschließen nicht stattfindet. Zusammenkünfte zu irgend welchem geschäftlichen Zwecke sind nur Geschäfte. Der Familienvater nimmt an den gesellschaftlichen Vergnügungen seiner Familie wenig Antheil, hier waltet die Frau des Hauses, bis eine Tochter ihr dreizehntes Jahr erreicht hat; dann übernimmt diese die Leitung unbedingt, und die junge Regentin erfreut sich ihrer Einladungen gemäß nur jugendlicher Besuche. Gesellschaften von wissenschaftlichem Belange sind unbedeutend. Achtet und schätzt der Amerikaner auch den Mann der Wissenschaft und der höheren Bildung, so ist dieser doch für solche Gesellschaften ungeeignet, wenn er sich nicht zu dem faden Ton der Unterhaltung herabzustimmen vermag. Uebrigens herrscht in dem Lande der allgemeinen Gleichheit doch in der Familie eine Ausschließlichkeit, wie sie kaum in Europa besteht. Im öffentlichen Verkehr ist der reiche Kaufmann mit dem Fuhrmann auf ganz gleicher Stufe, aber die Familien der beiden trennt eine weite Kluft von einander. Eine fein- und hochnasige Dame wittert gar weit das Pech des Schusters.

Einige große Städte gewähren den Amerikanern ähnliche Vergnügungen, wie europäische Hauptstädte sie bieten, New Orleans ist das amerikanische Sybaris zur Winterszeit, wo die vollen Beutel der reichen Pflanzer bald leer werden. Sonst ist das Leben des

Amerikaners nicht reich an Vergnügungen. Das Wirthshaus ist viel weniger als in Deutschland ein Vergnügungsort. Tanzmusik und andere musikalische Unterhaltungen gestattet an Sonntagen die gesetzliche Sonntagsfeier nicht; nur in deutschen Ansiedlungen erlaubt man sich hierfalls bedeutende Ausnahmen. An Werketagen hat man zu dergleichen Ergötzlichkeiten keine Zeit. Das lange Verweilen im Wirthshause bei Trunk und Spiel kennt der Amerikaner nicht, das Kneipen und der blaue Montag der Deutschen sind ihm verächtlich. Er nimmt wohl gern einen Schluck Whisky oder Wein zu sich, aber das ist ein Genuß von wenig Minuten. Er liebt Hazardspiele, aber Karten- und Würfelspiel um Geld ist zu Lande, aber nicht zu Wasser, verboten, daher die Passagierschiffe, vornehmlich die Mississippidampfer wahre Spielhäuser sind, worin die ganze Nacht, meistens um hohes Geld gespielt wird, wobei es aber so still und lautlos hergeht, daß der Schlafende nicht im mindesten gestört wird. Durch Wetten und Wettrennen hat Mancher schon Alles verloren, Geld, Vieh, Haus und Farm. Die Jagd wird mehr des materiellen Gewinnes als des Vergnügens wegen betrieben. Herumziehende Theaterspieler behagen dem Landbewohner mehr als dem Großstädter die Leistungen ihrer Bühnen, die mit den europäischen sich nicht wohl vergleichen lassen. Oeffentliche Volksgärten und Anlagen sind von sehr geringem Belange, New York hat einige hübsche mit schattenreichen Bäumen bepflanzte Plätze, die man Gärten oder Parks nennt. Weder diese, noch Spaziergänge im Freien gewähren dem Amerikaner Annehmlichkeit, der für andere Naturschönheiten als den Niagarafall nicht viel Sinn hat.

Wenn die großen Porzellanpfeifen der deutschen Tabakraucher den Amerikanern unanständig und lächerlich vorkommen, oder eine fashionable Lady ihr Näschen rümpft, wenn unsere dortigen Landleute etwas Kuhdünger im Küchengarten verwenden, aus welchem sie dann weder Salat noch Gurken genießen könnte: so wäre es wohl übertriebene Schonung, das unerwähnt zu lassen, was uns an ihnen hinwiederum als Unart erscheint. Der Kautabak, für diese Genußart etwas versüßt und wie Chocolade in Tafeln geformt, ist dem Amerikaner unentbehrlich, und nur ein kleiner Theil der Gebildeten kann ihn missen. Solche Tafeln führt der Kauer so sicher wie der Schnupfer die Dose bei sich. Es wird von Zeit zu Zeit ein Stück abgebrochen und bis auf einen geringen faserigen Ueberrest verkaut, während dem dieser narkotische Leckerbissen die Speicheldrüsen zu erhöhter Thätigkeit reizt. Nur dann und wann wird zur Abwechselung eine Cigarre geraucht. Schnupftabak wird wenig verwendet, sonst müßte man das Schnupftuch mehr in Anwendung bringen, das allenfalls nur nachträglich gebraucht wird, nachdem die Hauptverrichtung bereits durch die bloße Hand geschehen ist. Die auffallendste äußerliche Eigenheit der Amerikaner ist die Gewohnheit, ihre Füße während dem Sitzen so hoch als möglich zu postiren. Sitzt Einer auf einem Stuhle nahe bei einem Tische, so muß letzterer als Fußschemmel dienen. Steht ihm statt des Tisches ein zweiter Stuhl zu Gebote, so legt er sie auf die Lehne desselben. Sonst weiß er auch Fenster, Kasten und andere höhere Gegenstände sehr erfinderisch für diese anscheinend unbequeme Körperlage zu benützen. Oft, besonders in Gesellschaft muß er sich begnügen, abwechselnd den einen Fuß auf das Kniee des andern Schenkels zu legen, wodurch der Nebensitzende nicht selten mit seinem Schuh in unangenehme Berührung geräth. Diesen Brauch sucht man durch mancherlei physiologische und diätetische Gründe zu rechtfertigen, er mag aber wohl ganz einfach auf der Sorgfalt, Erkältung der Füße zu vermeiden, beruhen, welche bei den meistens sehr luftigen, von einem Kamin nothdürftig erwärmten Wohnungen sehr leicht eintreten kann, besonders da der von der Erde etwas erhöhte spaltenreiche Fußboden einen fortwährenden Luftzug in der Fußregion verursacht; diese allerdings probate Sorgfalt mag die Gewohnheit veranlaßt haben. Die Hastigkeit, mit welcher der Amerikaner Geschäfte vollbringt, erstreckt sich auch auf das Essen. Die ausgiebigste Mahlzeit, wenn sie auch aus 15 Schüsseln besteht, dauert kaum über 15 Minuten; wobei den Zähnen natürlich eine sehr untergeordnete Rolle angewiesen ist, und vorsorglich weder Suppe noch heiße Speisen aufgetragen werden; eben so erübrigt man zum Tellerwechseln keine Zeit, bis das Confect präsentirt wird. Der Kaffee wird gleich anfangs servirt, man erleichtert sich damit das Verschlucken der Speisen.

Nebst den Amerikanern bilden die Deutschen den größten Bestandtheil der Einwohner, man schätzt ihre Anzahl in den Vereinigten Staaten auf fünf Millionen. Aber ein beträchtlicher, ja der größte Theil von ihnen sind längst nicht mehr Deutsche.

Der amerikanische Volksstamm ist eine jugendliche lebenskräftige Nationalität, die jede schwächere aufnimmt, und wie durch einen schnellen Verdauungsprozeß sich assimilirt. Das deutsche Element widersteht der Amerikanisirung nicht, die Deutschen sind vielmehr eifrig beflissen, recht bald Amerikaner zu werden. Kaum haben sie so viel Englisch gelernt, um sich nothdürftig verständigen zu können, so wird die deutsche Sprache bei Seite gesetzt. Die Kinder der Deutschen lernen von ihren amerikanischen Gespielen leicht englisch; lassen sie ein deutsches Wort hören, so werden sie verspottet, und selbst ein Kind will sich nicht dutchman (Holländer, Deutscher) nennen lassen. Eben so leicht bequemen sich die Deutschen den Sitten und Gebräuchen der Amerikaner an, welche Letzteren ihnen Beifall geben und sich gewogener zeigen, wenn sie so fähig und willig sind, recht bald Amerikaner zu werden. Ich habe mehrmals deutsche Farmer angetroffen, die noch wenig Englisch verstanden, deren fünf- oder sechsjährige Kinder es aber schon sehr geläufig sprachen. Wenn ich befremdet frug, wie das zugehe, und ob sie es so haben wollten, daß ihre Kinder die deutsche Sprache vergessen? — erhielt ich fast immer die Antwort: „Es wohnt ein Amerikaner in der Nähe, von dessen Kindern die unsrigen englisch lernen; wenn sie deutsch reden, so werden sie ausgelacht; es ist auch für uns sehr zuträglich, die Kinder sind unsere Dolmetscher, wenn wir mit Amerikanern zu thun haben; die deutsche Sprache braucht man hier nicht, es ist auch keine Gelegenheit, den Kindern deutschen Sprachunterricht geben zu lassen.“ Wo die Deutschen die Mehrzahl der Bevölkerung ausmachen, erlischt das deutsche Element zwar langsamer, aber eben so sicher. Selbst in ausschließlich deutschen Niederlassungen wird die deutsche Sprache vernachlässiget, und Jedermann, der irgend etwas zu unternehmen gedenkt, kann der englischen nicht entbehren.

Zur Erhaltung ihrer Nationalität wäre den Deutschen nebst Anhänglichkeit an dieselbe auch Verträglichkeit, Einigkeit, Zusammenhalt nothwendig. Der vielgereiste Gerstäcker sagt, er habe nur auf Haiti keinen Zwiespalt der Deutschen gefunden, weil dort — nur ein Einziger war, meint aber für nichts stehen zu können, wenn etwa noch ein Zweiter hinzukäme. Wer das Verhalten der Deutschen zu einander außerhalb Deutschland zu beobachten Gelegenheit hatte, dem dringt sich die Ueberzeugung auf, daß dem Aufgehen der deutschen Nationalität in der anglo-amerikanischen nicht vorzubeugen, in den Vereinigten Staaten von Nordamerika kein Deutschthum möglich sei.

Wenn man den Totalgehalt der Amerikaner und der unter ihnen lebenden Deutschen unpartheiisch mit einander vergleicht, so kann man es nicht sehr bedauern, daß statt der nationalen Selbstständigkeit unsern Landsleuten in der nordamerikanischen Union nur der untergeordnete Beruf, der amerikanischen Bevölkerung als verbessernder Mischungstheil zu dienen, angewiesen scheint. Fanden auch die Amerikaner an den früher eingewanderten Deutschen weder höhere geistige Bildung, noch einen musterhaften moralischen Lebenswandel: so konnten sie Geschicklichkeit und Betriebsamkeit zur Kultivirung der meist noch wüsten Länderstrecken an ihnen niemals verkennen; sie haben zur Hebung und theilweisen Blüthe der dortigen Landwirthschaft sehr viel beigetragen. Deutsche waren immer mit in den ersten Reihen jener Pioniere, die, unter Gefahren und Entbehrungen aller Art in die Wildnisse des Westens vordringend, der Civilisation dahin den Weg bahnten. Wo der Deutsche sich niederläßt, verwandelt sich die wüste Prairie wie der finstere Urwald in reiche Saatfelder und anmuthige Gärten; er wählt sich zur Anlegung seiner Wohnung einen gesunden und freundlichen Platz, baut sein Häuschen sorgfältig und weiß es wohnlich einzurichten, er will da bleiben lebenslang, und den Besitz seinen Kindern dereinst hinterlassen. Der Amerikaner dagegen ist wie der Beduine, setzt sich auf kurze Zeit, zieht schnell Vortheil, und wandert dann weiter, wohin größerer Vortheil ihn lockt. Daher ist auch der Deutsche als Kolonist überall sehr gern gesehen, Mexico, Chile und Brasilien verlangen dringend deutsche Einwanderer, weil man sieht, was sie den Vereinigten Staaten leisten. Werden die Deutschen künftig nicht allein in materieller Hinsicht die Amerikaner lehren, das Leben verschönern, sondern ihnen auch, mehr als bisher es geschehen, in höherer geistiger Bildung, in Kunst und Wissenschaft Lehrer und Muster seyn — dann werden sie ihren ehrenvollen Beruf vollständig erfüllen.

Seitdem in Irland die Kartoffelkrankheit eine allgemeine Noth erzeugte, hat sich die Auswanderung seiner Bewohner mit jedem Jahre gesteigert. Obschon ein Theil nach Canada sich wendet, gehen doch die meisten über New York nach den Vereinigten Staaten. Die Iren sind von großem athletischem Körperbaue, und eignen sich deßhalb zur schweren Arbeit; sie werden bei den Kanal- und Eisenbahnbauten beschäftiget. Für Landwirthschaft zeigen sie wenig Vorliebe. Trägheit und Trunkenheit sind ihre allgemeinen und tiefwurzelnden Fehler, dazu kommt noch ein nicht gewöhnlicher Grad von Rohheit; daher das Heimathland ihre massenhafte Auswanderung nicht zu beklagen Ursache haben mag.

Die Bevölkerung von New Mexico besteht großentheils aus spanischen Creolen (von spanischen Eltern in Amerika erzeugte Kinder und deren Nachkommen); auch in Texas am Rio Grande sind Viele derselben ansässig. Man nennt sie allgemein Mexicaner. Ihr Körperbau ist von mittlerer Größe und wohlgestaltet; die Farbe der Haut ist braun, die Stimme sehr wohlklingend. Frohsinn und Heiterkeit geht ihnen niemals ab. Zu anstrengender Thätigkeit sind sie nicht aufgelegt, aber dabei mäßig und genügsam. Die Feigheit ist ihr allgemeiner Fehler und ihr Verderben; für den Krieg sind sie gar nicht geeignet, und können sich gegen die Räuberhorden der wilden Indianerstämme nicht vertheidigen, noch ihr Eigenthum schützen. Bei dem Hange zu friedlicher Gemächlichkeit treiben sie doch Ackerbau und Viehzucht mit gutem Erfolge. Im Fangen der wilden Pferde (mustangs) sind sie unübertrefflich. Dieser Fang geschieht mit langen Seilen, sie werfen reitend die Schlinge auf dreißig Schritte weit dem Thiere mit Sicherheit an den Hals. Sie beschäftigen sich in Texas mit Viehhandel und Fuhrwerk. Redlichkeit und Treue wird ihnen selten nachgerühmt.

Franzosen sind in Louisiana, Missouri u. a. O. zwar noch viele, aber sie werden immer weniger; ihre Städte und Ansiedlungen heben sich nicht; die Amerikaner und Deutschen überflügeln sie in Allem. Französische Colonien gediehen nie.

14. Die Indianer.

Wie lange Amerika schon von Menschen bewohnt war, als die Europäer ihren Fuß auf diesen Continent setzten, woher sie stammen oder kamen, — darüber werden die Gelehrten noch lange streiten. Die Entdecker Nordamerikas mochten vom Atlantischen oder Stillen Ocean ans Land steigen, oder auf Strömen tief ins Innere dringen: so stießen sie allenthalben auf Einwohner, die sich von den Bewohnern der alten Welt auffallend unterschieden. Die rothe Hautfarbe, das schwarze straffe Haar, der dünne Bart, die tiefliegenden Augen, die niedrige Stirn und die hervorstehenden Backenknochen fielen gleich beim ersten Anblicke in die Augen. Bald bemerkte man, daß sie, mit Ausnahme der civilisirten Völker in Mexico, ohne beständige Wohnsitze von Jagd, Fischfang und wildwachsenden Pflanzen lebten, der Civilisation abhold, verschlagen, rachsüchtig, kriegerisch waren. Man bezeichnete sie mit dem gemeinsamen Namen Indianer (Indians), doch unterschieden sie sich wesentlich von einander durch Sprache, Sitten und Lebensweise, und bildeten verschiedene Nationalitäten oder Stämme.

Jeder solcher Stamm nimmt ein gewisses Gebiet als Eigenthum in Anspruch, dieses ist sein Jagdrevier, was darauf lebt, ist sein eigen. Es kam von jeher zwischen benachbarten Stämmen oder zwischen Indianern und Weißen sehr oft zu Gränzstreitigkeiten, welche dauernde Feindschaft und blutige Kriege verursachten. Oft haben sich Stämme, durch inneren Zwiespalt veranlaßt, getrennt, und so neue Stämme gebildet, zwischen welchen trotz Gehässigkeit und Feindschaft kein nationaler Unterschied bemerkbar ist. Wenn sich einige Stämme zu einem Zwecke vereinigten, und man fand die Vereinigung nach Erreichung des Zweckes noch ersprießlich und wünschenswerth, so verschmolzen sie nach und nach zu einem.

Jeder Stamm hat einen oder mehrere Häuptlinge, diese werden gewählt. Tapferkeit im Kriege, Schlauheit bei Raub und feindlichen Ueberfällen, die größte Zahl getödteter Feinde befähigen zu dieser keineswegs erblichen Würde. Ist ein Stamm zeitweilig in mehrere Banden getheilt, so hat jede ihren eigenen Häuptling oder Führer. Die Häuptlinge und ein Rath der Alten üben die Gerichtsbarkeit aus, berathen und beschließen über die inneren und äußeren Angelegenheiten des Stammes. Besteht ein eigener Kriegshäuptling, so ist er der vornehmste, befaßt sich aber nur mit dem Kriege.

Die Schreibekunst ist den Indianern unbekannt. Außer einigen Sagen und mündlichen Ueberlieferungen haben sie keine Geschichte. Beim Zählen bedienen sie sich der Finger beider Hände. Große Zahlen können sie nur durch Einschnitte auf einem hölzernen Stabe darstellen, jeder Einschnitt bedeutet eine Einheit. Zur Eintheilung der Zeit dient ihnen der Mond; vom Jahre haben sie keinen deutlichen Begriff. Sein Lebensalter weiß ein Indianer nicht anzugeben. Von den Sternen kennen sie nur den Polarstern, nach welchem sie sich bei ihren nächtlichen Wanderungen richten. Denkmäler jeder Art sind ihnen unbekannt. Sie besitzen mitunter viel Anlage zur Beredsamkeit, und mancher Häuptling hat durch seine Beredsamkeit bei Verhandlungen mit den Weißen Bewunderung erregt. Für die Schiffahrt verrathen sie wenig Vorliebe und Geschicklichkeit, es scheint ihnen auch der nöthige Muth hierfür zu fehlen.

Das Stehlen halten sie für kein Unrecht, und sie sind darin vollendete Meister.

Das Feuerwasser, der Branntwein, hat für sie einen unwiderstehlichen Reiz; es ist ihr höchster Genuß und ihr sicheres Verderben; sie berauschen sich damit bis zu einem fast unglaublichen Grade, daß sie zuweilen ganz steif und starr werden.

Rache und Gastfreiheit sind ihre Haupttugenden. Um ihre Rachsucht zu befriedigen, sind sie einer heroischen Geduld und einer bewunderungswürdigen Ausdauer fähig. Ein Indianer kann wochenlang auf einen Feind lauern und dabei jede Entbehrung bis zur völligen Entkräftung seines Körpers ertragen. Ist der Fremde bei einem Stamme oder einer Abtheilung desselben als Gast aufgenommen, so ist er vor jeder Mißhandlung, nur nicht vor dem Stehlen sicher.

Halten sie sich von der friedlichen und freundschaftlichen Absicht des Fremden, der in ihr Lager kommt, überzeugt, so folgt bald darauf die Ceremonie mit der Friedenspfeife. Ein kunstloser Kopf von rothem Thon mit einem Röhrchen von Holz oder Schilf wird mit Sumach oder einem anderen getrockneten stinkenden Kraute, selten mit Tabak gefüllt, am Lagerfeuer angezündet, der Häuptling oder der Aelteste raucht einige Züge, worauf die Reihe an den Gast kommt, von diesem geht die Pfeife von Mund zu Munde aller vorhandenen erwachsenen männlichen Individuen. Nachdem der Gast auf einer Büffelhaut oder etwas dergleichen Platz genommen, wird ihm gewöhnlich ein Stück Braten, versteht sich in der bloßen Hand, herbeigebracht, das ihrer Kochkunst nicht viel Ehre macht, und wovon nur ein kleines Stückchen zu verschlingen für den Nichtindianer keine leichte Aufgabe ist. Ein angebotenes Nachtlager anzunehmen würde schon wegen dem häufigen Ungeziefer, das einem Rothen niemals fehlt, unräthlich seyn. Man thut wohl, einem Lager niemals auszuweichen, sondern wo möglich geflissentlich aufzusuchen, und furchtlos und unbefangen einzutreten, um keinen Verdacht zu erregen. Ihre bewunderungswürdige Geschicklichkeit, durch Zeichen und Mienen sich verständlich zu machen, und die Zeichen des Fremden zu deuten, kommt immer sehr zu Statten. Allein, zu Fuß, unbewaffnet zu reisen, ohne etwas blicken zu lassen, was ihre kindische Habgier reizen könnte, hat sich mir als das sicherste bewährt. Oft verlangten sie, ihnen meine Pflanzenmappe zu öffnen, worauf sie mich für einen Arzt oder Zauberer hielten, und manchmal den Wunsch ausdrückten, daß ich bei ihnen bleiben möchte.

Ein Mann hat gewöhnlich mehrere Weiber, ein Häuptling deren zehn oder zwölf; sie sind den Sklaven gleich, nur zur Bedienung des Mannes, zur Arbeit. Er selbst bringt nicht einmal das erjagte Wild nach dem Lager, wenn es irgend Mühe macht; er schickt sein Weib, dasselbe zu holen.

Einen offenen Kampf mit dem Feinde meiden die Indianer, so lange es nur möglich ist. Jeder sucht sich möglichst zu decken und aus dem Hinterhalte den Gegner unvermuthet zu überfallen. Einmal in die Enge getrieben, kämpft aber der rothe Krieger bis auf den letzten Blutstropfen, und zieht den Tod der Gefangenschaft vor.

Nachdem durch die Europäer das Pferd nach Amerika verpflanzt worden war, machten sich die Indianer, besonders die westlichen Prairiestämme, sehr bald beritten; sie haben es in der Reitkunst zu einer großen Vollkommenheit gebracht. Dieses hat in ihrer Lebensweise und Körper-Constitution eine große Veränderung hervorgebracht. Ihre unteren Gliedmaßen taugen seitdem nur zum Reiten.

Die Kleidung fehlt, wenn gleich nicht bei ganzen Stämmen, so doch bei einzelnen Individuen ganz; nicht selten besteht sie nur aus einem einzigen Thierfelle. Allgemein üblich sind folgende Kleidungsstücke: Schuhe aus einem Stück Leder mittelst einer Naht verfertiget, oben mit zolllangen Blechstreifen verziert, welche beim Gehen ein schwirrendes Geräusch verursachen; eine Art Hosen (leggins), zwei einzelne lange lederne Röhren, die vom Fuße bis zu den Hüften reichen, wo sie an einem Gurte oder an einer Scherpe befestiget werden. Eine bald größere, bald kleinere Schürze sieht man häufig bei Männern und Weibern; auch ein Ueberwurf von Hirschleder zur Bedeckung des Oberleibes ist bei vielen Stämmen anzutreffen. Der Kopf wird nicht bedeckt. Das Haar wird entweder kurz geschnitten, oder in einen Zopf auf dem Scheitel zusammengebunden, der auf dem Rücken hinabhängt und häufig, besonders bei Kriegern, verziert wird. Einige Stämme verfertigen sich schaf- oder baumwollene Decken zum Umnehmen, sogar Kleider von Vogelfedern. Daß diese amerikanischen Beduinen ihre Schuster und Schneider selbst sind, versteht sich von selbst, obschon sie auch von den Weißen zuweilen in neuerer Zeit gerne ganz moderne Kleidungsstücke durch Tauschhandel an sich bringen; in diesem Falle verstoßen sie oft sehr im Anlegen derselben gegen die übliche Ordnung, und das Hemd behauptet gewöhnlich die Stelle des Oberkleides. Gewechselt oder gewaschen werden die Kleider nicht.

Die allgemeinste Waffe der nordamerikanischen Wilden ist Pfeil und Bogen, welche schon der fünfjährige Knabe zu handhaben weiß. Der Schaft des Pfeiles, zwei bis drei Fuß lang, doppelt so dick als ein Gänsekiel, ist von einem festen zähen Holze. Die früher aus Feuerstein mit großer Geschicklichkeit geschlagenen Spitzen haben eisernen weichen müssen, die sie sich ebenfalls selbst verfertigen und wozu sie eine Feile immer bei sich tragen. Sie führen in einem ledernen Köcher auf dem Rücken eine große Anzahl Pfeile mit sich. Mit dieser unscheinbaren Waffe erlegen sie den dickhäutigen Büffel, den zottigen Bär und durchbohren den Hirsch nicht selten. Obschon vom Zielen durchaus nichts zu merken ist, so treffen sie auf 60 Schritte Entfernung eben so genau, wie der beste Schütze mit dem Kugelrohr. Vom Vergiften der Pfeilspitzen ist in neuerer Zeit nichts mehr unter ihnen zu merken. Theilweise ist nun das Feuergewehr an die Stelle des Pfeiles getreten. Die Seminoles sind durchgängig mit Büchsen versehen, die Comanches und andere führen Pfeile und Büchsen zugleich. Mehrere Stämme haben Lanzen, deren Spitzen früher ebenfalls von Feuerstein waren, jetzt aber durch bessere von Stahl und Eisen ersetzt sind; Degenklingen verwenden sie sehr gern zu Lanzenspitzen. Als Schutzwaffe dient ein Schild von Büffelhaut. Bei östlichen Stämmen waren vordem auch die Streitart und andere Waffen im Gebrauche. Das Scalpirmesser kommt nie aus dem Gürtel des Indianers: mit diesem löst er dem getödteten Feinde die Kopfhaut ab, ein Geschäft, das er auch im Frieden sehr gerne treibt; je mehr Einer solche Kopfhäute (scalps) an sich oder an seinem Zelte hängen hat, für desto tapferer wird er geachtet. Man sieht, daß sie sich auf diese Trophäen gewaltig viel einbilden; bei einem Comanche in der Begleitung ihres Häuptlings Buffalo Hump zählte ich deren 23 Exemplare, wovon die meisten Mexicanern angehört zu haben schienen.

Die Zelte der Indianer bestehen meistens aus Thierhäuten; in der Form, Größe und Art des Aufschlagens derselben weichen sie nach den verschiedenen Stämmen sehr von einander ab. Einige bilden das Gerüst aus graden, andere aus bogenförmigen Stangen; einige führen die Zeltstangen am Lastthiere gebunden mit sich, andere richten sie jedesmal am Lagerplatze vor, wozu kleine Handbeile gebraucht werden. Ein Zelt nimmt eine oder mehrere Familien — bis 15 Personen auf. Nach der Stärke des Zuges richtet sich die Anzahl der Zelte, sie beträgt selten über hundert.

In Hinsicht der Religion findet man bei allen Stämmen einige Begriffe von einem höheren Wesen, nur sind ihre Vorstellungen von demselben oft dunkel und des höchsten Wesens unwürdig, das gewöhnlich der „große Geist“ genannt wird. Unter den östlichen Stämmen traten zuweilen Propheten auf, welche zum Festhalten an ihrer ursprünglichen Nationalität im Namen des großen Geistes aufforderten, gegen das Feuerwasser, fremde Kleidung und den Umgang mit den Weißen eiferten. Einige Stämme verehren zwei höhere Wesen, ein gutes und ein böses, andere wenige haben noch etwas Sonnendienst. Der Glaube an ein Fortleben nach dem Tode ist mehr oder weniger angedeutet. Den meisten Stämmen gilt der Himmel als eine mit Wild reichlich gesegnete Landschaft. Diejenigen, welche ihre Todten begraben, legen ihnen Zunderholz, Waffen und andere Utensilien mit ins Grab. Andere verbrennen ihre Todten mit religiösen Ceremonien und Feierlichkeiten. Priester, Arzt und Zauberer sind gewöhnlich in einer Person vereinigt. Der Kriegstanz vor dem Aufbrechen zum Kampf oder Raube hat ebenfalls einen religiösen Charakter. Auch das Anzünden des Feuers ist zuweilen von religiösen Ceremonien begleitet. Spuren des Christenthums sind unter den ganz wilden Stämmen nicht anzutreffen.

Die von einigen Schriftstellern den Wilden nachgerühmte Sittlichkeit besteht in der Wirklichkeit nicht. Keuschheit wie eheliche Treue ist unter ihnen nicht weit her. Wo es Brauch ist, den untreuen Weibern die Nase abzukürzen, sind derart Gezeichnete nicht selten, obgleich viele dieser Strafe entgehen. Die weißen Biberfänger und Pelzhändler in den Einöden am Oregon, Colorado, Gila sollen, nach ihren eigenen Berichten, von den dortigen Indianerinnen sehr gern gesehen werden. Die Grausamkeit, welche die Wilden an erwachsenen Gefangenen des männlichen Geschlechts verüben, übersteigt alle Vorstellung; man martert sie durch die ausgesuchtesten Peinen zu Tode; das ist ein Geschäft des schönen Geschlechts der Rothen. Kinder und Weiber werden in der Gefangenschaft als Sklaven behalten oder verkauft. Wenn gefangene, d. h. geraubte Kinder von Weißen sich an die Lebensweise ihrer Pflegeeltern gewöhnt haben und keine Lust zum Entfliehen zeigen, werden sie als ihre Angehörigen angesehen und behandelt.

Von diesen Rothhäuten haben die Vorkämpfer der Civilisation in Nordamerika viel zu leiden gehabt, aber leider auch manches blutige Unrecht, manche Unmenschlichkeit gegen sie begangen, dadurch ihren Haß erregt und bis zur grimmigen Kanibalenwuth gesteigert, wie dieses ein flüchtiger Rückblick auf die zwischen den Rothen und Weißen stattgehabten Befehdungen hier zeigen mag.

15. Kämpfe zwischen den Indianern und den Weißen.

Als die Europäer vom Osten her in Nordamerika eingedrungen waren, begannen sie zu jagen, Wälder niederzuhauen und Städte zu bauen. Nicht ohne Besorgniß und Widerwillen sahen die Bewohner der Wildniß dieses Treiben der Fremden; es wurde ihnen bald klar, daß da, wo die Weißen sich niederließen, nicht länger ihres Bleibens, der Boden, den diese einnahmen, für sie verloren sey. Hier und dort widersetzten sie sich den Eindringlingen, zerstörten durch raschen Ueberfall wohl auch manche Ansiedlung im Keime. Aber es waren nur einzelne isolirte Unternehmungen, kein umfassender Plan, kein Zusammenwirken kam zu Stande; sie wurden gedrängt und wichen zurück über das Alleghany-Gebirge. Hastig folgte ihnen die für sie verderbliche Civilisation nach, und bald standen die kühnen englischen Vorkämpfer derselben unter den Rothen am Ohio, während die Franzosen am Mississippi und in Canada sanfter und friedlicher mit denselben verkehrten. Noch war wenig Blut geflossen, da befeindeten die zwei hoch gebildeten Nationen einander auch auf nordamerikanischem Boden heftig und hetzten (von 1690 an) die Indianer gegen einander. Engländer wie Franzosen suchten diese Wilden in ihr Bündniß zu ziehen, stachelten sie zu kanibalischer Mordlust durch Belobung, Geschenke und Feuerwasser, worin die brittische Schonungslosigkeit und Grausamkeit immer den Meister spielte. Der englische Marquis Montcolm hatte 1756 bei der Einnahme mehrerer französischer Forts an 2000 Franzosen zu Gefangenen gemacht, die er dann den Indianern zum Abschlachten überlieferte.

Im Jahre 1763 drohte den Engländern ein Bund der Shawanees, Winnebagoes, Ottagamees, Ottawaes und anderer Indianerstämme an den canadischen Seen verderblich zu werden. Der listige und umsichtige Pontiak hatte dieses Bündniß zu Stande gebracht, ohne daß die Engländer es auch nur geahnet hätten. Plötzlich, wie ein brausender Orkan stürmte er mit seinen rothen Brüdern gegen die Forts der auf solchen Angriff unvorbereiteten Engländer, und es fielen die meisten in seine Hände, die übrigen begann er regelmäßig zu belagern. Die Feste Michillimackinack fiel durch folgende List. Die Indianer trieben sich anscheinend harmlos an den äußern Pallisaden des Forts herum, spielten ein nationales Ballspiel, wobei zuweilen ein Ball über die Verschanzung geschlagen wurde, den man ungehindert wieder herausholen ließ. Indem die Schildwachen ruhig zusahen, und nichts weniger als eine Kriegslist vermutheten, wurden sie von einigen Rothen niedergemacht, während ein zahlreicher Schwarm eindrang, und die ganze Besatzung niedermetzelte, ehe sie die Waffen ergreifen konnte. Die wilden Sieger fingen das Blut der Engländer mit den Händen auf, und soffen es. Auch Detroit wollte Pontiak mit List nehmen, die aber durch ein Indianerweib vereitelt wurde. Die Indianer schienen der langen Belagerung überdrüssig, und die Hoffnung auf die Einnahme der Feste aufzugeben; sie betrugen sich weniger feindselig Pontiak schlug eines Tages sein Lager den Festungswerken nahe auf, und ließ den Kommandanten Gladwin versichern, daß er in friedlicher Absicht so nahe gekommen sey, er bitte nun um die Erlaubniß, mit den andern Häuptlingen zu einer Friedensunterhandlung in die Stadt kommen zu dürfen. Der Antrag wurde angenommen, und am nächsten Morgen sollte die ganze Elite der Indianer erscheinen. Der Kommandant hatte bei einer Indianerin ein Paar Schuhe aus Ellenthierhaut bestellt, diese brachte sie an dem Abend zuvor sammt dem Ueberreste der Haut. Er war mit der Arbeit sehr zufrieden, sie empfing ihre Bezahlung und den Auftrag, aus dem noch übrigen Hauttheile ebenfalls ein Paar zu verfertigen. Sie ging, aber an der Hausthüre blieb sie zaudernd und sinnend stehen. Als sie über ihr Zögern von Gladwin ernstlich befragt wurde, äußerte sie, daß sie die Schuhe wegen einem wichtigen Hindernisse nicht würde liefern können. Durch sein freundschaftliches Zureden brachte er das Weib dahin, daß sie den ganzen Plan Pontiaks enthüllte, der in folgendem bestand: Alle welche am nächsten Morgen zur Berathung mit Pontiak erscheinen würden, haben ihre Gewehre so verkürzt, daß sie leicht unter ihren Decken verborgen werden könnten; die Ueberreichung des Friedensgürtels sei das verabredete Zeichen, auf welches sogleich die Indianer den Kommandanten und alle Anwesenden niederschießen, die Besatzung überfallen und ermorden, die Stadt aber plündern wollten. Einige Offiziere lachten, der Befehlshaber war indessen vorsichtig. Früh um 10 Uhr erschienen die Indianer in ernster würdevoller Haltung. Sie stutzten, als sie mehr Mannschaft als gewöhnlich unter den Waffen sahen, und frugen, was das bedeute. Auf die Bemerkung, daß sie bloß exerziere, beruhigten sie sich. Pontiak hielt eine Rede voll von Freundschaftsversicherungen — und als er dem Kommandanten zur Bekräftigung des Gesagten den ominösen Friedensgürtel überreichen wollte, zogen alle anwesenden Offiziere den Degen zur Hälfte aus der Scheide, und die vor der Thüre des Saales aufgestellte Mannschaft rasselte mit den Waffen. Der nie verlegene Pontiak erblaßte diesmal, doch bald fand er seine Geistesgegenwart wieder; selbst als man Allen die versteckten sichtlich kurz vorher abgekürzten Flinten unter den Kleidern hervorzog, vertheidigte er sich noch mit geläufiger Zunge. Gladwin entließ ihn ungestraft, weil er ihm das Wort gegeben hatte. Diese Großmuth des Kommandanten machte auf die meuchlerische Rothhaut keinen besänftigenden Eindruck, er versuchte bald darauf den Platz im Sturm zu nehmen, und es fehlte wenig, so hätte er sein Ziel erreicht. Die Belagerung dauerte ein Jahr. Ein englischer Offizier fiel während derselben in die Hände der Kanibalen, welche ihn bei einem großen Festmahle reinweg verspeisten. Einem andern wurde die Haut von den Armen gezogen, und Tabaksbeutel daraus gemacht. Pontiak war ein strategisches Talent; er wußte seine Leute besser als irgend ein anderer Führer der Wilden zusammenzuhalten und zu verproviantiren. Seine Geldanweisungen galten bei den Rothen und Weißen weit und breit, obschon sie nur aus Baumrinden waren. Als bereits die Hälfte der Besatzung, bei den immer erneuerten Angriffen der Indianer, gefallen war, mußte er dennoch der höhern Kriegskunst der Engländer weichen und sich zurückziehen. Auch auf andern Punkten konnten sich die rothen Männer nicht mehr lange behaupten. Aber das entmuthigte den rothen Hannibal nicht; er hatte schon wieder eine große Streitmacht zusammengebracht, welche er so eben gegen die Engländer führen wollte, da wurde er von seinen eigenen Leuten ermordet. Ob er alle baumrindenen Banknoten zuvor eingelöst habe, ist nicht bekannt.

Im Frühjahre von 1774 entbrannte zwischen den Indianern und den Weißen am linken Ufer des Ohio vom Monongahela bis hinab zum Tennessee eine fürchterlicher Vernichtungskampf, der durch mehrere Dezennien fortwüthete. Hier waren die Weißen Ursache und Veranlassung dazu.

Ohne alle Ursache wurden eine Menge rothe Weiber und Kinder, welche in Kähnen den Ohio hinab fuhren, von den Virginiern erschossen, die Leichen in den Fluß geworfen. Wie des Wolfes Raubgier zur unwiderstehlichen Mordlust sich steigert, sobald er Blut gekostet: so zog diese virginische Mörderrotte noch am Abende dieses Tages, an welchem sie jene erste Greulthat verübt, nach Wheeling, um dort eben auch ohne alle Ursache die Indianer umzubringen, welche man in dieser Gegend diesseit des Ohio fand. Am Yellow-creek lud man die Indianer zu einem Trinkgelage ein, und als sie vom Branntwein berauscht am Boden lagen, entging auch nicht ein einziger dem Tode. Die Wahnsinnigen dachten, sie würden die Race der Rothen ungestraft ausrotten können, und metzelten mit kaltblütiger Grausamkeit lange Zeit alle nieder, die sie fanden, Männer, Weiber und Kinder. Da erwachte denn endlich glühender Rachedurst in allen Stämmen der Wilden weit umher. Cornstalk, der Häuptling der Shawanees sammelte um Mitte des Sommers Viele unter seinem Oberbefehl; ihm schloß sich der heroische Logan an mit seinen Schaaren, welcher vor Eröffnung der Feindseligkeiten von Seiten der Indianer folgende Kriegserklärung diktirte, und an eine Kriegskeule gebunden in einer Ansiedlung der Feinde zurückließ: „Warum habt ihr mein Volk am Yellow gemordet? Die Weißen hatten schon vorher meine Verwandten am Conestago umgebracht — ich habe nicht darauf geachtet. Aber ihr habt aufs neue meine Verwandten am Yellow getödtet, und meinen Vetter gefangen genommen. Nun dachte ich, du mußt auch tödten, da ich dreimal zum Kriege gezwungen worden bin: aber die Indianer sind nicht erzürnt, ich bin es allein! John Logan. 21. Juli 1774."

Wie der amerikanische Bär den Menschen flieht, und vor ihm im finstern Walde sich birgt, aber vom tödtendem Blei getroffen wüthend auf seinen Verfolger sich stürzt und ihn zerfleischt — so thaten diese angegriffenen, vielfach gemißhandelten Urbewohner am Ohio. Einzeln oder in kleinen Horden kamen sie über den Fluß, und ihr gellendes Kriegsgeschrei tönte schauerlich durch die Wälder. Hier schwangen sie über wehrlose Familien die Streitart, und verbrannten die Hütten mit den blutenden Leichen, dort umlagerten sie im Hinterhalte eine vertheidigte Wohnung, bis der Hunger ihre Bewohner ins Freie den Pfeilen und Kugeln der Wilden entgegentrieb; oder sie banden Feuerbrände an die Pfeile, zündeten die Dächer an, und es blieb den Belagerten nur die traurige Wahl, zu verbrennen oder niedergeschossen zu werden. Wo ein wehrhafter Mann lebendig in ihre Hände fiel, wurde er der ausschweifendsten Rache zum Opfer, mit den ausgesuchtesten Qualen zu Tode gemartert. Dummore, der Gouverneur von Virginien, schickte den Obrist Lewis mit 1200 Mann an den Ohio, um der Verheerung und dem Blutvergießen Schranken zu setzen. Er drang bis an die Mündung des großen Kenhava vor, ohne auch nur einen rothen Menschen zu sehen; aber er wurde bald inne, daß er von den Indianern hier war erwartet worden, und daß im Falle einer erlittenen Niederlage ihm von den schlauen Feinden die Rückkehr strategisch unmöglich gemacht sey. Nur ein entscheidender Sieg konnte ihn retten, und er wurde nicht leicht errungen. Vom frühen Morgen an, bis der Tag sich schon geneigt hatte, waren die Indianer im Vortheile, erst am Abende gewannen die Weißen die Oberhand, aber sie zählten 100 Todte und 140 Verwundete. Dummore kam nach der Schlacht, um die Feindseligkeiten zu beendigen, er berief die feindlichen Anführer und machte seine Friedensanträge; worauf Cornstalk mit unübertrefflicher Beredsamkeit bewies, daß nicht die Indianer, sondern die Weißen durch ihre an ihnen verübten Niederträchtigkeiten und Grausamkeiten den Krieg herbeigeführt, ja nothwendig gemacht hätten. Man konnte ihm nichts erwidern. Der Friede kam am 7. Januar 1775 zu Stande; demgemäß sollten die Weißen den Ohio nicht überschreiten, doch sollten beide Parteien das gleiche Recht haben, den Fluß zu befahren. Die Gefangenen wurden frei gegeben.

Kaum ruhete die Streitart der Wilden in der Gegend, als die Weißen sogleich an keine Friedensbedingung mehr dachten. Sie mordeten friedliche Rothe wie vor, überschritten den Fluß häufiger als zuvor. Da brach der Unabhängigkeitskrieg aus und zwang die Amerikaner zur Rücksicht. In einem Vertrage von 1776 verpflichteten sich die Häuptlinge, an dem Kriege Englands gegen die Amerikaner keinen Theil zu nehmen; aber wie konnten die Treulosen auf standhafte Treue der Rothen rechnen? Die Engländer waren durch das Unabhängigkeitsstreben der Kolonisten Feinde derselben geworden, und hörten auf, Feinde der Indianer zu seyn; sie bemühten sich, dieselben in ihr Bündniß gegen die Rebellen zu ziehen.

Nach Oswego am Ontario wurden die Indianerstämme von nah und fern durch englische Agenten zu einer großen Berathung entboten, in welcher sie durch Schmeicheleien, werthvolle Geschenke und noch glänzendere Verheißungen gewonnen wurden. Waffen und Schießbedarf erhielten sie zur Genüge, für jede Kopfhaut von Amerikanern überdies einen namhaften Preis. Das mächtige Feuerwasser verfehlte auch hier seine Wirkung nicht.

Der Krieg begann; es war ein wechselseitiger Vernichtungskampf zwischen den Indianern und Engländern einerseits und den Amerikanern andererseits, der an Wuth und scheußlicher Grausamkeit kaum seines Gleichen hat. Es war nur hie und da ein Krieg im offenen Felde, meistens ein Morden, Würgen, Verderben einzelner gegen Einzelne, oder Weniger gegen Wenige, aber ausgebreitet über weite Länderstrecken — das größte Schlachtfeld, auf dem täglich, stündlich geschlachtet wurde, an haarsträubender Grausamkeit Rothe und Weiße einander jahrelang zu überbieten suchten. Seit diesem Kampfe ist in den Gemüthern der Amerikaner und der Wilden ein tiefer ewiger Groll gegen einander zurückgeblieben.

Im Jahre 1786 traten die Ottawaes, Miamies, Shawanees, Delawares, Pottawatomees und Cherokees in Detroit zusammen, schlossen, von den Engländern gehetzt, ein Bündniß mit einander; sie wollten die Amerikaner über den Ohio zurücktreiben, und das fernere Ueberschreiten desselben ihnen für immer verwehren. Der Kampf an den Ufern des Flusses hatte fortgedauert, jetzt entbrannte er mit neuer Kraft. Der General Harmer rückte mit 1400 Mann an den Fluß, mußte sich aber nach schwerem Verluste schnell zurückziehen. Noch schlimmer erging es dem General-Major St. Clair. Erst 1795 gelang es dem General Wayne, einen ausgiebigen Sieg über sie zu erkämpfen.

Der stolze, zahlreiche und tapfere Stamm der Shawanees, der sich für das älteste und edelste Volk der Erde ansah, hatte den Ansiedlern am Ohio am meisten zu schaffen gemacht. Aus diesem Stamme erhob sich Tecumseh, ein bonapartisches Genie und großartiger Charakter. Er war in den beständigen Kämpfen aufgewachsen, und von heftigem Hasse gegen die Amerikaner erfüllt. Schon als Jüngling galt er als der Tapferste seines Stammes, und hatte durch glänzende Waffenthaten sich den größten Ruhm erworben; von den Canadischen Seen bis hinab zum Golf von Mexiko nannte jeder rothe Mund seinen Namen mit Begeisterung. Zugleich trat 1804 sein Bruder Elskwatana als Prophet auf, der von dem großen Geiste den Auftrag erhalten hatte, allen Rothen zu verkünden, daß sie alle Gemeinschaft mit den Weißen meiden, sich wie früher mit Thierfellen bekleiden, kein Feuerwasser trinken, nicht stehlen und mit einander in Frieden leben sollten. Den großen Komet von 1811 deutete er als das Zeichen des großen Geistes, daß die Zeit gekommen sey, wo die Weißen durch die Rothen vernichtet werden sollten. Tecumseh war es gelungen, alle Stämme vom Ontario bis zum Mississippi in einen Bund gegen die Amerikaner zu vereinigen. General Harrison kam aber ihren Angriffen zuvor, und schlug sie am 7. November 1811 bei Tippe Canoe aufs Haupt, während Tecumseh noch bei den südlichen Stämmen weilte, um sie in sein Bündniß zu ziehen. Sein Bruder leitete die Schlacht, die Indianer leisteten zwar verzweifelten, aber fruchtlosen Widerstand. Die Engländer griffen 1812 abermals zu den Waffen gegen die Vereinigten Staaten. Tecumseh war ihr Verbündeter; er befehligte unter dem englischen General Proctor ein Indianerkorps von 1200 Mann, erfocht manchen Vortheil, war an Tapferkeit und Kenntniß der Lokalverhältnisse dem Obergeneral weit überlegen; da kam es am 5. Okt. 1813 zu der entscheidenden Schlacht bei Moravian-Town. Die Amerikaner fochten unter ihrem General Harrison mit spartanischer Ausdauer, und brachten die

Engländer unter Proctor zum Weichen, aber nicht Tecumseh, der, obschon mehrfach verwundet, nicht zu werfen war. Als er die Engländer schon weit zurückgedrängt sah, stürzte er mit der Streitart ins dichteste Schlachtgewühl; da erkannte ihn der schon mit Wunden bedeckte amerikanische Oberst Johson, und jagte ihm eine Pistolenkugel durch den Kopf. So fand er im 45. Lebensjahre seinen frühen Heldentod. Seine Kampfbrüder begruben ihn auf dem Schlachtfelde, und besuchten noch lange ungesehen bei finstrer Nacht das Grab ihres größten Führers Tecumseh. Die Museoges im Süden, sowie den Kern der englischen Truppen bei New Orleans hatte bald nachher Jackson gänzlich besiegt, worauf Indianern und Engländern zu ernstem Widerstande der Muth und die Kraft fehlte. Die Indianer gaben den Ohio, um dessen Besitz so viel Blut geflossen war, nun für immer auf, und zogen immer heftiger gedrängt nach dem Westen. Dort zwischen dem Illinois und Missisippi versuchten es die Sahks- und Fur-Indianer unter Anführung des Schwarzen Falken sich nochmals den Weißen entgegen zu stellen; aber was konnten die Wenigen, auch noch so tapfer, gegen ein Volk ausrichten, gegen das England schon zweimal vergebens alle Kraft aufgeboten hatte? An Tapferkeit fehlte es dem greisen Schwarzen Falken und den Seinigen wahrlich nicht. Er schlug eine sechsmal überlegene Macht der Amerikaner in die Flucht, und erfocht manchen glänzenden Sieg mit seinen ihm ganz ergebenen Kämpfern; er wurde von der Uebermacht erdrückt. Er lieferte sich zuletzt selbst den Amerikanern aus, welche ihn durch die großen Städte der Union führen ließen, damit er von der Macht der Weißen sich überzeugte. Sein Kriegsruhm, seine ernste würdevolle Haltung, sein imponirendes und doch anziehendes Aeußere erregte überall Aufmerksamkeit und Bewunderung. Als man ihn nicht mehr fürchten durfte, führte man ihn wieder zu seinem Volke. Er starb 1835.

Schon 1830, als am Ohio und Missisippi längst keine gefährliche Erhebung der Indianer mehr zu fürchten war, begannen die bisher ruhigen Wilden auf der Halbinsel Florida sich zu regen. Sie hatten allerdings Kunde von Tecumsehs umfassenden Plänen gehabt, aber die weite Entfernung und der rasche ungünstige Verlauf seiner späteren großen Bestrebungen hatten ein Zusammenwirken mit jenem Helden verhindert. Die Pflanzer Floridas klagten über vermehrte Diebstähle und Ermordungen von Seiten der Indianer. Man glaubte diesen letzten Winkel von den verhaßten Rothhäuten bald säubern zu können, ja man freute sich sogar, genügende Veranlassung zum Kriege zu haben; aber es wurde ein vieljähriger Kampf, der große Opfer an Menschen und Geld forderte. Wild Cat, der verschlagene Häuptling der Seminoles, wußte die übrigen kleinen 12 Stämme in sein Interesse zu ziehen und zu vereinigen, und der gegen die verbündeten Indianer aufgebotenen Militärmacht fortan die Spitze zu bieten. Die Seen, Sümpfe, Wälder und Schluchten des Landes boten den Wilden ein eben so günstiges wie ihren Feinden verderbliches Terrain. Die Seminoles mit ihren langen Feuergewehren sind eben so schlaue und tapfere Krieger zu Fuß wie zu Pferde; ihre flüchtigen in der Wildniß aufgewachsenen Pferde lassen nichts zu wünschen übrig; zahlreiche Heerden verwilderten Hornviehes lieferten zureichenden Proviant. Die wilden Pontoniers wußten unter dem Wasserspiegel der Sümpfe aus den schlanken Fichtenstämmen so labyrinthische Pfade anzulegen, daß sie nur ihnen großen Vortheil gewährten, dem Feinde aber jedesmal zum Verderben wurden. Die Lebenseichen auf den Höhen wie das hohe Gras an den Ufern der Gewässer dienten als treffliche Verstecke und Hinterhalte. Die Compagnien sollten Krieg führen, den Feind angreifen, und fanden keinen, bis sie von ihm, wie von einem brausenden Orkane überrascht und getödtet wurden; hatte man sich zum Angriffe gerüstet, so war er wieder verschwunden und unsichtbar wie zuvor. Nur wenn man sich unzugänglichen Hinterhalten genähert hatte, verriethen wohlgezielte Kugeln seine Nähe. Von Wild Cat rühmen seine Leute einstimmig, daß er allein 109 Feinde erschossen habe; es wäre von ihm vielleicht eben so viel Strategisches zu berichten, wie von Schamil und Abdel Kader; seine Schüsse sollen eben so, wie die von diesen beiden, sehr nach englischem Pulver gerochen haben. Florida hat durch diesen Seminolenkrieg viel gelitten, bis 1848 Wild Cat mit den Seminolen das Land zu verlassen bewogen worden ist. Dieser Stamm ist seitdem größtentheils am Canadian, einem Nebenflusse des Arkansas, im

Westindianergebiet zu Hause. 1850 verweilte Wild Cat einige Zeit in Texas; ein Zug von 500 Indianern, meist Seminoles, mit einer großen Menge Pferde und einer Zahl Negersklaven waren in seinem Gefolge. Zu Friedrichsburg wohnte er einige Nächte der Tanzmusik der Deutschen bei, und schien sich sehr wohl zu unterhalten, so lange der Genuß des Feuerwassers ihn nicht der Unterhaltung unfähig gemacht hatte. Seine kleine Statur mit einem wahren Katzengesichte und den tiefliegenden, aber Alles bemerkenden Augen machen keinen angenehmen Eindruck. Er soll sich jetzt in Mexico im Dienste der Regierung befinden.

Oestlich vom Missisippi ist die Macht der Wilden vernichtet. Tausende sind im Kampfe getödtet worden, Tausende haben die Blattern und andere Krankheiten, womit die europäische Civilisation sie beschenkte, hinweggerafft, Viele sind durch das Feuerwasser aufgerieben worden, einige Ueberreste ehemals zahlreicher Stämme haben eine Art Kultur und feste Wohnsitze angenommen, die Uebrigen sind nach dem fernen Westen gezogen.

16. Die Indianer im Westen.

Der westliche, bei weitem größere Theil der Vereinigten Staaten zwischen dem Missisippi und dem Stillen Ocean hat bis jetzt nur eine sehr schwache weiße Bevölkerung; weite Länderstrecken sind noch ganz von Weißen unbewohnt. Dort hausen die Wilden meistens noch in ursprünglicher Freiheit und ungebrochener Wildheit. — Der östliche Theil, reich an Wald und Wasser, nährte mit Wild, Fischen und Baumfrucht auf verhältnißmäßig kleinem Raume eine große Zahl von rothen Bewohnern, sie versorgten sich zu Fuß und leicht mit Lebensmitteln: der Westen ist wald- und wasserarm; der grüne Ocean der Prairie ist nur selten durch ein Gebirge oder ein tief eingeschnittenes Flußthal unterbrochen; dürre, steinige oder sandige Wüsten, die nie ein Pflug durchfurchen wird, dehnen sich oft von einem Strome bis zum andern aus. Da erjagen auf windschnellen Pferden die wilden Reiter das flüchtige Wild, oder fallen raubend und mordend in kultivirte Gegenden ein, plündern Gehöfte und Städte, und verschwinden plötzlich wieder hinter der Gränze des Horizontes. Selbst wo in todter Wüste die Natur alles Leben zu hassen scheint, nähren sich zur tiefsten Erbärmlichkeit herabgesunkene menschliche Geschöpfe von Wurzeln, Eidechsen und Würmern.

Das ist das westliche Reich der Wilden in Nordamerika, welches das östliche überdauert hat, und welches keine Armee der Welt erobert, wäre es auch die macedonische unter Alexander dem Großen. Ein unfruchtbarer Boden wird ihnen durch die Kultur nicht entzogen. Aber es geht ihnen wie einem verhaßten schädlichen Thiere, das dem Schusse ausweicht und nicht in die Falle geht — es wird vergiftet. Dem Gifte des Feuerwassers und der auf sie verpflanzten Krankheiten erliegen sie um so sicherer.

In den Gegenden des oberen Rio Grande (New Mexico und Santa Fé) fanden die erobernden Spanier zu Ende des 16. Jahrhunderts Einwohner, welche trotz der rothen Hautfarbe einige Kultur angenommen hatten. Sie wohnten in Städten und Dörfern, bauten Häuser von mehreren Stockwerken, trieben Acker- und Gartenbau, kleideten sich in Leder und Baumwolle und waren geschickte Töpfer. Sie fügten sich unter das spanische Joch, und nahmen das Christenthum an. Aber 1680 empörten sie sich, vertrieben die Spanier und tödteten viele derselben. Erst nach einem vieljährigen harten Kampfe konnten dieselben wieder zum Besitze des größten Theiles dieses an Gold und Silber reichen Landes gelangen. Die Spanier nannten diese kultivirten Einwohner Pueblos. Nebst diesen gab es in diesem Gebiete weit umher auch ganz wilde Stämme, welche den Pueblos stets feindlich und gefährlich waren, sie mit Raub und Mord heimsuchten, wie es noch heute geschieht. Wie diese Wilden in früherer Zeit am Gila, Colorado und Rio Grande mögen gewirthschaftet haben, das beurkunden zum Ueberflusse die vielen Ruinen in jenen umfangreichen Gegenden.

Einer der bedeutendsten Stämme des Westens sind die Comanches. Der Centralpunkt ihres weiten Revieres ist zwischen dem Rio Pecos und den Quellen des texanischen Colorado. Man schätzt ihre Zahl auf beiläufig 15,000. Sie wissen übrigens selbst nicht, wie stark an Zahl sie noch sind, und Niemand ist im Stande, die flüchtigen, in einzelnen Banden auf Jagd und Raub weit umherschwärmenden Reiter zu zählen. Ihre kriegerische Tapferkeit, so wie Stolz und Raublust machen sie berühmt und gefürchtet. Gegen Ackerbau und feste Wohnsitze haben sie großen Abscheu, sie sagen: „Der Maulwurf wühlt in der Erde; dem freien Manne ziemt Jagd und Krieg." Ihr Körperbau ist von mittlerer Größe, untersetzt und breitschulterig. In den Armen haben sie viel Kraft, die Schenkel sind vom beständigen Reiten etwas ungelenk. Schönheit zeigt weder ihr Wuchs noch die Bildung des Angesichts bei Männern und Weibern; das kurze, breitwangige, glänzende, durch Lachen häufig verzerrte Gesicht der letzteren haben dennoch einige Berichterstatter angenehm gefunden. Die Weiber, deren ein Mann gewöhnlich mehrere besitzt, sind als Sklaven betrachtet und zur Arbeit bestimmt, da der Mann nichts treibt als Jagd und Krieg, d. h. Raub. Im Alter ist Verachtung und Elend des Weibes Loos. Die Mütter tragen ihre Kinder in einem köcherartigen ledernen Sacke auf dem Rücken; oft sieht man zwei solche muntere Schwarzköpfe über die Schultern der reitenden Mutter emporkucken. Kinder werden mit Zärtlichkeit von ihren Müttern gepflegt, aber von den Pflichten eines vierten Gebotes wissen die Heiden nichts, wenn sie erwachsen sind. Die Kleidung ist ein Gemisch von indianischer Nationaltracht und modernen Kleidungsstücken von allerhand Stoff und Form. Luxus ist Sache der Männer, vornehmlich der Krieger, die sich durch mancherlei Zierrath herausputzen und ihr Gesicht bemalen. Ihre Waffen sind Pfeil und Bogen, Lanzen, zum Theil auch Feuergewehre. Ihre Schilder sind von Büffelhaut. Die Zeltstangen sind grad, 16 Fuß lang; sie werden beim Aufstellen an der Spitze mit einander verbunden, dann das meistens aus Hirschledern zusammengenähte Zelt darüber gezogen, das nun eine Pyramide bildet. Im Winter wird das Zelt durch ein Feuer hinreichend erwärmt, der Rauch zieht durch eine Oeffnung an der Spitze ab. Beim Uebersiedeln werden die Stangen an beiden Seiten eines Maulthieres mit den Spitzen befestigt und so fortgeschleppt; die Zeltdecke wird zusammengerollt und dem Thiere auf den Rücken gepackt. Vor dem Jahre 1848 sollten sie, wie selbst F. Römer in seiner Beschreibung von Texas noch berichtet, alle geistigen Getränke verschmäht haben. Im Jahre 1850 fand ich den Genuß des Feuerwassers aber schon sehr beliebt und allgemein verbreitet unter ihnen. Ihre Begierde darnach ist außerordentlich und sie berauschen sich bis zu einem Grade, daß ihr Körper gar keiner Bewegung mehr fähig ist; in welchem Zustande aber dennoch Keiner vom Pferde fällt. Den Weibern wird nur wenig davon zu kosten gegeben, obschon sie danach nicht wenig lüstern sind. Ein Trupp solcher Prairieritter hatte Hirschfelle und Bärenfett in Schläuchen nach Friedrichsburg gebracht und bei dieser Gelegenheit sich vollständig benebelt; dem Einen fiel eine Flasche mit Whisky vom Pferde, und da sie offen war, begann sofort etwas herauszulaufen. Blitzschnell stürzte der Reiter herab, ergriff die Flasche und sog aus dem Boden die entlaufene Quantität. Er schien über den erträglichen Ausgang des Unfalles sehr erfreut, liebkoste und leckte die Flasche auf allen Seiten. Dieser Einzige hatte noch Besinnung und Kraft zum Ab- und Aufsteigen und zum Jauchzen; seine Kameraden saßen steif auf den Pferden, die Stimme war verschwunden, sie zischten nur und der Schaum rann ekelhaft von dem breiten Munde. Ihre Nahrung besteht aus dem Fleische der Büffel, Hirsche und Bären; gelegenheitlich fangen sie auch Fische. Zur Aufbewahrung schneiden sie das Fleisch in dünne Streifen und trocknen es an der Sonne. Maisbrot ist für sie ein Leckerbissen, um welchen sie mit lästiger Zudringlichkeit zu betteln pflegen. Wenn sie Maiskörner gebettelt oder gestohlen haben, so kochen sie dieselben ganz, oder zerklopfen sie zuerst mit Steinen. Sie graben fleißig nach der Wurzel der Psoralea esculenta, einer spannhohen Pflanze, deren Wurzelknöllchen die Größe von Saubohnen haben, und verspeisen dieselben roh oder gekocht. Auf weiten Zügen müssen sie in Abgang anderer Thiere auch zuweilen eines ihrer Pferde oder Maulthiere schlachten. In bewohnten Gegenden sind ihnen Ochsen und Kühe der Farmer ein willkommener Ersatz des Jagdwildes. Zuweilen tauschen sie solche auch für Maulthiere ein, wenn sie zum Stehlen sich nicht getrauen dürfen; was freilich nicht viel besser ist; denn bei der ersten Gelegenheit entwischen die eingehandelten Thiere und laufen ihnen nach. Sie haben große Heerden von Pferden und Maulthieren, welche frei mit ihnen herumziehen; die meisten sind auf ihren Raubzügen in Mexico erbeutet. In der Geschicklichkeit des

Stehlens überhaupt können sie nicht übertroffen werden. Sie glauben an den großen Geist, den Geber alles Guten, der aber bei der Austheilung seiner Gaben nicht immer unparteiisch ist, und den Mexicanern z. B. mehr Pferde und Maulthiere als ihnen gibt, wobei er aber voraussetzt und wünscht, daß sie selbst, die Comanches, dieses Mißverhältniß auszugleichen wissen werden. Die guten Menschen kommen nach dem Tode in ein Paradies, wo Jagdwild im Ueberflusse ist; sie geben deßhalb auch den Verstorbenen Waffen mit ins Grab. Sie haben weder Priester noch Zauberer, auch keinen Gottesdienst oder Gebete. Einen religiösen Charakter scheint das siebentägige Beweinen und Betrauern der Verstorbenen zu haben, das um so heftiger ist, je angesehener oder reicher der Verstorbene war. Eben so scheint der Kriegstanz vor Beginn eines Kampfes oder Raubzuges eine religiöse Ceremonie zu seyn; statt dessen tummeln auch oft die Krieger ihre Pferde mit großem Geschrei und wüthenden Geberden. Von diesen Räubern haben die ersten Ansiedler in Texas viel zu leiden gehabt, und sie flößen hie und da noch heute Besorgnisse ein. Vor etwa zehn Jahren war noch jedes Blockhaus am Brazos eine kleine Festung mit Schießscharten auf allen vier Seiten, um sich nöthigen Falles gegen Ueberfälle, vornehmlich der Comanches, zu vertheidigen. Man erzählt, daß im Jahre 1832 eine solche Feste sich zehn Tage lang gehalten hat, obschon jeden Tag ein oder mehrere Anfälle von Comanches-Banden erfolgten. Es war gleich beim ersten Angriffe ein Häuptling gefallen, dessen Tod sie um jeden Preis an der Besatzung, bestehend aus drei Männern und zwei Frauen, zu rächen beschlossen hatten. Glücklicher Weise waren die Belagerten hinreichend mit Pulver und Bocksschrot versehen; mit letzterem wurden die Angreifenden wie mit Kartätschen begrüßt, bis sie endlich die Belagerung aufhoben. Man gibt die Zahl der gefallenen Rothhäute auf 28 an, welche sie im Zurückweichen alle mit sich nahmen. Von der schwachen Besatzung ging Niemand verloren, nur Einer war verwundet worden.

Die Rangers, ein Reiterkorps von Freiwilligen, haben gegen diese Unholde in Texas die trefflichsten Dienste gethan, besonders war der Capitain Hays ein Schrecken für sie. Dieser berühmte

Rangerführer war früher Landvermesser gewesen, und hatte Gelegenheit gehabt, die Wilden und ihre Art, Raubzüge zu machen, genau kennen zu lernen. Er hatte ihnen durch List und Tapferkeit schon manche empfindliche Schlappe beigebracht, als um das Jahr 1835 eine verwegene Horde Comanches im westlichen Texas sich herumtrieb, plünderte und mordete, aber den nachsetzenden Amerikanern auszuweichen und zu entschlüpfen wußte. Hays brachte seine Leute unbemerkt in die Gegend, wo er die Räuber vermuthete. Auf einem zu einer solchen Falle ganz geeigneten Platze zwischen Felsen und Gebüsch legte er mehrere in wollene Decken gehüllte Holzblöcke neben einander, als wenn es Schlafende wären; um diesen Platz postirte er seine Rangers so im Hinterhalte, daß alle denselben mit ihren Schüssen bestreichen konnten. Ein Lagerfeuer, das man bedächtig gegen Abend ausgehen ließ, mußte die Unholde von der Ferne herbeilocken. In der Nacht stürmten die Arggetäuschten herbei und stießen heftig mit ihren Lanzen in die harten Schläfer; aber in dem Augenblicke warf ein mörderisches Kreuzfeuer dreizehn derselben von ihren Pferden, die Uebrigen ließen sich in der Gegend nicht wieder sehen.

Ihr alter Haß gegen die Amerikaner wurde durch einen renomirten Vorfall noch um Vieles vermehrt. Die Texaner hatten sich schon lange mit den Comanches herumgeschlagen, ohne ihnen eine ausgiebige Niederlage beibringen zu können. Man war zum Frieden geneigt. Auf Veranstaltung des Präsidenten Lamar wurden die feindlichen Häuptlinge nach San Antonio zu einer Friedensunterhandlung berufen, wohin sie auch die Gefangenen behufs deren Loskaufung mitbringen sollten. Es erschienen ihrer fünfzehn und bezogen drei Meilen von der Stadt, am Ufer des Flusses, ein Lager, in welchem sie ihre Weiber und die Gefangenen unter Bedeckung zurückließen. Am ersten Tage der Verhandlungen wurde das Lösegeld für die Gefangenen festgesetzt, welche am andern Tage herbeigebracht werden sollten. Sie kamen aber allein und forderten ein höheres Lösegeld, als Tags zuvor war bestimmt worden. Da erklärte ihnen der texanische Kommissär, daß sie selbst als Gefangene da bleiben müßten, bis sie die Gefangenen um den bestimmten Preis herbeigebracht haben würden. Da erhob der

Oberhäuptling den Kriegsruf, und schoß zugleich einen Texaner mit dem Pfeile nieder, seinem Beispiele folgten die andern. Ehe noch die versammelten Texaner ihre Waffen ergreifen konnten, lagen schon viele von ihnen getödtet da. Aber es war eine Anzahl von Bewaffneten bereitgehalten worden, welche in die Stube eindrangen, und die Häuptlinge bis auf einen niedermachten, der entsprang und sich ins Freie zu retten wußte. Der Sohn eines Häuptlings, ein Knabe von zehn Jahren, hatte spielend an der Thüre des Hauses gesessen. Als er vernahm, was innen vorging, schoß er sogleich mit seinem Pfeile einen Texaner nieder.

Die Apaches haben ihren Hauptaufenthalt westlich von jenem der Comanches zwischen dem Pecos und Rio Grande. Sie sind in zwei Abtheilungen zerfallen, die Apaches Mescaleros und A. Coyoteros, beide zusammen zählen etwa 18,000 Köpfe. New Mexico sowohl als die nördlichen Provinzen von Mexico gehören zu ihrem großen Raubgebiete. Banden der A. Mescaleros schweifen bis in das westliche Texas. Durch ihre Raubzüge sind die schönsten Gegenden von Nordmexico bis an den stillen Ocean verwüstet. Die Feigheit der Mexicaner macht sie immer kühner und verwegener. Sie sind nicht allein der Schrecken und Untergang der Landbewohner, sie stürmen unvermuthet durch die Thore großer Städte, und während ein Theil von ihnen plündert, scalpiren andere die Einwohner auf offenen Plätzen; und eben so schnell wie sie kamen, sind sie mit ihrem Raube wieder entschwunden. Haben sie genug geraubt, so machen sie Friedensanträge, die immer angenommen werden, obschon man weiß, daß sie es im nächsten Jahre nicht besser machen. Nach dem Friedensschlusse bringen sie die geraubten Waaren und das Vieh ganz unbefangen zum Verkaufe, und finden in Mexico willige Käufer. Das arme ohnmächtige Mexico, von der Natur so reichlich gesegnet, muß bei aller Fülle von Naturschätzen zu Grunde gehen. Die Vereinigten Staaten haben im Frieden vom Jahre 1848 die Verpflichtung übernommen, die mexikanischen Gränzen gegen die Einfälle der Wilden zu schützen. So schwer dieses auch seyn mag, und so wenig die Centralregierung an eine vollständige Erfüllung dieser übernommenen Verpflichtung gedacht haben mag, so sollte, im Anbetracht der so überaus günstigen Friedensbedingungen für die Union, doch wohl etwas geleistet werden. Wehe dem Besiegten!

Für die aus den südlichen Vereinigten Staaten nach Californien Reisenden sind die Apaches äußerst gefährlich. Im Jahre 1849 wurde ein Zug solcher Reisenden, der aus 31 Wagen, 195 Ochsen und 164 bewaffneten Männern bestand, bis auf einen einzigen Menschen vernichtet. Der Zug ging Anfang März von San Antonio in Texas ab. Bevor derselbe Paso del Norte erreicht hatte, zeigten sich einige Banden dieser räuberischen Reiter, doch die starke Bedeckung schien ihnen Respekt einzuflößen. Einige Tagreisen oberhalb Paso waren einige Ochsen gefallen, ein Paar andere erkrankt, die man zurücklassen mußte. Da stellte sich ein Trupp dieser Wegelagerer bei dem Zuge ein, und bat, daß man ihnen die gefallenen und kranken Ochsen gegen ein Paar schöne Maulthiere überlassen möge, weil es ihnen an Fleisch zur Nahrung gebräche. Der Antrag wurde angenommen, und im Verlaufe von 14 Tagen ein ähnlicher vortheilhafter Handel gemacht. Durch das öftere Zusammentreffen mit den Wilden und ihr gutes reelles Betragen wurde das Mißtrauen gegen die Schurken sehr verringert, und die Reisenden begannen schon, hie und da eine Vorsichtsmaßregel gegen sie zu verabsäumen. Hierauf langte der Zug eines Tages vor Sonnenuntergang auf einem bestimmten Lagerplatze an, und es stellte sich alsbald eine Bande von 26 derselben ein, und boten etliche erlegte Wildstücke um billigen Preis zum Verkaufe an. Ein Theil der Reisenden begann eben, die übernacht gebräuchliche Wagenburg zu formiren, Andere handelten mit den Indianern um das Wild, die Zugführer gaben Ordre zur Aufstellung der Wachen, Einer, Godart Barker aus New Orleans, nahm seine Büchse und ein Wassergeschirr, um nach einer entlegenen Quelle zu gehen. Er war kaum tausend Schritte weit gegangen, als ein fürchterliches Getöse und Schreien, begleitet von Schüssen, im Lager entstand, und von zwei Seiten her andere Horden aus dem Hinterhalte nach dem Kampfplatze galoppirten, und in wenig Minuten waren die Ueberlisteten überwunden und getödtet. Barker entging dem Schicksale seiner Gefährten und traf nach mehrtägigem Umherirren einen schwachen Zug von Reisenden, der sich durch seinen Bericht zur Rückkehr nach

Paso bestimmen ließ, um da einen nachfolgenden Zug als Verstärkung abzuwarten. Barker aber kehrte im Spätherbste durch Texas in seine Heimath zurück, durch die Apaches, wie er versicherte, von seiner Goldgier vollkommen geheilt. Seit diesem bedauerlichen Vorfalle haben es sich die durch jene Gegenden reisenden Amerikaner zur festen Regel gemacht, jeden rothen Prairiereiter, der in ihren Bereich kommt, unbedingt niederzuschießen.

Weiter nach Westen nördlich vom Gila-Flusse bewegen sich in gleicher Weise die Navajos. Dieser Stamm von 10,000 Individuen treibt Ackerbau, Viehzucht und Gewerbe, und ist dabei dennoch ein Räubervolk wie seine östlichen Nachbaren, die Apaches. Sie bauen Mais, Weizen, Flachs, Tabak und vielerlei Gemüse, und treiben Viehzucht im Großen. Sie haben einen eigenen Schlag von Pferden, der alle Vorzüge der amerikanischen Race in sich vereinigt, keine Art von Bösartigkeit zeigt, bei mittlerer Größe kräftig und ausdauernd ist, und die brauchbarsten Reitpferde liefert. Gegen die Spanier sind die Navajos mit Haß, gegen die feigherzigen Mexikaner mit tiefer Verachtung erfüllt, welche letzteren von ihnen sehr oft heimgesucht und ausgeplündert werden. An Verschlagenheit und Treulosigkeit stehen sie den Apaches um nichts nach. Die Amerikaner haben ihnen in der neuesten Zeit Furcht und Respekt eingeflößt. Eine Gesellschaft abenteuerlicher Biberfänger und Pelzhändler in Verbindung mit einigen Shawanees- und Delawares-Indianern drangen tief in ihr Gebiet ein, ließen sich in keine Art von Verhandlungen mit ihnen ein, sondern griffen sie überall an und tödteten viele. Hierauf trieben sie ihnen ungeheure Heerden von Pferden, Maulthieren und Schaafen weg. Durch diesen Zug sind die Abenteurer alle reich geworden. Hier gilt das einzige Recht des Stärkeren. Bald darauf im Jahre 1841 machten sich 35 verwegene Handelsleute, vom Fort Bent am Arkansas aus, aber in weniger räuberischer Absicht gegen sie auf; sie wollten nur mit ihnen vortheilhaften Handel treiben, und falls dieses nicht gelänge, sehen, was sich etwa sonst thun ließe; ohne Gewinn und Vortheil läßt sich der Amerikaner nicht leicht abfertigen. Sie wurden freundlich empfangen, und brachten Thierfelle und kostbare wollene Decken in Menge zurück. Die Zahl der Schaafe dieser Indianer setzte die

Fremden in Verwunderung; man fand die Wolle lang, grob und schwer. Aus dieser wissen die industriösen Navajos jene unübertrefflichen schönen und wasserdichten Decken zu weben. Zur Färbung derselben benutzen sie Indigo und Cochenille, welche beiden Farbstoffe sie kaufen, die übrigen wissen sie selbst zu erzeugen. Eine solche Decke hat den Preis von 100 Doll. Ein Augenzeuge versicherte, daß er bei seinem langjährigen Verkehre mit fast allen westlichen Stämmen Nordamerikas keine Indianer gesehen habe, welche so aufgelegt zu körperlicher Arbeit, so wohlgenährt und munter wären, wie diese; eben so fand er ihre polygamischen Ehen am meisten kinderreich.

Die beiden Yutas-Stämme, die Taos- und Timpanigos-Yutas, wovon die ersteren ihren Wohnsitz im Taos-Gebirge nördlich von Santa-Fé haben, hassen und befehden einander auf das heftigste, und es fallen zwischen ihnen am Flusse San Juan nicht selten blutige Gefechte vor. Sie leben von der Jagd und bauen etwas Mais. Die Taos-Yutas sind ein Raubgesindel und lauern auf die Reisenden im Hinterhalte. Die Timpanigos-Yutas dagegen werden als sehr ehrenhaft gerühmt: sie sind zwar stolz, aber tapfer im Kriege, und brechen nie geschlossene Verträge. Ihr gegenwärtiger Häuptling Chico soll seine Lederhosen mit vielen Fingernägeln verziert haben, die er den Feinden abgenommen hat.

Ein merkwürdiger Stamm sind die Payutas oder Painches, welche die weiten Wüsteneien am untern Virgen-Flusse bewohnen. Diese Landschaft ist eine der ärmsten Einöden der Erde. Sie hat trockene Sandhügel ohne Vegetation, dazwischen unfruchtbare Thäler, hie und da eine Pfütze mit schlechtem salzigem Wasser, an den Rändern derselben etwas Riedgräser und verkrüppeltes Wacholdergebüsch (Junip. Sabina.). In dieser Einöde, die für ewige Todtenstille von der Natur bestimmt zu seyn scheint, leben dennoch Menschen ohne Klage, und wollen ihre Heimath mit keinem andern Lande vertauschen. Ein sehr kleiner Hase, bedeckt mit Ungeziefer, ist das einzige Jagdwild der Einwohner, die nebst den Grassamen, Wurzeln, Eidechsen, Heuschrecken, Ameisen und das Ungeziefer ihres eigenen Leibes, alles lebendig und frisch, verzehren. Diese Menschen sind von aller Welt als ein Auswurf der Menschheit verachtet, sie haben mit Niemand irgend welchen Verkehr; sie besitzen nichts, was zum Handel oder Raube locken könnte. Es mangelt ihnen sogar die nöthige Vorsorge, Lebensmittel aufzubewahren, und sie gerathen deßhalb häufig in Hungersnoth. Dennoch leiden sie sehr an Heimweh, essen nichts, ja grämen sich nicht selten zu Tode, wenn sie von ihren heimathlichen Gefilden entfernt leben müssen, und ihnen auch Alles zu Gebote steht, was ihnen behagen kann. Biberfänger aus New Mexico und andern Ländern dringen auf ihren Reisen zuweilen in diese Einöden, fangen sich einige solche Geschöpfe, reinigen sie von Schmutz und Ungeziefer und verkaufen sie dann als Sklaven für 50 bis 100 Doll. das Stück. Von Statur sind sie sehr klein, gehen fast nackt, wissen vom Waschen und Baden nichts, sind voll Schmutz und Gestank; daher ist die Reinigung eines solchen Wesens keine angenehme Aufgabe. So feig sie auch sind, so besitzen sie doch Pfeil und Bogen, und werden den Reisenden zuweilen dadurch lästig, daß sie des Nachts das Lager umschleichen, und Pfeile nach den Pferden, Maulthieren oder Ochsen abschießen, wodurch nicht selten eins oder das andere so verwundet wird, daß es stirbt oder zurückbleiben muß, und ihnen dann als seltener Schmaus in die Hände fällt.

Ein über hundert Meilen breiter Landstrich am Stillen Ocean von der Mündung des westlichen Colorado in den Golf von Californien bis zu den Quellen des Sacramento ist von mehr als dreißig Indianerstämmen bewohnt, die nach Körperbau, Sprache, Sitten und Gebräuchen stammverwandt sind, und im Jahre 1843 auf 40,000 Köpfe geschätzt wurden. Sie zeichnen sich sämmtlich durch eine sehr dunkle Hautfarbe, aufgeworfene Lippen, rabenschwarzes borstenförmiges Haar von den mehr östlich wohnenden Stämmen aus. Die Frauen tättowiren ihr Angesicht. Die Kleidung besteht im Sommer blos in einer Schürze, im Winter kommt noch ein Thierfell über die Schultern hinzu. Gegen strenge Kälte schützen sie ihren Körper durch einen dichten Anstrich von thoniger zäher Erde. Ein künstlich aus Vogelfedern verfertigtes langes Gewand besitzen nur wohlhabende Frauen. Ihre Wohnung construiren sie auf folgende Art: Eine Menge schwache lange Stäbe werden in einem Kreise von 12 Fuß Durchmesser in die Erde gesteckt, mit den schwachen Spitzen oben verbunden, die Wände mit Gras oder Wurzeln ausgeflochten und mit Erde verschmiert. Oben ist ein Loch zum Abzuge des Rauches und auf der Seite eine Spalte als Thüre. Ein solches Haus genügt für 10 bis 15 Personen, in welchem sie die Nächte und kalten Tage verbringen. Bogen und Pfeil und eine Lanze, beide mit Spitzen von Horn oder Stein, selten von Eisen, sind ihre Waffen; ein Fischnetz und ein Sack für Samen und Wurzeln, als Trinkgeschirr eine Seemuschel führen sie immer bei sich. Ein Stück Holz, mit mancherlei Einschnitten verziert, dient als Ohrgehäng, Blechschellen und Muscheln bilden ihre Halsgehänge; ein Kopfband von den Schwanzfedern eines goldfarbigen Spechtes ist ihr kostbarster Schmuck. Die einzelnen Stämme führen oft Krieg wegen Gränzstreitigkeiten mit einander. Sie sind nicht beritten und lieben keine Art von Viehzucht. Der Hirsch und der schwarze Bär sind ihre vorzüglichsten Jagdthiere, Fische, wilde Gänse und Enten werden von ihnen häufig gefangen; Eicheln, Nüsse, Wurzeln und Gesäme dienen ihnen ebenfalls als Nahrung. Die Samen zerstoßen sie zwischen Steinen, kochen sie, genießen sie als Suppe oder Brei, oder machen Knöllchen daraus, welche sie trocknen und aufbewahren. Wenn sie eines gestrandeten Wallfisches oder sonst eines großen Seefisches habhaft werden, so gibt es ein großes Fest. Die Zubereitung geschieht auf folgende Art: Eine Grube nach Art eines Brunnen wird in die Erde gegraben, mit Steinen ausgemauert, hierauf mit dürrem Holze angefüllt und sofort tüchtig erhitzt. Ist dieser einfache Kochapparat von Kohlen und Asche gehörig gesäubert, so wird das Fleisch in großen Stücken hineingelegt, der Apparat zugedeckt, und wenn es weich ist, unter lautem Jubel verzehrt. Wasservögel werden mit über den Fluß in einer bestimmten Höhe über dem Wasserspiegel gespannten Netzen gefangen. Sie wissen allerhand Wassergeflügel künstlich nachzubilden, und mit diesen Darstellungen, welche sie auf dem Wasser schwimmen lassen, locken sie das lebendige Federwild unter die Netze, wo sie dann aufgescheucht und in Schaaren gefangen werden. Eine Heirath ist bei ihnen mit wenig Ceremonien abgethan. Der Bräutigam bringt seiner Braut einen irdenen Krug zum Geschenke, nimmt sie ihn an, so ist sie fortan sein Weib. Die Blutsverwandtschaft ist bei ihnen so wenig ein Ehehinderniß, daß ein Mann nicht selten alle weiblichen Glieder seiner Familie, Mutter, Schwestern u. s. w. heirathet, und alle achten den gemeinsamen Gemahl hoch, und theilen sich friedlich in alle Verrichtungen des Hauswesens so wie in die Pflege der Kinder. Nach der Geburt eines Kindes geht das Weib in den Fluß, wäscht sich, und verrichtet dann sofort ihre täglichen Geschäfte, während der Mann sonderbarer Weise die Rolle der Wöchnerin spielt: er legt sich nämlich drei Tage lang nieder, stellt sich schwach und kraftlos, läßt sich bedienen und füttern, während das Kind bei ihm liegt. Zu Wassergeschirren verfertigen sie sich wasserdichte Handkörbe aus Gerten; Kähne zum Ueberfahren über die Flüsse machen sie aus Schilf; auf die See wagen sie sich damit niemals weit. Sie verehren ein gutes und ein böses, d. h. ein wohlwollendes und ein feindliches höheres Wesen. Die nördlichen Stämme verbrennen ihre Todten, die südlichen begraben sie, und geben ihnen Waffen, Feuerzeug u. dergl. mit ins Grab, was auf den Glauben an eine Fortdauer nach dem Tode deutet. Die Liebe und Anhänglichkeit der Stammgenossen zu einander, so wie in der Familie, ist wohl nirgends in gleich hohem Grade wie hier anzutreffen. Das Verhältniß zwischen Eltern und Kindern kann kaum zärtlicher und dauerhafter seyn. Alte und kranke Personen werden auf das gutmüthigste behandelt, mit Allem reichlich versehen und mit Liebe gepflegt; sind keine Anverwandte vorhanden, so thun es andere kaum minder gern und liebevoll. Ist Jemand gestorben, so bringen die Angehörigen und Freunde mehrere Nächte weinend und klagend auf dem Grabe oder dem Platze, wo der Leichnam verbrannt wurde, zu. Die Tapferkeit wird sehr hoch verehrt. Ein Stückchen Fleisch von dem im Kriege gefallenen Helden wird mit heiliger Begeisterung verzehrt, man ehrt damit den Helden und glaubt etwas von seiner Tapferkeit in sich zu verpflanzen. Sie nehmen den Feinden aber auch die Kopfhaut ab, nebst dem stechen sie noch die Augen aus, und wissen dieselben durch eine gewisse Behandlungsart sehr lange frisch zu erhalten, um sie als Trophäe aufzubewahren.

Dampf- und Sandbäder sind ihre einzigen Heilmittel in Krankheiten. Das Dampfbad wird auf folgende Art bereitet: Ein Loch von 3 bis 4 Fuß Tiefe und entsprechender Weite nach der Anzahl der Patienten wird in die Erde nahe an einem Flusse gegraben; oben wird diese Grube mit einer Decke von Stangen und Thierhäuten, oder von Stangen, Gras und nasser Erde, einer Art Aestrich, geschlossen; in der Mitte der Decke bleibt ein rundes Loch. Von der Seite her dem Winde entgegen wird eine schräge Eingangsöffnung in den cylinderförmigen Raum gegraben. In der Mitte der Höhle ist ein Häufchen Steine, auf welchen ein mäßiges Feuer unterhalten wird, während dem die Patienten um dasselbe liegen oder kauern. Sind sie hinreichend ausgeschwitzt, so springen sie schnell in den Fluß, um sich abzukühlen und abzuwaschen. Während dem Schwitzen pflegen sie den ganzen Körper mit Muscheln, Knochen oder Steinen zu reiben und zu kratzen. Um das Sandbad zu bewerkstelligen, wird eine Grube von gehöriger Tiefe und Weite in dem trocknen Sand nahe bei einem Flusse gegraben, dieselbe inwendig mit Feuer ausgeheizt, nach diesem der Sand in der Grube umgerührt, bis er durch und durch die gewünschte Temperatur erlangt hat; nun wird der Patient liegend oder sitzend in diesen Sand bis an den Hals verscharrt. Nach hinreichender Schweißentleerung geschieht die Abkühlung, wie bei der vorigen Badform, im Flusse, wohin der Kranke, in Ermangelung der eigenen Kraft dazu, getragen wird. Das Sandbad ist für Schwerkranke bestimmt, und wird jeden Tag ein- bis zweimal so lange fortgesetzt, bis sie genesen oder sterben. Als in den Jahren 1847 bis 1849 die Cholera ebenfalls diese weit verbreitete Stammgruppe von Indianern periodisch heimsuchte, soll dieses Verfahren ausgezeichnete Dienste geleistet haben; sowie reisende Pelzhändler und Goldsucher sich mit dem günstigsten Erfolge bei Anfällen dieser Krankheit damals diesem Verfahren unterzogen zu haben versichern. Spuren von solchen Badeinrichtungen soll man an den Ufern der Flüsse häufig finden.

Einige mehr östlich wohnende, nicht zu dieser Gruppe gehörige Indianerstämme haben ebenfalls Dampfbäder; aber sie erhitzen sich die Grube mit heißen Steinen, auf welche sie Wasser spritzen. Das schnelle Abkühlen im Wasser ist bei ihnen nur theilweise im Gebrauche.

Unter diesen Obercalifornischen Indianern hatten seit 1768 die Franziskaner-Mönche der Küste entlang eine Reihe Missionen errichtet, von welchen aus die Bekehrung und Civilisation der Wilden einen gedeihlichen Fortgang nahm. Das Centrum einer solchen Mission bildet ein Hauptgebäude, welches ein Rechteck als weiten Hofraum einschließt, und die Kirche, die Schule, das Spital, die Wohnungen der Mönche und des übrigen leitenden Personals enthält; außerhalb desselben sind die Werkstätten der Handwerker, die Wirthschaftsgebäude und die Wohnungen der bekehrten Indianer angelegt. Wein- und Ackerbau so wie Viehzucht wurden in großem Umfange getrieben, und gewährten den Bekehrten angemessene Beschäftigung und dem Ganzen die nothwendigen Subsistenzmittel. Hinreichende Nahrung und vollständige Kleidung zogen immer mehr Wilde herbei, und es mußten immer neue Missionen angelegt werden, bis ihre Zahl über zwanzig stieg. Eine einzige besaß nicht selten 15,000 Pferde, 30,000 Schafe, 100,000 Stück Rindvieh. Die spanische Regierung beschützte und schonte diese Anstalten, welche aus einer Wildniß ihr eine blühende mexikanische Provinz zu schaffen vermochten. Aber in den fortwährenden Revolutionen, welche der Unabhängigkeitserklärung Mexicos von Spanien folgten, wurden diese Missionen oft sehr hart mitgenommen, Vieh und Getreide, die Frucht indianischer Arbeit, von Revolutionsparteien verzehrt oder verwüstet, die Priester oft vertrieben und die Indianer zerstreut. Sie erhoben sich wieder aufs neue, die verschont gebliebenen halfen die verwüsteten herstellen, und Alles kam wieder in seinen geregelten Gang; aber jetzt gefährdet die Goldwuth das Bestehen und Gedeihen derselben aufs neue, wenigstens sind schon viele Indianer aus den Missionen nach den Goldminen gegangen, wo sie in der Gesittung nicht große Fortschritte machen werden.

Diese Bemerkungen über etliche Indianerstämme des Westens wurden hier nur in der Absicht beigefügt, um den Leser dieses Werkchens mit so mancher interessanten Eigenthümlichkeit der Wilden etwas bekannt zu machen. Ich wählte absichtlich die im Gebiete New Mexico und westlich von da nach dem Stillen Ocean hin lebenden Stämme, weil diese in so mancher Beziehung die wichtigsten sind, und weil ich einige davon theils selbst beobachtet, theils Gelegenheit gefunden habe, über dieselben von Reisenden und Geschäftsleuten, welche in langjährigem Verkehre mit ihnen standen, mehrfache Berichte zu sammeln. Die vielen anderen, mitunter noch zahlreichen Stämme im Norden des westlichen Theiles der Vereinigten Staaten, Oregon, Nebraska u. a., mußten um so mehr unerwähnt bleiben, als der beschränkte Raum dieser Blätter auch eine nur oberflächliche Beschreibung derselben nicht gestattete. Nur über das Verhältniß der Indianer zu der weißen Bevölkerung überhaupt, so wie über das gegenwärtige Benehmen der Centralregierung der Vereinigten Staaten in der Indianerangelegenheit mag hier noch eine kurze Betrachtung folgen.

17. Verhältniß der Indianer zu den Anglo-Amerikanern. Civilisirungsversuche.

Wie die kaukasische alle anderen Menschenracen an geistigen und sittlichen Anlagen weit übertrifft, so sind unter allen Zweigen dieser Race der germanische und celtische die begabtesten. Das englische Volk ist eine Mischung von diesen beiden Zweigen, und von ihm stammt die anglo-amerikanische Bevölkerung der Vereinigten Staaten von Nordamerika. Vereinigt dieses junge Volk schon nach seiner Abstammung die Keime geistiger und moralischer Vorzüge in sich, so fehlte es ihm vom Anfange an auf dem neuen Continente auch nicht an Gelegenheit und Reiz, dieselben im raschen Fortschritte zu entwickeln und auszubilden, und seine hierdurch erlangte Ueberlegenheit die anderen Bewohner inner- und außerhalb der Gränzen seines weiten Gebietes fühlen zu lassen. Das deutsche, in immer steigendem Maße diesem lebensfrischen Volksorganismus zuströmende Blut wird zwar in ihm amerikanisirt, aber es bildet einen gedeihlichen Mischungstheil seines eigenen Blutes, wodurch dieses dem deutschen ähnlicher, also hinwiederum etwas germanisirt wird. Die spanische und französische Nationalität dagegen siechen vor der anglo-amerikanischen allenthalben und sterben spurlos dahin.

Die Rothe Menschenrace, welche Morton treffend also charakterisirt: „Sie ist der Bildung abgeneigt, langsam in der Auffassung, rachsüchtig, kriegliebend und zur Schifffahrt unfähig," — steht in jeder Hinsicht weit hinter der kaukasischen.

Die Spanier unter Cortez fanden die Toltekischen Völkerschaften unter *Montezuma in Merico allerdings auf einer* ziemlichen Stufe der Kultur; aber der andere Zweig dieser Race, die Wilden, von den Spaniern schon damals mit dem Namen Indios bravos und barbaros belegt, standen derselben feindlich gegenüber. Nur den Boten des Evangeliums gelang es, der Kultur bei diesen Wilden Eingang zu verschaffen, weil sie dieselben wie unmündige, von der Natur dürftig begabte Kinder zu erziehen und zugleich zu versorgen verstanden. Wer, wie Alexander Humboldt, die Geschicklichkeit der Jesuiten und anderer Missionäre, verbunden mit einem unablässigen ruhmwürdigen Eifer in diesem schwierigen Geschäfte, unparteiisch zu würdigen vermag, der wird zu der Annahme sich bewogen fühlen, daß es ihnen, wenn sie nicht so vielseitig gehindert worden wären, nach und nach gelungen seyn würde, die Wilden auf einen Standpunkt der Gesittung zu bringen, der sie vor dem Untergange entweder ganz bewahrt, oder doch die zwischen den Rothen und Weißen vorgefallenen Reibungen und beiderseits verübten Grausamkeiten verhindert haben würde.

Sich selbst auf eine des Menschen nur etwas würdige Stufe der Kultur zu erheben, dazu waren diese Wilden nie geeignet. Daß sie früher eine höhere Kulturstufe eingenommen haben, und in der Folge von derselben wieder herabgesunken seyn sollten, ist längst als unrichtig dargelegt worden. Sie bildeten immer nur Stämme und Banden unter Häuptlingen oder Anführern, ohne es jemals zu einer staatlichen Einrichtung zu bringen: sie waren immer Nomaden, Jäger, Krieger, Räuber. Eine richtige Erkenntniß ihrer Lage, Selbstbeherrschung, Einschränkung ihrer unbändigen sinnlichen Begierden und Leidenschaften, anhaltende Thätigkeit von ersprießlichen dauernden Folgen, Schrift, Denkmäler u. s. w. war bei ihnen nie zu finden. Selbst wenn zuweilen ein Stamm zu Ackerbau, Viehzucht oder etwas von Gewerben sich bequemte, hatte das ohne fremde Leitung keinen erheblich bessernden Einfluß auf den Zustand ihrer Wildheit. Wenn ein Indianer auch von Jugend auf von Europäern sorgfältig erzogen und in Wissenschaften wohl unterrichtet wird, streift er nur wenig von seinem wilden Charakter ab, ist darum noch nicht Herr seiner selbst.

Erst nach mehreren Generationen, nach Jahrhunderten, würden die Wilden durch ununterbrochene zweckmäßige und großmüthige Bemühungen von Seiten der Weißen der Wildheit entzogen und der Gesittung zugeführt werden können. Aber kann ein Volk, in so beispiellos rascher Entwickelung physischer und geistiger Kraft begriffen, wie das anglo-amerikanische, hierzu Zeit lassen? ein Volk, so kaufmännisch berechnend, wie seine Stammväter, und eben so mächtig zu Wasser und zu Lande? ein Volk, das mit einem kühnen Griffe von Mexico das goldreichste Land der Erde sich nahm, von England diplomatisch das ausgedehnte Oregon gewann, und mit unverwandtem Blicke Cuba und Japan fixirt? — Ein solches Volk gibt sich mit jahrhundertelanger Schulmeisterei für die Wilden nicht ab; es sieht den philanthropischen Versuchen, die Andere mit ihnen vornehmen, ruhig zu, wohl wissend, daß der Tag mit raschen Schritten herannahet, wo der letzte Rothe sein Haupt auf dem Boden seiner Väter zur Ruhe legt.

Ein wüstes Land mag noch so reich an schlummernden Naturschätzen, sein Boden noch so fruchtbar seyn, die rothen Kinder der Wüste jagen nur darin die Thiere und essen die wilde Wurzel und Baumfrucht. Kommen aber die Weißen, die Träger der Kultur, so mäht die Axt bald den finstern Urwald nieder, der Pflug durchwühlt die weite Prairie, und saatenreiche Felder, mit Schranken rings umschlossen, breiten sich aus über Thal und Hügel, dazwischen blühen Städte empor, — das Land ist kultivirt. Wo zahme Rinder weiden, da flieht der Büffel, das Brot der Wilden; es bleibt auch dem Hirsch und dem Bär kein Versteck; und wo das Wild stirbt oder flieht, kann auch der Wilde nicht mehr leben.

Die Regierung der Vereinigten Staaten kaufte nach und nach von den östlich vom Missisippi ursprünglich wohnenden, durch Krieg, Feuerwasser und Krankheiten an Zahl und Kraft geschwächten Indianern das von ihnen besessene Land ab. Es wurden mit den einzelnen Stämmen hierüber Verträge und Kaufkontrakte abgeschlossen, nach welchen sie die Bezahlung theils baar, theils in jährlichen Terminen erhielten, oder es wurden ihnen für das abgetretene Land regelmäßige Jahrgelder zugesichert. Hingegen mußten sie das verkaufte Land sofort räumen. Die Regierung wies ihnen neue Wohnplätze (Reservatgebiete) an, womit sie sich nun begnügen, aber den weißen Ansiedlern ringsum nichts zu leide thun sollten. Die innerhalb den engen Schranken für sie entstehende Noth nöthigte hie und da zu einigen Anfängen der Kultur, wozu ihnen auch einige Mittel geboten wurden. Etliche bequemten sich am Mississippi und Ohio zum Holzhauen und verkauften es an die vorüberfahrenden Flußdampfer. Aber die Indianer befanden sich inmitten kultivirter Länder in vielfachem Nachtheile. Die Weißen wußten die schlechten Rechner in Kauf und Handel zu betrügen, das baare Geld ihnen für theures Feuerwasser oder unnützen Plunder abzulocken, sie überschritten oft jagend die Gränzen ihres Gebietes. Wenn die so vielfach Verkürzten und Uebervortheilten, ihrem Charakter gemäß, erboßt drein schlugen, so entstanden Reibungen und Conflikte, die begreiflich immer zum Schaden der Schwächeren ausfielen. Wehe den Besiegten!

Die Berührung mit den Weißen, vor allen der Anglo-Amerikaner mit den Rothen ist den letzteren immer verderblich. Der von der Centralregierung angestellte Indianer-Kommissär berichtete im Jahre 1848 der Regierung Folgendes: „Der ächte Indianer, von Natur dumm und trotzig, bleibt hartnäckig bei seinen wilden Gewohnheiten und Vorurtheilen, und kann durch unmittelbare Berührung mit den Weißen in der Civilisation nicht weiter gebracht werden, als daß er die Laster derselben annimmt. Für die Arbeit zu träge, zum Widerstande zu schwach, erliegt er dem verderblichen Einflusse derselben, geräth in Elend und Verzweiflung. Das Zusammentreffen mit den Weißen ist für ihn das größte Uebel, er ist dazu weder geeignet, noch vorbereitet, er geht unter dem Drucke derselben zu Grunde. Dazu kommt noch die schnelle Vermehrung der weißen Bevölkerung, welche die Berührung unvermeidlich macht, der immerwährende Druck auf die indischen Besitzer eines Gebietes, welches für die Benützung der Weißen Bedürfniß ist. So entsteht Blutvergießen, welches für den schwächern Theil verderblich werden muß!“

In so bedrängten Verhältnissen konnte es natürlich den Indianern nicht gefallen. Die Regierung kaufte ihnen auch diese Gebiete unter ähnlichen Bedingnissen ab, und sie zogen und ziehen noch gerne auf die andere Seite des Mississippi nach Westen hin, wo sie in ausgedehnten Wildnissen noch eine ergiebige Jagd finden, und einigermaßen und wenigstens für eine Zeit den Betrügereien und Grausamkeiten der Weißen entrückt sind. So sind die Delawares, Potawatomees, Shawanees, Kickapoos, Seminoles und viele andere Stämme ganz oder theilweise dahin abgezogen. Die Regierung fand nöthig, hier auf neue Reservatgebiete für die aus dem Osten entwichenen Indianer zu denken, und bestimmte hierzu die große Wüste zwischen den Nebenflüssen des Missouri auf dessen rechter Seite bis zu seiner Vereinigung mit dem Kansas. Das eigentliche Indian or western Territory reichte vom Kansas bis zum Red River, wird im Osten von den Staaten Missouri und Arkansas begränzt und erstreckt sich nach Westen bis an das Gebiet New Mexico. Von diesem Indian territory schnitt man aber schon 1850 das Stück zwischen dem Red River und dem 30° 30′ n. Br. ab, um den, über den Verlust New Mexicos äußerst verdrüßlichen Staat Texas zufrieden zu stellen. Das erstere zwischen den Gewässern des Missouri liegende Reservatgebiet ist übrigens auch schon als Gebiet in die Union aufgenommen.

Diese ungeheure Wüste kann man den überall lästigen Rothhäuten schon einräumen, da vorläufig kein erheblicher Nutzen von dieser holz- und wasserarmen Prairie erzielt werden kann. Sollte etwa in östlichen oder südlichen Regionen derselben kulturfähiger Boden und ein weißer Bewerber darum sich finden, so geht es den rothen Besitzern desselben da nicht anders, als wie im Osten. Die Ueberbleibsel der östlichen Stämme gewinnen gegenwärtig durch diese Uebersiedlung, indem sie da noch Büffel und anderes Wild antreffen.

Aber es sind auch Indianerstämme schon von jeher hier zu Hause. Die zahlreichen Banden der Sioux betragen allein 21,000 Köpfe, und sehen das ganze nördliche Reservatgebiet als ihr ausschließliches Eigenthum an; die Osages, die Pawnees und viele andere sind da ebenfalls verbreitet.

Die Blattern, jene wirksamen Verbündeten der Amerikaner gegen die Rothhäute, haben zwar in neuerer Zeit fürchterlich unter diesen Völkern der Prairie aufgeräumt und manchen rothen Stamm ganz vertilgt; aber es droht dennoch unter den obwaltenden Verhältnissen eine Uebervölkerung dieser Gegenden, von welcher die wilden Jäger einen ganz andern Begriff haben, als die Ackerbau und Viehzucht treibenden Weißen. Daher sind die einwandernden Stämme den einheimischen nichts weniger als willkommen. Die Büffelheerden fangen schon merklich an abzunehmen, seitdem nicht allein die Rothen davon leben, sondern auch viele Tausende von Reisenden nach Californien, welche sich Wege durch diese Einöden suchen. Diese sind sehr ungenügsame und unartige Gäste, da sie diese Thiere häufig nur der köstlichen Zungen wegen erlegen, und den Körper verfaulen lassen; welchen Frevel schon Tausende unter den Händen der erbitterten Pawnees mit dem Tode gebüßt haben. Der Hunger, die Noth wird die Wilden zu rücksichtsloser Gewaltthätigkeit treiben, und die in diesen Gebieten etwas Viehzucht und Ackerbau treibenden Indianer, die weißen Gränzbewohner und die Reisenden können sich auf blutige Kämpfe gefaßt machen.

Die Absicht der Regierung, die Indianer durch die Verpflanzung nach dem Westen vor der Berührung mit den Weißen zu bewahren, läßt sich nie vollkommen erreichen. Das Geld, welches sie für die abgetretenen Ländereien erhalten, zieht die amerikanischen Spekulanten an, und gereicht ihnen nur zum Verderben. Es wird ihnen zwar hie und da ein Theil des Betrages in Nahrungsmitteln und Kleidungsstoffen verabfolgt, aber das ändert das Uebel nur wenig. Für ein augenblickliches Vergnügen, für einen noch so flüchtigen Sinnenreiz ist dem Wilden Alles feil. Da lassen sich denn, wenn sie etwas haben, mit ihnen gute Geschäfte machen. Das Verbot, ihnen berauschende Getränke zu verkaufen, und ähnliche gesetzliche Bestimmungen fruchten nichts; wer vermöchte auch, ihnen in wüsten Gegenden Gehorsam zu verschaffen? Ich habe auch in Städten nie bemerkt, daß den Indianern, wenn sie Geld oder Waare dafür boten, wäre Whisky verweigert worden. Wenn die

Regierung durch ihren Agenten einem Stamme den jährlichen Betrag für abgetretenes Land baar oder zum Theile in Waaren verabfolgt, so gibt das ein Fest ganz eigenthümlicher Art. Der Ort dieses Schauspieles ist schon lange voraus bestimmt, und es finden sich nebst den Wilden auch weiße Musikanten, Krämer, Hausirer mit falschen Schmucksachen, Spielzeug, Leckerbissen, tanzenden Hunden und allerlei kindischem Schnickschnack ein, die da ihre Buden oder Zelte aufschlagen, und alle guten Profit machen. Aber den Betheiligten bleibt am Ende nichts übrig, als die Erinnerung an einen lustig verlebten Tag. Ein Spekulant rühmte sich, daß er bei einer solchen Gelegenheit mit 25 Doll., für welchen Betrag er Waaren hin gebracht hatte, 240 Doll. verdient hätte. Früher übernahmen die Häuptlinge des Stammes die von der Regierung verabfolgten Beträge zur Vertheilung an ihre Leute, was theilweise auch noch geschieht, da sollen sie aber noch übler daran gewesen seyn. —

Zur Besorgung der Indianer-Angelegenheiten sind von der Regierung der Vereinigten Staaten mehrere Superintendenten angestellt, diesen unterstehen die Agenten, welchen ein besoldeter Dolmetscher beigegeben ist. Der Superintendent zu St. Louis mit 9 Agenten leitet die Angelegenheiten der Stämme im Norden des Indianergebietes; der bei den Choctaws befindliche ist für die Stämme des südlichen Theiles bestimmt; auch für Michigan, New Mexico und Oregon wurden Superintendenturen errichtet. Das sämmtliche Leitungspersonal ist dem Indian office in Washington untergeordnet, welches mit dem Ministerium des Innern verbunden ist.

Unter den Stämmen, welche bereits der Wildheit entsaget und Kultur angenommen haben, stehen die Choctaws, 18,500 Köpfe stark, oben an. Sie haben in Landwirthschaft und Gewerben rühmliche Fortschritte gemacht, und sich eine geordnete Verfassung gegeben. Sie wohnen an der texanischen Gränze nördlich vom Red River. Der ganze Stamm, zu welchem auch die Chikasaws gehören, ist in vier Bezirke getheilt, wovon sich jeder auf vier Jahre einen Häuptling wählt. Ein Großrath, der sich alljährlich versammelt, übt die gesetzgebende Gewalt aus, ein Obergericht mit vier Bezirksgerichten besorgt die Rechtspflege. Zwei Gesetze, wovon das eine die Einfuhr geistiger Getränke in ihre Kolonien verbietet, das zweite den weißen Bewohnern der Vereinigten Staaten den Aufenthalt bei ihnen nur gegen einen schriftlichen Ausweis ihres Agenten verstattet, sind ihnen sehr heilsam. Die strengen Gesetze zu Gunsten der Sklaverei sind ihnen jedenfalls nur aufgedrungen worden, sonst würden sie ihnen noch weniger Ehre machen. Ihre Hauptstadt Doaksville, mit 230 Einwohnern, zeigt dennoch einige Handelsthätigkeit. Der Boden ihrer Landschaft ist fruchtbar und ziemlich gut bewässert; sie bauen vornehmlich Mais und Baumwolle. Ihre Schulen sind sehr praktisch eingerichtet. Der Unterricht in der englischen Sprache soll ihre indische nach und nach verdrängen; Lesen, Schreiben, Mathematik, Naturwissenschaften und Chemie bilden die übrigen Lehrgegenstände. Doch darf man sich von den Fortschritten dieser rothen Schüler in den Wissenschaften keine zu hohe Vorstellung machen, und diese Lehranstalten nicht etwa mit dem deutschen Maßstabe messen wollen. Der Unterricht in der Landwirthschaft und in einigen Gewerben steht mit den Elementarschulen in zweckmäßiger Verbindung. In den weiblichen Erziehungsanstalten werden die Schülerinnen im Kochen und anderen häuslichen Verrichtungen, so wie im Spinnen und Weben unterrichtet. Die Einrichtung aller Unterrichtsanstalten, so wie die Erhaltung und Vermehrung derselben geschieht theils durch eigene Mittel, theils durch Beiträge von der Centralregierung aus den Fonds der den Indianern abgekauften Ländereien.

Die Creeks, 25,000 an Zahl, haben es zwar noch nicht so weit gebracht, bauen aber doch schon fleißig Mais und Hafer, und zeigen viel Neigung für den Obstbau. Diesen stehen in der Kultur am nächsten die eben so zahlreichen Cherokees.

In Michigan haben die Ottawas zwar keine Lust zum Ackerbau, da sie sich leicht von der Jagd und dem Fischfange nähren können, aber Anlage zur Gesittung und Neigung zum Christenthume, worüber sich die Missionäre lobend vernehmen lassen. Der Staat Michigan hat den Indianern bereits bürgerliche Rechte eingeräumt. Die Mormonen bemühten sich sehr, unter ihnen Anhänger zu werben, konnten aber nichts ausrichten.

Im Gebiete Oregon stören die Züchtigungen, welche die Indianer für verübte Grausamkeiten dann und wann erfahren, und denen sie sich noch oft mit Erbitterung widersetzen, die Fortschritte der Bildung.

Unter den Nez-perces, Cajouses, Palouses, Dalles, Walla-Wallas, Yakamas und anderen Stämmen sind schon viele Bekehrte, welche sich gern im Christenthume unterrichten lassen und sich seinen Vorschriften fügen. Wurzelgraben und Fischfang ist ihnen aber immer noch lieber als Ackerbau und Viehzucht.

In Texas zeigen die noch etliche Hundert Individuen zählenden Delawares eine bemerkenswerthe Humanität. Sie waren hier von jeher gegen die Weißen freundlich gesinnt, leisten ihnen sogar an der Gränze der Indianerreviere gegen die feindlichen und zweideutigen Stämme anerkennenswerthe Dienste. Ihr Körperbau von schlankerem Wuchse hat richtigere Verhältnisse; ihre angenehmere Gesichtsbildung verräth weniger Wildheit als sonst gewöhnlich; zu schwerer Arbeit scheint dagegen ihre Constitution nicht geeignet. Sie leben von der Jagd und beziehen einige Jahrgelder von der Regierung der Vereinigten Staaten, haben wenig Kinder, und sind im allmähligen Absterben begriffen, dessen sie sich auch bewußt zu seyn scheinen, und was vielleicht der Grund ihres ernsten, fast schwermüthigen Wesens ist. Ihr Häuptling John Conor, ein Mann von kaum 40 Jahren, untersetztem starkem Körperbaue, läßt wenig Indianisches in seinem Betragen merken. Er spricht gut englisch, unterscheidet sich in der Conversation wenig von einem amerikanischen gentleman, kleidet sich modern bis auf die nationalen leggins. Ich machte seine Bekanntschaft 1850 am Trading-house, einem Handelsposten 14 Meilen oberhalb dem deutschen Settlement Castell am Llano. Seine gastfreundliche Aufnahme ist dem Reisenden in so wüster Gegend um so schätzbarer, als er auch in der Kost der indianischen Wildheit entsaget hat, und nach Art der Amerikaner speiset, wenn sie ihr Mahl im Freien bereiten. Es war ihm vier Tage vor meiner Ankunft ein mißlicher Unfall begegnet. Seine Leute hatten nämlich am Pfingstsonntage drei Wacoes, welche damals vom Hausberge östlich bis nach dem Colorado und Brazos herumschlichen, gefangen eingebracht, die er Tags darauf wollte solenn erschießen lassen; die Exekution konnte aber nicht stattfinden, weil sie in der Nacht entwischt waren. So oft er sich daran erinnerte, stieg die Röthe seiner rothen vollen Backen um vieles höher, und er kam trotz seines sonst ruhigen Temperamentes in sehr merkliche Aufregung.

Sein wiederholtes „Goddamn!“ konnte um so mehr entschuldiget werden, da die damnable rascals (verdammten Schurken) ihm zwei der besten Pferde mitgenommen hatten. Das Trading-house, wohin die Indianer in kleinen Trupps ihre Thierfelle zum Verkauf oder Tausch gegen Schießbedarf, Kleiderstoffe und dergleichen brachten, bestand aus zwei nahe bei einander stehenden Hütten, wovon die größere den store (Kaufladen), die kleinere die Küche bildete, in welche keinem Indianer der Zutritt gestattet war, weil so mancherlei mit ihnen zu entschwinden pflegte. Eine Delaware-Indianerin, der Kleidung nach eine vornehme Dame, stand lange an der Thüre der Küche und richtete ihre Augen unverwandt nach innen. Ich errieth den Gegenstand ihrer Aufmerksamkeit, schöpfte den blechernen Becher voll Wasser aus dem Eimer und brachte es ihr. Sie trank ihn hastig aus, und indem sie mir ihn zurück gab, sprach sie in gutem Englisch: „Ihr seyd kein Amerikaner; Ihr verachtet nicht die Rothen (red people) und habet keinen Haß gegen uns in Euren Augen.“

Die Caddoes, kaum noch 1200 Mann stark, verrathen gleichfalls keine Spur von wilder Feindseligkeit oder Grausamkeit; ihr Betragen ist harmlos und gutmüthig. Sie trinken gern einen Schluck Whisky, und lecken die Lippen noch lange darnach, aber sie berauschen sich selten. Wenn sie Lebensmittel stehlen, so entschuldigen sie das mit ihrem Hunger.

18. Die Neger, Sklaven, freie Farbige.

Die Sklaverei war schon bei den Völkern des grauen Alterthums im Brauch. Den Kriegsgefangenen wurde gewöhnlich das Sklavenjoch zu Theil. Das weltbeherrschende Rom hatte lange Zeit mehr Sklaven als Bürger, und die hochgebildeten Griechen machten keine Ausnahme. Heiden und Juden, Christen und Osmanen haben sich an diesem Unrecht betheiliget. Das gesittete Europa verpflanzte die Sklaverei nach dem neuentdeckten Amerika. Als man dort die Einwohner für das schwere Joch der Arbeit im Berg- und Feldbau zu schwach fand, sah man sich in der alten Welt nach einem stärkeren Menschenstamme um und fand ihn in

Afrika. Die schwarzen kräftigen Bewohner der heißen Negerländer eigneten sich vortrefflich; sie wurden bald in ungeheuern Zahlen auf entsetzliche Weise da gejagt, gefangen, geraubt und nach Amerika zu Markte gebracht, um ihren Käufern wie Thiere zu dienen, und Kinder zu gleichem Zwecke zu zeugen.

Einem Portugiesen Gonzales gebührt der Ruhm, die ersten Neger aus Guinea gebracht und in Amerika verkauft zu haben. Das hochherzige England fing schon im Jahre 1562 den Negerhandel an, dessen Königin Elisabeth einer Gesellschaft das ausschließliche Privilegium hierzu verlieh. Frankreichs Ludwig XIII. versorgte die französischen Kolonien mit Schwarzen aus Afrika. Im 17. und 18. Jahrhundert waren die Engländer Meister dieses Handels, sie transportirten jährlich über 50,000; ihren amerikanischen Kolonien gestatteten sie aber diesen einträglichen Handel nicht, diese mußten die Sklaven von ihnen kaufen.

Als sich die nordamerikanische Union gebildet hatte, erließ sie bald ein Gesetz gegen die weitere Einfuhr der Sklaven. Der Staat Pennsylvanien unternahm zur Beseitigung der Sklaverei den ersten entscheidenden ruhmwürdigen Schritt, indem er alle nach der Unabhängigkeitserklärung gebornen Neger als frei erklärte. Im Jahre 1787 hatten die Neuenglandsstaaten: Maine, New Hampshire, Vermont, Massachusetts, Rhode Island, Connecticut, die Sklaverei schon gänzlich abgeschafft, ihrem Beispiele folgten bald andere. England aber wies noch alle Zumuthungen, den gewinnreichen Menschenhandel einzustellen, entschieden zurück. Erst der hinreißenden Beredsamkeit des englischen Ministers Fox gelang es, seine Landsleute für andere Ansichten zu stimmen, und es ward beschlossen, daß mit Beginn des Jahres 1808 der Sklavenhandel ende; 1811 wurde er unter Strafen verboten; 1824 erklärte ihn der Staatssekretär G. Canning als Straßenraub.

Frankreich gab schon 1790 seinen westindischen Sklaven die Freiheit; der hartnäckige Widerstand ihrer Herren führte auf St. Domingo zu sehr blutigen Scenen; Napoleons bewaffnete Expedition dahin kostete 50,000 Franzosen das Leben, und konnte doch die Sklaverei hier nicht wieder zurückführen.

Auf dem Wiener Congresse wurden 1815 aufrichtige und ernstliche Maßregeln gegen den Sklavenhandel beschlossen; Spanien gab ihn erst auf, als es dafür eine ansehnliche Geldsumme erhalten hatte, obgleich er auch dann noch von spanischen und portugiesischen Schiffen betrieben wurde.

Das von England entworfene und mit Eifer betriebene Durchsuchungsrecht, nach welchem die Kriegsschiffe der Seemächte alle Handelsschiffe ohne Ausnahme untersuchen sollten, ob sich keine Neger am Bord derselben befänden, wurde nicht allgemein angenommen und verfehlte ganz den gewünschten Erfolg; es roch Allen zu stark nach englischer Politik.

Die in den englischen Kolonien 1838 erfolgte Emanzipation der Sklaven wurde von Frankreich und Nordamerika sehr mißliebig angesehen; eben so wenig waren Spanien und Portugal erfreut darüber. Nach einem zwischen England und Nordamerika 1842 geschlossenen Vertrage unterhalten beide Seemächte an der Westküste Afrikas eine Anzahl Fahrzeuge, um die Schiffe ihrer Flagge zu kontroliren. Nordamerika hat den Sklavenhandel gesetzlich als Seeraub erklärt. Dennoch wird derselbe auch von nordamerikanischen Schiffen, mit Unterstützung portugiesischer Behörden an der afrikanischen Küste, noch ziemlich schwunghaft betrieben, und mehr als 12,000 Schwarze aus Afrika weiß man jährlich in die Sklavenstaaten der Union einzuschmuggeln. Während Englands und anderer Seemächte Schiffe an Afrikas Küste auf Sklavenschiffe Jagd machen, erlauern die gewandten und verschlagenen Menschenhändler Zeit und Gelegenheit, die Eingefangenen an Bord zu bringen und mit ihnen der Neuen Welt zuzueilen, so daß durchschnittlich nur das dreißigste mit Negern beladene Fahrzeug aufgebracht wird. Ein so gewinnreiches Geschäft würde unter weit größeren Gefahren noch zu lockend seyn.

Ein Neger kostet bei der Einschiffung an der afrikanischen Küste höchstens 100 Doll., beim Verkaufe in Amerika aber 500 bis 600 Doll. und noch mehr. Rechnet man auf ein Sklavenschiffr nu 250 Neger à 100 Doll. (macht 25,000 Doll.), alle Kosten der Ueberfahrt auf 20,000 Doll., so wird, wenn auch der dritte Theil der Ladung unterwegs stirbt, sich immer noch ein reiner Gewinn von 55,000 Doll. herausstellen, der in 4 bis 5 Monaten erzielt wird.

Wenn daher ein Sklavenschiff nach etlichen glücklichen Fahrten auch einmal verunglückt, so ruinirt oder entmuthigt es den Unternehmer keineswegs. Gemäß eines zwischen England und Brasilien bestehenden Vertrages kann ein Sklavenschiff nur dann als solches behandelt werden, wenn sich bei der Untersuchung wirklich Sklaven am Bord vorfinden. Sieht sich ein Schiff mit seiner verbotenen Waare verfolgt, und ist keine Aussicht auf Entkommen, so werden alle Neger sogleich ins Meer versenkt, und die Sache ist gründlich abgethan. Dem Rapido, einem brasilianischen Sklavenfahrer, wurde vor mehreren Jahren der Zufall verderblich, daß zwei von den 250 über Bord geworfenen Negern mit ihren Ketten am Tauwerk seines kleinen Bootes hängen geblieben waren, welche dem ihn verfolgenden englischen Kreuzer den vollgültigen Beweis des Verbrechens lieferten.

Der Sklavenhandel ist viel zu einträglich, als daß er durch alle bisher versuchten Mittel auch nur hätte vermindert werden können, vielmehr ist eine Zunahme desselben in neuerer Zeit bemerkbar geworden, so wie auch die Sterblichkeit der Schwarzen während dem Seetransport sehr gestiegen ist. Vom Jahre 1798 bis 1815 betrug sie 14 Prozent, von dort an aber 25 bis 30 Prozent. Nach englischen Berichten wurden vom Jahre 1840 bis 1847 incl. 442,006 Neger aus Afrika geschafft, davon starben unterwegs 111,039. Diese großen Zahlen erscheinen immer noch zu klein, wenn man Leute von diesem Handel erzählen hört, die sich jahrelang damit befaßt haben; in den südlichen Staaten der Union kann man sehr ausführliche und gründliche Berichte von Solchen hören, welche es auch gar nicht sorglich verhehlen, daß sie viel Geld damit erworben haben; er wird daselbst für kein entehrendes Geschäft angesehen, und die Furcht vor gesetzlicher Strafe wäre innerhalb eines Sklavenstaates sehr überflüssig.

England scheint in neuester Zeit den Sklavenhandel an der Wurzel fassen zu wollen, da es sich ernstlich bemüht, der Civilisation, der Industrie und dem Christenthum Eingang in die afrikanische Heimat der Neger zu verschaffen; aber es hat das nicht unverschuldete Unglück, daß man hinter allen seinen Plänen und Veranstaltungen einen andern Zweck als den philanthropischen vermuthet.

Die Staaten Texas, Arkansas, Missouri, Louisiana, Missisippi, Tennessee, Kentucky, Maryland, Delaware, Virginia, Süd- und Nord-Carolina, Georgia und das Gebiet Florida haben die Sklaverei bis jetzt beibehalten und heißen Sklavenstaaten. Die Zahl der sämmtlichen darin befindlichen Sklaven beträgt über 3 Millionen.

Seitdem die Sklaverei in den übrigen Staaten abgeschafft wurde, besteht zwischen diesen und jenen ein Zwiespalt, der den Bestand der Union schon oft bedrohte und noch keineswegs gehoben ist. Die sklavenlosen Staaten wollen die Sklaverei im ganzen Bereiche der Union beseitiget wissen, und bekämpfen das Sklavenhalten mit allen möglichen Gründen und Mitteln in und außerhalb dem Congresse. Die Anhänger dieser Partei heißen Abolitionisten. Ihre Gegenpartei weiset diese Einmischung, mit Berufung auf die Souverainitätsrechte jedes einzelnen Staates, entrüstet zurück und sagt: „Was gehen Euch unsere inneren Angelegenheiten an? diese werden wir nach unserem Gutdünken selbst zu ordnen wissen; wir mischen uns in die Eurigen auch nicht.“ Bei der 1850 erfolgten Aufnahme Californiens in den nordamerikanischen Staatenbund entbrannte dieser nie ganz ruhende Streit mit der höchsten Erbitterung; es handelte sich nämlich darum, ob das Goldland als Sklaven- oder Nichtsklavenstaat aufgenommen werde. Es geschah das letztere. Da grollten die sklavenhaltenden Herren des Südens, drohten mit Ausscheidung aus der Union und mit Krieg; Nord-Carolina war am hitzigsten und begann zu rüsten. Vom Capitol zu Washington kam das Gesetz über die Einfangung und Zurückbringung der ihren Herren entwichenen Sklaven, das allen Behörden es zur strengen Pflicht macht, die Entwischten ex officio einzufangen und ihren Besitzern zurückzuliefern. Zugleich wurde jeder Vorschub, der den Flüchtigen in welcher Art immer von Jemandem geleistet würde, mit schweren Strafen belegt. Das wirkte beruhigend auf den Süden, erbitternd auf den sklavenfreien Norden. Wenn in Zukunft die vorläufig noch wüsten westlichen Regionen zu neuen Bundesstaaten heranreifen, so darf der Bereich der Sklavenstaaten die nördliche Breite von 36° 30′ (Missouri compromite line) nicht überschreiten.

Warum hält aber der Süden so fest an der Sklaverei, die der Norden als einen Schandfleck des großen Freistaates ansieht und aus seinem Bereiche längst schon beseitiget hat? Die südlichen Staaten können ihre landwirthschaftlichen Arbeiten beim Anbaue des Zuckers und der Baumwolle durch weiße Arbeiter nicht wohl verrichten lassen, weil diese dem heißen ungesunden Klima erliegen, während im Norden die wohlfeilere Arbeit der Weißen die Sklaven leicht entbehrlich macht. Der materielle Vortheil der Sklaverei ist mehr auf der Seite des Nordens als des Südens. Der Norden ist durch den Süden wohlhabend geworden. Der Wohlstand des Nordens nimmt rasch zu, der des Südens beginnt zu schwinden. Die Produkte des Südens sind: Baumwolle, Zucker, Tabak, die durch Sklavenarbeit erzeugt werden, und mit deren inländischem und auswärtigem Handel die Schiffe des Nordens an 50 Mill. Doll. jährlich an Fracht verdienen. Der Süden erzeugt die Baumwolle, der Norden verarbeitet einen großen Theil davon in seinen Fabriken, der Süden kauft die Fabrikate wieder. Der Süden bezieht aus dem Norden Lebensmittel, Maschinen, Werkzeuge und allerhand Geräth. Das Gesammtkapital, welches in den nördlichen Staaten hochverzinset Handel und Gewerbe mit den südlichen vermittelt, beträgt an 150 Mill. Doll. Eine unvorbereitete Abstellung der Sklaverei im Süden würde in ihren Folgen auch für den Norden ein nicht minder harter Schlag seyn.

Es ist auch nicht zu läugnen, daß die Negersklaven auf ihrem gegenwärtigen moralischen und intellektuellen Standpunkte im Allgemeinen der Freiheit nicht fähig sind, und in der Freiheit weder nützliche Glieder der menschlichen Gesellschaft, noch im Stande seyn würden, sich selbst zu erhalten. Eine allgemeine, ohne bedächtige und umsichtige Vorbereitung geschehene Freilassung der Sklaven in der ganzen Union, wie die Ultra-Abolitionisten sie mit Ungestüm fordern, müßte ohne Zweifel den schrecklichsten Racenkrieg und die blutige Katastrophe von Haiti, nur in weit größerem Umfange, herbeiführen. Die südlichen Pflanzer fühlen nur zu gut, wie der Boden unter ihren Füßen brennt, wenn sie über die immer dringlicher werdende und doch so schwierige Lösung der Sklavenfrage nachdenken. Sie stoßen bei derlei Betrachtungen immer auf unübersteigliche Hindernisse, und wenden, ihrem Charakter gemäß, den Blick von der drohenden Zukunft hinweg und auf die erträglichere Gegenwart. Es ist wohl leicht gesagt, man schaffe die Sklaven nach Liberia in Afrika. Viele Sklavenhalter wären wohl geneigt dazu, und es sind ihrer bereits an 5000 dorthin gebracht worden; aber wer würde die Mittel zur Entschädigung der Pflanzer, zum Transport für 3 Millionen Neger, mehrere tausend Millionen Doll., geben können und wollen? Selbst wenn dieses ermöglicht würde, wie könnte vermieden werden, daß die südlichen Regionen der Vereinigten Staaten nicht wieder alsbald zur Wildniß würden?

Diese Bedenken kann auch der eifrigste Abolitionist nicht in Abrede stellen, und sie warnen zu ernstlich vor einer unvorbereiteten Freilassung der Sklaven, wie die Abolitionisten sie unbedingt verlangen, und durch ihr unkluges und stürmisches Drängen die Lösung dieser brennenden Frage nur verzögern, weil sie dadurch Erbitterung bewirkt und die Sklavenstaaten zum heftigen Widerstande aufgereizt haben, durch den bei sehr vielen Sklavenhaltern der gute Wille verschwunden ist, mit Ernst die nöthigen Vorbereitungen zu diesem unabweislichen Schritte in Angriff zu nehmen.

Wenn aber von der sklavenhaltenden Partei behauptet wird, der Neger sey der höheren Civilisation durchaus unfähig, der Sklavenstand seiner Eigenthümlichkeit für immer angemessen, und er könne im Besitze der Freiheit sich weder erhalten noch glücklich fühlen: so ist schwer zu entscheiden, ob diese Behauptung Irrthum oder nur Vorwand zur Beschönigung dieses verhärteten Uebels sey.

Daß die äthiopische Menschenrace in Ansehung der geistigen Anlagen den übrigen nachstehe, ist wohl nicht zu verkennen; sie wäre vielleicht von den geistig begabteren Racen schon längst verdrängt und aufgerieben worden, wenn sie in körperlicher Beziehung nicht so kräftig und dauerhaft wäre, daß sie, wie keine andere, schwere Arbeit bei brennender Tropenhitze und anderes Ungemach verträgt. Wo sie mit anderen in Berührung kommt, wird sie untergeordnet, und dienet selbst den Rothhäuten. Aber ohne Anlage und Fähigkeiten sind diese Kinder Afrikas keineswegs. Sie zeigen zuweilen ungewöhnlichen Scharfsinn im Beobachten, verfertigen ohne alle Anleitung Werkzeuge und Geräthe, erlernen leicht ein Handwerk; im Bändigen der Thiere und als Fuhrleute sind sie Meister. Im Kopfrechnen haben manche eine bewunderungswürdige Fertigkeit, lesen und schreiben lernen sie leicht. Man findet unter ihnen aufmerksame Beobachter der Natur, und Empfänglichkeit für die Schönheiten derselben. Nach Prichard gibt es Neger, welche lateinische Verse machen. Der schwarze Dramatiker Aldridge setzt durch seine Leistungen auf den ersten Bühnen Europas in Verwunderung. Das Gemüth des Negers ist kindlich, zur Fröhlichkeit und Geselligkeit geneigt; er liebt Musik, Gesang und Tanz. Hat sich Einer eine Geige verschaffen können, so sitzt er bis Mitternacht im Kreise seiner Familie oder seiner Landsleute, wiederholt wohl hundertmal dasselbe Stückchen, und Alle lauschen den süßen Tönen, die der Virtuos den nicht immer vollzähligen Saiten entlockt. Sie zeigen zärtliche Liebe für ihre Kinder, und erfreuen sich von ihnen einer willigen Folgsamkeit. Bei menschenfreundlicher Behandlung sind Neger einer Anhänglichkeit an ihren Herren und dessen Familie fähig, die sich bei dargebotener Gelegenheit als heroische Aufopferung erweiset. Für religiösen Unterricht haben sie viel Empfänglichkeit und Lust, die stürmische Beredsamkeit der Methodistenprediger behagt ihnen am besten, nur wird ihnen spärlich Zeit und Gelegenheit zu Theile, in religiöser Ausbildung bedeutende Fortschritte zu machen.

Wenn man ihre gegenwärtige Erziehung und Lage betrachtet, so wundert man sich über ihren niedrigen moralischen und intellektuellen Standpunkt nicht im mindesten, wohl aber darüber, daß sie nicht viel tiefer in Unsittlichkeit und Stupidität versunken sind. Ihre Trägheit und Sorglosigkeit, ihr Hang zum Stehlen, ihre unbändigen Leidenschaften, Sinnlichkeit, Jähzorn und grimmige Rache können gar nicht befremden, wenn man bedenkt, daß es in den meisten Sklavenstaaten unter Geld- oder Kerkerstrafe verboten ist, sie lesen oder schreiben zu lehren, oder ihnen Bücher zu geben, durch welche sie mit ihrem Zustande unzufrieden werden könnten; und welches Buch ließe diese Wirkung nicht besorgen? Man würde sehr irren, wenn man diese Schwerbejochten für so verthiert halten wollte, daß sie nicht ihre Menschenrechte und das gegen sie verübte Unrecht erkenneten und fühleten. Die Idee der Gleichberechtigung als Mensch ist ihnen gar nicht fremd, und sie wissen recht gut, daß man ihre unveräußerlichen Menschenrechte verbrecherisch verletzt. Es sey mir erlaubt, hier, wohl nicht am unpassenden Orte, eine interessante Beobachtung aus meinem Tagebuche einzuschalten. Am 6. April 1851, Sonntags früh, bemerkte ich in einem etwas abseitigen Theile der Stadt New Orleans ein anspruchloses Bretterhaus, dessen drei hohe Fenster auf jeder Seite eine Art Kirche vermuthen ließen. Das Gebäude war nicht im besten Baustande und die Fensterscheiben lange nicht complet. Beim Eintritte überraschte mich der Anblick einer ganz schwarzen Versammlung, in welcher nicht ein einziges weißes Gesicht zu sehen war; es war die Negerkirche, ihr Inneres hinreichend licht, doch ohne allen Zierrath. Sowohl im Parterre als auf den beiden Seitengallerien befanden sich bequeme Sitze. Etwas Altarähnliches war nicht zu sehen; wo sonst in christlichen Kirchen der Altar zu seyn pflegt, stand eine kunstlose Rednerbühne, einem breiten Schreibpulte ähnlicher als einer Kanzel. Auf derselben lagen zwei schwarze nett eingebundene Bücher, das alte und neue Testament der Bibel. Dem Redner zur Rechten stand ein Krug von weißem Steingut und ein Trinkglas. Die Versammlung bestand aus etwa 800 Negern und Mulatten, es hätte jedoch die doppelte Zahl hinlänglich Raum gefunden. Auf der Bühne stand ein schwarzer schwarz gekleideter Redner, nur der weiße Hemdkragen und seine alabastergleichen Zähne stachen ab. Der modetreue Frack stand ihm gut. Er mochte etwa 34 Jahre zählen, war ein geborner Redner, der einigen Unterricht in der Rhetorik genossen zu haben schien. Sein äußerer Vortrag war ungemein feurig, doch keineswegs unnatürlich, sein ganzer etwas agiler Körper redete mit. Die Stimme war ungemein stark und durchdringend, zugleich von großem Umfange, wenn er gemäßigt und sanft sprach, sogar angenehm, bei erhöhter Emphase dagegen etwas kreischend. Nach seiner Wärme zu urtheilen, mußte er schon lange geredet haben, als ich eintrat. Einmal schien er ganz erschöpft und angegriffen, und sank auf einen Stuhl im linken Winkel seiner Bühne, wo ein Vorhang ihn zur Hälfte den Blicken der Andächtigen entzog, während dem dieselben ein kurzes Lied absangen. Hierauf las er mit ungemein sanfter Stimme eine Stelle aus dem neuen Testamente, was er im Verlaufe der Rede mehrmals that, doch standen die gelesenen Stellen mit dem Inhalte seiner Rede nicht immer in sehr festem Zusammenhange. Bei einigen mit ungewöhnlichem Feuer vorgetragenen Stellen seiner Predigt, oder wenn er sich einen Witz, eine pikante Anspielung auf die Sklavenhalter erlaubte, wurde ihm schallender Beifall mit Mund, Hand und Fuß gezollt. Am lautesten war der Beifall einiger Weiber, deren mageres Aussehen und schlechter Anzug zur Genüge bewiesen, daß sie von ihren Herrschaften übel gehalten waren. Der Redner sprach nämlich über das Unrecht der Sklaverei und die qualvolle Lage der Sklaven. Einige freie Farbige, die man von den Sklaven leicht unterscheidet, blieben sichtlich unbewegt. Thränen der Rührung, auf die es der Redner abgesehen zu haben schien, flossen doch nur wenige. Ein strenger logischer Zusammenhang der Gedanken war nicht vorhanden; er redete unverkennbar aus dem Stegreif und wollte mehr auf das Gefühl als auf den Verstand der Zuhörer wirken. Sein Englisch war nicht ganz schriftgemäß und rein, aber nur um populär zu seyn; denn die Neger sprechen viele Wörter anders aus, als die Amerikaner, legen auch zuweilen Wörtern eine andere Bedeutung unter, wie es vornehmlich in Louisiana und Texas bemerkbar ist. Seine ganze Deklamation war ein fulminanter Angriff gegen die Sklaverei, und so ganz rücksichtslos, daß solche Redefreiheit am Hauptmarkte des nordamerikanischen Sklavenhandels höchlich befrembet. Ich hätte gewünscht, daß einige Sklavenhalter zugegen gewesen wären. Ich habe einige Stellen aus dieser interessanten Oration an Ort und Stelle aufgezeichnet und theile hier einige mit.

„Der glorreiche allmächtige Gott schuf die Berge und Hügel, die Felder und Früchte aller Art nicht für unsere Herren allein, die uns von seinen reichen Gaben weniger gönnen als ihrem Vieh, die uns kaum das nöthige Futter geben, kaum unsern Leib nothdürftig bedecken; aber Arbeit, Schweiß, Verachtung und die Peitsche im Uebermaße zukommen lassen. Will es der Gute, Glorreiche so haben, daß wir schwerer arbeiten sollen als das Vieh (brute), und verachteter seyn sollen als das Vieh? Warum sollen wir an den Früchten unserer Arbeit keinen Antheil haben? Sind wir vor Gott schlechter, weil wir schwarz sind? Sollen die Weißen deßhalb unsern Leib zerschlagen; haben sie dazu ein Recht? — Sie sagen:

„„Der Schwarze, die Schwarze ist mein, ich habe sie gekauft:““ kann das Geld, das todte Metall dem Menschen ein solches Recht über Andere geben? Hat nicht Gott allen Menschen gleiche Rechte gegeben? kann das Gold mächtiger seyn als Gott?! Das können nur unsere Tyrannen und Henker sagen, aber glauben können sie es selbst nicht. Haben wir diese Mißhandlung und Verachtung von den Weißen verschuldet? Sie sind in unser Vaterland gekommen, haben unsere Eltern fortgeschleppt, wie es Räuber und Raubthiere thun. O wären wir nie geboren worden, wäre unser Stamm längst schon ausgestorben in diesem Welttheile!

„Sehet, wie lieb die Weißen ein Pferd haben; sehet, wie sie ihr Hündchen suchen, wenn sie sich zu Tische setzen, wie sie es freundlich rufen mit schönen Namen; aber uns würdiget man keines freundlichen Blickes, da heißt es nur: „„Du dummer, schwarzer Kerl!““

„Werden wir das Sklavenjoch ewig tragen müssen? werden wir immer bluten müssen unter den Hieben der Weißen? — O nein! der gute, glorreiche, allmächtige Gott, der mit uns Erbarmen fühlt, wird in diese Finsterniß dringen und unser Elend heben. Er ist der Allmächtige, der die schändliche Gewalt des Geldes, die Ungerechtigkeit der Weißen zerstören wird, er wird uns gewiß erlösen. Zwar wird noch mancher blutige Tag kommen, die Sonne noch lange auf unsere Wunden brennen, ehe sie den Schwarzen leuchten wird wie anderen Menschen. Aber kommen muß der glückliche Tag, so wahr der glorreiche Gott im Himmel lebt. Dann können wir auch sagen: „„Unsere Kinder, unser Haus, unser Geld!““ Wenn jetzt eine Mutter ein Kind zur Welt bringt, gehört es nicht der Mutter, nicht dem Vater, wir haben nichts, unsere Herren haben uns, wir haben nur Elend und Schmerz.

„Schön ist der Himmel, schön die Erde, der glorreiche allmächtige Gott hat sie gemacht. Von der schönen Erde und ihren Gütern haben wir zwar nichts, aber den Himmel können uns unsere Quäler (tormentors) nicht entreißen. Unsern Leib haben sie, aber haben sie auch unsere Seele, unser Herz? — Goddamn! — Dann müßten wir ganz verzweifeln, dann hätten wir weder Trost noch Hoffnung. Meine Seele und mein Herz gehören Gott dem allmächtigen Herrn, und sonst gibt es keinen Herrn.

„Aber die Weißen, die Sklaven haben, glauben an keinen Gott, sonst würden sie seine armen schwarzen Kinder nicht kaufen und verkaufen, nicht so verachten und quälen. Sie sind Christen, wie sie sagen; haben sie denn von Christus gelernt, so gegen uns zu handeln? — Goddamn! — wir wissen, was Christus Jesus der Gute gelehrt hat, in diesem Buche hier steht es geschrieben. Er hat gelehrt: „„Die Menschen sollen einander lieben, einander helfen und Gutes thun:““ wer aber Sklaven hält, der ist kein Christ, er mag Amerikaner, Engländer, Franzose oder Deutscher seyn.

„Hier ist nicht das Land der Freiheit, sonst müßten wir ja schon längst frei seyn; hier ist das Land der Sklaverei; Lüge und Schande ist hier das Wort Freiheit, so lange wir die Sklavenketten tragen.

„Wenn Christus Jesus der Gute jetzt nach Louisiana käme, und würde alles so sehen, was würde er sagen, was würde er thun? Er würde zu den Weißen sagen: „„Wo ist das falsche Siegel der Knechtschaft, das ihr den armen Schwarzen aufgedrückt habet? Verflucht sey euere Grausamkeit, auf euch sollen alle die Schmerzen fallen, die ihr diesen Unglücklichen zugefügt habet!““ Zu uns aber würde er sagen: „„Komm her, mein Bruder, komm her, meine Schwester! Du hast viel gelitten, viel Unrecht ist Dir angethan worden; aber sey getrost, Dein Elend geht zu Ende, im Hause meines Vaters sind keine Herren und keine Sklaven, da sind alle einander gleich.““ Wenn aber Christus jetzt käme, und die Weißen hätten Macht über ihn — was würden sie thun? ans Kreuz ihn hängen und ermorden? — Ich glaube, sie machten es ihm wie uns, sie machten ihn zum Sklaven, sie würden sagen: „„Er stammt aus Afrika:““ dann quälten sie ihn langsam zu Tode.“

Ein Lied, welches, wie ich dachte, den Gottesdienst beschließen würde, lautet in der Uebersetzung beiläufig:

„Wir haben einen Herrn, aber unser Herr ist Gott;
Der gute Gott ist unser Herr.
Er ist gut, er ist gerecht, er will nicht unser Blut, nicht unsern Schmerz;
Er ist gut, er ist gerecht.“

Als nach vielmaliger Wiederholung dieses Liedes, das mit Fußstampfen begleitet wurde, der Redner aufs neue wieder zu reden begann, mußte meine zweistündige Aufmerksamkeit für dießmal genügen; es schien auch den Schwarzen allmählig die Andacht auszugehen, da sich mehrere mit mir zugleich entfernten.

Man rühmt häufig die gute Versorgung der Sklaven, und fügt hinzu, daß die Arbeiter in Deutschland, besonders in den Fabriken, viel schlimmer daran seyen, es liege im Interesse des Sklavenhalters, dieselben gut zu behandeln, wie man ein theueres Pferd gut zu halten bemüht ist; und überdieß beständen ja für Behandlung, Kost und Kleidung der Sklaven sehr wohlwollende gesetzliche Vorschriften. — Was die Haussklaven des männlichen und weiblichen Geschlechtes betrifft, so sind dieselben in jeder Beziehung viel besser gehalten; man hat dieselben zu häuslichen Arbeiten gleich den Dienstboten, und sieht sie als zur Familie gehörig an, da sie bisweilen von der Geburt bis zum Tode in derselben verbleiben. Anders ist es mit den Feldsklaven, welche unter einem Aufseher stehen und die Feldarbeiten verrichten. Sie wohnen in abgesonderten, von der Wohnung des Herrn etwas entfernten Häusern gewöhnlich familienweise beisammen, wo sie ihre Haushaltung für sich führen. Mit Lebensmitteln werden sie fast durchgängig regelmäßig und zureichend versehen. In dieser Hinsicht stehen sie jedenfalls besser, als viele Arbeiter Deutschlands und anderer Länder in und außer den Fabriken. In Ansehung der Kleidung sieht man Viele wohlgekleidet und Viele zerlumpt herumgehen; letzteres hat auch nicht selten seinen Grund in der Fahrlässigkeit der Neger selbst. Die Wohnungen sind häufig sehr schlecht; ein Negerhaus ist in der Regel ein erbärmliches Logis, ein aus rohen Stämmen aufgeführter Kasten (log-house), durch dessen Wände leicht Hühner und Katzen schlüpfen, wenn die Bewohner die Zwischenräume nicht mit verschiedenem Material auszufüllen beflissen sind; das Dach schützt nur gegen den brennenden Sonnenschein, selten vollkommen gegen Regen; ein Loch in der Wand ist das Fenster; Dielen sind nicht vorhanden. Ein kalter mehrtägiger Nordwind ist in einer solchen Hütte während einer Winternacht kein leichtes Ungemach, gegen welches eine schwache wollene Decke wenig

Schutz gewährt. Die zum Schutze der Sklaven erlassenen Gesetze nutzen ihnen gar wenig, da ein Neger gegen einen Weißen kein Zeugniß ablegen darf. Uebermäßige Arbeit wird ihnen von ihren Herren selten zugemuthet, wohlwollende gönnen ihnen sogar Zeit zu einem gelegentlichen Nebenverdienste. Wenn aber ein Aufseher seine Wuth auf dem Felde einmal an diesen ihm so preisgegebenen Geschöpfen ausläßt, und sie blutig peitscht, ohne daß sie oft das geringste verschuldet haben: dann würde wohl jedem europäischen Arbeiter alle Lust vergehen, mit einem Sklaven in Nordamerika seine Lage zu vertauschen. Der noch so arg Gemißhandelte darf sich gegen den Aufseher beim Herrn nicht beschweren, er würde begreiflicher Weise sein Loos nur verschlimmern. Empörende Grausamkeiten gegen die Negersklaven fallen nicht selten vor. Eine Sklavin in Texas hatte beim Melken einer Kuh das zudringliche Kalb mit Schlägen abgewehrt, der darüber erzürnte Herr schlug sie hierauf so grausam, daß der rechte Unterarm zerbrach. Er untersuchte den Schaden, und äußerte bei wiederkehrender Gemüthsruhe: „Das chadet nichts, es ist nur der eine Knochen entzwei."

Als ein sehr einträgliches Geschäft wird von den Pflanzern der Sklavenstaaten die Zucht der Neger angesehen und betrieben. In den Augen eines gewöhnlichen Sklavenhalters ist zwischen der Neger- und Viehzucht kein erheblicher Unterschied. Ein junges, gesundes und starkes Neger-Individuum gilt wenigstens 800 Doll., ein Kind von wenig Wochen wird auf 50 Doll. geschätzt, um eben so viel steigt sein Werth jedes Jahr. Es läßt sich daher leicht erachten, daß ein Sklavenbesitzer auf die Vermehrung derselben sorgsam bedacht seyn werde. Eine produktive junge Negerin kann ihrem Herrn in 10 Jahren an 2000 Doll. eingebracht haben. Ob ihre Sprößlinge übrigens reine Schwarze oder Mulatten sind, ist in Ansehung des Gewinnes einerlei, da die Mischlinge ebenfalls Sklaven sind. Solche Blutsvermischungen sind zwar unerlaubt, aber sie bleiben immer unbestraft. Auf großen Plantagen sieht man unter der Negerheerde schwarze, olivenfarbene und noch lichtere Gesichter. Negermütter lieben Kinder von gemischtem Geblüte mehr, als die von reiner afrikanischer Abstammung.

Die Glieder einer Negerfamilie hängen gewöhnlich mit sehr

intensiver Liebe an einander, und eine Trennung ist für sie das allerschmerzlichste. Die Schmerzen-Scenen, welche bei Verkäufen, besonders bei öffentlichen Versteigerungen der Sklaven vorfallen, sind schon oft beschrieben, aber nicht übertrieben worden; es ereignen sich dabei Auftritte, von welchen eine übertriebene Schilderung unmöglich ist. Ich wohnte einer *Negerauction* in New Orleans bei, wo an 70 Individuen versteigert wurden. Dabei kam unter andern ein Neger von 40 Jahren mit seiner fünfzehnjährigen Tochter zum Verkaufe. Der Vater wurde zuerst ausgeboten und einem texanischen Pflanzer zugeschlagen, der nun sechs Schwarze ersteigert hatte, und soeben sich anschickte, mit ihnen nach dem Hafen zu ziehen, um sie auf das Dampfboot zu bringen. Da gewann der bisher unterdrückte und stumme Trennungsschmerz bei Vater und Tochter jenen unbeschreiblichen Ausdruck, den keine Feder und kein Pinsel darzustellen vermag, von dem aber, weil eine schwarze Haut die beiden Leidenden bedeckte, Käufer und Zuschauer eben so wenig berührt wurden, als etwa ein Fleischer, der das Kalb von der Kuh hinwegnimmt, von dem Schmerze beider sich affiziren läßt. — Die Bitten des Vaters und der Tochter ließen den Texaner sichtlich unbewegt, er nahm ein neues Primchen Kautabak, und schien, da es eben ausgeboten wurde, den Verkauf des Mädchens noch abwarten zu wollen. Kaum war sie ausgerufen, so wurde sehr lebhaft auf sie geboten, und auch der Texaner bot zuweilen mit; als aber 900 Doll. standen, schien keine Lust, mehr zu geben, ihn weiter aufhalten zu können, er brachte seine bereits erstandene lebendige Waare in Ordnung, und entfernte sich langsam. Der Vater schien sich ins Unvermeidliche zu fügen, aber die Tochter dem Schmerze zu erliegen. Mittlerweile hatten sich die Kauflustigen bis auf 940 Dollars hinauf getrieben, und immer wurde noch dollar- und halbdollarweise zugesetzt. Der Texaner hatte sich schon auf 20 Schritte zurückgezogen, da wandte er sich plötzlich um und schrie: „960!" — es folgte eine Pause — und der Auctionator rief endlich: „960 Dollars zum — dritten Mal!" — Während der ganzen Handlung war weder bei den Lizitanten noch bei den Zuschauern die geringste Theilnahme weder für den Trennungsschmerz noch für die jetzt eingetretene Freude der beiden Schwerbetheiligten zu entdecken, und ich zollte bei mir selbst dem Texaner meine volle Anerkennung, daß er sich endlich hatte bewegen lassen, den hohen Preis für das Mädchen zu bezahlen, um ihm die schmerzliche Trennung von dem Vater zu ersparen; wie wurde ich aber enttäuscht, als mir bedeutet wurde, der Vater habe seine Baarschaft, die er sich vielleicht von früher Jugend an zusammengespart, zum Kaufe seiner Tochter beigesteuert!

Wenn eine größere Zahl von Negersklaven, 20 oder 40 zusammen, transportirt werden, so sind sie paarweise zusammengefesselt, und die Paare durch eine eiserne Kette verbunden, einige mit geladenen Gewehren versehene Reiter hintendrein escortiren den Zug. Ein flüchtiger Sklave, der auf den Anruf nicht steht, darf nach dem black code (Sklavengesetz) unbedenklich niedergeschossen werden. Ein solcher Transport sieht in den nordamerikanischen Freistaaten, für den, welcher daran noch nicht gewöhnt ist, etwas sonderbar und auffällig aus.

Es ist nicht rathsam, in einem Sklavenstaaate sich mißbilligende Aeußerungen über die Sklavenwirthschaft zu erlauben, lebhafte Sympathieen für die Sklaven an den Tag zu legen, oder sich mit Sklaven in lange vertrauliche Gespräche einzulassen. Philanthropische Tendenzen dieser Art gelten als revolutionär und würden sehr summarisch bestraft werden. Die Sklavenhalter sagen: „Wir müssen immer sehr auf unserer Hut seyn, die Abolitionisten im Norden senden häufig Emissäre aus, um uns die Sklaven aufzuhetzen oder zu entführen."

Unter den Deutschen in Nordamerika finden sich nur sehr Wenige, welche Sklaven halten, die Franzosen befassen sich mehr damit, aber sie sind humaner in der Behandlung derselben, und die Sklaven lassen sich immer viel lieber von einem Franzosen, als von einem Amerikaner kaufen.

Man hat schon viele und mancherlei Pläne zur Aufhebung der Sklaverei entworfen, daß sie aber allsammt wirkungslos geblieben sind, hat die Erfahrung sattsam gelehrt. Die Zahl der Sklaven in Nordamerika vermehrt sich von Jahr zu Jahr. Die Herren des Südens sagen immer: „Die Sklaverei läßt sich nicht auf einmal und unvorbereitet aufheben:" aber was thut man denn, um auf die Lösung dieser großen Frage einzulenken? gehört dahin das Verbot, die Sklaven lesen und schreiben zu lehren? die Entziehung aller Bildungsmittel? Wehe, wenn man blind für die wachsende Gefahr wartet, bis die ungeheure Masse von mehr als drei Millionen Schwarzen endlich selbst die Ketten bricht!

Freie Farbige leben in den Vereinigten Staaten 425,000. Als das Einfangsgesetz im Jahre 1850 in Wirksamkeit trat, sahen sich viele, die ihre legale Freiwerdung nicht darzuthun vermochten, bedroht, und flohen nach Canada und Mexico; wodurch sie den faktischen Beweis lieferten, daß sie sich trotz ihrer eben nicht günstigen Lage in der Freiheit nach den Fleischtöpfen Aegyptens nicht zurücksehnten. Wenn ein Theil der freien Farbigen die Freiheit mißbraucht, mehrere sich der Trägheit und Unmäßigkeit ergeben, so fällt die meiste Schuld gewiß auf die Weißen, die ihnen die Mittel der Bildung vorenthielten.

So sehr auch die Bewohner der sklavenfreien Staaten in ihren abolitionistischen Bestrebungen die Sklaven zu begünstigen scheinen, und unablässig auf ihre unbedingte Freilassung dringen: so bethätigen sie doch gegen die unter ihnen lebenden freien Farbigen sehr wenig Wohlwollen, ihr Betragen gegen sie ist vielmehr durchgängig ungerecht und feindselig.

Der freie Farbige ist gesetzlich mit dem Weißen gleichberechtigter Staatsbürger, aber er genießt dieses Recht nur da, wo man es ihm nicht nehmen oder verkümmern kann. Er darf bei öffentlichen Wahlen fast nirgends, wenigstens nicht unbeleidigt, erscheinen; daher betheiligen sich so wenige von ihnen an diesem Rechte eines Staatsbürgers. Im Postwagen ist ihm unter den Weißen kein Platz gegönnt, er muß oben drauf sich behelfen. In Kirchen duldet man ihn entweder gar nicht, oder nur in einem Winkel; nur die Katholiken sind dießfalls liberal; ja sogar in ihren eigenen Kirchen läßt man sie nicht ungestört und ungeneckt. Nur ausnahmsweise werden ihre Kinder in den Schulen der Weißen zugelassen; ihre eigenen Schulen wurden vom weißen Pöbel schon oft zerstört. Man gestattet ihnen nicht einmal Gewerbsfreiheit; beginnen sie ein Gewerbe, das man ihnen nicht gönnt, so werden sie darin so behindert und gestört, daß sie es aufzugeben genöthigt sind; in der Stadt New York bekommt kein Farbiger Erlaubniß, eine Lohn-Fuhrgelelegenheit zu halten. Die Aufnahme in öffentliche Wohlthätigkeitsanstalten wird ihnen entweder versagt, oder darin ihnen nur ein abgesondertes Plätzchen angewiesen. Ihre Häuser sind vom Pöbel schon oft ausgeplündert und in Brand gesteckt worden, ohne daß hierzu irgend wäre Veranlassung gegeben worden.

Man sieht hieraus, daß die sklavenfreien den Sklavenstaaten bezüglich der Behandlung gegen Farbige nichts vorzuwerfen berechtigt sind, und daß die Lage der Farbigen innerhalb der Vereinigten Staaten weder in der Sklaverei noch in der Freiheit eine beneidenswerthe ist.

Man fühlt es wohl, daß man den Verachteten Unrecht thut, und sucht es auf mancherlei Weise zu rechtfertigen oder zu entschuldigen; man entwirft von ihnen das abschreckendste Bild, schildert sie verthiert und lasterhaft, als wenn kaum eine Spur von Menschlichkeit an ihnen zu finden wäre; aber die Argverleumdeten finden auch ihre Vertheidiger, welche der Welt die Wahrheit berichten. Ein Entschuldigungsgrund für die schlechte Behandlung der Farbigen muß besonders erwähnt werden. Man sagt: „Die Weißen fühlen eine natürliche unüberwindliche Abneigung gegen die afrikanische Race, schon die Ausdünstung derselben ist ihnen unerträglich.“ Man möchte hier fragen: „Riechen denn nur die männlichen Farbigen so übel?“ Aus der großen Zahl von Mischlingen, Mulatten, Terzeronen u. s. w. läßt sich wohl kaum auf eine allgemeine Abneigung der weißen Männer gegen die weiblichen Farbigen schließen.

IV. Geschichtlicher Ueberblick.

19. Ursprung der Vereinigten Staaten.

Sebastian Cabot entdeckte schon 1497 die Ostküste von Nordamerika; aber die schauerliche Wildniß bot weder Metallschätze, noch lockte sie damals zu einer Ansiedlung. Walther Raleigh's

Niederlassungsversuch in Virginien zerstörten 1586 die feindlichen Indianer. Noch manches Unternehmen dieser Art scheiterte, bis der beherzte Barthol. Gosnold, vom Könige Jacob I. von England bewogen und ermächtigt, mit seinen kühnen Genossen in die Urwälder von New England, Virginien, Pennsylvanien und Carolina eindrang, wo sich von 1607 an unter mancherlei Beschwerden und Gefahren dauernde Kolonien bildeten, die Holländer 1614 am Hudson sich niederließen und New York gründeten, die englischen Puritaner von 1620 an Massachusetts besiedelten, Lord Baltimore 1632 mit 200 in England verfolgten katholischen Familien Maryland bevölkerte, und die Schweden 1638 am Delaware sich festsetzten.

Der zwischen den Ansiedlern verschiedener Nationen entstandene langwierige Hader brachte endlich 1664 dieselben unter die Oberherrschaft Englands, von wo an die englische Nationalität allen mehr und mehr gemeinsam wurde, und so der Krystallisationskern des anglo-amerikanischen Volkes entstand.

England förderte anfänglich und sah mit Wohlwollen das rasche Aufblühen seiner nordamerikanischen Kolonien, weil es darin seinen vielseitigen Vortheil nur zu deutlich erkannte. Es ist aber eine selbst für England unlösliche Aufgabe, die materiellen Interessen der Kolonien und des Mutterlandes in gedeihlichem Einklange zu erhalten.

Die einzelnen Kolonien hatten schon von ihrer Entstehung an verschiedene Verfassungen und Verwaltungsformen, und sie wurden im Verlaufe ihrer Entwickelung noch vielfach geändert; aber es zeigte sich bei allen das Streben nach freieren republikanischen Einrichtungen, welches trotz dem Widerstande der Kolonisationsgesellschaften oder einzelner Gründer von Kolonien, ja selbst den Bemühungen der englischen Könige gegenüber nicht erfolglos blieb. Die politischen und kirchlichen Parteikämpfe hatten ja so Viele bewogen, ihre europäische Heimath zu verlassen, um dort für ihre Rechte und Güter Sicherheit und mehr Freiheit zu finden.

Die Könige Englands suchten von Jacob I. an die Kolonien zu Provinzen und Krongütern zu machen; so wurden New Jersey, New York, Rhode Island, Connecticut, New Hampshire und Massachusetts von Carl I. zu einer Provinz New England vereiniget.

Vom Parlamente, worin die Kolonien nie vertreten waren, wurden sie immer stiefmütterlich behandelt.

Die Kolonisten konnten ihre Existenz nicht anders als durch Landwirthschaft, Gewerbe, Handel und Schifffahrt sichern, und dereinst zu Wohlstand gelangen; sie erfaßten und betrieben diese Erwerbszweige mit genügender Kraft und Intelligenz. Aber dies setzte sie in ein nimmer auszugleichendes Mißverhältniß zum Mutterlande. Die Produkte der nordamerikanischen Landwirthschaft waren dieselben, welche England erzeugte; durch Gewerbe, Schifffahrt und Handel war England reich und groß geworden, und war nun nicht im mindesten geneigt, etwas von seinen Monopolen und Errungenschaften an die Kolonien fahren zu lassen; vielmehr sollten ja diese für und für nur zur Hebuug und Wahrung der mutterländischen Wohlfahrt dienen.

Während seinen inneren Kämpfen und Erschütterungen hatte England seine nordamerikanischen Besitzungen zeitweilig weniger scharf im Auge behalten können, was für die Entwickelung und Kräftigung derselben gedeihlich war. Als sie sich aber bis zum Jahre 1688 ansehnlich gehoben hatten, säumte die Regierung nicht, das Verhältniß zum Mutterstaate strenger zu regeln und aufmerksam zu überwachen, stieß aber dabei schon gar oft auf harten Widerstand, und die königlichen Statthalter hatten ein sehr schwieriges Amt.

Wie sehr auch Cromwells N a v i g a t i o n s a c t e vom Jahre 1651 Englands Schifffahrt und Handel hob, so drückend war sie dagegen für die Kolonien, welche ihre Produkte mit schwerem Zolle nur nach England verschiffen, und auch nur da Waaren einkaufen durften. Ja sogar der Handel zwischen den Kolonien war nur Engländern gestattet. Eben so beschränkte und unterdrückte man die Gewerbe. Alles, was irgend nur erheblichen Vortheil brachte, durfte in den Kolonien nicht verfertigt werden. Sie durften wohl spinnen, aber nicht weben; Eisen schmelzen, aber mit Stahl sich nichts zu schaffen machen, weder eine Säge, Scheere, noch ein Federmesser machen; solche und dergleichen Dinge mußten sie den Engländern abkaufen. Die Engländer hatten sich den Negerhandel ausschließlich vorbehalten und brachten die Schwarzen in Massen nach ihren Kolonien. Die Quäker und Puritaner mochten aus religi ösen un

Humanitätsgründen dagegen schreien, Pennsylvanien, Georgien und Carolina remonstriren, wie sie wollten — es war der allereinträglichste Handel, und hinter demselben war noch eine schalkhafte, weit hinaus berechnende Politik verborgen. Dem katholischen Maryland, das allen Religionsparteien eine Freistätte eröffnet hatte, wurde die *Glaubensfreiheit geraubt*, und es begannen die Verfolgungen gegen die Katholiken, wie im Mutterlande. Die Kolonisten murrten und grollten über dieses Alles, aber sie konnten sich vor der Hand nicht helfen.

Die Ansiedler in Nordamerika hatten sich unter Mühseligkeit und Gefahren aller Art zu einem erträglichen Zustande emporgearbeitet; an Beschwerden und Entbehrungen waren sie gewöhnt, im hohen Grade abgehärtet; das Kugelrohr war ihnen unentbehrlich, wie die Axt, sie bedurften es zur Jagd wie zur Vertheidigung gegen die Indianer, und wurden im Gebrauche desselben vollendete Meister. Man begreift, daß Männer dieser Art unter solchen Umständen nicht so leicht zum Aufgeben dessen, was sie festhalten oder erstreben zu müssen glauben, gebracht werden können. Dazu kam noch der langwierige, beschwerliche, aber für sie sehr instructive französische Krieg von 1752 bis 1762. England wollte die Franzosen, welche von Canada aus die Ausbreitung der englischen Kolonien im Mississippi-Thale hindern wollten, aus Nordamerika vertreiben. Das war den englischen Kolonisten ganz genehm, und sie nahmen an diesem Kriege willigen und thätigen Antheil zur vollkommenen Zufriedenheit Englands. Sie lernten während demselben zusammenwirken, ihre vereinten Kräfte kennen und üben; englische, wohlgeschulte Offiziere unterwiesen sie in Allem, was zum Kriege gehört, und die Schüler zeigten Fassungskraft genug. Nun war der Krieg siegreich beendet, die Franzosen hatten ihr Canada sogar verloren; aber der Krieg hatte England viel Geld gekostet, das sollte aus den Kolonien nun wieder bald herausspekulirt werden; aber man bedachte nicht, daß der Krieg auch die Kolonien hart mitgenommen hatte und daß sie der Erholung bedurften. Das während dem Kriege eingetretene gute Einvernehmen schwand alsbald wieder, da man ihnen zumuthete, zur Bezahlung der durch den Krieg verursachten Schulden beizusteuern.

20. Der Unabhängigkeitskrieg.

Der neuen Besteuerung widersetzten sich die Kolonien mit einmüthiger Entschiedenheit; verschärfte Zollvorschriften vermehrten ihre Erbitterung, die Stempelacte steigerte sie 1765 bis zur heftigen Entrüstung. Vereine traten zusammen, man vermied, englische Waaren zu kaufen, das angelangte englische Stempelpapier wurde zu New York unter großem Lärm verbrannt; Verunglimpfungen gegen die englischen Beamten mehrten sich und gingen in Gewaltthätigkeiten über; die Zurücknahme der Stempelacte besänftigte die Gemüther keineswegs. Der aufständischen Stadt Boston wurde das Hafenrecht genommen; aber solche Verfügungen konnten die verhaßten englischen Regierungsorgane nicht mehr durchführen; man verschloß vielmehr den englischen Schiffen selbst mehrere Häfen und warf ihnen am 26. Dezember 1773 zu Boston 342 Kisten Thee ins Meer.

Ein General-Congreß trat am 5. September 1774 in Philadelphia zusammen. Die 51 Mitglieder, darunter George Washington und John Adams, erkannten ganz die verhängnißvolle Lage und die Größe des Wagnisses, zu welchem das Volk stürmisch drängte. Es wurde beschlossen, alle commerzielle Verbindung mit dem Mutterlande abzubrechen, aber zugleich eine Bittschrift an den König verfaßt, worin die bisher so schwer verletzten Rechte der Kolonien ungeschmälert zurück verlangt, aber zugleich die feierlichsten Versicherungen ausgesprochen wurden, daß man die Verbindung mit Großbritannien und die Vorrechte der königlichen Krone aufrecht zu erhalten geneigt sey. Aber der Riß war schon zu groß; die Stimme der Mäßigung, auch wenn man sie für ganz aufrichtig und als Volksstimme hätte ansehen können, wäre im raschen Drange der Ereignisse wirkungslos verklungen.

Der englische General Gage wollte sich der in Concord vorhandenen Kriegsvorräthe bemächtigen, und ließ einige Führer der Bewegung festnehmen; da floß am 19. April 1775 bei Lexington zum ersten Male Blut und — der offene Krieg war ausgebrochen.

England sah keinen leichten Kampf vor sich, und bot alle seine Kräfte auf, sich den Besitz seiner einträglichen Kolonien in Nordamerika zu erhalten. Ein Heer von auserlesenen Kriegern und deutsche Miethstruppen mit den geschicktesten Offizieren und befehligt von talentvollen Generälen, wurden dahin eingeschifft. Nebst dem hatte man sich des Beistandes zahlreicher und kriegerischer Indianerstämme durch allerhand Mittel und große Opfer versichert.

Die Kolonien befanden sich beim Beginn des Krieges im entschiedenen Nachtheile. Sie hatten keine gemeinsame Verfassung, keine kräftige, das große Unternehmen leitende Regierung; sie hatten weder Geld noch Kredit, keine Magazine und keine Seemacht. Ihre Bundesarmee bestand bei Eröffnung des Kampfes aus 15,000 Rekruten ohne Disciplin, ohne Mannszucht und ohne geeignete Offiziere.

Unter so verzweifelten Umständen unternahm der unvergleichliche Washington dennoch das Oberkommando. Die makellose Tugend, die reinste Vaterlandsliebe, die Festigkeit des Charakters, die einnehmende Sanftmuth des Herzens, die berechnende Klugheit, der natürliche Scharfblick, die Erfahrung im Kriege von Jugend an, der nie wankende Muth dieses verehrungswürdigen Mannes im Alter von 43 Jahren allein konnte zu der Hoffnung eines glücklichen Ausganges berechtigen.

In der Schlacht bei Bunkershill (März 1776) behielten die Engländer unter General Gage die Oberhand. Washington siegte zwar bei Trenton und Princetown, wurde aber bei Brandywine von Cornwallis geschlagen.

Diese Niederlage war ein harter, entmuthigender Schlag für die Amerikaner, und ihre Sache trat in das allerbedenklichste Stadium. Der Ruf zu den Waffen für die Freiheit verlor mehr und mehr seine Kraft; Alles begann zu erschlaffen, sich zu verwirren. Es fehlte Geld für Proviant, Sold und Waffen; das Papiergeld verlor seinen Werth schon, ehe es ausgegeben wurde, Niemand wollte es nehmen. Die Beamten und Lieferanten betrogen in unverschämter Weise, und verkauften den Engländern für blankes Geld Waffen und Mundvorrath. Die Soldaten rissen aus, und gingen entweder zum Feinde über, wo ihnen Alles in überschwenglicher Fülle geboten wurde, oder kehrten zu ihrem Heerde zurück, wo Indianerbanden schon Alles verwüstet und gemordet hatten, oder dieses in nächster Aussicht stand; welche bei den Fahnen verharrten, wurden demoralisirt, unbotmäßig, störrig, viele wurden erschossen. Generäle traten häufig aus. Der Krieg hatte sich mehr und mehr im Lande verbreitet, und auf unzähligen Punkten wurde zugleich verheert und gemordet; wo Engländer oder Indianer eindrangen, wurde weder Greis noch Weib verschont; Erstere spießten Säuglinge aus der Wiege an ihr Bajonnet, hielten sie den verbündeten Rothhäuten zur Ermuthigung vor, wenn die Streitart ob solchen Gräueln der Hand entfallen wollte: die Menschen beiderseits waren zu wilden blutdürstigen Bestien geworden. Auch im Congresse war der Eifer erloschen; manche Staaten schickten keine Abgeordnete und entzogen sich jeglicher Verpflichtung. An Militärärzte und Feldapotheken war kaum zu denken, da das Werbgeld für einen gemeinen Soldaten schon 1000 Doll. überstieg. Selbst der edle Washington wurde von Radikalen und englisch Gesinnten verleumdet und angefeindet; er konnte keiner Partei es recht thun, jede warf die Schuld des Unheils auf ihn. — Wer hätte an Washingtons Stelle unter solch chaotischen Bedrängnissen die Sache des Volkes nicht aufgegeben? Es mochte wohl oft sein Herz bluten, und er beklagte wehmüthig alle diese Uebel, aber er verzagte nicht. Bessere Menschen, die seine Größe noch zu begeistern vermochte, standen zu ihm; die Wuth der Feinde trieb auch oft unvermuthet racheglühende Schaaren zu seinen Fahnen. Der vollständige Sieg bei Saratoga am 16. Oktober 1777, wo der General Bourgoyne nebst 6000 Mann englischen Kerntruppen gefangen wurde, war der entscheidende Wendepunkt, und gab der unterm 4. Juli 1776 erfolgten Unabhängigkeitserklärung der 13 Vereinigten Staaten Nachdruck und Anerkennung.

Frankreich, dessen König Ludwig XVI. mittlerweile von dem greisen Abgesandten Franklin bewogen, den Bedrängten Geld, Offiziere, Waffen und Munition zugewendet hatte, schloß nun ein Bündniß mit dem jungen Freistaate, und schickte Hülfstruppen in die gelichteten Reihen der Amerikaner. So wenig hatte es Frankreich vergessen, daß ihm Canada von England war entrissen worden. Lafayette, Kosziusco und viele andere europäische Helden halfen die nordamerikanische Freiheit erkämpfen. Auch Spanien trat 1779 für Nordamerika gegen England auf. Holland that bald darauf ein Gleiches. So wenig Sympathie hatten die von fremdem Marke sich nährenden Engländer unter den seefahrenden Völkern. Am 18. Oktober 1781 kam es bei Yorktown in Virginien zum letzten entscheidenden Treffen, in welchem endlich auch Cornwallis nicht nur von Washington und Rochambeau geschlagen, sondern sogar *mit 6000 Mann gefangen wurde.*

Das stolze Großbritannien war hart gedehmüthiget, besiegt von seinen Kolonien, die nur drei Millionen Einwohner zählten; es mußte endlich 1782 die Unabhängigkeit der 13 Vereinigten Staaten anerkennen, und froh seyn, daß ihm Canada blieb. Die Schadenfreude seiner vielen Feinde, mit welchen der Friede 1783 zu Stande kam, mag ihm sehr bitter gewesen seyn.

Jetzt denkt selten ein Amerikaner mehr daran, daß europäische Monarchen die republikanischen Freiheiten ihnen erkämpfen und schützen halfen; was Frankreichs Bourbonen vielleicht bereueten, als sie in England eine Zufluchtsstätte suchen mußten.

21. Die Verfassung der Vereinigten Staaten.

Mit der Erlangung der Unabhängigkeit war die Revolution keineswegs beendiget, und die Wehen des verheerenden und demoralisirenden Krieges fingen eben an recht fühlbar zu werden. So lange der Feind im Lande war, mußten die einzelnen Staaten zusammenhalten, sollte ihre Unterjochung nicht sogleich eintreten. Nun da er abgezogen war, zerfielen und verwirrten sich alle Verhältnisse immer mehr. Selbst die Soldaten wollten nicht auseinandergehen, forderten drohend ansehnliche Belohnungen und verübten mancherlei Unfug. Vom Zahlen zu gemeinschaftlichen Zwecken wollte nun gar Niemand mehr wissen; im Gegentheile machten die Bürger der einzelnen Staaten an die Conföderation, der man doch kaum einen Schatten von Gewalt einräumte, unermeßliche, ja lächerliche Forderungen. Während dem Kriege war Papiergeld im Betrage von nahe an 400 Millionen Doll. ausgegeben worden, aber sein Werth war dermaßen verschwunden, daß für ein Pfund Butter vierzig Dollars bezahlt wurden. Man verlangte die Einlösung dieses Papiergeldes nach dem Nennwerthe: von wem und womit es eigelöst werden sollte und könnte, das wußte aber Niemand; und so wurde es zum Aerger vieler kurzsichtigen Spekulanten nur zu 1 Proz. eingelöst. Jeder Staat suchte sein Interesse zu wahren, gab Zollgesetze, machte Gränzbestimmungen, wodurch anderen zu nahe getreten wurde; wer sollte solche Händel schlichten? wer sollte die auswärtigen Angelegenheiten leiten, da man den Congreß gar nicht mehr achtete? Die Souverainität der einzelnen Staaten war das Idol, dem Alle verblendet dienten, so schreiend auch das Bedürfniß einer Centralgewalt sich erwies, ohne welche das Bestehen der Gesammtheit unmöglich war.

Washington war nach dem Feldzuge auf sein Landgütchen Mount Vernon zurückgekehrt. Er hatte für alle seine Dienste gar nichts verlangt, vielmehr hatte er noch sein eigenes Vermögen geopfert. Er mußte nun abermals der Retter des Vaterlandes seyn, das durch Anarchie dem Untergange nahe gebracht war. Die endlose Verwirrung und ein offenbares Siechthum des Ganzen hatte endlich den Wunsch einer ordnenden und heilenden Centralgewalt erzeugt. Eine zu Philadelphia gehaltene Convention unter dem Vorsitze Washington's berieth die Verfassung im Mai 1787, und die merkwürdige Urkunde derselben wurde verfaßt.

Es war eine sehr schwierige Aufgabe, bei dem hartnäckigen Festhalten der Bundesstaaten an ihrer Souverainität und ihren Sonderinteressen eine kräftige Centralgewalt zu schaffen, da man den gegen die gestürzte englische Regierung gehegten Haß im vornhinein auf sie übertrug. Rhode Island und Nordcarolina widersetzten sich der Annahme der Bundesverfassung am eifrigsten, obschon sie von dem allverehrten Vater Washington kam. Dennoch wurde sie im Januar 1788 allgemein angenommen, und Washington am 14. April 1789 einstimmig zum ersten Präsidenten erwählt. Von nun an bildeten die Staaten: New Hampshire, Massachusetts, Rhode Island, Connecticut, New York, Pennsylvanien, New Jersey, Delaware, Maryland, Virginien, Nordcarolina, Südcarolina und Georgien ein geordnetes Ganze, und die Nordamerikanische Union war ins Leben getreten.

Die einzelnen Bundesstaaten hatten ihre Verfassungen schon

früher geregelt, und nach Erringung der Unabhängigkeit vollends in Ordnung gebracht. Die Annahme der Unionsverfassung machte noch einige Veränderungen nothwendig; es mußte nämlich dasjenige daraus entfernt werden, was mit den Bestimmungen der Unionsverfassung im offenbaren Widerspruche stand. Washington war beim Entwurfe dieser Verfassung mit vieler Umsicht und klugem Vorbedacht zu Werke gegangen und hatte Alles sorgfältigst vermieden, was einer unnöthigen Beschränkung der Freiheit der Einzelstaaten zu Gunsten der Centralregierung nur entfernt ähnlich gewesen wäre. Von dieser Seite betrachtet mag das merkwürdige Dokument allerdings als ein Meisterstück angesehen werden. Es gereicht dieser Verfassung gewiß auch zur nicht geringen Empfehlung, daß sie bis auf den heutigen Tag mit den wenigen Verbesserungen und Zusätzen von den Jahren 1791, 1798 und 1804 in voller Kraft und Wirksamkeit verblieben ist. Nur scheinen alle Jene die allseitigen Verhältnisse und Zustände des nordamerikanischen Freistaates nicht bedachtsam zu würdigen und mit denen anderer Staaten und Völker unbefangen verglichen zu haben, welche da meinen, sie sey im Stande, alle Welt zu beglücken oder anderswo dasselbe Ergebniß wie in Nordamerika herbeizuführen.

Ich hoffe mehreren Lesern dieser Blätter einen Dienst zu erweisen, wenn ich die vielbesprochene Urkunde hier vollständig mittheile.

Verfassung der Vereinigten Staaten von Nordamerika.

Wir, das Volk der Vereinigten Staaten, in der Absicht, eine vollkommene Vereinigung zu bilden, Gerechtigkeit zu gründen, innere Ruhe zu sichern, für gemeinsame Vertheidigung zu sorgen, allgemeine Wohlfahrt zu fördern, und den Seegen der Freiheit uns und unsern Nachkommen zu erhalten, verordnen und setzen fest diese Verfassung für die Vereinigten Staaten von Nordamerika.

Artikel I.

1. Section.

Alle hierin verliehene gesetzgebende Gewalt soll einem Congresse der Vereinigten Staaten übertragen werden, welcher aus einem Senate und einem Repräsentantenhause bestehen soll.

2. Section.

§. 1. Das Haus der Repräsentanten soll aus Mitgliedern bestehen, welche alle zwei Jahre von dem Volke der verschiedenen Staaten gewählt werden, und die Wähler jedes Staates sollen die für Wähler des zahlreichsten Zweiges der Gesetzgebung in ihrem eigenen Staate erforderlichen Eigenschaften besitzen.

§. 2. *Niemand soll Repräsentant (Abgeordneter) werden können*, der nicht das Alter von 21 Jahren erreicht, 7 Jahre lang Bürger der Vereinigten Staaten gewesen und zur Zeit seiner Erwählung nicht ein Einwohner des Staates ist, in welchem er gewählt werden soll.

§. 3. Die Repräsentanten und die directen Steuern sollen unter den verschiedenen Staaten, welche zu dieser Union gehören mögen, ihrer Volkszahl gemäß vertheilt, diese Volkszahl aber so bestimmt werden, daß zu der Gesammtzahl freier Personen (die auf eine bestimmte Zahl von Jahren Dienstpflichtigen mit eingerechnet, die nicht besteuerten Indianer abgerechnet) drei Fünftheile aller übrigen Personen hinzugerechnet werden. Die dreimalige Zählung soll binnen drei Jahren nach dem ersten Zusammentreten des Congresses der Vereinigten Staaten vorgenommen werden, und später von 10 zu 10 Jahren in solcher Weise, wie es der Congreß durch ein Gesetz bestimmen wird. Die Zahl der Repräsentanten soll Einen für jede Dreißigtausend nicht übersteigen, aber jeder Staat soll auch mindestens einen Vertreter haben, und bis diese Zählung vollzogen seyn wird, soll der Staat New Hampshire drei, Massachusetts acht, Rhode Island und Providence einen, Connecticut fünf, New York sechs, New Jersey vier, Pennsylvanien acht, Delaware einen, Maryland sechs, Virginien zehn, Nord-Carolina fünf, Süd-Carolina fünf und Georgien drei zu wählen berechtiget seyn.

§. 4. Wenn in der Vertretung irgend eines Staates Erledigungen eintreten, so soll die vollziehende Gewalt desselben Wahlausschreiben ergehen lassen, damit solche erledigte Stellen besetzt werden.

§. 5. Das Haus der Repräsentanten soll seinen Sprecher und seine anderen Beamten wählen, und allein die Befugniß haben, sie in Anklagestand zu versetzen.

3. Section.

§. 1. Der Senat (Oberhaus) der Vereinigten Staaten soll aus zwei Senatoren aus jedem Staate bestehen, die von der gesetzgebenden Gewalt desselben auf zwei Jahre zu wählen sind, und von denen jeder eine Stimme hat.

§. 2. Nachdem die Senatoren, zufolge der ersten Wahl, versammelt sind, sollen sie so gleichmäßig wie möglich in drei Klassen getheilt werden. Die Sitze der Senatoren erster Klasse sollen mit Ablauf des zweiten Jahres, die der zweiten mit Ablauf des vierten Jahres und die der dritten mit Ablauf des sechsten Jahres erlediget seyn, so daß alle zwei Jahre ein Drittel gewählt wird; und wenn durch Abdankung oder sonst wie Erledigungen eintreten, während die gesetzgebende Gewalt eines Staates nicht versammelt ist, so soll dessen vollziehende Gewalt einstweilen Bestallungen bis zur nächsten Zusammenkunft der gesetzgebenden Gewalt geben, die dann solche erledigte Stellen wieder besetzen soll.

§. 3. Niemand soll Senator werden, der nicht das dreißigste Jahr erreicht hat, 9 Jahre lang Bürger der Vereinigten Staaten gewesen ist, und der nicht zur Zeit seiner Erwählung Einwohner desjenigen Staates ist, für welchen er gewählt werden soll.

§. 4. Der Vicepräsident der Vereinigten Staaten soll Präsident des Senates seyn, aber nur bei Stimmengleichheit eine Stimme haben.

§. 5. Der Senat soll seine anderen Beamten und eben so einen provisorischen Präsidenten wählen, wenn der Vicepräsident abwesend ist, oder wenn er das Amt des Präsidenten der Vereinigten Staaten bekleiden muß.

§. 6. Der Senat allein soll die Gewalt haben, alle Klagen gegen Staatsbeamte zu untersuchen. Wenn er zu diesem Zwecke Sitzungen hält, so soll er durch Eid oder feierliches Gelöbniß an Eides Statt verpflichtet werden. Wird der Präsident der Vereinigten Staaten vor Gericht gezogen, so soll der Oberrichter den Vorsitz führen, und Niemand soll für überführt betrachtet werden, ohne daß zwei Drittheile der gegenwärtigen Mitglieder dafür stimmen.

§. 7. Das Urtheil in solchen Anklagefällen soll sich nicht weiter erstrecken, als auf Amtsentsetzung und Entziehung des Rechtes, irgend ein Ehren- oder besoldetes Amt in den Vereinigten Staaten erhalten und bekleiden zu können; aber nichts desto weniger soll der überführte Theil der gesetzlichen Anklage, Untersuchung, Verurtheilung und Bestrafung unterworfen bleiben.

4. Section.

§. 1. Zeit, Ort und Art der Wahlhandlungen für den Senat und das Haus der Repräsentanten sollen in jedem Staate von dessen gesetzgebender Gewalt bestimmt werden; der Congreß kann jedoch zu jeder

Zeit durchs Gesetz dergleichen Bestimmungen treffen oder abändern, die Bestimmung der Orte zur Wahl der Senatoren ausgenommen.

§. 2. Der Congreß soll sich jährlich wenigstens einmal versammeln, und zwar am ersten Montage im Dezember, falls er nicht durchs Gesetz einen andern Tag dazu bestimmt.

5. Section.

§. 1. Jedes Haus entscheidet über die Giltigkeit der Wahlberichte und über die Wahlbefähigung seiner eigenen Mitglieder, und die Majorität in jedem Hause soll die für Führung der Geschäfte berechtigte Zahl seyn, dagegen kann sich eine kleinere Anzahl von Tag zu Tag vertagen, und ist befugt, abwesende Mitglieder zum Erscheinen zu zwingen auf solche Weise und mit solchen Strafen, wie ein jedes Haus bestimmen wird.

§. 2. Jedes Haus kann seine Geschäftsordnung selbst festsetzen, seine Mitglieder wegen ungebührlichen Benehmens bestrafen, und mit zwei Drittheilen Stimmen ein Mitglied ausstoßen.

§. 3. Jedes Haus soll ein Protokoll über seine Verhandlungen führen und es von Zeit zu Zeit, mit Ausnahme solcher Fälle veröffentlichen, die nach seinem Ermessen Geheimhaltung erfordern, und verlangt es ein Fünftheil der Anwesenden, so soll die Abstimmung der einzelnen Mitglieder in das Protokoll eingetragen werden.

§. 4. Kein Haus soll während der Sitzung ohne Zustimmung des andern sich auf länger als drei Tage vertagen, noch an irgend einem andern Orte als dem, an welchem beide Häuser versammelt sind, seine Sitzungen halten.

6. Section.

§. 1. Die Senatoren und Repräsentanten sollen für ihre Dienste eine gesetzlich bestimmte und aus dem Staatsschatze der Vereinigten Staaten zu bezahlende Entschädigung erhalten. Sie sollen in allen Fällen, Hochverrath, Felonie und Friedensbruch ausgenommen, so lange sie der Sitzung ihres respektiven Hauses beiwohnen, oder auf der Hinreise zu, oder auf der Heimreise von demselben begriffen sind, gegen Verhaftung gesichert seyn, auch wegen keiner in einem der beiden Häuser gehaltenen Rede oder Debatte zur Verantwortung gezogen werden können.

§. 2. Kein Senator oder Repräsentant soll während der Zeit, für welche er gewählt wurde, zu irgend einem unter der Regierung der

Vereinigten Staaten stehenden bürgerlichen Amte, welches während dieser Zeit errichtet, oder im Gehalt erhöht wurde, befördert werden können; auch soll kein Beamter der Vereinigten Staaten Mitglied des einen oder des andern Hauses werden, so lange er im Amte ist.

7. Section.

§. 1. Alle Gesetzentwürfe zur Erhebung von Staatseinkünften sollen vom Hause der Repräsentanten ausgehen, doch kann der Senat, wie bei andern Anträgen, Verbesserungen oder Zusätze dazu vorschlagen, oder ihnen beistimmen.

§. 2. Jeder Gesetzentwurf, Antrag oder Bill, welcher im Hause der Repräsentanten und im Senate durchgegangen ist, soll, ehe er zum Gesetz erhoben wird, dem Präsidenten der Vereinigten Staaten vorgelegt werden; stimmt dieser ihm bei, so soll er ihn unterzeichnen, wo nicht, so hat er ihn mit seinen Einwürfen dem Hause, aus welchem er hervorgegangen ist, zurückzusenden, welches dann die Einwürfe vollständig in sein Protokoll eintragen läßt, und die Sache nochmals in Erwägung zieht. Wenn nach abermaliger Erwägung zwei Drittheile des Hauses für den Antrag sind, so soll er sammt den Einwürfen dem andern Hause vorgelegt werden, welches ihn ebenfalls nochmals in Erwägung zieht, und wird er dann auch von zwei Drittheilen dieses Hauses genehmiget, so hat er Gesetzeskraft. In allen solchen Fällen aber sollen die Stimmen mit Ja oder Nein abgegeben und die Namen der für und wider den Antrag Stimmenden in das Protokoll jedes betreffenden Hauses eingetragen werden. Wenn ein Antrag nicht innerhalb 10 Tagen, von dem der Uebersendung an gerechnet (Sonntage nicht gerechnet), vom Präsidenten zurückgesendet ist, so soll er eben so gut Gesetz werden, als ob er ihn unterzeichnet hätte, es sey denn, daß der Congreß durch Vertagung die Rücksendung verhindert, in welchem Falle der Gesetzentwurf nicht zum Gesetz wird.

§. 3. Erlasse, Beschlüsse oder Abstimmungen, zu denen die Mitwirkung des Senates oder des Hauses der Repräsentanten erforderlich ist (die Frage über Vertagung ausgenommen), sollen dem Präsidenten der Vereinigten Staaten vorgelegt, und ehe sie in Wirksamkeit treten können, von ihm genehmiget werden, oder, wenn sie von ihm nicht genehmiget werden, durch zwei Drittheile der Mitglieder des Senates und des Hauses der Repräsentanten angenommen seyn, gemäß den bei Anträgen vorgeschriebenen Verordnungen und Beschränkungen.

8. Section.

Der Congreß soll Macht haben:

§. 1. Auflagen, Zölle, Gefälle und Steuern aufzulegen und zu erheben, Schulden zu bezahlen, und für die gemeinsame Vertheidigung und Wohlfahrt der Vereinigten Staaten zu sorgen; *aber alle Zölle, Gefälle und Steuern sollen in den Vereinigten Staaten gleichmäßig seyn.*

§. 2. Auf den Credit der Vereinigten Staaten Geldanleihen zu machen.

§. 3. Den Handel mit fremden Nationen und zwischen den einzelnen Staaten, so wie mit den Indianerstämmen zu ordnen.

§. 4. Ein allgemeines Einbürgerungs- (Naturalisations-) Gesetz und gleichförmige Bankerottgesetze in den Vereinigten Staaten festzusetzen.

§. 5. Geld zu prägen, und den Werth desselben, so wie den fremder Geldsorten zu bestimmen und Ein Maaß und Gewicht festzusetzen.

§. 6. Für die Bestrafung des Nachmachens des Papiergeldes und der gangbaren Münzen der Vereinigten Staaten zu sorgen.

§. 7. Postämter und Poststraßen zu errichten.

§. 8. Den Fortschritt der Wissenschaften und nützlicher Künste dadurch zu befördern, daß, jedoch nur auf gewisse Zeit, Schriftstellern und Erfindern ein ausschließliches Recht (Patent) auf ihre Schriften und Erfindungen gesichert wird.

§. 9. Gerichte, die unter dem obersten Gerichtshofe stehen, zu errichten, damit sie Seeräubereien und Verbrechen, die auf hoher See begangen werden, und Verletzungen des Völkerrechtes aburtheilen und bestrafen.

§. 10. Krieg zu erklären, Kaper- und Repressalienbriefe auszufertigen, und Verordnungen hinsichtlich der Prisen zu Wasser und zu Lande zu erlassen.

§. 11. Heere zu errichten und zu unterhalten. Jedoch soll keine Geldbewilligung zu diesem Zwecke auf länger als für zwei Jahre gemacht werden.

§. 12. Eine Seemacht zu errichten und zu unterhalten.

§. 13. Vorschriften über die Einrichtung der Land- und Seemacht zu geben.

§. 14. Für Aufruf der Miliz (Bürgerwehr) zur Aufrechthaltung der Gesetze der Union, zur Unterdrückung von Aufständen und zur Abwehr feindlicher Einfälle zu sorgen.

§. 15. Für Organisation, Bewaffnung und Disziplin der Miliz, so wie für Befehligung des Theiles derselben zu sorgen, der zum Dienste der Vereinigten Staaten verwendet wird, wobei den Staaten die Ernennung der Offiziere und die Macht überlassen wird, die Miliz nach der vom Congreß vorgeschriebenen Kriegsordnung einzuüben.

§. 16. Ausschließliche Gesetzgebung in allen und jeden Fällen über einen nicht größern als 10 Quadratmeilen umfassenden Bezirk auszuüben, welcher durch Abtretung einzelner Staaten und mit Genehmigung des Congresses der Sitz der Regierung der Vereinigten Staaten werden soll, und eben so auch Machtvollkommenheit zu üben über alle, mit Zustimmung der gesetzgebenden Gewalt des betreffenden Staates, angekaufte Plätze zur Errichtung von Festungen, Magazinen, Zeughäusern, Schiffswerften und anderen nothwendigen Gebäuden; und

§. 17. Alle Gesetze zu geben, welche nothwendig und zweckmäßig sind, die vorbeschriebenen und alle mittelst dieser Verfassung der Regierung der Vereinigten Staaten oder irgend einem Verwaltungsfache oder Beamten derselben verliehenen Befugnisse zu handhaben.

9. Section.

§. 1. Die Einwanderung oder Einführung solcher Personen, welche zuzulassen irgend einer der jetzt bestehenden Vereinsstaaten für gut erachtet, soll von dem Congreß nicht vor dem Jahre 1808 verboten werden; es kann jedoch auf solche Einwanderung eine Steuer oder Abgabe gelegt werden, welche aber nicht mehr als 10 Dollars für die Person betragen darf.

§. 2. Das Vorrecht der Habeas-Corpus-Acte soll nicht aufgehoben werden, außer in Fällen eines Aufstandes oder feindlichen Einfalles, wo es die öffentliche Sicherheit erfordert.

§. 3. Kein Gesetz, welches Güterconfiscation oder Verlust der bürgerlichen Rechte bestimmt, noch ein Gesetz ex post facto (mit rückwirkender Kraft) soll gegeben werden.

§. 4. Keine Kopf- oder andere directe Steuer soll auferlegt werden, außer sie stehe im Verhältniß zur Schätzung oder hierin vorher angeordneten Zählung.

§. 5. Keine Gefälle oder Zölle sollen auf Ausfuhrartikel aus irgend einem Staate gelegt werden, keinem Hafen irgend eines Staates durch Handelsverordnungen oder Uebereinkommen ein Vorzug vor dem eines anderen eingeräumt werden, noch solche Schiffe, die von oder nach einem andern Staate zu segeln bestimmt sind, gehalten seyn, einzulaufen, umzuladen oder in einem anderen Staate Zoll zu bezahlen.

§. 6. Kein Geld soll aus dem Staatsschatze gezogen werden, außer zu gesetzlich bestimmter Verwendung, und von Zeit zu Zeit soll eine regelmäßige Berechnung über die Einnahmen und Ausgaben aller Staatsgelder veröffentlicht werden.

10. Section.

§ 1. *Kein Staat soll irgend einen Vertrag,* Bündniß oder Vereinigung eingehen, Kaper- oder Repressalienbriefe ertheilen, Geld prägen, Creditscheine ausstellen, etwas Anderes als Gold- und Silbermünze bei Schuldzahlungen bieten, ein Güterconfiscations- oder rückwirkendes Gesetz, oder ein die Verbindlichkeit von Verträgen schwächendes Gesetz erlassen, oder einen Adelstitel verleihen.

§. 2. Kein Staat soll ohne Zustimmung des Congresses Gefälle oder Zölle auf Ein- und Ausfuhr legen, ausgenommen so weit es unumgänglich nothwendig ist zur Vollziehung seiner Aufsichtsgesetze; und der Reinertrag aller von einem Staate etwa auf Ein- oder Ausfuhr gelegten Gefälle oder Zölle soll dem Schatze der Vereinigten Staaten zufallen, und alle diesfälligen Gesetze sollen der Durchsicht und Controlle des Congresses unterworfen seyn. Kein Staat soll ohne Zustimmung des Congresses Tonnengelder erheben, in Friedenszeiten Truppen oder Kriegsschiffe halten, mit irgend einem andern Staate oder auswärtigen Macht irgend eine Uebereinkunft oder Bündniß eingehen, oder Krieg anfangen, wofern er nicht wirklich angegriffen wird, oder sich in einer keinen Verzug duldenden Gefahr befindet.

Artikel II.

1. Section.

§. 1. Die vollziehende Gewalt soll einem Präsidenten der Vereinigten Staaten übertragen werden. Er soll sein Amt vier Jahre lang bekleiden und mit dem auf gleiche Dauer gewählten Vicepräsidenten auf folgende Weise gewählt werden:

§. 2. Jeder Staat soll in der Weise, wie seine Gesetzgebung bestimmt, eine Zahl von Wahlmännern aufstellen, welche der Zahl der Senatoren und Repräsentanten gleich kommt, zu welcher er im Congreß berechtiget ist, es kann aber kein Senator oder Repräsentant, oder irgend Einer, der unter den Vereinigten Staaten irgend ein Amt, sey es ein besoldetes oder unbesoldetes bekleidet, als Wahlmann aufgestellt werden.

§. 3. Die Wähler sollen sich in ihren Staaten versammeln und durch Ballotiren für zwei Personen stimmen, wovon eine wenigstens kein

Mitbewohner in ihrem Staate ist. Dann sollen sie eine Liste von allen Denjenigen, für welche gestimmt worden ist, und die Zahl der Stimmen, welche Jeder derselben erhalten hat, anfertigen, dieses Verzeichniß unterschreiben und beglaubigen, und versiegelt an den Sitz der Regierung der Vereinigten Staaten unter der Aufschrift „An den Präsidenten des Senats" einsenden. Der Präsident des Senats soll dann in Gegenwart des Senats und des Hauses der Repräsentanten alle Berichte öffnen, und hierauf sollen die Stimmen gezählt werden. Wer die meisten Stimmen hat, soll Präsident seyn, wenn die Zahl dieser Stimmen die Mehrheit aller aufgestellten Wähler ist. Wenn mehr als Einer solche Stimmenmehrheit erhalten hat und Gleichheit der Stimmen stattfindet, so soll das Haus der Repräsentanten sogleich durch Ballotement Einen davon zum Präsidenten erwählen. Hat Niemand eine Mehrheit, so soll besagtes Haus den Präsidenten auf gleiche Weise aus den fünf höchsten in der Liste wählen. Bei solcher Wahl des Präsidenten soll dergestalt nach Staaten gestimmt werden, daß die Repräsentation jedes Staates eine Stimme hat. Die hierzu gehörige Zahl soll aus einem oder mehreren Gliedern von zwei Drittheilen der Staaten bestehen, und die Mehrheit aller Staaten zu einer Wahl nöthig seyn. In jedem Falle soll Derjenige, welcher nach der Wahl des Präsidenten die meisten Wahlstimmen hat, Vicepräsident seyn. Sollten jedoch Zwei oder Mehrere übrig seyn, welche gleiche Stimmen erhielten, so soll der Senat aus ihnen durch Ballotement den Vicepräsidenten wählen.

§. 4. Der Congreß hat die Zeit zur Aufstellung der Wahlmänner und den Tag zu bestimmen, an welchem die Wähler ihre Stimmen abgeben sollen; dieser Tag soll durch die ganzen Vereinigten Staaten derselbe seyn.

§. 5. Niemand als ein geborener Bürger, oder der zur Zeit der Annahme dieser Verfassung Bürger der Vereinigten Staaten war, soll zum Präsidenten wählbar seyn; auch Niemand, der nicht das fünfunddreißigste Jahr erreicht und nicht 14 Jahre lang seinen Wohnsitz innerhalb der Vereinigten Staaten gehabt hat.

§. 6. Im Falle der Amtsentsetzung des Präsidenten, oder seines Todes, seiner Abdankung oder Amtsunfähigkeit, soll das Amt dem Vicepräsidenten übertragen werden, und der Congreß soll mittelst Gesetzes für den Fall der Entsetzung vom Amte, des Todes, der Abdankung oder Unfähigkeit sowohl des Präsidenten als des Vicepräsidenten Verfügung treffen, welcher Beamte dann des Präsidenten Stelle vertreten soll, und ein solcher Beamte soll, bis die Unfähigkeit beseitiget, oder ein neuer Präsident gewählt ist, demgemäß fungiren.

§. 7. Der Präsident soll zu festgesetzten Zeiten für seine Dienste eine Entschädigung erhalten, welche während der Amtsdauer, für die er gewählt worden, weder erhöht noch erniedrigt werden darf. Auch soll er während dieser Zeit weder von den Vereinigten Staaten, noch von irgend einem der einzelnen Staaten eine andere Vergünstigung erhalten.

§. 8. Bevor er sein Amt antritt, soll er folgenden Eid oder feierliches Gelöbniß ablegen: „Ich schwöre (oder gelobe feierlichst), daß ich das Amt eines Präsidenten der Vereinigten Staaten treu verwalten und nach meinen besten Kräften die Verfassung der Vereinigten Staaten bewahren, schützen und vertheidigen will."

2. Section.

§. 1. Der Präsident soll der Oberbefehlshaber der Armee und der Seemacht der Vereinigten Staaten, wie auch der Miliz der verschiedenen Staaten seyn, wenn diese in den activen Dienst der Vereinigten Staaten tritt; er hat das Recht, die schriftliche Ansicht und Meinung jedes der obersten Beamten bei jeder Vollziehungsbehörde über Alles zu verlangen, was zu den Pflichten ihrer respectiven Aemter gehört; er soll auch die Macht haben, bei allen Vergehen gegen die Vereinigten Staaten Strafmilderung oder Begnadigung zu decretiren, nur da nicht, wo vom Hause der Repräsentanten eine Anklage erhoben worden ist.

§. 2. Er soll die Macht haben, auf und mit Rath und Zustimmung des Senates Verträge zu schließen, sobald zwei Drittheile der anwesenden Senatoren beitreten, und er soll auf und mit Rath und Zustimmung des Senats Gesandte, andere Minister und Consulen, Richter des obersten Gerichtshofes und alle anderen Beamten der Vereinigten Staaten, über deren Anstellung hierin nicht auf andere Weise bestimmt worden ist, und die dem Gesetze gemäß angestellt werden, ernennen und anstellen zu können. Der Congreß kann jedoch gesetzlich die Anstellung aller solcher Unterbeamten, die er für zweckmäßig hält, entweder dem Präsidenten allein, oder den Gerichtshöfen, oder den Vorstehern der Regierungsdepartements übertragen.

§. 3. Der Präsident soll die Macht haben, alle vorkommenden Amtserledigungen während des Nichtversammeltseyns des Senates durch Ertheilung von Bestallungen, die aber mit dem Schlusse der nächsten Senatssitzung erlöschen, zu besetzen.

3. Section.

Er soll dem Congresse von Zeit zu Zeit von dem Zustande der Union Kunde geben, und der Berathung derselben solche Maßregeln empfehlen, die er für zweckmäßig und nothwendig erachtet. Er darf in außerordentlichen Fällen beide Häuser oder eins von beiden zusammenberufen, und falls beide über ihre Vertagungszeit nicht einig werden können, so kann er sie auf eine ihm geeignet scheinende Zeit vertagen. Er soll Gesandte und andere öffentliche Bevollmächtigte empfangen, für gewissenhafte Handhabung der Gesetze Sorge tragen, und allen Beamten der Vereinigten Staaten ihre Bestallungen ausfertigen.

4. Section.

Der Präsident, Vicepräsident und alle Civilbeamte der Vereinigten Staaten sollen, wenn sie des Verrathes, der Bestechung oder anderer schweren Verbrechen und Vergehen wegen angeklagt und überwiesen sind, ihrer Stellen entsetzt werden.

Artikel III.

1. Section.

Die richterliche Gewalt der Vereinigten Staaten soll einem obersten Gerichtshofe und solchen Untergerichtshöfen übertragen werden, wie sie der Congreß von Zeit zu Zeit zu verordnen und zu errichten für gut befindet. Die Richter des obersten Gerichtshofes sowohl als die der Untergerichtshöfe sollen im Amte bleiben, so lange sie sich eines guten Betragens befleißigen, und zu festgesetzten Zeiten eine Entschädigung für ihre Dienste erhalten, welche, so lange sie im Dienste sind, nicht herabgesetzt werden darf.

2. Section.

§. 1. Die richterliche Gewalt soll sich erstrecken auf alle Fälle in Rechts- und Kanzleisachen, welche nach dieser Verfassung, nach den Gesetzen der Vereinigten Staaten und den unter ihrer Machtvollkommenheit eingegangenen oder noch einzugehenden Verträgen zu beurtheilen sind; auf alle Fälle, welche Gesandte, andere öffentliche Geschäftsträger und Consuln betreffen; auf alle Fälle der Admiralitäts- und Seegerichtsbarkeit; auf alle Streitigkeiten, in welchen die Vereinigten Staaten Partei sind; auf alle Streitigkeiten zwischen zwei oder mehreren Staaten; zwischen Bürgern verschiedener Staaten; zwischen Bürgern eines andern Staates und einem Staate, zwischen Bürgern ein und desselben

Staates, wenn diese Ansprüche auf Ländereien machen, auf welche ihnen von verschiedenen Staaten Rechtstitel gegeben worden sind; und zwischen einem Staate und dessen Bürgern und fremden Staaten, Bürgern oder Unterthanen überhaupt.

§. 2. In allen Fällen, welche Gesandte, andere öffentliche Bevollmächtigte oder Consuln angehen, und in solchen, in welchen ein Staat Partei ist, soll der oberste Gerichtshof erste Instanz seyn. In allen übrigen vorerwähnten Fällen soll der Obergerichtshof Appellationsinstanz seyn sowohl hinsichtlich der Rechtsfrage, als der Entscheidung über Thatsachen, mit den Ausnahmen und den Vorschriften, wie sie der Congreß machen wird.

§. 3. Die Gerichtsverhandlungen über alle Verbrechen, die Fälle der Anklage vor dem Senate ausgenommen, sollen durch Geschwornengerichte geschehen, und solches Verfahren soll in dem Staate Statt finden, in welchem das Verbrechen verübt worden ist; ist es aber nicht innerhalb eines Staates verübt worden, so sollen die Gerichtsverhandlungen an dem Orte oder den Orten seyn, welche der Congreß dazu durch das Gesetz bestimmt.

3. Section.

§. 1. Als Hochverrath gegen die Vereinigten Staaten soll nur Aufreizung zum Kriege gegen sie betrachtet werden, oder Anhang an ihren Feinden, indem diesen Hilfe und Vorschub geleistet wird. Niemand soll des Verrathes anders, als auf das Zeugniß zweier Zeugen von einer und derselben offen begangenen That, oder auf Geständniß vor offenem Gerichtshof überwiesen gehalten werden.

§. 2. Der Congreß soll die Macht haben, die Strafe des Hochverrathes zu bestimmen; aber keine Verrathsüberführung soll eine Makel auf die Familie des Verbrechers werfen, oder Güterconfiscation über die Lebensdauer des Ueberführten hinaus zur Folge haben.

Artikel IV.

1. Section.

In jedem Staate soll den öffentlichen Acten, Urkunden und gerichtlichen Verhandlungen jedes andern Staates Treu und Glauben geschenkt werden, und der Congreß kann durch allgemeine Gesetze die Art und Weise vorschreiben, wie solche Acten, Urkunden und gerichtliche Verhandlungen zu prüfen sind, und welche Folgen sie haben sollen.

2. Section.

§. 1. Die Bürger eines jeden Staates sollen zu allen Vorrechten und Freiheiten berechtiget seyn, welche die Bürger der übrigen Staaten genießen.

§. 2. Wer in einem Staate des Verraths, der Felonie oder eines andern Verbrechens angeklagt, dem Arme der Gerechtigkeit entflieht, und in einem andern Staate betroffen wird, soll auf Verlangen der vollziehenden Gewalt des Staates, aus welchem er entflohen, ausgeliefert und nach dem Staate gebracht werden, welcher die Gerichtsbarkeit über das begangene Verbrechen hat.

§. 3. Niemand, der in einem Staate gesetzlich zu Dienst oder Arbeit verpflichtet ist, und in einen andern Staat entweicht, soll auf Grund eines in letzterem geltenden Gesetzes oder Verordnung von solchem Dienste oder solcher Arbeit entbunden, sondern auf Begehren der Partei, der er den Dienst oder die Arbeit schuldet, ausgeliefert werden.

3. Section.

§. 1. Durch den Congreß können neue Staaten in diese Union aufgenommen werden, aber kein neuer Staat darf innerhalb der Gerichtsbarkeit eines andern Staates gebildet oder errichtet werden, auch soll kein Staat durch Vereinigung zweier oder mehrerer Staaten oder Theile von Staaten ohne Zustimmung der gesetzgebenden Gewalten der betheiligten Staaten sowohl als des Congresses gebildet werden.

§. 2. Der Congreß soll die Macht haben, über das Gebiet oder anderes den Vereinigten Staaten gehöriges Eigenthum zu verfügen, und rücksichtlich dessen alle nöthigen Einrichtungen und Verfügungen treffen, und in dieser Verfassung soll nichts so gedeutet werden, daß es irgend Ansprüche der Vereinigten Staaten oder eines einzelnen Staates beeinträchtige.

4. Section.

Die Vereinigten Staaten sollen jedem Staate dieser Union eine republikanische Regierungsform gewährleisten, und jeden derselben gegen feindlichen Angriff von Außen und auf Ansuchen der gesetzgebenden oder ausübenden Gewalt, wenn erstere nicht zusammenberufen werden kann, gegen Gewaltthätigkeiten im Inneren schützen.

Artikel V.

Der Congreß soll, wenn es zwei Drittheile beider Häuser für nöthig erachten, Verbesserungen dieser Verfassung vorschlagen, oder auf Ansuchen der gesetzgebenden Gewalten von zwei Drittheilen der einzelnen Staaten eine Zusammenkunft von Abgeordneten veranstalten, um Verbesserungen zu beantragen. Diese Verbesserungen sollen in beiden Fällen nach ihrem ganzen Inhalte zu Zweck als Theile dieser Verfassung giltig seyn, wenn sie von den gesetzgebenden Gewalten von drei Viertheilen der einzelnen Staaten, oder von Zusammenkünften von drei Viertheilen derselben genehmiget worden sind, je nachdem der Congreß die eine oder die andere Genehmigungsart vorgeschlagen haben mag, unter der Bedingung, daß keine Verbesserung, welche vor dem Jahre 1808 gemacht wird, auf irgend eine Weise die erste und vierte Clausel der 9. Section im I. Artikel verletze, und kein Staat ohne seine Einwilligung seines gleichen Stimmrechtes im Senate beraubt werden soll.

Artikel VI.

§. 1. Alle vor Annahme dieser Verfassung gemachten Schulden und eingegangenen Verbindlichkeiten sollen eben so giltig gegen die Vereinigten Staaten unter dieser Verfassung seyn, als unter der Conföderation.

§. 2. Diese Verfassung und die Gesetze der Vereinigten Staaten, welche ihr zufolge gemacht werden, und alle unter Machtvollkommenheit der Vereinigten Staaten abgeschlossenen oder abzuschließenden Verträge sollen das höchste Landesgesetz und für die Richter eines jeden Staates bindend seyn, wenn auch etwas in der Verfassung oder in den Gesetzen eines Staates ihnen widerspräche.

§. 3. Die vorerwähnten Senatoren und Repräsentanten und die Mitglieder der verschiedenen Staatsgesetzgebungen und alle Vollziehungs- und Gerichtsbeamte der Vereinigten Staaten wie der einzelnen Staaten sollen durch Eid oder feierliches Gelöbniß verpflichtet werden, diese Verfassung aufrecht zu erhalten; nie aber soll zur Befähigung für irgend einen Dienst oder öffentliches Amt in den Vereinigten Staaten ein religiöser Prüfungseid gefordert werden.

Artikel VII.

Die Genehmigung der Uebereinkunft von 9 Staaten soll zur Begründung dieser Verfassung zwischen den dieselbe annehmenden Staaten genügen.

So geschehen im Convent durch einmüthige Zustimmung der gegenwärtigen Staaten am 17. Sept. im Jahre des Herrn 1787, und im 12. Jahre der Unabhängigkeit der Vereinigten Staaten von Amerika.

Zum Zeugniß dessen haben wir hier unten unsere Namen unterschrieben.

George Washington
Präsident und Abgeordneter von Virginien.
Unterschriften von 38 Abgeordneten der 12 durch sie vertretenen Staaten und des Sekretärs William Jackson.

Verbesserungen zur Verfassung von den Jahren 1791, 1798 und 1804.

Artikel I.

Der Congreß soll kein Gesetz erlassen, welches sich auf die Einführung einer Religion bezieht, oder die freie Ausübung einer solchen verbietet; noch Gesetze, durch welche die Freiheit der Rede oder der Presse, oder das Recht des Volkes, sich friedlich zu versammeln und bei der Regierung um Abhilfe von Beschwerden einzukommen, geschmälert werden.

Artikel II.

Da eine gut eingerichtete Bürgerwehr zur Sicherheit eines freien Staates nothwendig ist, so soll das Recht des Volkes, Waffen zu besitzen und zu tragen, nicht beschränkt werden.

Artikel III.

Kein Soldat soll in Friedenszeiten in ein Haus ohne Einwilligung des Eigenthümers gelegt werden, und in Kriegszeiten nur in der durch das Gesetz vorgeschriebenen Art und Weise.

Artikel IV.

Das Recht des Volkes, hinsichtlich seiner Person, Wohnungen, Papiere und sonstigen Effecten gegen ungehörige Durchsuchung und Beschlagnahme gesichert zu seyn, soll nicht verletzt und keine Durchsuchungs- und Verhaftsbefehle sollen erlassen werden, ohne beweisliche, auf Eid oder feierliches Gelöbniß gestützte Ursache, und ohne daß der zu untersuchende Ort und die zu verhaftenden Personen oder Sachen genau beschrieben worden sind.

Artikel V.

Niemand soll wegen eines Capital- oder sonst entehrenden Verbrechens anders zu Rede und Antwort gehalten seyn, als auf eine Anklage der grand jury (großen Geschwornengerichtes), die Fälle ausgenommen, welche bei der Land- und Seemacht oder bei der Miliz vorkommen, wenn letztere in Zeiten eines Krieges oder öffentlicher Gefahr im activen Dienste ist; auch soll Niemand wegen desselben Vergehens zweimal auf Leib und Leben angeklagt werden können; noch soll irgend Jemand in irgend einem peinlichen Falle gezwungen werden, Zeugniß gegen sich selbst abzulegen, noch seines Lebens, seiner Freiheit, oder seines Eigenthums ohne gehörige richterliche Untersuchung beraubt werden. Auch soll kein Privateigenthum zum öffentlichen Nutzen ohne völlige Entschädigung genommen werden können.

Artikel VI.

In allen peinlichen Untersuchungen soll der Angeklagte das Recht eines schleunigen und öffentlichen Rechtsganges vermittelst eines unparteiischen Geschwornengerichtes des Staates und Bezirkes, in welchem das Verbrechen begangen wurde, genießen; auch soll der Bezirk vorher durch das Gesetz bestimmt, und der Angeklagte von der Natur und dem Grunde der Anklage unterrichtet seyn. Er soll ferner das Recht haben, mit den Belastungszeugen confrontirt zu werden, Zwangsverfahren anzuwenden, um Entlastungszeugen zu erhalten, und den Beistand eines Rechtsanwalts zu seiner Vertheidigung genießen.

Artikel VII.

Bei allen gemeinbürgerlichen Rechtsfällen, in denen der streitige Gegenstand den Werth von 20 Dollars übersteigt, soll das Recht des Verfahrens vor dem Geschwornengerichte gewahrt werden, und keine von einem Geschwornengerichte abgeurtheilte Thatsache soll auf eine andere Weise, als wie es das common law (gemeine Recht) vorschreibt, bei irgend einem Gerichtshofe der Vereinigten Staaten von Neuem zur Untersuchung gebracht werden.

Artikel VIII.

Weder übermäßige Bürgschaften sollen gefordert, noch außerordentlich hohe Geldstrafen auferlegt, noch grausame und ungebräuchliche Körperstrafen verhängt werden.

Artikel IX.

Die Aufzählung gewisser Rechte in der Verfassungsurkunde soll nicht so ausgelegt werden, als seyen dadurch andere, dem Volke vorbehaltene Rechte verweigert oder geschmälert.

Artikel X.

Die durch die Verfassung der Vereinigten Staaten nicht übertragenen und die durch sie den Staaten nicht auszuüben verbotenen Gewalten sind den respectiven Staaten oder dem Volke vorbehalten.

Artikel XI.

Die richterliche Gewalt der Vereinigten Staaten soll nicht so ausgelegt werden, als erstrecke sie sich auf irgend einen Rechtsstreit, sowohl in Gesetzes- als in Billigkeitssachen, welcher durch Bürger eines anderen Staates, oder durch Bürger oder Unterthanen irgend eines fremden Staates gegen die Vereinigten Staaten begonnen oder betrieben wurde.

Artikel XII.

§. 2. Die Wahlmänner sollen sich in ihren respectiven Staaten versammeln und durch Ballotiren für einen Präsidenten und Vicepräsidenten, von denen wenigstens einer kein Bewohner ihres Staates seyn darf, stimmen. Sie sollen auf ihren Stimmzetteln die Person namhaft machen, für die sie als Präsident, und auf anderen Stimmzetteln die Person, für die sie als Vicepräsident stimmen. Sie sollen dann getrennte Listen von den zu Präsidenten bestimmten Personen, so wie von der Anzahl der Stimmen für jede anfertigen. Diese Listen sollen sie unterzeichnen und beglaubigen, und versiegelt an den Sitz der Regierung der Vereinigten Staaten, adressirt an den Präsidenten des Senates, einsenden. Der Präsident des Senates soll in Gegenwart des Senates und des Hauses der Repräsentanten alle Certifikate öffnen, und hierauf sollen die Stimmen gezählt werden. Die Person, welche die größte Stimmenzahl zum Präsidenten hat, soll Präsident seyn, falls eine solche Zahl die Majorität der ganzen Anzahl der aufgestellten Wähler ist; und wenn Niemand diese Majorität besitzt, so soll das Haus der Abgeordneten von den Personen, welche auf der Stimmliste die meisten Stimmen haben, jedoch von nicht mehr als dreien, unverzüglich durch Ballotement den Präsidenten wählen. Da aber bei der Präsidentenwahl die Stimmen nach Staaten genommen werden, wobei die Repräsentation eines jeden Staates nur eine Stimme hat, so soll die zu diesem Zwecke nöthige

Wählerzahl aus einem oder mehreren Mitgliedern von zwei Drittheilen aller Staaten bestehen, und eine Stimmenmehrheit aller Staaten soll zur Wahl vonnöthen seyn. Sollte aber das Haus der Repräsentanten, wenn es im Besitze des Wahlrechtes ist, den Präsidenten nicht vor dem vierten Tage des nächstfolgenden Monates März wählen, so soll der Vicepräsident, gleich wie beim Todesfalle des Präsidenten, oder wie bei einer anderen constitutionellen Verhinderung desselben, als Präsident fungiren.

§. 2. Die Person, welche die größte Anzahl von Stimmen zum Vicepräsidenten hat, soll Vicepräsident seyn, sobald eine solche Zahl die Mehrheit der ganzen Anzahl der aufgestellten Wähler ist. Hat Niemand eine Mehrheit, so soll der Senat von den zweien, welche auf der Liste die meisten Stimmen haben, den Vicepräsidenten wählen. Die zu diesem Zwecke nothwendige Anzahl soll aus zwei Drittheilen der ganzen Zahl der Senatoren bestehen, und eine Mehrheit der ganzen Zahl soll zur Wahl erforderlich seyn.

§. 3. Niemand aber, der verfassungsmäßig unwählbar zum Präsidenten ist, soll zum Amte des Vicepräsidenten der Vereinigten Staaten wählbar seyn.

22. Entwickelung der Vereinigten Staaten, schnelle Zunahme an Macht und Umfang.

Der Friede von 1783 bestimmte den Vereinigten Staaten im Norden Canada, im Westen den Missisippi, im Süden den 30. Grad nördlicher Breite zur Gränze, innerhalb welcher alsbald Maine, Vermont, Ohio, Indiana, Illinois, Michigan, Kentucky, Tennessee, Missisippi und Alabama entstanden. Nur die südliche Spitze des letztgenannten Staates reichte bis an den mexikanischen Meerbusen; aber die beiden Flüsse Mobile und Alabama boten nur eine schwache Verbindung mit diesem Meere, und waren für die Schifffahrt nur von untergeordneter Wichtigkeit. Von der so wichtigen Mündung des Missisippi waren die Vereinigten Staaten gänzlich ausgeschlossen, was sie äußerst unbequem und für die Dauer unerträglich erachteten. Die äußeren politischen Umstände waren ihnen auch in dieser Angelegenheit sehr günstig.

Napoleon, der Louisiana von Spanien genommen hatte, erkannte nur zu gut, daß Frankreich dieses ungeheure Land, welches vom mexikanischen Golfe bis in den hohen Norden hinauf sich erstreckte, unmöglich behaupten könne. Auf den Besitz des südlichen Theiles mit der Mündung des Mississippi war England und die Union mit gleicher Heftigkeit erpicht; der bei weitem größere nördliche, derzeit noch wüste Theil war den Unionsstaaten für die zukünftige Ausbreitung unentbehrlich; daher verkaufte er es 1803 an diese für 60 Millionen Franken, ehe es ihm England nehmen konnte. Hierdurch wurde das Gebiet der Union beinahe verdoppelt, indem Louisiana damals das heutige Louisiana, Arkansas, Missouri, Jowa, Wisconsin, Minnesota und Nebrasca umfaßte.

England sah das überaus schnelle Zunehmen der nordamerikanischen Union mit Verdruß und Neid, ohne es direkt hindern zu können; aber es versuchte manche Intrigue, erlaubte sich manche Beleidigung und Beeinträchtigung, wodurch es seine Gesinnung und fernen Pläne gegen dieselbe deutlich genug verrieth; daher eine bedeutende Partei in derselben sehr für den Krieg gestimmt war. Washington war schon immer für den Frieden gewesen, und ließ sich lieber harte Beschuldigungen gefallen, als daß er zur Zeit sein Vaterland den Wechselfällen eines englischen Krieges aussetzen wollte. Auch Jefferson war für den Frieden, so heftig auch Frankreich schon seit lange Beistand gegen seine europäischen Feinde begehrte. England wurde von Jahr zu Jahr anmaßender und rücksichtsloser; es ließ amerikanische Schiffe durchsuchen, um Matrosen zu pressen, unter dem Vorwande, daß es englische Unterthanen seyen. Getreideschiffe, die nach französischen Häfen gingen, wurden weggenommen. Im Verfolge des Krieges mit Frankreich verbot England das Einlaufen fremder Schiffe in französische Häfen, und erklärte alle als gute Prisen, die dies wagen würden. Napoleon blieb die Antwort nicht lange schuldig; er gab ein gleiches Verbot gegen England, und erklärte noch dazu, daß jedes Schiff, welches sich von Engländern untersuchen ließe, als gute Prise anzusehen sey; nebstdem verschärfte er sein Continentalsystem auf das höchste. So waren die Schiffe der Vereinigten Staaten von dem europäischen Handel so gut wie ausgeschlossen, und viele wurden von den englischen Kapern weggenommen, so daß die Centralregierung sich genöthigt sah, ihr Auslaufen förmlich 1807 zu untersagen. Als man dieses Verbot 1809 wieder aufhob, kamen englische Schiffe bis vor die amerikanischen Häfen, preßten auf amerikanischen Schiffen Matrosen, und kaperten viele. Sie hetzten auch und unterstützten die kriegerischen Indianer gegen die Amerikaner. Als diesen denn doch endlich die Geduld ausging, erklärte der Congreß 1812 England den Krieg.

Frankreichs Seemacht hatte seit der Schlacht bei Trafalgar 1805 zwar aufgehört, der englischen gefährlich zu seyn; aber den kühnen und glücklichen Eroberer, der ihnen mit der Continentalsperre seit 1806 so empfindlich zu Leibe ging, mußten die Engländer stets mit der gespanntesten Aufmerksamkeit verfolgen, und auf eine französische Invasion in England selbst gefaßt seyn; auch wußten sie zu gut, daß der gigantische Zug nach Rußland mehr ihnen als den Russen galt. Und so war ihnen diese Kriegserklärung gerade jetzt sehr unangenehm, sie hatten dieselbe auch um so weniger vermuthet, weil die Vereinigten Staaten auch jetzt noch weder ein stehendes Heer, noch eine Kriegsflotte besaßen.

Der Präsident James Madison, der den glücklichsten Moment eines ohnehin unvermeidlichen Krieges gegen England sehr richtig erkannt und erfaßt hatte, war aber durch die Weigerung der volkreichen Staaten Massachusetts, Rhode Island, Connecticut, Vermont und New Hampshire, ihre Milizen zur Vertheidigung des Vaterlandes seinem Oberbefehle unterzuordnen, anfänglich in nicht geringe Verlegenheit gesetzt. Das Uebel aller Staatenbünde, das leidige Parteiwesen, fehlte der nordamerikanischen Republik niemals.

Englands Rüstungen zu diesem Kriege schienen allerdings geeignet, den jugendlichen Riesen zu vernichten oder zu fesseln, was auch ohne Zweifel ihre Absicht war, da, so meinten die Engländer allesammt, die Gelegenheit und Möglichkeit hierzu nicht leicht wieder kommen dürfte. Die den Amerikanern immer feindlichen Rothhäute wurden auch jetzt wieder ihre treuesten Verbündeten. Der Angriff auf das Unionsgebiet von drei Seiten zugleich war ein wüthender und anfänglich auch meistens von glücklichem Erfolge.

Als aber die englischen Soldaten wieder allenthalben, wie im Befreiungskriege, vandalisch hausten, hielten die Amerikaner zusammen und ließen ihrem Grimme freien Lauf. Es zeigte sich sehr bald wieder der große Unterschied zwischen Miethsoldaten und Bürgern, die ihren Heerd vertheidigen. Die englischen Heeresabtheilungen schwanden dahin, während die Macht der Amerikaner wuchs und ihre verwegenen Kaper ein englisches Schiff nach dem andern wegnahmen, und so nach und nach auch eine amerikanische Seemacht entstand, die der englischen manchen Vortheil abgewann. Die Zerstörung und Plünderung des Kapitols in Washington am 24. August 1814 war der letzte bemerkenswerthe Akt englischer Kriegskunst und Humanität im Bereiche der Vereinigten Staaten; Roß und Cochrane vollbrachten dieses Meisterstück.

Die englischen Heerführer gewannen nach und nach die Ueberzeugung, daß sich nichts Bedeutendes mehr würde ausführen lassen, und der kostspielige, unwirksame Feldzug seinem Ende nahe sey, da beide Theile des Friedens sehr bedurften; sie beeilten sich nur noch, das reiche unbesetzte New Orleans zu nehmen und zu plündern, was ihnen aber nicht gelang. Als das englische Corps von 8000 Mann den Mississippi hinaufgeschifft war und vor New Orleans ankam, war ihnen General Jackson mit freilich nur kaum 4000 amerikanischen Schützen, meistens Kentuckier, bereits zuvorgekommen; aber die kühnen Jäger ohne Uniform leisteten, von den schnell herbeigeschleppten Baumwollenballen ein wenig gedeckt, den englischen Sturm-Colonnen so wirksamen Widerstand, daß ein großer Theil derselben vor den nassen Baumwollensäcken im Angesichte der Stadt ihren Tod fand, die Uebrigen ohne Beute ihr Heil auf den Schiffen suchten und den Mississippi eilend hinab schwammen.

Der Friede zu Gent (25. Dezember 1814) machte dem mißlichen Kampfe ein Ende; und die Vereinigten Staaten erschienen den Engländern fortan als unbezwingbar.

Während die Expansivkraft der Amerikaner aus den älteren Unionsstaaten fortwährend zahlreiche Schwärme von Ansiedlern nach dem Westen trieb, und der Strom der europäischen Einwanderer sich dahin ergoß, eröffnete sich in südwestlicher Ferne allmählig eine glänzende Aussicht auf eine ansehnliche Erweiterung des Unionsgebietes. Als die Revolution in Mexico die spanische Herrschaft daselbst 1822 vernichtet hatte, wurde Texas der Einwanderung geöffnet, welches Land die Spanier vorbedächtig als eine schützende Vormauer gegen die unbändige Strebsamkeit der nordamerikanischen Besiedler im Zustande der Wildheit erhalten hatten. Innerhalb drei Jahren hatten sich schon 20,000 dieser beweglichen Vorwärtsmänner in dem fruchtbaren Lande, obschon es noch von kriegerischen Rothhäuten wimmelte, niedergelassen. Sie waren den Mexicanern anfänglich willkommene Gäste, aber das gute Einvernehmen dauerte nicht gar lange.

Die freisinnige republikanische Verfassung Mexicos vom Jahre 1824 gefiel den Texanern sehr wohl, da sie sich von der nordamerikanischen Unionsverfassung nur wenig unterschied, und den einzelnen Bundesstaaten ihre Selbstständigkeit ließ. Als aber in Folge der Revolutionen und politischen Umwälzungen diese Verfassung bald abgeschafft, bald mit Beschränkung wieder hergestellt wurde, eine lästige Willkürherrschaft und Militärdespotismus sich geltend machten: da zeigten sich die an Selbstständigkeit gewöhnten Amerikaner schon unfügsam, und es keimte in ihnen die Lust, sich dieselbe bei geeigneter Gelegenheit zu verschaffen. Wechselseitige Abneigung und Feindseligkeit zeigte sich schon im Jahre 1832. Die anfängliche Begünstigung, ihre Utensilien zur Kolonisation aus den Vereinigten Staaten zollfrei einführen zu dürfen, war den Texanern genommen worden. Santanna, der Präsident der mexikanischen Republik, nahm 1835 den einzelnen Bundesstaaten die Selbstständigkeit. Lorenzo de Zavala, von Santanna heftig verfolgt, floh nach Texas, und findet Gastrecht und Schutz; der dictatorische Befehl, ihn auszuliefern, bleibt unbefolgt. Der texanische Abgesandte Austin wird in Mexico, ohne zu wissen warum, in Ketten gelegt und ohne Verhör gefangen gehalten. Das empört die ohnehin gereizten Gemüther aufs höchste. Santanna befiehlt den Texanern, die Waffen abzuliefern; aber sie meinen, derselben jetzt am allerwenigsten entbehren zu können; sie rüsten sich unverweilt zu dem ungleichen Kampfe, den sie, eine Bevölkerung von 30,000 Köpfen, gegen einen Staat von 8 Millionen Einwohnern wagen wollen.

Der unübertroffene Heldenmuth, mit welchem diese kleine Zahl in so kurzer Zeit Mexicos ansehnliche Kriegsmacht besiegte, und die weltgeschichtlichen Folgen dieses Krieges erregen ein lebhaftes Interesse für denselben, wenn auch nicht große Heeresmassen Schlachten schlugen, die weite Wahlstätten mit Todten bedeckten.

Gleich in den ersten bedeutenden Gefechten lernten die feigherzigen Mexicaner die furchtlosen amerikanischen Büchsenschützen kennen und fürchten. Ugartechea's Corps wird bei Goliad und Gonzales mit Verlust zurückgetrieben. General Cos verstärkt die fliehenden Haufen mit 1500 Mann und besetzt San Antonio. Milam belagert mit 1300 Texanern die Stadt, mehrere Ausfälle werden zurückgeschlagen und die Stadt erstürmt. Cos wirft sich in das nahe Fort Alamo.[1]) Die Texaner hielten es für unmöglich, dasselbe zu nehmen, da die Mexicaner mit 1500 Mann und 23 Geschützen es vertheidigten. Ueberdies war der Winter bereits eingetreten, und der Feldzug schien für das Jahr 1835 beendigt; daher die Texaner, bis auf 500 Mann, welche vor der Stadt ein Lager bezogen, zu ihren Familien zurückkehrten, um nach kurzer Zeit sich wieder den Vaterlandsvertheidigern anzuschließen. General Cos wollte das Häuflein der Belagerer durch List aufreiben, um beim Abzuge von diesem für die Dauer nicht haltbaren Posten nicht nothwendig zu haben, mit ihnen nochmals anzubinden. Ein Unteroffizier,

---

[1]) Die Trümmer dieses Forts mit einem Theile der Stadt liegen am linken Ufer des Antonio-Flusses auf einer Ebene. Es war zur Zeit der spanischen Herrschaft Mission und zugleich Militärposten gegen die feindlichen Indianer. Die äußeren Umfangsmauern von 10 bis 12 Fuß Höhe und 2 Fuß Stärke schlossen ein längliches Viereck von 860 Quadratklaftern ein, und konnten wohl gegen Anfälle der Wilden, aber nicht gegen Kanonen Schutz gewähren. Die weitläuftigen inneren Gebäude boten eben so wenig verläßliche Haltbarkeit. Aber die starken, festen Mauern der Kirche mit dem mehrfachen steinernen Gewölbe, das nach der dortigen spanischen Bauart zugleich mit die Stelle des Daches vertrat, konnten allerdings einem Bombardement aus Feldgeschütz (Belagerungsgeschütz führten die Mexicaner in diesem Feldzuge nicht) längere Zeit widerstehen. Die Fenster der Kirche waren, nach Art aller spanischen Missionskirchen in diesen Gegenden, in bedeutender Höhe vom Boden angebracht. Jetzt hat das Gouvernement von Texas aus diesen Ruinen militärische Oekonomiegebäude und Werstätten herstellen lassen; um das Eigenthumsrecht führt es aber noch Prozeß mit dem Bischofe von Galveston.

Namens Comanche, erschien im Lager der Texaner und erbot sich, sie unvermerkt in die Stadt zu führen, wo sie sich leicht derselben würden bemächtigen können. Nach einigem Bedenken erklären sich 244 Verwegene für das Wagniß, und gehen am 5. Dezember früh mit dem falschen Führer in die Stadt. Auf dem bestimmten Platze finden sie Alles zu ihrem heißen Empfange vorbereitet, und werden von allen Seiten angegriffen. Sie werfen sich schnell in die nächsten Häuser, und Jeder kämpft für sich; die Wenigen aus dem Lager eilen herbei, und der blutige Kampf währt fünf volle Tage. Da ziehen sich die Mexicaner in die Alamo, auf der sogleich eine weiße Fahne sich zeigt. Am 11. Dezember capituliren die Mexicaner; sie erhalten freien Abzug mit den Waffen, General Cos gibt sein Ehrenwort, nie mehr gegen Texas zu kämpfen. Die 240 übrig gebliebenen Texaner besetzen die Stadt und das Fort.

Kaum hatte Santanna von diesen Vorgängen Nachricht erhalten, so brach er mit 8000 Mann auf, und erschien schon am 24. Februar 1836 unvermuthet mit 4000 Mann vor San Antonio, um die erlittene Schmach von den mexicanischen Waffen mit texanischem Blute abzuwaschen.

Der texanische Oberst Travis hatte von der Stärke des anrückenden feindlichen Heeres keine Kunde; er zog sich mit seinen 240 Streitern in das Fort zurück, welches die Mexicaner sogleich einschlossen und ununterbrochen beschossen, ohne den Belagerten erheblichen Schaden beizubringen; aber aus dem Fort ging leicht kein Schuß verloren. Am 1. März gelang es 32 Texanern, in das Fort zu gelangen und die schwache Besatzung zu verstärken, welche nun 150 Mann betrug. Ueber den hartnäckigen, seinen Truppen äußerst verderblichen Widerstand erzürnt, ließ Santanna von der Stadtkirche, dem Fort gegenüber, eine rothe Fahne wehen, den Hartbedrängten ihren nahen Untergang zu verkünden, und gab am 5. März den Befehl zum Sturme; zugleich ließ er im Rücken der Stürmenden Kanonen aufführen, um ihnen Tapferkeit einzuflößen. Von den Belagerten war ein großer Theil bereits gefallen, andere lagen ermattet am Boden, verwundet waren alle; und sie konnten die zackigen Mauertrümmer der Kirche nun auch nicht mehr vertheidigen; die sich noch aufrecht hielten, schlugen zwar immer noch mit den Gewehrkolben auf die Stürmenden ein, bis sie bis auf 13 herabgeschmolzen waren. Diese, als der Pardon ihnen verweigert wurde, stellten sich mit dem Rücken an die Mauer und stachen mit ihren Bowiemessern noch manchen Mexicaner nieder, bis sie endlich alle gefallen waren. Eine Marketenderin und ein Neger, welche sich verborgen hatten, waren allein am Leben geblieben. Die Mexicaner zerhieben noch die Leichen der texanischen Helden, welche Santanna sammt einigen Schwerverwundeten auf Scheiterhaufen verbrennen ließ, — sehr ungefährliche, aber auch unrühmliche Kriegesthaten, welche Xerres und die Perser an den bei Thermopylä gefallenen spartanischen Helden nicht verrichtet haben. — Die Mexicaner verloren vom Anfange bis zum Ende dieser Belagerung 1500 Todte, und zählten viele Verwundete.

Bald darauf, am 18. März 1836, wurden 300[1]) Texaner mit ihrem Oberst Fanin vom General Urrera auf offener Prairie eingeschlossen. Obschon die Mannschaft dafür war, lieber mit den Waffen in der Hand zu sterben, als sich zu ergeben, so unterhandelte Fanin doch mit Urrera. Letzterer versicherte, daß die Gefangenen auf sein Ehrenwort sich verlassen und auf menschliche Behandlung rechnen könnten;[2]) — sie legten die Waffen ab, wurden aber auf Santanna's Befehl sämmtlich niedergeschossen.

Santanna meinte durch solch terroristisches Vorgehen die Texaner eben so wie die weichherzigen Mexicaner einzuschüchtern, aber der Erfolg war das Gegentheil. Er wußte, daß Samuel Houston ein bedeutendes Corps kommandire, dieses wollte er nun aufsuchen und vernichten, — dann die Texaner seinen eisernen Arm fühlen lassen. Houston wich vor ihm zurück, bis an den Jacintofluß, einige Meilen von der Galvestonbay, wo er Proviant und Kriegsbedarf von der See her leicht an sich ziehen konnte. Seine

[1]) Nach mexicanischen Berichten belief sich die Zahl der von Urrera umzingelten Texaner auf 500, was die Amerikaner entschieden in Abrede stellen.

[2]) Ein texanischer Offizier wußte sich den Pulverkarren zu nähern, und ersah einen Punkt, wo er mit der brennenden Cigarre an das Pulver konnte. Die Explosion kostete vielen Mexicanern das Leben. Ob aber diese Katastrophe noch während der Verhandlung über die Capitulation, oder nach derselben erfolgte, darüber sind die Angaben nicht einstimmig.

kampflustigen Krieger mißbilligten aber entschieden dieses Defensivverfahren, und begannen laut zu murren. Am 21. April 1836 glaubte er den Feind auf dem rechten Platze zu haben, um etwas Entscheidendes auszuführen. Beide Feldherren rechneten hier auf Sieg, Santanna im Vertrauen auf die Uebermacht und sein Geschütz, *Houston bauend auf den Geist seiner Leute*, die mit immer steigender Ungeduld den Kampf erwarteten. Mit dem donnerähnlichen Schlachtrufe: „Alamo!" stürzten sie sich auf die Reihen der Mexicaner, die schon nach 10 Minuten durchbrochen und in Unordnung gebracht waren, bevor noch die mexicanische Reiterei sich entwickelt und die Geschütze zu spielen begonnen hatten, — worauf die Texaner mehr schlachteten als kämpften. Die Mexicaner verloren 700 an Todten, 280 Verwundete und 720 wurden gefangen. General Cos und Santanna selbst, der sich in ein dichtes Ufergebüsch verkrochen hatte, fielen in die Hände der Sieger. Die Texaner zählten 6 Todte und 23 Verwundete! Die zersprengten Haufen der Mexicaner eilten in wilder Flucht über den Rio Grande ihrer Heimath zu. Dieser Tag machte Texas frei, das sich schon im November 1835 frei und von Mexico unabhängig erklärt hatte. Nach dieser entscheidenden Schlacht erfolgte alsbald die Anerkennung dieses Freistaates sowohl von den Vereinigten Staaten als auch von Frankreich.

Santanna wurde 1837 aus seiner Gefangenschaft entlassen; man glaubte ihn nun nicht mehr fürchten zu dürfen, da General Bustamente seinen Platz eingenommen hatte. Aber schon 1839 saß dieser Proteus wieder auf dem Präsidentenstuhle, und rüstete 1842 zu einem neuen texanischen Kriege, der glücklicherweise ein unblutiger Federkrieg blieb, während welchem nur Proklamationen gegen Texas ausgesandt wurden, in welchen mehr Geist und Tapferkeit war als in den mexicanischen Truppen.

Als Texas seine musterhafte Verfassung vom 27. August 1845, unstreitig die beste von allen Unionsstaaten, zu Stande gebracht hatte, wurde dieser Freistaat in die nordamerikanische Union aufgenommen, und diese Aufnahme unterm 29. Dezember 1845 feierlich proklamirt. In Mexico hatte schon die Anerkennung der Unabhängigkeit, so wie die nicht sorgsam verdeckte Unterstützung des jungen Freistaates, gegen die Vereinigten Staaten große Erbitterung erregt; sie stieg durch die besagte Aufnahme noch höher. Die große schwache Republik Mexico brach alle Verhandlungen ab und rüstete zum Kriege. Nichts konnte der Regierung der Vereinigten Staaten erwünschter kommen.

Der Goldreichthum Californiens kam im Febr. 1848 zur allgemeinen Kenntniß, aber die Regierung der Vereinigten Staaten hatte schon um das Jahr 1840 davon verläßliche Kunde, bewachte sie aber als strenges Geheimniß. Schon fünf Jahre vor Beginn des mexikanischen Krieges sagte ein hoher Staatsbeamter zu einem Vertrauten: „Wir müssen Californien bekommen, es koste, was es wolle; denn sobald die Engländer dieselbe Nachricht erhalten, wie wir, so werden sie das Land von Mexico erobern oder kaufen; was wir nimmer zugeben können.“ In dem Tagebuche eines Reisenden durch Californien las man schon 1840 folgende Stelle: „In der Nähe von Monterey in Californien ist vor kurzem eine Silbermine entdeckt worden, das Erz ist reich und sehr leicht zu bearbeiten. Unweit Pueblo de los Angelos ist eine Goldgrube. Das Erz hat über 90 Prozent reines Gold. Auch in der Nähe der San Francisco-Bay und weiter landeinwärts wird viel Gold gefunden. Wenn die Indianer Noth drückt, so bringen sie Gold in ziemlicher Quantität an die Seeküste, und vertauschen es gegen Lebensmittel und andere Sachen, aber sie sind sehr verschwiegen und vorsichtig. Nach den erhaltenen Proben ist es klar, daß sie es auf dem Boden und in Flüssen finden, und aus Felsritzen mit groben Werkzeugen herausbrechen. Sie können auf keine Weise dahin gebracht werden, die Fundorte zu entdecken, es würde auch ein Jeder dafür unausweichlich mit dem Tode bestraft werden. Eine Sage ist unter allen dortigen Stämmen verbreitet, daß, sobald die Weißen das Gold entdeckt haben, sie alle werden vertilgt werden.“

Die Kriegserklärung der Vereinigten Staaten gegen Mexico erfolgte am 13. Mai 1846. General Taylor, der mit dem Seminolen-Kriege in Florida noch lange nicht fertig war, hatte schon geraume Zeit vorher den Auftrag erhalten, sich mit seinen Truppen nach Texas an den Rio Grande zu begeben. Er hatte schon im April dieses Jahres mehrere Gefechte mit den Mexicanern gehabt; am 9. Mai war die Schlacht bei Resaca de la Palma, wo er ihnen 2000 Mann tödtete und alles Geschütz wegnahm.

Am 3. Juli 1846 erklärte sich schon Californien von Mexico unabhängig, am 17. August erklärte Commodore Stockton, der mit einem Kriegsgeschwader an die Küste gekommen war, das Land schon als einen Bestandtheil der Vereinigten Staaten von Nordamerika! Am 16. August 1846 besetzte der General Kearney Santa Fé.

Am 23. Februar 1847 kam die Reihe, geschlagen zu werden, wieder an Santanna; obschon er dem General Taylor 20,000 Mann entgegenstellen konnte, der nur 6000 Mann befehligte, so mußte er dennoch das Schlachtfeld von Buena Vista nach einem großen Verluste räumen. General Scott rückte mit frischgelandeten Truppen auf die Hauptstadt Mexico los, die er nach einem vollständigen Siege auch am 14. September 1847 besetzte. — Aber da gestalteten sich die Sachen auf einmal anders. Der Congreß ist entflohen und Anarchie durch das ganze Land. Der geschlossene Waffenstillstand schützt die Amerikaner nicht gegen einen allgemeinen Guerillaskrieg; ansteckende Seuchen raffen Tausende hinweg; die Republiken Mittelamerikas rüsten sich, den Mexikanern zu Hilfe zu kommen; selbst in den Vereinigten Staaten ist eine große Partei gegen diesen Krieg, da er gegen das Ende so bedenklich wurde. Das Alles stimmte die Regierung der Vereinigten Staaten sehr zum Frieden, der am 2. Februar 1848 zu Stande kam. Man zahlte gern an Mexico 12 Mill. Doll., behielt aber Ober-Californien und New Mexico mit Santa Fé. — Fortuna begünstiget gern die Kühnen und ist den Feigen niemals hold. Das arme Mexico geht mit schnellen Schritten seinem Zerfalle entgegen; schon beginnen wieder im Norden und Osten Stücke davon abzubrechen.

Das weite Oregon-Gebiet trat England nach langjährigen Streitigkeiten am 15. Juni 1846 bis zum 49° n. Br. an die Vereinigten Staaten ab.

Das ausgedehnte, von einem Oceane zum andern sich erstreckende Gebiet der nordamerikanischen Freistaaten, an Flächeninhalt dem europäischen Continente ziemlich gleich, könnte nun, da auch das goldreiche Californien hinzugekommen ist, den 24 Millionen seiner Bewohner für lange genügen, wenn auch ihre einheimische Vermehrung und die Einwanderung aus Europa in dem bisherigen steigenden Verhältnisse fortan stattfindet. Aber viele Amerikaner würden, wie der mazedonische Alexander, weinen, wenn die durch den mexikanischen Krieg gemachte Eroberung die letzte wäre.

V. Gesellschaftliche Einrichtungen.

Der Staat.

23. Die Regierung.

Es war keine leichte Aufgabe, eine Verfassung zu Stande zu bringen, welche die nordamerikanischen Republiken zu einem lebensfähigen Staats-Organismus zu vereinigen vermochte. Die Verfassungsurkunde vom Jahre 1787 nahm den einzelnen Staaten nur so viel von ihren Souverainitätsrechten, als zur Herstellung einer kräftigen und wirksamen Bundesregierung unerläßlich war; hierdurch allein konnte man auf ihre Annahme von Seite der ersten dreizehn durch und durch demokratischen Vereinsstaaten rechnen. Das Volk hat die Verehrung gegen seinen hochverehrten Vater Washington nach Beseitigung einiger anfänglicher partiellen Widersprüche auf dieses sein Werk übertragen, welches ihm je länger je mehr ein wahres Palladium geworden ist. Das demokratische Element ist darin meisterhaft entwickelt und gegen Verletzung mit scharfsinniger Vorsorge verwahrt. Wer die damaligen schwierigen Verhältnisse, welchen die Verfassung angepaßt werden mußte, und seine gedeihliche Wirksamkeit, mit der es den immer wachsenden Staatenbund bis auf den heutigen Tag so glücklich zusammenzuhalten vermochte, vorurtheilsfrei ins Auge faßt: der wird weder dem geringschätzenden

Urtheile einiger europäischen Staatskünstler, noch der verzeihlichen Ueberschätzung der Nordamerikaner beistimmen können, welche dieselbe für das allgemeine und probateste Beglückungsmittel für alle Völker der Erde ansehen.

Dem Congresse, Präsidenten und obersten Gerichtshofe sind in der Bundesverfassung ihre Wirkungskreise und Befugnisse mit klar bestimmten Gränzen vorgezeichnet. Jeder einzelne Staat sendet zwei Senatoren und auf je 70,000 Einwohner einen Repräsentanten in den Congreß. Senatoren und Repräsentanten erhalten 8 Doll. Taggeld. Die Gebiete, welche noch nicht als Staaten ihre Einwohnerzahl und Verfassung haben, senden blos Delegaten zum Congresse, welche zwar reden, aber nicht stimmen dürfen. Der Präsident (Excellenz) wird auf 4 Jahre gewählt und mit 25,000 Doll. jährlich besoldet; er wählt sich die Staatssekretäre für das Portefeuille der Finanzen, des Auswärtigen, des Inneren, des Krieges, der Marine und des Postwesens, wodurch aber seine Verantwortlichkeit keineswegs behindert wird. Der Vice-Präsident wird mit 5000 Doll. besoldet, hat den stimmlosen Vorsitz im Senate und besteigt den Präsidentenstuhl, wenn derselbe vor Ablauf der 4 Jahre erledigt wird. Die sämmtliche Centralregierung hat ihren Sitz zu Washington im Bundesdistrikte Columbia.

Jeder einzelne Staat der Union hat seine eigene Verfassung und Regierung; diese besteht aus einem Congresse (Senat und Repräsentantenhaus), einem auf eine Anzahl Jahre gewählten Gouverneur und einem obersten Gerichtshofe. In einigen Staaten ist dem Gouverneur noch ein Rath von mehreren Personen beigegeben. Im Staate Vermont bestehen 13 Censoren, welche auf 7 Jahre gewählt werden, und eine Art Aufsicht sowohl über die Gesetzgebende Gewalt, als über den Gouverneur und seine 12 Räthe führen. An dem Orte der Gesetzgebenden und Ausübenden Gewalt hat auch der oberste Gerichtshof jedes Staates seinen Sitz. Bezirks- und kleinere Gerichte, so wie Friedensrichter haben ihre angewiesenen Kreise. Bei Kriminal- und wichtigen Rechtsverhandlungen werden Geschwornengerichte (Jury's) gehalten. Jeder Staat hat seine eigene Civil- und Strafgesetzgebung.

Das Polizeiwesen ist in den Vereinigten Staaten von geringem Belange, und bildet keinen Bestandtheil der Regierung. Die zu Handen der Gerichtsbehörden bestellten Sheriffs und die Constables machen sich als Sicherheitsorgane selten bemerkbar. Von einer Gensdarmerie, von Reisepässen u. dergl. ist keine Spur. In großen Städten besteht allerdings eine zahlreiche Polizei, aber sie gehört der Stadt an, und trägt weder Uniform noch Waffen, sondern Stöcke. Wie es mit der Sicherheit des Lebens und des Eigenthumes stehe, wird in einem späteren Abschnitte bemerkt werden.

23. Das Finanzwesen. Abgaben.

Die Unionsfinanzen befinden sich in einem sehr günstigen Zustand; dieser ist das Ergebniß mehrerer vortheilhaften Umstände und Verhältnisse, wie sie nicht leicht wo anders gefunden werden. Das Congreßland, d. h. alle Ländereien, welche noch nicht in Privatbesitz übergegangen sind, gehören nicht den einzelnen Staaten, innerhalb deren Gränzen sie liegen, sondern sind ein Gemeingut der sämmtlichen Vereinigten Staaten und werden von der Centralregierung zu Handen der Bundesfinanzen verkauft. Die Einzelstaaten traten bei der Annahme der Unionsverfassung diese Ländereien an die Bundesregierung ab. Den bei weitem größten Theil gewann man von den Indianern durch Kauf oder Waffengewalt, wenn diese die Waffen ergriffen und dem Vordringen der Weißen sich widersetzten, oder mit den Feinden der Vereinigten Staaten in ein Bündniß traten. Die letztere Art der Ländererwerbung war die ausgiebigste und wohlfeilste. Bei der Vermessung wird solches Congreßland in Quadrate von 36 Meilen (townships) eingetheilt. Eine Meile heißt Section und enthält 640 Acres, eine halbe Section 320 Acres u. s. w. Ist das Land vermessen, so wird es von dem Präsidenten zum Verkaufe im Wege der öffentlichen Versteigerung ausgeschrieben. Was bei der Versteigerung nicht abgeht, wird dann für den festbestimmten niedrigsten Preis von 1 ¼ Doll. pro Acre verkauft. Die 16te Section eines township's wird nicht verkauft, sondern für öffentliche Unterrichtsanstalten vorbehalten; auch für höhere Lehranstalten und öffentliche Bauwerke, Kanäle und Eisenbahnen werden geeignete Strecken Landes reservirt. Aus dem Verkaufe von solchen Ländereien löste die Bundesregierung bis zum Jahre 1851 den namhaften Betrag von 95 Millionen Dollars, und ist doch nur erst der 20ste Theil davon verkauft. Es wird daher diese ergiebige Einnahmsquelle noch lange nicht versiegen. Da die Regierung der Vereinigten Staaten in Friedenszeit weder ein großes stehendes Heer, noch eine zahlreiche Kriegsflotte zu halten bemüßiget ist, so ist das jährliche Kriegsbudget im Vergleich zu dem anderer Mächte ein mäßiges. Die Staatsbeamten erhalten keine Pensionen, die Soldaten nur dann, wenn sie im Dienste verwundet worden sind, und die Wittwen der im Kriege Gebliebenen.

Der Congreß war jederzeit darauf bedacht, daß keine große Nationalschuld anwachse; waren zuweilen Anleihen nicht zu vermeiden, so wurden zugleich die Mittel zu ihrer Tilgung angewiesen. Zu Ende des Jahres 1850 belief sich die sämmtliche Staatsschuld auf 62,228,238 Doll. Der Ertrag der Zölle fließt in die Bundeskasse, und ist ihre ergiebigste Einnahmsquelle, welche mit dem Landverkaufe gegenwärtig, seit Aufhebung des Tonnengeldes und verschiedener Taxen, die einzigen zwei Einnahmsrubriken bildet. Die Zölle betrugen im Jahre 1849 nicht weniger als 28,346,738 Doll.

Durchschnittliche jährliche Einnahme und Ausgabe:

vom Jahre	1800	bis	1810:	12,790,356	„	5,310,183	Doll.
„ „	1810	„	1820:	20,636,132	„	19,057,726	„
„ „	1820	„	1830:	20,475,130	„	12,064,954	„
„ „	1830	„	1840:	27,998,944	„	22,968,784	„

Im Jahre 1851 betrug die Einnahme 43,774,848, die Ausgabe 39,355,268 Doll.

Die einzelnen Staaten dagegen haben sich keineswegs eines so vortheilhaften Finanzverhältnisses zu erfreuen. Während einige unter ihnen, wie Florida, Nord-Carolina, Delaware, Connecticut, Rhode Island, Vermont, New Hampshire und Wisconsin ganz schuldenfrei sind, haben es andere zu sehr beträchtlichen Schulden gebracht; etliche befanden sich schon in der mißlichen Lage, ihre Zahlungsunfähigkeit zeitweilig erklären zu müssen. Am meisten verschuldet sind New York mit 24, Maryland mit 16, Virginien mit

15, Ohio mit 19, Illinois mit 16, Pennsylvanien mit 40 Millionen Dollars.

Wenn hie und da die Meinung herrschet, daß in den Vereinigten Staaten keine direkten Staatsabgaben zu leisten wären, so hat dieses nur in sofern seine Richtigkeit, als die Bundesregierung gegenwärtig keine direkten Steuern erhebt. Aber die Regierung der einzelnen Staaten kann ihrer nicht entbehren; womit sollte sie auch ihre Auslagen bestreiten? Die Art und der Betrag der Steuern sind aber sehr verschieden, wie es die Regierung eines jeden Staates für seine Verhältnisse am angemessensten erachtet. Es wird bald das unbewegliche Gut der Staatsbürger allein, bald auch zugleich das bewegliche versteuert. Die Grundsteuer wird nicht nach dem Erträgnisse, sondern nach dem Werthe des Grundes und Bodens bemessen, $1/8$ bis $1/4$ Procent des Werthes wird als jährliche Steuer angesetzt; sonach würde ein Grundstück von 1000 Doll. im Werthe jährlich, zu $1/4$ Proc. versteuert, $2\,1/2$ Doll. Grundsteuer geben. In Illinois besteuert man den Boden nach dem Ausmaße, und erhebt von 100 Acres 2 Doll. Grundsteuer. Bauplätze in großen Städten sind sehr verschieden und meistens hoch besteuert. In Städten werden von Häusern und Hauseinrichtung Abgaben an den Staat entrichtet, von Hauseinrichtung beiläufig $1/2$ Procent vom Werthe. Schanknahrungen sind allenthalben hoch besteuert. Ein Billard zahlt jährlich 50 Doll. und darüber, eine Kegelbahn, obschon sie Sonntags nicht benützt werden darf, 10 Doll. In einigen Staaten zahlen Kaufleute, Aerzte und Advokaten eine Erwerbsteuer. In einigen Staaten ist man auch auf eine Luxussteuer verfallen, die von Kutschen, goldenen und silbernen Uhren und Schmucksachen erhoben wird. In Alabama beträgt die jährliche Kopfsteuer einer weißen Person $1/4$, einer schwarzen aber $1/2$ Doll. Das stark verschuldete Pennsylvanien muß, um die Zinsen seiner Schulden zu erschwingen, von jedem Kopfe 1 Doll. erheben. Doch kann sich Niemand darüber beklagen, da das Volk durch seine gewählten Abgeordneten im Congresse selbst die Art und das Maß der Besteuerung bestimmt.

Daß in den nordamerikanischen Freistaaten keine grundherrlichen Lasten auf Grund und Boden haften, wird Jeder sich von selbst denken, und es dürfte schwerlich Jemand vermuthen, daß Einiges da bestehe, was an die Grundherrlichkeit in der alten Welt erinnert. Wenn ein Grundstück zur Anlegung einer Stadt, Mühle, Fabrik u. s. w. geeignet ist, welches aber der Eigenthümer nicht verkaufen will, oder Diejenigen, welche den Platz in dieser Art benützen wollen, *ihn nicht kaufen können oder wollen: so wird ein* Pachtkontrakt, etwa auf 20 Jahre, abgeschlossen. Sind die 20 Jahre verflossen, und das auf dem Grunde befindliche Bauwerk ist im Werthe sehr gestiegen, so verfehlt der Grundeigenthümer nicht, bei einem neuen Kontrakte den jährlichen Pachtbetrag beliebig zu steigern. So bezahlt z. B. der Besitzer eines kleinen Hauses von 9 Zimmern in der Stadt Pittsburg am Ohio gegenwärtig an den Grundbesitzer jährlich 200 Doll. und er besorgt nach Verlauf des jetzigen Pachtes eine ansehnliche Steigerung. Ein solcher amerikanischer Grundherr bezieht zuweilen von einer geringen Anzahl Acres ein beinahe fürstliches Einkommen.

In den englischen Kolonien von Nordamerika war vor dem Befreiungskriege meist nur englisches Geld im Umlaufe, nur kleinere Silber- und Kupfermünzen wurden in geringem Betrage einheimisch geprägt. Nach der Revolution kursirte viel französisches und spanisches Geld, der spanische Thaler (Dollar) wurde die allgemeinste Münze und der Werthmesser aller übrigen. Das Geldprägen ist ein nur der Bundesregierung zuständiges Recht. Goldmünzen werden geprägt zu 20, 10, 5, $2^1/_2$ und 1 Dollarstücken; Silbermünzen zu 1 Dollar = 100 Cents, $^1/_2$ Doll. = 50 Cents, $^1/_4$ D. = 25 C., $^1/_{10}$ D. (dime) = 10 C., $^1/_{20}$ D. = 5. C. Kupfergeld zu 1 Cent und $^1/_2$ Cent. Bis zum Jahre 1850 wurde in den Ver. Staaten Geld geprägt im Betrage von 186,500,000 D. Die Münzstätten zu New Orleans und Philadelphia sind die thätigsten. Fremde Münzen, welche die Bundesregierung einnimmt, werden umgeprägt, sie theilen das Loos der Einwanderer, sie werden amerikanisirt.

Der Mangel an baarem Gelde war von jeher ein drückendes Leiden in den Vereinigten Staaten und nöthiget noch heute in vielen Gegenden zu einem lästigen Tauschhandel. Ist auch dieser Mangel in Seestädten und belebten Handelsplätzen weniger fühlbar, so belästiget er um so mehr die entlegenen Bewohner des Landes und der kleineren Städte. Da reitet der Farmer mit etwas Mais oder anderem Getreide im Sacke nach dem Städtchen zum store (Laden), um sich Whisky, Kaffee u. dergl. für die kommende Woche einzuhandeln. Eine Frau bringt Eier und ein Klößchen Butter im Körbchen, und begehrt ein oder zwei Ellen Kattun auf ein Kleidchen für ihr Kind. Ein Fuhrmann hält am store, zerrt einen Sack voll Wassermelonen oder Potatoes (Süßkartoffeln) vom Wagen, schlichtet den Inhalt Stück für Stück in einen etwa noch freien Winkel des engen Lokals und erhandelt dafür ein rope (Seil) und eine Quantität geräucherten Specks. Hat der Kunde noch einige Cents übrig, so greift der Handelsmann in das Cigarrenkästchen oder in seine Eierkasse und gleicht ihn bis zum Heller aus. Die Fabrikanten selbst in den größten Fabrikstädten haben einen store bei der Fabrik, und der Arbeiter empfängt am Ende der Woche den halben Betrag des Arbeitslohns in Waaren, Kaffee, Zucker u. s. w.

Dieser Geldmangel gab zu dem ungeheuern Bankschwindel Veranlassung, durch welchen das Vertrauen des Volkes bis ins Unglaubliche gemißbraucht und betrogen wurde. Selbst die im Jahre 1816 auf 20 Jahre privilegirte Nationalbank (Bank of the United States) hat hiervon keine Ausnahme gemacht. So rasch ihre Actien anfangs stiegen, so begannen sie doch alsbald zu fallen, da die Unterschleife und Betrügereien des Direktors und des Beamtenpersonals ruchbar wurden. Im Jahre 1839 erreichte der Bankunfug den höchsten Grad und die Zahl der Banken war 660. Die Bundesregierung hat die Idee einer Nationalbank aus guten Gründen aufgegeben, und mehrere gesetzliche Bestimmungen gegen das Unwesen erlassen. Im Jahre 1848 bestanden noch 500 Banken mit einem angeblichen Kapital von 170 Mill. Doll.[1]) Es brechen noch jetzt in kurzer Zeit mehrere Banken zusammen, und eine ungeheure Menge von werthlosen Noten sind in den Händen der Leute, mit welchen Einer den Andern anzuführen sucht. Auch falsche Noten sind im Ueberflusse. Amerikanische Blätter brachten 1851 folgenden

---

[1]) 1851 soll die Zahl der incorporirten Banken auf 845 gestiegen seyn mit einem Kapital von 229 Mill. Doll.

Fall zur Oeffentlichkeit. Ein Spekulant hatte in Californien gute Geschäfte gemacht, und 40,000 Doll. in Baarem zusammengebracht, die er des bequemern Transports wegen in Papiergeld umsetzte, und damit nach New York zurückkam. Hier machte er nun die niederschlagende Entdeckung, daß er unter obiger Summe nicht weniger als für 36,000 Doll. werthloses Papier mitgebracht hatte. Viele haben einen wohlbegründeten Abscheu gegen alles Papiergeld, vornehmlich in Texas, wo kein fühlbarer Geldmangel herrscht; es kursiren da mexikanische Silber- und nordamerikanische Goldmünzen; auch war bis zum Jahre 1851 kein Kupfergeld daselbst zu sehen. Das californische Gold wird hoffentlich nun dem Geldmangel der Vereinigten Staaten abhelfen.

25. Die Kriegsmacht.

Nicht etwa nach europäischem Maaßstabe, sondern selbst in Anbetracht der Verhältnisse der Vereinigten Staaten ist ihre Land-Kriegsmacht weder in Hinsicht ihrer Stärke, noch ihrer taktischen Ausbildung eine zureichende. Diese Unzulänglichkeit stellt sich nach der jüngst stattgefundenen Gebietserweiterung um so auffallender heraus. Wäre der große Bundesstaat nicht in der günstigen Lage, weder einen inneren noch äußeren mächtigen Feind fürchten zu müssen, so würde diese herkömmliche Säumigkeit in der Vermehrung und Ausbildung der Kriegsmacht sich sehr verderblich erweisen. Es ist übrigens ein demokratischer Zug der Bundesregierung, außer dem Falle der dringlichsten Nothwendigkeit keine große Kriegsmacht zu unterhalten, theils aus volksthümlicher Sparsamkeit, theils um jede Sorge vor etwaigem Mißbrauche derselben fern zu halten.

Die Landmacht besteht aus den regulären Truppen, über welche die Bundesregierung unbeschränkt verfügt, und aus den Milizen der einzelnen Staaten, welche die Gouverneure im Falle eines Krieges mobil machen und unter das Commando des Präsidenten zu stellen haben.

Die reguläre Armee besteht aus Freiwilligen, zumeist Ausländern, da die Amerikaner sich ungern einem militärischen Gehorsam unterziehen, und mit leichterer Mühe anderweitig mehr zu verdienen wissen, als der zwar gut bezahlte Militärdienst ihnen bieten kann. Der gewöhnliche Sold eines Gemeinen ist monatlich 8 Doll. nebst guter vollständiger Verproviantirung.

Die sämmtlichen regulären Truppen, bisher nur 10—12,000 Mann, dienen zur Besatzung der 82 Forts, welche theils an den Seeküsten, theils an den Gränzen gegen die feindlichen Indianerstämme im Lande errichtet sind. Es ist leicht zu erachten, wie stark diese Besatzungen seyn können, da überdies in einem Fort niemals so viele Soldaten sind, als Sold und Rationen berechnet werden. Die Unterschleife der Quartiermeister sind großartig und wenig bemäntelt. Den Gränzansiedlern ist ein solcher Militärposten immer sehr erwünscht, weniger wegen der von ihm zu erwartenden Beschützung, als vielmehr deßhalb, weil durch ihn viel baares Geld in die Gegend kommt. Die Waffenübungen werden ziemlich lässig betrieben. An Mannszucht sind diese lustigen, durch Arbeitsscheu und Noth zur Fahne getriebenen, aus aller Welt zusammengewürfelten Gesellen auch durch die ziemlich harten körperlichen Strafen kaum zu gewöhnen; der Trunksucht sind die meisten in hohem Grade ergeben, und die Schankwirthe haben ihre liebe Noth mit ihnen, sie mögen ihnen Kredit geben oder nicht. Im ersteren Falle vergessen sie bei häufigen Desertionen und Uebersetzungen gewöhnlich auch das Bezahlen größerer Zechen, im letzteren werden sie ungemein brutal, und blutige Auftritte sind bei dergleichen Vorfällen gar nicht selten. Zur Besetzung der Indianergränze werden meistens Dragoner verwendet, die aber den Rothhäuten nicht viel Respekt einflößen. Es fällt nicht selten vor, daß diese rothen Diebe den Kavalleristen zur Nachtzeit die Pferde stehlen, worauf ein jedesmal fruchtloser Streifzug gegen sie unternommen wird.

Aus der Militärschule zu Westpoint kommen vielseitig gebildete Offiziere; da aber in diese kleine Armee nur wenige sogleich eintreten können, so müssen sich die meisten bei Landesvermessungen, Eisenbahnen, Kanalbauten und anderen technischen Beschäftigungen verwenden, und treten erst in der Folge zum Theile in Dienst. Ausländern wird im nordamerikanischen Kriegsheere nicht leicht eine Charge zu Theil.

Die unbedeutende Feldartillerie leidet an einer allseitigen Schwerfälligkeit, und würde auf einem europäischen Schlachtfelde sehr bald in Feindes Hände übergehen. Schweres Belagerungsgeschütz ist nicht vorhanden und nicht anwendbar. Das sämmtliche Artilleriewesen ist mehr für die Kriegsmarine und die Forts berechnet.

Das ganze Militär-Fuhrwesen, welches in der Versorgung der vielen und so entfernt liegenden Stationen, meistens in unwegsamen und unbewohnten Gegenden, einen sehr harten Dienst hat, ist sehr gut und praktisch eingerichtet. Die Bespannung der Proviant- und Munitionswagen besteht aus Maulthieren, selten aus Pferden oder Ochsen.

Festungen des ersten und zweiten Ranges im europäischen Sinne dieser Benennung sind in den Vereinigten Staaten nicht vorhanden, kaum einige solche, die sich mit denen des dritten Ranges vergleichen lassen. Vor dem Kriege mit England (1812) sah es mit den Festungswerken gar mißlich aus. Seit jenem Kriege hat man nach einem französischen Plane die Atlantische Küste in besserer Art zu befestigen langsam fortgefahren. Da aber die vollständige Ausführung dieses Planes 5700 Stück Geschütze und einen Kostenaufwand von 30 Mill. Doll. erfordert, so ist er noch lange nicht vollendet. Am Stillen Ocean und an den nördlichen Seen ist für den Fall eines Krieges noch kein verläßlich haltbarer Punkt hergestellt worden. Die mit Pallisaden oder Bretterzäunen umschlossenen Barracken an der Indianergränze entsprechen ziemlich ihrer Bestimmung. Doch ist neulich (1852) eines der besten Werke dieser Art, das Fort Washita, an der nördlichen Gränze von Texas plötzlich von den Indianern überrumpelt, und die Mannschaft von 160 Gemeinen und Offizieren ermordet worden.

Die Miliz besteht aus den Bürgern der einzelnen Staaten, welche während einer, nicht in allen Staaten gleich bestimmten, Lebensperiode für den Kriegsfall zum Militärdienste verpflichtet sind, und auf den Ruf des Gouverneurs sich stellen müssen. Sobald sie in den Dienst der Vereinigten Staaten treten, werden sie wie Linientruppen besoldet und verpflegt, womit sie sich aber nicht zufrieden stellen, wenigstens sah man sich im mexikanischen Kriege genöthiget, ihren höheren Ansprüchen zu willfahren. Sie sind nicht uniformirt; Jeder bringt sich sein Gewehr, die zur Kavallerie Bestimmten ihre eigenen Pferde mit. Die Generäle ernennt der Gouverneur, die übrigen Offiziere werden gewählt. Die Gesammtzahl der Milizen aller Staaten beträgt an zwei Millionen, sie bilden die Hauptmacht im Kriege, und sind zur Vertheidigung des durch einen äußeren Feind bedrohten Vaterlandes sehr tüchtig; wovon sich die Engländer zweimal zur Genüge überzeugt haben. An eine taktische Durchbildung ist bei dieser Landwehr freilich nicht zu denken; es hält schon sehr schwer, sie anfänglich unter eine nothdürftige Disciplin zu bringen; — es sind tapfere Streiter, aber keine Soldaten. Was Abhärtung gegen Strapazen und allerhand Ungemach des Krieges anbelangt, so lassen sie nichts zu wünschen übrig; es sind zum großen Theile die in einem halbwilden, oft bedrohten einsamen Jäger-Leben aufgewachsenen Söhne der Hinterwäldler, deren Körper von Kindheit auf gestählt worden, deren Durst nach glänzenderen Abenteuern sie als Freiwillige zur Kriegsfahne zieht. Taylor und Scott haben im mexikanischen Kriege mit ihnen manchen glänzenden Sieg erfochten. Nach beendigtem Kriege kehren Offiziere und Gemeine in ihren bürgerlichen Kreis zurück: es hat da nichts Auffälliges, den Offiziersdegen wieder mit Axt und Ochsenpeitsche zu vertauschen.

Die gegen übernehmende Ungebühr feindlicher Indianerstämme zeitweilig aus Freiwilligen errichteten leichten Reiter-Corps (Rangers) haben sich zur Beschützung der Gränzbewohner immer am brauchbarsten erwiesen. Sie haben keine festen Stationen, sondern schwärmen in kleinen Abtheilungen, fast wie die Wilden selbst, mit großer Schnelligkeit umher, und treffen auf ihren strategischen Ausflügen oft unvermuthet mit den Unholden zusammen, wo es dann von Seite der Rothen nicht ohne harte Verluste abgeht. Eine Gegend, wo die Rangers ihr wildes Jagdleben treiben, wird von den Wilden bald gemieden.

Der Mangel an brauchbaren Aerzten hat sich zur Kriegszeit in der Armee immer sehr fühlbar gezeigt.

So nothwendig auch dem Europäer eine durchgreifende Reform der nordamerikanischen Landmacht erscheinen möchte, so sind die Staatsbürger der Union doch meistens ganz anderer Meinung, und sagen: „Unsere Armee soll nur den Feind schlagen; das hat sie gethan, und wird es wieder thun; zur Parade brauchen wir sie nicht.“ Doch zeigen die stattlich uniformirten, mit spiegelblanken Waffen versehenen Milizen und Garden einiger großen Städte, daß sie am Soldatenspiel dennoch einiges Behagen finden.

Hält man die Seemacht der Vereinigten Staaten von 75 Kriegsschiffen mit 2000 Kanonen gegen die englische von 650 Kriegsschiffen mit 20,000 Kanonen: so muß die erstere nur sehr unbedeutend erscheinen; aber sie kann im Falle des Bedarfs schnell und ansehnlich vermehrt werden. Die Bundesregierung schließt beim Baue vieler Schiffe von verschiedener Größe mit deren Eigenthümern förmliche Verträge ab, nach welchen diese Schiffe so eingerichtet werden, daß sie leicht in Kriegsschiffe umzuwandeln sind, und auf etwaiges Verlangen ihr zur Verfügung gestellt werden müssen. Auf den Schiffswerften und in den Seezeughäusern ist das zur vollständigen Ausrüstung solcher Kriegsschiffe erforderliche Zubehör aufgespeichert. So wie die Stärke der Landmacht in der Landwehr, so beruht die Stärke der Seemacht der Vereinigten Staaten in der Handelsmarine, der an Größe nur noch die englische zu überbieten übrig ist. In der Herstellung, Einrichtung und Anwendung der Kriegsflotte bedürfen die Anglo-Amerikaner keines fremden Lehrmeisters oder Vorbildes, hierin sind sie selbst die Meister, diese gebornen Mechaniker mit unerschöpflicher Erfindungsgabe, die auf kürzestem Wege die überraschendsten Resultate zu erzielen wissen, im Erstreben eines nothwendigen oder Gewinn versprechenden Zieles unbesiegbaren Muth bethätigten, und wahrscheinlich berufen sind, den Dreizack aus den Händen der Britten zu übernehmen.

Im Jahre 1850 betrugen die Ausgaben für die Landmacht 14 Mill., für die Seemacht 9½ Mill. Doll.

26. Die politischen Parteien.

Die Hauptparteien in den Vereinigten Staaten sind die Whigs und Demokraten, aber keine von beiden ist gegen die bestehende Verfassung; ihr Streit dreht sich vielmehr um die richtige Auffassung und Anwendung der Verfassung, um gewisse Maximen der Verwaltung. Vor der jedesmaligen Präsidentenwahl treten beide Parteien einander durch einige Monate schroff entgegen; jede derselben will einen Mann ihrer Farbe auf den Präsidentenstuhl bringen, um durch ihn, der das Staatsruder lenket, ihre Pläne und Hoffnungen zu verwirklichen; beide machen Propaganda, die öffentlichen Blätter sind voll von wechselseitigen Verdächtigungen, Vorwürfen und Lästerungen; Alles ist in fieberhafter Aufregung, wie vor Beginn eines blutigen Bürgerkrieges. Das Resultat der Wahl eilt mit Blitzesschnelle durch alle Staaten der Union, und der Sturm hat sich gelegt, Alles geht seinen gewohnten friedlichen Gang.

Die wesentlichen Streitpunkte dieser beiden Parteien sind:

Die Whigs wollen eine kräftige Centralregierung; die Demokraten trachten dieselbe zu Gunsten der Souverainität der einzelnen Staaten möglichst zu schwächen. Die Whigs wollen durch geeignete Schutzzölle die inländische Industrie heben und fördern, so wie den Produkten der Landwirthschaft den erforderlichen Absatz verschaffen; die Gegenpartei dringt auf Handelsfreiheit, oder will nur sehr niedrige Schutzzölle zulassen, um aus deren Ertrage blos die Staatsauslagen zu bestreiten.

Die Whigs wollen zur Emporbringung des Handels und der Gewerbe öffentliche Arbeiten, Kanäle, Regulirung der Flüsse, behufs der Schifffahrt u. s. w. auf Kosten des Schatzes der Vereinigten Staaten in ausgedehnter Weise unternommen wissen; die Demokraten wollen solche Arbeiten nur aus den Mitteln der einzelnen Bundesstaaten, und nur so weit es dringlich nothwendig erscheint, bestreiten lassen.

Die Whigs wünschen eine Nationalbank unter der Controlle der Centralregierung; die Demokraten sind gegen die Banken, und wenn solche errichtet werden, soll die Regierung sich um dieselben als eine Privatsache gar nicht kümmern.

Die Whigpartei will gegen das Ausland strenge Neutralität beobachten; die Demokraten wollen die Gränzen der Union möglichst erweitern und ihre seegensvollen Institutionen andern Völkern angedeihen lassen.

Ein Theil der Whigpartei (Natives) will den aus Europa Einwandernden, statt wie jetzt nach 5 Jahren, erst nach 21 Jahren das Bürgerrecht zukommen lassen, und noch andere Maßregeln gegen die häufige Einwanderung in Vollzug bringen. Der Grund hiervon ist kein anderer als der Umstand, daß die Eingewanderten, von ihrem Namen angezogen, sich der demokratischen Partei anschließen, und sonach als Gegner der Whigs auftreten, sobald sie das Bürgerrecht erlangt haben.

Den Whigs hat man wegen ihrer Klugheit, mit welcher sie ihre Zwecke zu erreichen wissen, den Spottnamen Koons beigelegt (eine Abkürzung von rakoon, Waschbär, ein wegen seiner Verschlagenheit bekanntes Thier). Daß der Whigpartei in den Vereinigten Staaten der intelligentere und vermögendere Theil der Bevölkerung angehöre, ist überall ersichtlich; während die Bestrebungen ihrer Gegner große Beschränktheit zeigen, vom leidenschaftlichen Hasse gegen Reiche geleitet werden, und in der Ausführung oft zum eigenen Schaden ausschlagen würden.

Unter den Demokraten gibt es noch mehrere spezielle Parteien, dahin gehören die Freiboden-Männer (Freesoilers), welche die unentgeltliche Vertheilung des noch unverkauften Congreßlandes an besitzlose Ansiedler, Verlegung der Steuern auf das Kapital (Vermögenssteuer) und mit den Abolitionisten Abschaffung der Sklaven verlangen.

Die National-Reformer fügen zu den Forderungen der Vorigen noch folgende hinzu: ein Heimstättengesetz, welches Jedermann einen bestimmten Besitz sichert, der ihm auf keine Art, auch Schulden halber, weder entzogen noch geschmälert werden kann; ferner Aufhebung der Banken und Schutzzölle (Freihandel), unentgeltlichen allgemeinen Schulunterricht und Regelung der Arbeit durch Gesetze.

Die Sozial-Reformer stellen ähnliche Forderungen mit communistischem Anstriche. Eine ihrer Hauptideen ist, durch einen unmittelbaren Tauschhandel der Arbeiterprodukte, auch der von den kleineren Landwirthen erzeugten, das Kapital der Reichen unwirksam, den Handel und die Fabrikation unmöglich zu machen. Diese Partei, noch ziemlich neu, hat seit dem Jahre 1849 aus Deutschland bedeutenden Zuwachs erhalten, und machte unter den Schuster- und Schneidergesellen von New York und Philadelphia anfänglich Fortschritte.

Der brennendste Parteistreit ist unstreitig die Sklavenfrage, in welcher die Whigs für, die Demokraten gegen den Fortbestand der Sklaverei in die Schranken treten.

In diesem Parteiwesen herrscht große Veränderlichkeit: die Parteien spalten und vereinigen sich, lassen frühere Principien fallen und nehmen neue auf, die Zahl der Anhänger nimmt bald zu, bald wieder ab.

27. Oeffentliche Sicherheit.

Auf die Frage, wie es mit der öffentlichen Sicherheit in den Vereinigten Staaten stehe, vernimmt man gewöhnlich sehr verschiedene Antworten. Während viele Berichte Leben und Eigenthum da für hinreichend gesichert erklären, stellen andere dieses entschieden in Abrede und geben eine haarsträubende Schilderung von den Gefahren, die den Menschen mit Allem, was sein ist, bedrohen. Beiderlei Berichte enthalten Wahrheit, wenn sie nicht allgemein gelten sollen. Die Ansiedler auf dem Lande und die Bewohner kleinerer Städte, fern von dem regen Treiben der Schifffahrt, des Handels und der Fabrikation genießen einer Sicherheit, wie man sie nur immer in einem wohlbeschützten Staate Europas antreffen kann. Aber in den See- und Handelsstädten, an den frequenten Verbindungen zwischen denselben herrscht leider eine Unsicherheit, von der es keine übertriebene Beschreibung gibt.

Die einsamen Landbewohner, die Farmer, besitzen selten viel baares Geld oder Kostbarkeiten, welche Diebe und Räuber anlocken könnten; ihr Vermögen besteht in Land, Vieh und Früchten. Selbst die reichen Pflanzer des Südens pflegen nicht viel Geld im Kasten zu verschließen. Von der Unzulänglichkeit des gesetzlichen Schutzes überzeugt, sind sie bemüßiget, ihre eigenen Sicherheitsorgane zu seyn. Hat sich ein gefährliches Individuum in ihrer Nähe angesiedelt, so wird ihm so auf die Finger gesehen, mit solcher Verachtung begegnet, bei begangenen selbst unerheblichen Unzukömmlichkeiten so hart und einmüthig zu Leibe gegangen, daß es zu größeren Vergehen den Muth verliert, oder es bald gerathener findet, sich zu entfernen. Jeder Fremde, von dessen redlichen Absichten man sich nicht überzeugen kann, wird scharf beobachtet und bewacht. Ist irgend ein Verbrechen, ein Viehdiebstahl u. dergl. begangen worden, so steigen 10 oder 20 Männer aus der Nachbarschaft mit ihren Büchsen zu Pferde, und eilen nach allen Richtungen, den Entschwundenen einzubringen, und er wird in den meisten Fällen zu Stande gebracht. Das erste Mal überliefert man ihn den Händen der Gerechtigkeit. Entgeht er mit oder ohne Schuld der Behörden seiner verdienten Strafe, so kann er im Wiederbetretungsfalle auf ein außergerichtliches summarisches Strafverfahren gefaßt seyn. Stehen auch die Wohnungen besonders der amerikanischen Farmer so weit von einander entfernt, daß sie nur in sehr seltenen Fällen ein dorfähnliches Ansehen haben, so ist es doch nicht leicht, einen Hausdiebstahl zu begehen. Die Häuser sind meistens klein, bestehen höchstens aus zwei Zimmern, worin die sämmtliche Familie wohnt und schläft. Räuberische Einbrüche sind für die Räuber zu riskant; denn der Farmer hat immer eine oder etliche geladene Büchsen beim Bette an der Wand hängen, und es fehlt ihm weder an Muth noch Geschicklichkeit, sie als Hausgewehre sehr wirksam anzuwenden. Das furchtbare Hausrecht, vermöge welchem Jedermann einen Verdächtigen, der in sein Haus tritt, verwunden oder tödten kann, ohne sich einer schwierigen Verantwortung auszusetzen, wenn er nur den Vorgang in gesetzlicher Weise alsbald anzeigt, — dieses Hausrecht schreckt von Diebstählen und räuberischen Einbrüchen so ernstlich ab, daß sie äußerst selten vorkommen. In kleinen Städten, wo fast alle Einwohner einander kennen, sind die Umstände für solche Individuen, welche die Sicherheit gefährden, nicht viel günstiger. Wer einem Verbrecher Unterschleif und Vorschub leistete, der würde von seinen Nachbaren und Mitbürgern demselben gleich geachtet werden.

Das Lynch-Gericht.

Wenn in den Vereinigten Staaten eine größere oder geringere Anzahl Menschen sich vereinigen, um einen Verbrecher auf eigene Faust, ohne Mitwirkung der ordentlichen Gerichtsbehörden, zu bestrafen, so nennt man diese Unternehmung ein Lynch-Gericht. [1]) Die Idee der Volkssouverainität, welche auch ein Pöbelhaufen in der nordamerikanischen Union complet in sich fühlt und ausübt, so wie die zeitweilig stattfindende Abwesenheit oder Unwirksamkeit der vom Staate bestellten Gerichtsbehörden mag diese bedauerliche Volksjustiz erzeugt und hier und dort bis jetzt in Ausübung erhalten haben.

Die Amerikaner, welche in allen Dingen auf Form und Anstand halten, gehen, wenn Zeit ist, dabei auf folgende Art zu Werke: Ist ein Verbrecher, gegen den eine allgemeine Erbitterung herrscht, aufgegriffen worden, so versammelt sich ein Volkshaufen, der einstimmig auf ein Lynch-Gericht erkennt, eilig ein Tribunal constituirt, den Präsidenten, den Richter u. s. w. durch Acclamation ernennt; Kläger und Zeugen werden vernommen; der Defensor wird zur Kürze vermahnt und nicht selten unterbrochen. Nach kurzer Verhandlung wird das Urtheil gefällt und sogleich vollzogen, es mag auf Tod, Züchtigung, Theeren und Federn oder auf Ausweisung aus der Gegend lauten. Das Todesurtheil wird mittelst Strang vollzogen, die Züchtigung geschieht mit Ruthen auf den bloßen Leib, das Theeren besteht in einem Anstriche des entkleideten Körpers mit Theer, der so Betheerte wird darauf mit Bettfedern beworfen. Ist die Exekution vollzogen, so verläuft sich schnell der ganze richterliche Haufen. Die Sheriffs und Constables dürfen sich während der ganzen Procedur nicht sehen lassen. Von Seiten der Behörden wird gegen die bei einer Lynch-Angelegenheit Betheiligten selten etwas Ernstliches eingeleitet, und zwar aus dem Grunde, weil man keine Zeugenschaft aufbringt und der Menge nicht mißliebig werden will.

In Californien sind noch gegenwärtig Lynch-Gerichte an der Tagesordnung; fallen sie auch anderwärts in den Vereinigten Staaten bei weitem nicht mehr so häufig vor als ehedem: so stehen sie außerhalb den großen Städten unter gewissen Umständen immer noch zu erwarten. Es muß bemerkt werden, daß es in den Vereinigten Staaten manchem Verbrecher gelingt, sich der verdienten Strafe, trotz Geschwornen und öffentlichem Gerichtsverfahren, zu entziehen. Wenn man auch zugeben muß, daß sich nicht leicht ein

---

[1]) Vielleicht von dem englischen Worte linch, Dorf, Weiler.

Fall wird nachweisen lassen, wo ein durch die Volksjustiz gerichtetes Individuum unschuldig bestraft worden wäre: so ist doch durch zahlreiche Beispiele sattsam dargethan, daß der Pöbel dabei Unanständigkeiten und Grausamkeiten begeht, Rachsucht und Blutgier an den Tag legt.

Zuweilen greift auch ein Pöbelhaufen dem ordentlichen Gerichte vor, wenn auch der Verbrecher bereits im Verhaft ist. So wurde der zu Carthago im Staate Illinois verhaftete Mormonen-Prophet Jos. Smith ermordet. Der wegen mehreren Verbrechen eingezogene Farmer Wersdorfer wurde, während er im Courthause zu New Braunfels in Texas im Jahre 1851 in Ketten lag, durch das Fenster des Arrestes erschossen. Im Jahre 1850 wurde zu Culpeper in Virginien ein Farbiger Namens Grason des Mordes beschuldiget und arretirt. Die Zeugenaussagen waren von der Art, daß die Jury das „Nichtschuldig" auszusprechen sich genöthiget sah. Der zusammengelaufene Pöbel erbrach das Gefängniß, zerrte den Verhafteten heraus, und hing ihn an den nächsten Baum.

Die Loafers.

Das Wort loafer bezeichnet einen Menschen, der kein ehrliches Gewerbe treibt, sondern von allerhand schlechten Streichen sich ernährt, und selbst zu den größten Verbrechen fähig ist. Die loafers sind der Auswurf der Menschheit von Nordamerika und Europa; Betrug, Dieberei und Raub sind ihre Geschäfte; für Geld verüben sie die größten Verbrechen, Mord, Brandlegung u. a. Jedes Land und Volk hat eine größere oder geringere Zahl von nichtswürdigen Individuen, welche der bürgerlichen Gesellschaft gefährlich und verderblich sind; aber nirgends trägt diese Art Menschen ein so eigenthümliches Gepräge, nirgends bildet das schlechte Gesindel ein so mächtiges Element, als in den Vereinigten Staaten von Nordamerika.

Jede Stadt, jede Gegend hat eine Anzahl dieser Galgenvögel, wenn ein reger Geschäftsverkehr ihnen da Beute verspricht. Ihre Gesellschaft ist über alle solche Punkte der Union ausgebreitet, ohne nach Art einer europäischen Räuberbande unter einem Anführer organisirt, oder allgemeinen Statuten unterworfen zu seyn; und dennoch kennen sie einander überall, begrüßen sich überall als Glieder einer und derselben Gemeinde; Einer kann auf den Schutz und Beistand des Andern rechnen, es mag sich um die Ausführung eines Verbrechens, oder um die Befreiung von der Strafe handeln. Andere Verbrecher, welche nicht zu ihrer Gesellschaft gehören, nicht Müßiggänger und Schurken von Profession sind, haben auf ihre Sympathie und ihren Beistand nur gegen Bezahlung zu rechnen.

Sind die loafers auch sehr selten Besitzer von unbeweglichen Gütern, so erscheinen doch nur wenige im Aeußeren vernachlässiget und zerlumpt; die meisten zeigen sich als gentlemen mit einem Anstriche von feiner Bildung, und erwecken dadurch Vertrauen.

Mit dem Pöbel fraternisiren sie überall und beherrschen ihn; er dient ihnen zu Massendemonstrationen (mobs), wenn es sich darum handelt, durch das Gewicht der Menge den Einfluß der Behörde oder den Arm der strafenden Gerechtigkeit unwirksam zu machen.

Bei den Wahlen für öffentliche Aemter ist ihr Einfluß von großer Wichtigkeit, und dieser Einfluß gibt ihnen Erwerb, und sichert ihr Fortbestehen. Sie dienen der Partei, welche ihnen am meisten zahlt. Jene Wähler, welche ein bürgerliches Gewerbe betreiben, Schänker, Bäcker und dergleichen, müssen sich ihrem Willen fügen, und dem Candidaten die Stimme geben, für welchen sie gewonnen sind; weil der Betrieb solcher Gewerbe von den loafers leicht beeinträchtiget werden kann. Ist der Candidat, für welchen sie eifrig gewirkt haben, in das Amt gekommen, so muß er aus nachträglicher Dankbarkeit und aus Rücksicht für seine Zukunft gegen sie Schonung beweisen; er will ja nach Ablauf seiner Amtszeit wieder für dieses oder ein anderes Amt gewählt werden, und wird sich demnach wieder in der Lage befinden, ihren Beistand nöthig zu haben. Selbst bei der Wahl eines Präsidenten der Vereinigten Staaten bedienen sich die Anhänger und Agenten der verschiedenen Parteien dieses mächtigen Elementes, um ihren Candidaten auf den Präsidentenstuhl zu bringen.

Die wohlorganisirten Feuer-Compagnien großer Städte, vornehmlich die von New York, bestehen meistens aus solchen Leuten, die ihren Dienst beim Löschen der Feuersbrünste sehr gewinnreich zu machen wissen. Während ein Theil der Mannschaft mit dem

Löschen beschäftiget ist, räumt ein anderer mit heftiger Zudringlichkeit die Sachen aus den bedrohten Wohnungen, wobei immer viele werthvolle Effekten verschwinden. In den großen nordamerikanischen Städten sind die Feuersbrünste häufiger als irgendwo. Selten vergeht da eine Nacht ohne Feuerlärm, oft entstehen mehrere Brände zugleich. Im Monate April 1851 waren in New York 74 Brände, was man für eine geringe Zahl ansah. Es gilt als allbekannte Thatsache, daß ein großer Theil der entstandenen Brände durch Brandstifter angelegt wird, welche fast ausschließlich den loafers angehören. Wo die Feuer-Compagnien, wie einige von Philadelphia, aus rechtschaffenen Bürgern bestehen, haben dieselben bei ihrem Dienste einen harten Stand und manchen Kampf mit den loafers zu bestehen.

Die Schänker und Gastwirthe niederen Ranges haben von den loafers wohl Zuspruch und Verdienst, durch das Ausbleiben der Bezahlung aber auch oft empfindlichen Schaden, und dürfen es doch in keiner Weise mit ihnen verderben, wollen sie sich nicht der Gefahr aussetzen, durch sie in ihrem Gewerbe geschmälert oder ruinirt zu werden. Bei so einem Plane haben die Schurken folgende Taktik: es finden sich Einige von ihnen täglich zu verschiedenen Stunden in dem Lokale ein, fangen mit Anderen oder auch zum Schein unter sich Händel an, lärmen, raufen, demoliren Geschirre und Geräthe; dadurch werden andere Gäste abgeschreckt. Zuweilen treiben sie es so weit, daß der so Verfehmte das Lokal räumen muß, wenn es Jemand zu miethen gedenkt, dem sie es nach gepflogenem Uebereinkommen zuschanzen wollen. Der Beistand der Polizei ist in solchen Verhältnissen sehr kostspielig oder unzureichend.

Nächtliche Raubanfälle, Einbrüche und Raubmorde werden häufig und mit staunenswerther Verwegenheit geübt, New York und New Orleans stehen dießfalls oben an. Es ist da gar nichts Auffallendes, wenn am Morgen eine oder mehrere Leichen von Ermordeten in den Gassen der Stadt gefunden werden.

Man wird hier die Frage stellen: Ist denn keine Polizei in diesen großen und volkreichen Städten? — Mit dieser hat es ein ganz eigenthümliches Bewandtniß. Sie wäre der Zahl nach allerdings hinreichend; in New York zählt die Sicherheitswache

970 Mann; sie ist zwar weder bewaffnet noch uniformirt, aber gut besoldet. Die Mannschaft derselben gehörte aber früher großen Theils zu den loafers, und ein nunmehriger watchman kann sich mit seinen ehemaligen Kameraden nicht ganz verfeinden, sie würden ihm seinen Dienst sehr zu erschweren, wenn nicht unmöglich zu machen wissen; wogegen ihm freundliche Rücksicht gegen sie eventuell namhaften Vortheil bringt. Es ist fast ein Verhältniß, wie es hier und da zwischen den Gränzwächtern und Schmugglern besteht. Ein ausgiebiger Schutz läßt sich nur durch ein geheimes Uebereinkommen mit der Sicherheitswache und durch eine Nebenbesoldung derselben erzielen. Die Reichen bringen dieses Opfer und sind mit ihrem Eigenthum auch vor den loafers ziemlich gesichert; außerdem aber ist Leben und Eigenthum sehr unsicher.

In New York wurde Jemandem eine werthvolle Uhr entwendet. Er zeigte den Vorfall sogleich einem watchman mit Nennung des Namens und der Wohnung der Diebin an, und erhielt gegen Vorausbezahlung von baaren 15 Doll. die Versicherung, daß die Verhaftung der Genannten unverzüglich bewerkstelligt werden solle. Als der Bestohlene wieder kam, um das Resultat zu erfahren, wurde ihm bedeutet, daß er den Beistand eines Rechtsfreundes nöthig habe, um zu seinem Eigenthume zu gelangen; der Sicherheitsmann empfahl ihm einen Advokaten; der Verlusttragende begibt sich sogleich zu ihm, zahlt ihm auf Verlangen 20 Doll. voraus, und glaubt nun seiner Sache gewiß zu seyn. Nach vier Tagen erklärte ihm der Rechtsfreund, daß er Alles aufgeboten habe, ihm die entwendete Uhr wieder zu verschaffen, daß es aber unter den obwaltenden Umständen nicht möglich gewesen sei, daß vielmehr die Beschuldigte eine Entschädigungsklage gegen ihn, den Kläger, anstrengen werde. Jetzt ging dem Geprellten ein Licht auf, und er war vollständig orientirt.

In einer sehr belebten Gasse (Greenwich-street) derselben Stadt wurde 1851 zwischen 10 und 11 Uhr Vormittags ein Mann ermordet, während 25 Schritte davon zwei Sicherheitsmänner standen, die, als sich die Mörder entfernt hatten, sogleich kamen, die Leiche in Empfang zu nehmen und dem Coroner (Leichenbeschauer) zur Besichtigung zu übermitteln. Der Vorfall erregte wenig Aufsehen und keinen Auflauf; die Vorübergehenden sahen sich um mit so gleichgiltiger Miene, als ob Jemand gefallen und ohne Verletzung wieder aufgestanden sey.

Die Deutschen von New York pflegen alljährlich in dem freundlichen Flecken Haboken ein Maifest zu feiern. Im Jahre 1851 *hatten sich über 10,000 deutsche Landsleute dort versammelt.* Dieses unschuldige Nationalfest war aber den gegen fremde Einwanderer feindlichen Amerikanern (natives) ein Dorn in den Augen. Bewaffnete loafers zeigten sich unter der wogenden Menge in Hoboken und trieben allerlei verletzenden Unfug, wurden aber bald in gebührender Weise zur Ruhe gebracht. Aber die vom Feste Heimkehrenden wurden so heftig angegriffen, und es entstand ein so heftiger Kampf, daß die Deutschen 200 Verwundete und einen Todten hatten, die loafers drei Todte zählten; die Zahl ihrer Verwundeten wurde nicht bekannt.

Ein farbiger Inhaber eines Wirthshauses zu Philadelphia hatte sich erdreistet, gegen einen loafer, welcher bei einem blutigen Auflaufe eine Hauptrolle gespielt hatte, vor dem Gerichte Zeugniß abzulegen. Am 9. Oktober 1849 mußte er für dieses Wagniß schwer büßen. Sein Haus wurde in Brand gesteckt, und Niemand durfte sich dem Feuer nähern, die Polizeiwache wurde mit Flintenschüssen zurückgetrieben; man sah zwölfjährige, mit Pistolen bewaffnete Buben unter den loafers. Eine Feuer-Compagnie rückte mit der Spritze an, Zwei von der Mannschaft blieben todt, Viele wurden verwundet, sie mußte sich zurückziehen. Das Feuer ergriff ein Haus nach dem andern, es brannten deren schon sieben. Um Mitternacht wurde die Miliz aufgeboten. Um 3 Uhr Morgens erschienen 3 Compagnien mit 2 Kanonen auf dem Schauplatze. Da war das Gesindel schnell verschwunden, und das Feuer wurde ohne Störung gelöscht. Als das Militär sich zurückgezogen hatte, kamen auch die Banden wieder zum Vorschein; aber mittlerweile hatten sich auch die Feuerleute bewaffnet und schossen sogleich zwei der Lumpen nieder — und das Spektakel war zu Ende.

Die Stadt St. Louis erlebte am 5. April 1852 eine ähnliche Scene.

Im Jahre 1849 wurde zu Pittsburg in Pennsylvanien

Jos. Barker wegen öffentlicher scandalösen und aufrührerischen Reden, in welchen er kirchliche Personen und alle Behörden auf das obscönste lästerte, und den zahlreich versammelten Pöbel zu Gewaltthätigkeiten aufstachelte, — endlich, nachdem man seinem Treiben fast ein Jahr lang unthätig zugesehen, zu einjährigem Kerker, *zu einer Geldstrafe von 250 Doll.* und zur Bezahlung der Prozeßkosten verurtheilt, und sofort in das Gefängniß abgeführt. Er war der Günstling jener Banden und des Pöbels, deren Grundsätzen und Geschmacke er so vollkommen entsprochen hatte. Im darauf folgenden Monate Januar war die Wahl des Mayor (Bürgermeisters) der Stadt Pittsburg. Barker erschien auf der Candidatenliste für dieses Amt. Man staunte, schämte und ärgerte sich, obwohl noch Niemand an die Schmach glauben konnte, ihn zum Bürgermeister zu bekommen. Siehe da — Barker erhielt bei der Wahl die absolute Stimmenmehrheit. Er hätte sich mit dem Titel und der Würde begnügen müssen, da er als Arrestant das Amt nicht hätte verwalten können; aber der Gouverneur von Pennsylvanien ersah die Gelegenheit, sich beliebt zu machen, sprach ihn kraft des ihm zustehenden Begnadigungsrechtes von der Strafe frei; und so gelangte der verurtheilte Verbrecher zu dem Amte und der Würde des Bürgermeisters der Stadt Pittsburg von 50,000 Einwohnern. — Mehr Exempel anzuführen, dürfte überflüssig seyn.

Auf die Frage, welcher Nationalität die loafers angehören, müßte ich meinen Beobachtungen zufolge äußern, daß Amerikaner, Irländer und Deutsche fast von gleicher Zahl und gleichem Gehalte darunter sind, Franzosen, Engländer u. s. w. ein geringeres Contingent dazu geliefert haben. So Viele auch von diesem Abschaume der Bevölkerung seit der Goldentdeckung in Californien als Abenteurer nach jenem Lande gezogen und zu Grunde gegangen sind, so wurde dieser Abgang doch seit dem Jahre 1849 reichlich aus Europa wieder ersetzt. Dieser fremde Zuwachs und der Nachwuchs aus der einheimischen Jugend stellen eine sehr bedenkliche Vermehrung dieses Auswurfes in nahe Aussicht. In großen Städten, in gewerbreichen Orten und Gegenden ist der größere Theil vornehmlich der männlichen Jugend schauderhaft verwahrloset, und die Zahl der jugendlichen Verbrecher wächst beispiellos. Knaben von 10 bis

14 Jahren haben sich unter Anführern in Banden gehörig organisirt, und wissen sich ohne Beihilfe ihrer Eltern von Gaunerei und Dieberei zu erhalten. Der Fremde mag in der Nähe großer Städte auch vor diesen jungen Wegelagerern wohl auf seiner Hut seyn, wenn er nicht in die unangehme Lage kommen will, entweder seine Börse zu opfern oder gesteiniget zu werden.

Das Volk der Vereinigten Staaten erkennt diesen um sich greifenden Krebsschaden der bürgerlichen Gesellschaft, und alle guten Bürger beklagen es, daß der Pöbel mit den Galgenvögeln sich verbrüdert, die Aemterjäger mit ihnen Stimmen gewinnen, die Rache und die Habsucht sich ihrer als Mittel zur Erreichung der schändlichsten Zwecke bedienen, Leben und Eigenthum da am meisten gefährdet ist, wo man dafür die größte Sicherheit erwarten sollte, — aber zu helfen wissen sie nicht; es wäre eine, für einen Dictator gar nicht unwürdige Aufgabe, dieses Uebel auszurotten.

Es ist ungerecht, wenn man wegen der Menge dieses Gesindels das ganze Volk der Vereinigten Staaten als ein sittlich verkommenes bezeichnet. Kaum der vierte Theil des Auswurfes gehört den Amerikanern an, die übrigen drei Viertheile sind Fremde, sind eingewanderte Europäer, und Europa hat es nicht zu beklagen, daß sie dort sind. Nordamerika hat allerdings durch die Auswanderung aus Europa viel gewonnen, Europa selbst aber durch sie an Arbeitskraft und Kapital verloren; aber an einem sehr großen Theile der Eingewanderten haben die Amerikaner wahrlich nichts gewonnen, und sind darum nicht zu beneiden. Man muß es lobend anerkennen, daß sie Allen ohne Unterschied ihr Land gastlich offen lassen, so viel verdorbene Waare mit in den Kauf nehmen, und keine Vorkehrungen im Sinne der nativistischen Partei treffen, wenn sie es auch deutlich genug merken, daß sie in der Regel nicht den Kern der europäischen Völker hinüber bekommen. Das Mißtrauen gegen Fremde, deren Gehalt sie nicht erprobt haben, ist ihnen daher wohl nicht zu verargen.

Das Volk der Vereinigten Staaten steht in sittlicher Beziehung keinem andern nach. Das Landvolk, der überwiegende Theil der Bevölkerung, muß wegen seiner sittlichen und intellektuellen Beschaffenheit jedem aufmerksamen und unbefangenen Beobachter achtbar erscheinen. Selbst in den See-, Handels- und Fabrikstädten, im Meere des entsittlichten Janhagels lebt eine ehrenwerthe Bürgerschaft, welcher ihr fortwährender Belagerungszustand durch Gewohnheit und beträchtliche Opfer erträglich wird.

28. Das Schulwesen.

Es ist billiger Weise wohl nicht zu verlangen, daß die Amerikaner der Vereinigten Staaten das gesammte Unterrichtswesen auf den Standpunkt gebracht haben sollten, welchen es in Deutschland und einigen andern europäischen Ländern erreicht hat; es ist genug, daß man sagen kann, sie haben unter ihren Verhältnissen für Volksunterricht und höhere Bildung ihr Mögliches gethan, und werden dereinst hierin keinem Volke nachstehen.

In den westlichen Staaten und Gebieten bilden die von der Centralregierung für Bildungsanstalten vorbehaltenen Ländereien eine beträchtliche Grundlage zu einem Schulfonde. Aber dieses wüste Land ist vor der Hand doch nur ein todtes Kapital, und wird es noch lange bleiben, man mag es zu so vielen Millionen anschlagen, als man nur immer will. In den älteren Staaten, wo kein Congreßland mehr zu derartiger Verfügung steht, ist das sämmtliche Schulwesen der Regierung dieser einzelnen Staaten, oder vielmehr dem freien Willen der Bürger überlassen.

Die Volksschulen werden in einigen Staaten durch gesetzliche Beiträge, eine Art Schulsteuer, die von allen, auch kinderlosen und unverehelichten Bewohnern erhoben wird, errichtet und erhalten. In diesen öffentlichen sogenannten Freischulen wird der Unterricht unentgeltlich ertheilt. Gegenstände des Unterrichtes sind: Lesen, Schreiben, Rechnen, etwas Geographie und ein wenig Geschichte. Ein mißlicher Umstand bei diesen Freischulen besteht darin, daß jeglicher Religionsunterricht von denselben ausgeschlossen ist, und das bunte Sektengemisch der Einführung desselben ein unübersteigliches Hinderniß entgegen setzt. Was würde geschehen, wenn man drei, fünf oder mehrern R igionslehrern der verschiedenen kirchlichen Parteien, welchen dieelSchüler angehören, den Zutritt zu diesen Schulen gestatten wollte? Diejenigen Eltern, welche den Religionsunterricht für ein nothwendiges Element der Erziehung ansehen, müssen noch für einen religiösen Privatunterricht ihrer Kinder sorgen. An diesem Uebelstande scheiterte auch die Einführung der Freischulen in den meisten Staaten, wo es die Einwohner vorziehen, für die Errichtung und Unterhaltung von Privatschulen, jede Confession für sich, zu sorgen, deren Leitung einem selbst gewählten Vorstande in Verbindung mit ihren Geistlichen anvertraut wird. Selbst wo Freischulen zu Stande gebracht sind, werden noch confessionelle Privatschulen unterhalten, in welchem Falle die Eltern doppelt belastet sind, da sie für beide Arten der Schulen ihren Beitrag leisten müssen, obgleich sie die ersteren nicht benützen. Es wird den Freischulen sehr zur Last gelegt, daß die sittliche Bildung der Jugend darin ganz verabsäumt wird.

Die Erziehungs- und Bildungsanstalten für die weibliche Jugend, welche von den katholischen Frauenorden unterhalten werden, sind von den unbefangenen Einwohnern aller Confessionen anerkannt und benützt. Weibliche Privat-Erziehungsanstalten gibt es nebst dem noch in vielen großen Städten, die zwar sämmtlich sehr kostspielig sind, aber größtentheils ihrem Zwecke vollständig entsprechen; oft sind ihre Leistungen während dem ein- oder zweijährigen Kurse auffallend. Die Mädchen erhalten da Unterricht in den Elementargegenständen, in Sprachen, Zeichnen, Gesang und weiblichen Arbeiten; in einigen dieser Institute wird außerdem Musik, Geographie und populäre Naturwissenschaft gelehrt.

Die Amerikaner bethätigen eine rühmliche Sorgfalt für den Unterricht ihrer Jugend. Selbst die auf dem Lande oft meilenweit von einander entfernten Farmer vereinigen sich, und bringen große Opfer zur Errichtung und Erhaltung einer Privatschule, während es die Deutschen, selbst wo sie ausschließlich die Bevölkerung einer Ansiedlung oder einer Stadt bilden, oft lange zu keiner geregelten Schule bringen können. Noch weniger Interesse zeigen die irischen Einwanderer für die Bildung der Jugend. Darum gehören auch die meisten verwahrloseten Kinder diesen beiden Nationalitäten an.

Während das Volksschulwesen in einigen älteren Staaten, wie

in New York, Massachusetts, Connecticut, im blühenden Zustande ist, steht es in anderen noch auf einer sehr niedrigen Stufe der Entwickelung. In den westlichen Staaten und Gebieten ist es meistens kaum noch im Entstehen begriffen; selbst in den bewohnten Theilen von Arkansas, Texas, Missouri, Michigan, Wisconsin und anderorts sieht es damit noch gar sehr übel aus. Das ist bei neuen Niederlassungen für die Ansiedler ein schwieriger Umstand, den man erst zu erwägen pflegt, wenn man ihn fühlt und seine Folgen sieht. Wenn phantastische Lobredner amerikanischer Zustände so viel von einem dortigen blühenden Volksschulwesen faseln, mit großen Zahlen von Volksschulen in jedem einzelnen Staate herumwerfen, so darf man nicht vergessen, daß in diesen Zahlen auch jene Unterrichtsanstalten mit begriffen sind, wo in einem oft kaum gegen den Sonnenschein schützenden Blockhüttchen ein halbes Dutzend Kinder durch einige Sommermonate von einem hierzu sehr nothdürftig befähigten ambulanten Lehrindividuum unterrichtet werden.

Der eigenthümliche Ernst der Amerikaner, der Eifer und die Beharrlichkeit in einer begonnenen Unternehmung gibt sich bei ihren Kindern schon in der Schule kund. Die Munterkeit und den Leichtsinn der deutschen Schuljugend findet man nicht bei ihnen. Sie geizen schon mit der goldnen Zeit, wollen bald das Nöthige erlernen, um dann aus der Schule ins praktische Leben einzutreten. Ehe noch der Unterricht des Lehrers beginnt, sind sie mit dem Lernen beschäftiget, oder in Gesprächen über Entwürfe für die Zukunft begriffen. Die von der Schule entfernt wohnenden kommen geritten; oft hat der ältere Bruder einen jüngeren oder ein Schwesterchen vor sich auf dem Sattel sitzen. Das Pferd wird während der Lehrstunden an den bestimmten Platz, oder an dem langen üblichen Seile auf die Weide gebunden. Nach Beendigung des Unterrichtes werden von den größeren Knaben die Rosse herbeigeholt, gesattelt, die kleineren Schüler und Schülerinnen hinaufgehoben; das Alles geschieht ohne alle Aufsicht mit der größten Ordnung und männlichem Anstande, dann kehren sie zu ihren entfernten einsamen Wohnungen durch Wälder und Prairien zurück. Die gewöhnliche Schulzeit erstreckt sich selten über zwei oder drei Jahre.

In den hier und da errichteten Sonntagsschulen wird die

männliche und weibliche Jugend, aber in abgesonderten Lokalen, von gebildeten Männern und Frauen freiwillig und unentgeltlich unterrichtet. Kaufleute, Advokaten, Richter und deren Frauen übernehmen bereitwillig diesen Unterricht, wenn andere Lehrkräfte nicht zu Gebote stehen.

Die Vorbereitung für die höheren Lehranstalten wird durch die sogenannten Akademien vermittelt, an welchen die englische Sprachlehre in weiterem Umfange, die Anfangsgründe der lateinischen Sprache, Mathematik, Geographie und die Vorbegriffe der Naturwissenschaften gelehrt werden. Solche Lehranstalten sind in einigen Staaten zahlreich, Süd-Carolina hat deren 40.

Höhere Lehranstalten sind die Colleges und Universitäten, aber beide sind nach keinem bestimmten allgemeinen Lehrplane organisirt, selbst die Zahl und der Umfang der Lehrgegenstände ist sehr verschieden nur der Zweck ist allen gemeinsam, nicht sowohl tiefe Gelehrsamkeit zu erzielen, als vielmehr praktisches Wissen zu verbreiten.[1] Die Lehrgegenstände sind in der Regel folgende: Mathematik, Naturgeschichte, Physik, Chemie, Mechanik, Geographie, Weltgeschichte, Sprachen, alle nach englischen Systemen. Mit todten Sprachen befaßt man sich nur wenig. Philosophie, Philologie, Archäologie u. s. w. werden als sehr überflüssig erachtet. Die drei Facultäten würde man an einer amerikanischen Universität vergeblich suchen.

Für die Bildung der Theologen muß jede Kirchenpartei durch ihre Privat-Seminarien sorgen, die katholische Kirche hat deren daselbst 16. Mehrere Sekten halten eine besondere Bildung ihrer Prediger für überflüssig, ein geläufiges Mundwerk gilt ihnen als zureichende Befähigung für diesen Beruf.

Aerzte erwerben sich ihre medicinischen, chirurgischen und pharmaceutischen Kenntnisse an irgend einer medicinischen Schule (Medical College) während eines zweijährigen Lehrkurses, nachdem sie zuvor bei einem Arzte eine Zeit lang (1 bis 1½ Jahre) praktizirt haben. Außerhalb den volkreichen Städten, ist der Arzt nothwendiger Weise Mediciner, Wundarzt und Apotheker zugleich.

---

[1]) Die Zöglinge erhalten in der Anstalt Wohnung, Kost u. s. w. oder jährlich 150 bis 200 Doll. und sind einer strengen Disciplin unterworfen.

Die vielen Advokaten erlangen ihre Jurisprudenz an Advokatenschulen, wo das aus England nach Nordamerika verpflanzte Common law (Gemeines Recht) den Hauptgegenstand bildet. Hat der angehende Rechtsgelehrte noch die speziellen Landesgesetze nebst einigen Hundert Formeln, die da mit derselben Pedanterie wie in England seit Jahrhunderten beibehalten werden, in sein Gedächtniß aufgenommen, so ist er für seinen Beruf hinlänglich ausgerüstet. Es gibt aber einen noch kürzeren Weg, zur juridischen Laufbahn zu gelangen. Wer wohlfeil und in kürzester Zeit eine Stütze der Gerechtigkeit werden will, dient einem praktischen Advokaten als Abschreiber, studirt dabei privatim die Gesetze, läßt sich dann von einem Oberrichter prüfen, und über diese abgelegte strenge Prüfung ein Zeugniß ausstellen; wonach er überall als Advokat auftreten kann, und jede Sphäre juridischer Kategorie ihm offen steht.

Der vortrefflichen Militär-Akademie zu Westpoint ist bereits gedacht worden.

29. Wissenschaft, Literatur, Kunst, Tagespresse.

Nach dem Stande der höheren und niederen Unterrichtsanstalten würde man weit weniger Bildung und Aufklärung unter den Amerikanern der Vereinigten Staaten vermuthen, als sie wirklich besitzen, sie wissen mehr, als sie in der Schule gelernt haben, was in Deutschland in diesem Grade nicht der Fall ist. In den praktischen Wissenschaften, welche zum erfolgreichen Betriebe des Bauwesens, der Schifffahrt, des Handels, der Fabrikation, der Landwirthschaft und der Gewerbe förderlich sind, findet man Viele sehr wohl bewandert. Die Grundlage dieser Kenntnisse ist ihnen an den Lehranstalten auf einfache und praktische Weise beigebracht worden. Von einem Auswendiglernen ohne Verstehen kann man kaum eine Spur entdecken.

Die Amerikaner halten viel auf Bibliotheken, und kaufen gern ein nützliches und werthvolles Buch, wenn es auch theuer ist. Große öffentliche Bibliotheken sind unter anderen zu New York mit 28,000 Bänden, zu Boston mit 30,000 Bänden, zu Philadelphia die Stadtbibliothek mit 44,000 Bänden, zu Cambridge mit 84,000 Bänden. Die Büchermacherei wird nicht so schwunghaft wie in manchem europäischen Lande betrieben, aber gute Bücher finden zahlreichen Absatz, und werden gut bezahlt, so daß der Verfasser und Verleger viel gewinnen. Die Geschichte der Eroberung Amerikas (*History of the Conquest of America*) von Prescott trug dem Verfasser 25,000 Doll. ein, es wurden von diesem Werke 18,000 Exemplare abgesetzt. Das Lehrbuch der Algebra von Day wurde in 90,000 Exemplaren verkauft, das sämmtliche Honorar belief sich ebenfalls auf 25,000 Doll. Bei dem schlichten Farmer und Handwerker findet man nebst einer schön eingebundenen Bibel etliche theuere Werke. Am meisten verwendet man auf die periodische Literatur. Der einsamste Hinterwäldler begnügt sich nicht mit einer Zeitung, er hält deren oft drei bis fünf; das Mittheilen eines Blattes an mehrere Leser ist nicht üblich, Jeder hält und bezahlt es für sich.

Englische Werke werden in den Vereinigten Staaten häufig nachgedruckt, deutsche und französische erscheinen nicht selten in englischer Uebersetzung. Der Nachdruck einheimischer Bücher ist verboten. Deutsche Werke von Belang werden nicht verlegt, diese werden aus Deutschland bezogen.

Unter der beträchtlichen Zahl nordamerikanischer Schriftsteller von unterschiedlichen wissenschaftlichen Fächern haben mehrere auch in Europa einen allgemeinen Ruf erlangt, deren Werke ganz oder theilweise in europäische Sprachen übertragen worden sind, als: Franklin, Jefferson, Hawditsch, Winthorp, Bancroft, Edwards, Douglas, Bartram, Godman und viele andere.

Auch in der Dichtkunst ist schon Nennenswerthes geleistet worden. Pericival und Bryant versuchten sich in der lyrischen, Dwight in der epischen Form; den Roman bearbeiteten mit allbekanntem Beifalle Brown, Cooper, Irving; als Dramatiker lassen Dunlay, Jones und Everett sich anführen.

Im Fache der bildenden Künste haben sich als Maler Stuart, West, Freeman, Morse, Peal Chapman, als Bildhauer Greenough und Powers bemerkbar gemacht. Kunstvereine bestehen in vielen großen Städten. Der Kunstverein zu New York zählt über 20,000 Mitglieder, und verwendet zur Anschaffung von Kunstwerken jährlich 120,000 Doll. Bildungsanstalten, Akademien für junge Künstler sind bereits mehrere ins Leben getreten.

Sowohl die Centralregierung als die der einzelnen Staaten unterstützen aus gewohnter demokratischer Sparsamkeit das Interesse der schönen Künste sehr wenig, obschon sie für wissenschaftliche Zwecke zuweilen große Opfer nicht scheuen, wie die Nordpolexpedition und Erdumsegelung es beweisen. Der Congreß des Staates New York widmete für eine vollständige Naturgeschichte desselben Staates die ansehnliche Summe von 200,000 Doll. Die naturhistorischen Sammlungen einiger Privaten sind, wie Barnum's Museum in New York, sehr reichhaltig.

Am ärmlichsten steht es in dem ganzen großen Unionsgebiete mit der Ausbildung der Aerzte; die Heilkunde ist total vernachlässigt. Es fehlen zur Hebung derselben sowohl zweckmäßige Anstalten als Lehrer. Jeder kann als Arzt auftreten und praktiziren, wo und wie er will; wer wird sich da jahrelang mit dem Lernen plagen, da ja ein gutes Mundwerk und Marktschreierei gründliches Wissen und Befähigung beim Publikum nicht nur ersetzt, sondern überflügelt. Nur wer den Doktortitel auf dem Papiere führen will, hat seine etwaige bessere Befähigung durch eine Prüfung darzuthun. Die Zahl der Aerzte ist sehr groß, in der Stadt Milwaukie von 20,000 Einwohnern sind deren 72. Der Betrug mit Universalmitteln, Lebenstinkturen, Regenerationspillen, und wie die Tausende von Wundermitteln alle heißen mögen, ist großartig. Die Zeitungen sind voll von Empfehlungen solcher Patentmedicinen und von Zeugnissen für ihre Unträglichkeit, um sie den Leuten aufzuschwatzen; und man kauft sie häufig, Mancher ist durch solchen Betrug schon reich geworden, — die Welt will betrogen seyn.

Daß es wohl auch Ausnahmen von dieser schlimmen Regel gibt, versteht sich von selbst, aber wer kann unter so vielen tauben Nüssen die gute herausfinden? wer sich von den Aerzten am besten anpreisen kann, hat am meisten Zuspruch, und hierin haben es die amerikanischen Heilkünstler zu einer vollendeten Meisterschaft gebracht, welche eingewanderte europäische Aerzte in Erstaunen setzt.

Aerzte, welche es zu einiger Berühmtheit gebracht haben, sind sehr theuer, und fordern in großen Städten für einen einfachen Krankenbesuch 2 bis 3 Doll., für eine Entbindung 40 bis 50 Doll., für eine Amputation, eine Hand oder einen Finger wegzuschneiden, bis 100 Doll.; in kleineren Städten und auf dem Lande fordern die Heilkünstler nach Vermögensumständen der Patienten, und müssen sich wohl mit dem vierten Theile jener hohen Taxen nicht selten begnügen. Ein solcher Zustand der Heilkunde ist in einem Lande, wo die Gesundheit der Einwohner so sehr gefährdet ist, um so bedauerungswürdiger.

Die periodische Literatur gibt der Presse am meisten Beschäftigung; über 2000 Zeitschriften (Monats-, Wochen-, Tagesblätter) werden gedruckt und bis in die entferntesten Theile der Union versendet. Der niedrige Preis der Blätter und das billige Porto vermehrt den Absatz ungemein. Das Interesse der Wissenschaft, der Kunst und der Kirche vertreten nur wenige, die meisten sind politische, d. h. Parteiblätter. Selbst unter den amerikanischen (in englischer Sprache erscheinenden) Blättern dieser Kategorie sind wenige, welche die schwebenden Parteifragen mit Gründlichkeit, Ruhe und Humanität behandeln. Bei einer sehr unerquicklichen Gehaltlosigkeit bedient man sich einer widerlichen, anzüglichen und verletzenden Schreibart, die es ersichtlich macht, daß die Zeitungspresse lediglich dem jeweiligen Interesse der Parteien dient, und sich ganz ihrem Geschmacke anbequemt.

Von der deutschen Tagesliteratur in Nordamerika muß leider noch Schlimmeres gemeldet werden. Die deutschen Zeitungen haben sich daselbst seit dem Jahre 1848 auffallend vermehrt; wie sonst etwa in einem Jahre ungefähr drei neue entstanden, so kamen 1849 deren 11, im Jahre 1850 — 12, und 1851 — 24 hinzu. Der unverhältnißmäßige Zuwachs deutscher Blätter in den genannten drei Jahren läßt unschwer erkennen, woher die literarischen Kräfte dazu so massenweise gekommen sind, da man weiß, wo in dieser Zeit so viele große politische Schriftsteller Feierabend bekommen, die nun ihr Licht in großem Formate mit den charakteristischen Aufschriften: „Lichtfreund" — „Fackel" — „Leuchtthurm" — „Lucifer"

— „Gradaus" — u. s. w. in die transatlantischen Finsternisse strahlen.

Unter den zu Anfang 1852 in den Vereinigten Staaten existirenden 89 deutschen Zeitungen waren 5 katholische, 4 andern christlichen Confessionen zugehörige, 6 rationalistische mit einem starken Einschlage von Atheismus, 7 Whigs-, 65 demokratische und zwei farblose Blätter.

Die Benennung „Demokrat" hat in der nordamerikanischen Republik eine weit andere, minder pikante Bedeutung als in Europa; dort sind auch die Whigs Demokraten, und Aristokraten spielen die Arbeiter und Kapitalisten. Die deutschen demokratischen Blätter können keine Opposition gegen monarchische Regierungen und Institutionen machen, gegen die Hauptfragen der dortigen Whigs und Demokraten ist das deutsche Publikum ziemlich gleichgiltig; so müssen sie sich denn in ihrer etwas beengten demokratischen Sphäre begnügen, einige Umsturzphrasen gegen europäische Zustände loszulassen, gegen das positive Christenthum, besonders die katholische Kirche in Amerika zu Felde zu ziehen, und die dortigen Regierungen zu fragen, wie sich die strenge Sonntagsfeier mit den freien Institutionen des Landes zusammenreimen lasse? worauf sie noch keine Antwort erhalten haben. Ohne Insertionsgebühren würde sich ein kleiner Theil der deutschen Blätter erhalten können.

Ein Correspondent der Allgemeinen Auswanderungs-Zeitung läßt sich von New York unterm 8. Oktober 1852 hierüber in folgender Weise vernehmen: „Soll ich Ihnen berichten, weßhalb unsere freie Presse hier, zumal die deutsche, sich zu Puffs gleich den oben gerügten hergibt, so läßt sich darauf einfach entgegnen: die Eriebahn wendet etwas auf Inserate, und unsere Blätter stehen alle so erbärmlich, daß ihnen von der Inseratseite immer beizukommen war. Wir haben alle Ursache, nicht zu üppig in Hervorhebung der Benutzung unserer Preßfreiheit zu seyn. Ja, wenn es gilt, gegen deutsche Fürsten loszudonnern, da suchen wir unsere Meister; allein wir lassen uns dabei doch von jedem — Lump kaufen, der es für der Mühe werth hält, unser Geschreibsel zu bezahlen. Ich sage schon lange aller Welt, daß von mir nichts mehr für hiesige Blätter geschrieben wird; denn Niemand wird mir's glauben, daß ich schreibe, ohne daß mich Der oder Jener gemiethet zum Schreiben, wie er's haben will! Der Schriftsteller in Deutschland ist ein armer Schelm; hier wird er fast ohne Ausnahme zur prostituirten Person gemacht, wenn er nicht verhungern, oder statt der Feder die Schaufel ergreifen will."

Es sei mir erlaubt, hier ein Paar kleine Proben von derartigen Inseraten mitzutheilen, und zwar aus einer der ersten und gangbarsten deutschen Zeitungen:

Newyorker Staatszeitung, 11. April 1851. Nr. 87.

„Besonders zu empfehlen.

Wahrsagekunst oder Wissenschaft in der Chiromantie, Phrenologie und Ausdeutung der Hauptplaneten u. s. w. Mad. Roder, Nr. 227 Wooster Str., deren Ruf schon seit vielen Jahren wohl bekannt ist, die einzige berühmte Wahrsagerin, welche die wahre und einzige Auskunft gibt von der Menschen Schicksalen, von der Vergangenheit, Gegenwart und Zukunft, und indem es bewiesen ist, daß ihre Wissenschaft gründlich ist, so ist sie besonders zu empfehlen: sie ist nicht mit andern Kartenlegerinnen zu vergleichen. Mad. Roder wird meistens von ehrbaren Personen besucht, und zu ihrer großen Verwunderung und Zufriedenheit ertheilt sie ihnen Auskunft über Eigenthum, Hindernisse in Geschäften, Prozesse, Glück oder Unglück auf Reisen, Liebschaften und Heirathen, Armuth und Reichthum, Gesundheit und Krankheit von abwesenden Personen, Leben und Tod, Siegen oder Verlust. Man hüte sich vor den vielen falschen Nachahmungen. Diejenigen, welche die wahre Auskunft haben wollen, mögen sich gefälligst ihre Wohnung merken, Nr. 227 Wooster Str., eine Thür von Amity Str. Der ungetheilte Beifall, welchen Mad. Roder schon viele Jahre bei dem Publikum gefunden hat, so wie der viele Zuspruch, mit welchem sie immer beehrt wird, geben die genügendste Bürgschaft für ihre Geschicklichkeit und ihr Wissen. 10. Mal."

Newyorker Staatszeitung, 13. Mai 1851. Nr. 114.

„Astrologie.

Der Unterzeichnete, welcher so eben von Berlin angekommen ist, bietet seine Dienste den Einwohnern von New York und der Umgegend an. Er erfreut sich eines großen Rufes als Astrolog, und wurde in Europa von den vornehmsten Personen consultirt. Er ist bereit, über alle gesetzlichen Fragen, Heirath, Reisen, Prozesse, Vermögensumstände,

Gesundheit Auskunft zu geben, und widmet seine besondere Aufmerksamkeit der Vergangenheit, Gegenwart und Zukunft. Damen bezahlen 50 Cents, Herren 1 Doll., Berechnung der Nativitäten 2 Doll., vollständig 5 Doll. Nr. 730 Houston Str. Office-Stunden von 9 Uhr Morgens bis 9 Uhr Abends. A. J. Dr. Havermann, Philosoph."

„Mad. Nay, Greenwich Str. Nr. 147, gibt über alle Verhältnisse die befriedigendste Auskunft."

„Universalpflaster, welches gründlich und schnell heilt, und auch bei den gefährlichsten äußeren Uebeln nicht nur Blutegel und Schröpfköpfe, sondern alle chirurgischen Marter-Instrumente überflüssig macht x. x. F. Herberlan, Grand Str. Nr. 292."

So lichtfreundlich ist die freie deutsche Tagespresse in Nordamerika selbst durch ihre Inserate.

30. Verbindungsmittel.

Das Postwesen der Vereinigten Staaten untersteht der Centralregierung, die es durch einen hierfür bestellten Staatssekretär verwalten läßt. Man war von jeher beflissen, allenthalben Postverbindungen einzurichten, was immer eine schwierige Aufgabe war und noch ist, da ein theilweise so wenig kultivirtes Land dieser Veranstaltung Hindernisse entgegenstellt, die schwer zu besiegen sind. Die Länge der sämmtlichen Poststraßen wird auf 178,762 Meilen angeschlagen; Postämter sind 21,551; das Erträgniß der Posten stellt sich auf 5,592,971, die Auslagen auf 5,212,953 Doll. Die Postverbindung mit dem Auslande wird durch 18 Dampfer unterhalten.

Es ist kein geringer Uebelstand, daß mittelst der Post keine Geldsendungen gemacht werden können; der Staat leistet nämlich im Falle des Verlustes keinen Ersatz. Eine dem Postmeister oder Postillon anvertraute Geldsumme würde wohl selten an den Ort ihrer Bestimmung gelangen. Hierin liegt ein großes Hemmniß des kleinen Verkehrs, und ein Beweis, wie es mit der Redlichkeit vieler Leute steht.

Die Postkutschen oder Eilwagen werden von keinem Condukteur begleitet; der verschlossene Briefsack wird dem Kutscher anvertraut, wozu die Postmeister Schlüssel haben. Die Wagen sind zwar groß und fest, aber für Bequemlichkeit ist nur ausnahmsweise gesorgt. Im Innern sind drei Sitze, jeder für drei Personen: auf demselben wird das Gepäck untergebracht, was im Gepäckkasten nicht Raum hat, eben so Neger und Mulatten, welche im Wagen nicht geduldet werden. Eine kurze Reise im Postwagen ist ein ganz probates Mittel bei den Amerikanern, eine hartnäckige Unterleibsverhärtung zu heben; bei Damen, die im Postwagen reisen, pflegt sich gewöhnlich eine Art Seekrankheit einzustellen. Nebst einem ansehnlichen Vorrath von Riemen und Stricken ist dem Postillon die Art unentbehrlich, um im vorkommenden Falle über den Weg gefallene Bäume zu beseitigen. In spärlich bewohnten Gegenden geht oft nur eine Reisepost von einem Orte nach einem mehrere Tagereisen entfernten, da kann der angestellte Postreiter auf eigene Faust den Personentransport besorgen. Auf einem solchen Privatwagen findet nebstbei auch kein Schutz gegen Wind und Wetter Statt. An ein Eintreffen zur bestimmten Stunde ist bei solchen Posten freilich nicht zu denken, oft kann nicht einmal der Tag eingehalten werden.

Der Straßenbau ist in der ganzen Union total vernachlässigt. Der Grund davon liegt sehr nahe: je schlechter die Straßen sind, desto werthvoller und einträglicher werden Kanäle und Eisenbahnen. Nicht nur in den neuen westlichen Staaten und Gebieten, sondern selbst in den östlichen und ältesten hat man auf fahrbare Straßen von jeher wenig getrachtet; von einer chausseeartigen Einrichtung derselben findet man keine Spur. In den nördlichen Staaten, wo der tief eindringende Winterfrost die Erde lockert, ist die Grundlosigkeit der Wege unter übrigens gleichen Umständen zu gewissen Zeiten noch ärger als im Süden. Selbst an Brücken und Stegen über große und kleine Gewässer fehlt es in vielen Gegenden noch sehr, oder sie sind von sehr halsbrecherischer Beschaffenheit. Die Regierung hat keine Mittel, diesem Mangel abzuhelfen, und wobei der Amerikaner kein Geld verdient, das unterläßt er; die Anlegung und Unterhaltung guter Straßen ist kein einträgliches Compagniegeschäft. In holzreichen Gegenden hat man sumpfige und grundlose Straßenstrecken mit Holz überbrückt, sogenannte Bretterwege (plank roads) hergestellt; was an frequenten Straßen wegen des nicht geringen Fahrgeldes doch eine ziemlich einträgliche Privatspekulation ist.

Kanäle.

Der spekulative Unternehmungsgeist der Nordamerikaner hat sich wohl vordem durch nichts so glänzend kund gethan, als durch die Herstellung so vieler und großer Kanäle, um zu Gunsten der Schifffahrt und des Handels die zahlreichen natürlichen Wasserstraßen unter einander und mit den Weltmeeren in Verbindung zu setzen, oder unfahrbare Stellen der Flüsse und Ströme zu umgehen.

Der größte aller Kanäle ist der große Erie-Kanal zwischen Buffalo und Albany, welcher den Erie-See mit dem Hudson-Strome verbindet, und eine Länge von 364 Meilen hat; seine durchgängige Breite ist 40 Fuß. Die Kanalboote tragen auf demselben ihre 2000 Zentner schwere Ladungen mittelst 97 Schleusen über Berg und Thal hinweg. Die größte Höhe, welche dieser Kanal ersteigt, ist 838 Fuß, ein Aquädukt von 780 Fuß führt ihn über den Genessefluß. Er wurde vom Jahre 1817 an in 8 Jahren vollendet, und kostete 7,143,789 Doll. Mit seinen Nebenzweigen beträgt die Gesammtlänge 656 Meilen und die sämmtlichen Kosten 12 Mill. Doll. Das günstige Erträgniß dieses älteren Kanals, bei welchem die Actionäre ihre Kapitalien zu 10 Proc. verzinst bekamen, ermuthigte zu ähnlichen, aber weder überlegt durchgeführten, noch im Resultate so vortheilhaften Gesellschaftsunternehmungen. Der Chesapeake-Ohio-Kanal, welcher den Potomac mit dem Ohio in Verbindung bringen soll, und in dieser Richtung die Alleghany-Gebirge mittelst 398 Schleusen übersteigen wird, läßt an Großartigkeit und Kühnheit alle Unternehmungen dieser Art weit hinter sich. Seine Länge wird 340 Meilen betragen, der Kostenüberschlag ist 27 Mill. Doll., ein Tunnel von zwei Stunden Länge wird ihn durch einen großen Gebirgszug hindurchführen.

Die Länge der sämmtlichen vollendeten Kanäle in den Vereinigten Staaten beträgt vorläufig 3000 Meilen, Pennsylvanien allein hat 1000 Meilen dieser künstlichen Wasserstraßen; hier wurde aber das Kanalsystem gleich vom Anfange ein wenig verpfuscht. Die Regierung, welche diese Angelegenheit mit zu hitzigem Eifer in die Hand nahm, bewilligte, um das Unternehmen populär zu machen, große Summen auf Strecken, welche bei richtigem Besehen unpraktisch waren, und wenig Erträgniß versprachen, deßhalb auch theilweise unausgeführt blieben. Das gar so gerühmte hohe Erträgniß der pennsylvanischen Kanäle ist kein allgemeines, sondern gilt nur ausnahmsweise von einigen Strecken. In neuester Zeit wenden die Kapitalisten ihre Sympathien den Eisenbahnen zu.

Die Eisenbahnen.

Die allgemeine mehr ebene Oberfläche des Landes, der in den östlichen Staaten vorhandene Reichthum an vortrefflichem Bauholze, der verhältnißmäßig geringe Werth des Bodens, die in Schaaren zuströmenden Arbeiter aus Deutschland und Irland — sind sehr günstige Umstände für die Anlegung der Eisenbahnen in den Vereinigten Staaten. Der Bau der Eisenbahnen wurde erst um das Jahr 1830 mit Ernst begonnen, und zu Ende 1851 waren schon 10,814 Meilen Schienenwege in Benutzung, und 10,898 Meilen im Bau begriffen. Der Staat New York allein hat 1826, Pennsylvanien 1146, Massachusetts 1080 Meilen Bahnen im Gange. Westlich vom Missisippi hat erst Michigan eine 427 Meilen lange Bahnstrecke in Betrieb gebracht, Texas und Missouri haben zu bauen begonnen. Die Kosten jener 10,814 Meilen betragenden und in Benutzung stehenden Bahnen betrugen nach G. Kennedy die ansehnliche Summe von 371,770,000 Doll.

Die Baukosten sind in den verschiedenen Gegenden nach ihren verschiedenen Verhältnissen sehr ungleich: so rechnet man in den nordöstlichen (Neu-Englands-) Staaten 45,000, für New York, Pennsylvanien und Maryland 40,000, im Missisippi-Thale nur 20,000 Doll. auf die Meile. Die Zinsen der auf die im Betriebe stehenden Bahnen verwendeten Kapitalien lassen sich im Durchschnitte auf 7 Proc. setzen, 5 und 10 Proc. sind nur Ausnahmen.

Die Centralregierung hat sich bei der Anlegung von Kanälen und Eisenbahnen in keiner anderen Weise betheiligt, als daß sie im Jahre 1850 für die Centralbahn von Illinois 2,700,000 Acres Congreßland im Werthe von 18 Mill. Doll. schenkte. Den Staaten Alabama, Arkansas und Missouri sind ähnliche Schenkungen geschehen. Einzelne Regierungen haben in ihren Staaten Kanal- und Eisenbahnunternehmungen unterstützt und selbst auf Staatskosten unternommen. Pennsylvanien hat sich dadurch die schwere Schuldenlast aufgebürdet, Illinois und Virginien sind im Begriffe, Aehnliches zu thun. Der Staat New York hat zur großen New York-Erie-Bahn 6 Mill. Doll. beigetragen. Sonst sind alle Kanal- und Eisenbahnbauten Privatunternehmungen, und es kommen zu den bestehenden Gesellschaften immer noch fortwährend neue hinzu, besonders für Eisenbahnprojekte fehlt es nicht an Theilnehmern.

Die Eisenbahnen der Amerikaner zeigen in keiner Hinsicht die Solidität und den Luxus wie in Deutschland, daher bei theurer Arbeit die Wohlfeilheit derselben. Die wenigsten Bahnen haben ein Doppelgeleis. Oft ist auf weite Strecken gar keine Planirung geschehen. Die Querschwellen werden in den natürlichen Rasen eingesenkt, und die Längsschwellen, welche die Schienen tragen, darauf gelegt; die Schienen sind meistens geschmiedete Eisenstücke, welche man auf die Längsschwellen aufnagelt. Hat die Bahn Sümpfe zu passiren, so ruhen die Längsschwellen mit den Schienen auf zwei einfachen Reihen von eingerammten Pfählen. Doch findet man an den nordamerikanischen Bahnen auch ansehnliche und solide Bauwerke. Wenn ein Hinderniß nicht mehr zu umgehen ist, so scheut man auch keine Kosten, es zu überwinden. An der New York-Erie-Bahn, welche man in 18 Jahren mit 23,580,000 Dollars erbaut hat, sind Viadukte und dergl. von sehr massivem Mauerwerk hergestellt worden, dennoch führt sie über einen hölzernen Bogen, der 184 Fuß Höhe und 275 Fuß Spannung hat. Die Hudson-Bahn hat drei bedeutende Tunnels. In Massachusetts wird ein Tunnel von 4 Meilen Länge gebaut, der auf

2 Mill. Doll. veranschlagt ist. Die Bahnhöfe sind große einfache Wagenschuppen.

Die Bahnen sind gänzlich unbewacht sowohl in Städten wie auf dem Felde, auf der Prairie wie im Walde; wie von Wächtern so ist auch nichts von Signalen oder Einfriedigungen zu sehen. Vor der Lokomotive ist eine Vorrichtung angebracht, durch welche nicht allzuschwere vorgefallene Gegenstände bei Seite geschoben werden. Eine Kuh hatte bei Buffalo sich zwischen die Schienen gelegt, und genoß wiederkäuend der Mittagsruhe, als der keilförmige Platzmacher an der Lokomotive sie erfaßte und so unsanft bei Seite warf, daß sie keinen Versuch zum Aufstehen wahrnehmen ließ; im Gange der Wagen brachte der Vorfall, außer der absichtlichen Verminderung der Geschwindigkeit, keine Störung hervor.

Die Wagen lassen fast überall nichts zu wünschen übrig; sogar für hinreichende Erwärmung bei kalter Witterung ist in denselben durch eiserne Oefen gesorgt. Außer der New-York-Erie-Bahn, welche die meisten Einwanderer aus Europa nach dem Westen transportirt, ist von den Klassen der Wagen nichts zu merken.

Die Geschwindigkeit ist sehr verschieden, man fährt in der Stunde 20, 30, auch 40 Meilen, bei Expreßfahrten sogar 45 Meilen. Die Fahrpreise sind ebenfalls sehr verschieden, durchschnittlich etwa 2 Cents von einer Person für die Meile mit 100 Pfund freiem Gepäck.

Die Nordamerikaner haben bei Zeiten begriffen, daß die Eisenbahnen in ihrem Lande das mächtigste Mittel zur Cultivirung des vielen noch wüsten Bodens und des raschen Aufschwunges des nationalen Wohlstandes sind, und haben hierin eine Thätigkeit entwickelt und Resultate erstrebt, wie keine andere Nation. Während sie das ungeheure Bahnennetz über die östlich vom Mississippi gelegenen Staaten immer mehr und mehr ausfüllen, entwerfen sie schon mehrfache Pläne, die Schienenwege nach Westen hin bis zum Stillen Oceane auszustrecken. Für dieses größte und schwierigste aller bisherigen Eisenbahnunternehmen hat sich auch bereits eine Gesellschaft mit 100 Mill. Doll. gebildet, welche die erste Strecke von 600 Meilen, sobald sie das Privilegium hierzu von der Centralregierung erhalten hat, in Angriff nehmen wird.

Elektromagnetische Telegraphen fehlen in den Vereinigten Staaten keineswegs; die sämmtliche Länge derselben beträgt 18,000 Meilen, und mehrere Linien sind schon wieder in der Ausführung begriffen. In New York laufen fünf Linien zusammen. Da sie, wie die Eisenbahnen, unbewacht sind, so hat man die Drähte sehr hoch vom Boden gelegt; zu den Trägern derselben eignen sich die langen schlanken Bäume vieler Holzarten ganz vorzüglich.

31. Das Armenwesen.

Daß es in den Vereinigten Staaten, wo die Arbeit in so hohem Werthe steht, die Lebensmittel dagegen fast allgemein sehr billig sind, viel weniger Menschen geben müsse, welche sich durch ihre Thätigkeit nicht ernähren können, als in Deutschland, ist einleuchtend; aber ganz ohne Arme ist die bürgerliche Gesellschaft daselbst dennoch nicht. In den südlichen Staaten wird man nicht leicht einen Bettler sehen, in Texas ist ein solcher eine unbekannte Erscheinung, dagegen findet man sie in den großen Städten der nördlichen Staaten schon in größerer Zahl, und in New York sind sie längst zur Last geworden. Gesunde und Kranke, männliche und weibliche, alte und junge Bettler sitzen an den Hauptstraßen der Stadt und sprechen in Häusern ein, wo sie eine Gabe hoffen können. Im Jahre 1849 gab es in 11 Polizeibezirken dieser Stadt 2955 Kinder von 11 bis 16 Jahren, welche sich heimatlos und bettelnd herumtrieben! An aller Gelegenheit zur Wohlthätigkeit fehlt es also nicht.

Die meisten Bettler sind aus Deutschland und Irland hingekommen. Denjenigen, welche ohne Kraft und Lust zur Arbeit, ohne Geschicklichkeit und Vermögen nach Amerika auswandern, steht kein anderer Nahrungszweig zu Gebote. Manche sind durch Krankheiten oder bei Kanal- und Eisenbahnbauten erwerbsunfähig geworden, und sehen sich nothgedrungen, die Mildthätigkeit der Wohlhabenden in Anspruch zu nehmen. Viele sind sogleich nach ihrer Landung auf amerikanischem Boden in die traurige Lage versetzt, betteln zu müssen, wenn sie nämlich von allen Subsistenzmitteln entblößt sind, und, was häufig der Fall ist, nicht alsbald Arbeit finden.

Ist auch den Amerikanern Müßiggang und Bettelei im hohen Grade verhaßt, so sind sie gegen das Elend so vieler armer Auswanderer keineswegs gefühllos, und spenden diesen Hülfsbedürftigen *gerne eine Gabe; sobald sie jedoch merken, daß Arbeitsscheu* Jemanden zum Bettler macht, so kann derselbe auf eine sehr kategorische Abfertigung gefaßt seyn.

Die Regierungen der einzelnen Staaten haben mehr oder weniger wirksame Verordnungen behufs der Armenversorgung erlassen, die Wohlhabenden unter schweren Strafen zur Unterstützung ihrer Anverwandten verpflichtet, die Bezirke und größere Gemeinden zur Errichtung von Armen- und Krankenhäusern dringlich ermahnt, und die Erhaltung verlassener Armen aus den Mitteln der Bezirke angeordnet. In größeren Städten haben die Bürger bereits Waisen-, Armen- und Krankenhäuser errichtet, welche aus dem Gemeindefonde, oder durch bestimmte und freiwillige Beiträge unterhalten werden. Die katholischen Kirchengemeinden unterhalten nicht weniger als 97 Wohlthätigkeitsanstalten, so wie auch andere Confessionen dießfalls Erhebliches leisten; die Wohlthätigkeit der Quäker ist allbekannt. Auch ansehnliche Stiftungen für wohlthätige Institute sind hier und da gemacht worden, unter diesen steht die von dem reichen Franzosen Stephan Girand gemachte Fundation oben an, welcher für das Waisenhaus zu Philadelphia 2 Mill. Doll. legirte. Die gefeierte Sängerin Jenny Lind hat während ihres dortigen Aufenthaltes im Jahre 1851 nicht nur die Glücklichen durch ihren Gesang erfreut, sondern auch, der Unglücklichen eingedenk, einen namhaften Theil ihrer überreichen Einnahmen allenthalben den Wohlthätigkeitsanstalten gewidmet. Ich habe keinen Fall in Erfahrung gebracht, wo ihr Geschenk dieser Art unter 1000 Doll. betragen hätte.

Wenn auch das Armenwesen der Vereinigten Staaten im Ganzen keineswegs geregelt erscheint, die Krankenanstalten insbesondere noch viel zu wünschen übrig lassen, und nicht alle Hülfsbedürftigen Versorgung oder Unterstützung finden: so muß man doch gestehen, daß daselbst die Armenfrage eine lange nicht so brennende, wie in den industriereichen Gegenden Deutschlands ist, wo beim Eintritte ungünstiger kommerzieller Verhältnisse sogleich Tausende der Hungersnoth verfallen. Wer wäre aber kurzsichtig oder parteiisch genug, als Grund dieses Unterschiedes dort ein Verdienst, hier eine Schuld angeben zu wollen?

Die Hauptquelle der Armuth in den Vereinigten Staaten, die Trunksucht, war da von jeher zu Hause; der hohe Arbeitslohn gewährte da der arbeitenden Klasse die Mittel zur Befriedigung derselben, und eine ungeheure Masse Branntweins von verschiedenen Sorten wurde consumirt. Tausende raubten sich dadurch den häuslichen Frieden, verwahrloseten ihre Kinder, wurden arbeitsunfähig und stürzten ihre Familien in Armuth und Elend.

Um solchem Verderben Einhalt zu thun, trat schon im Jahre 1803 in Boston ein Mäßigkeitsverein zusammen, dem bald andere nachfolgten. Im Jahre 1826 bestanden schon 60 Temperance-Gesellschaften.

Als der irische Mäßigkeitsapostel Matthew im Lande erschien, gewannen durch seine feurige Beredsamkeit diese Vereine einen glänzenden Aufschwung, Arme und Reiche gesellten sich ihnen zu, und die bei der Angelegenheit schwer betheiligten Frauen boten Alles auf, ihre Männer zum Beitritte zu bewegen. Die Regierungen einzelner Staaten haben den Verkauf geistiger Getränke, außer zu medizinischem Gebrauche, durch Gesetze beschränkt oder gänzlich verboten. Die Unionsregierung bevorzugt bei Besetzungen der Beamtenstellen jene Candidaten, welche Mitglieder eines Temperance-Vereines sind. Diese Vereine unterhalten reisende Temperance-Prediger, die auf öffentlichen Plätzen ihre Reden halten. In großen Städten halten solche Mäßigkeitsgesellschaften feierliche Prozessionen mit Musik und imposanten Fahnen, während die Schankwirthe verdrüßlich zusehen und Glossen machen. Wenn auch diese Vereine keine Arme ernähren, so verdienen sie doch Wohlthätigkeitsanstalten genannt zu werden, weil sie der Armuth so wirksam vorbeugen.

32. Die Kirche.

In keinem Lande der Erde sind so viele verschiedene Religionsparteien wie in den Vereinigten Staaten anzutreffen. In Städten von etwa 2000 Einwohnern findet man nicht selten drei und mehr Kirchen, die verschiedenen Glaubenssekten angehören. Die Kirche ist vom Staate ganz unabhängig; der Staat sorget für keine Kirche, er beherrscht, bevorzugt oder unterdrückt auch keine; die Staatsverfassung der Union verlangt von den Staatsbürgern nur den Glauben an Einen Gott, und verbietet, daß irgend Jemand in der Weise, wie er seine religiösen Bedürfnisse besorgt, gestört oder gehindert werde, so wie die Boten des Evangeliums in ihrer Wirksamkeit gesetzlichen Schutz genießen.

Wenn sonach in der großen nordamerikanischen Republik vollständige Religionsfreiheit besteht, so darf man doch keineswegs glauben, daß die Bekenner der vielen Religionen immer ganz friedlich und verträglich unter einander lebten, wie so oft von dort berichtet wird. Jede kirchliche Gemeinde muß für ihre religiösen Bedürfnisse aus eigenen Mitteln sorgen, Kirchen bauen, Geistliche erhalten u. s. w. Je zahlreicher eine Gemeinde wird, desto leichter vermag sie dieses. Es liegt in ihrem materiellen Interesse, sich zu vergrößern, neue Anhänger zu gewinnen. Auch die Geistlichen sind, abgesehen von höheren Beweggründen, bemüßiget, in diesem Interesse mitzuwirken, da sie bezüglich ihrer Subsistenz ganz allein von der Gemeinde abhängen. Das führt ganz natürlich oft zu Collisionen, Feindseligkeiten und wechselseitiger Verketzerung. Je ungebildeter die Prediger einer Confession sind, desto inhumaner und rücksichtsloser reden und handeln sie gegen Andersglaubende!

In Städten ist zwar kein Mangel an Kirchen, aber die Landbewohner, Farmer, sind meistens sehr weit von ihnen entfernt; daher Männer und Frauen gewöhnlich zur Kirche reiten, weil zum Fahren die Wege in der Regel nicht geeignet sind. Außerhalb den großen Städten sind die Kirchen in Bauart und Ausstattung einfach, oft nothdürftig. In volkreichen Städten, wie New Orleans, New York, Cincinnati u. a., gibt es mitunter ansehnliche Kirchen, doch selten von architektonischer Wichtigkeit. Weltberühmte Dome haben die Amerikaner noch nicht erbaut, und werden es kaum jemals thun. In den neuen, noch wenig bevölkerten Staaten und Gebieten der Union, wie Texas, Californien, Jowa, Nebraska, Oregon und Minnesota, sehen die Ansiedler in ihrer öden Einsamkeit oft jahrelang weder Kirche noch Priester, welche Entbehrung Vielen sehr hart fällt; daher die Ankunft eines Missionärs ihrer Confession solchen Hinterwäldlern eine äußerst erfreuliche Erscheinung ist, und sein Aufenthalt erquickliche Stunden gewährt.

Das bunte Sektengemisch der nordamerikanischen Freistaaten hat seinen Ursprung in England, wo man Jahrhunderte hindurch die Sektenmacherei großartig trieb. So wie die englische Nationalität in den nordamerikanischen Kolonien nach und nach vorherrschend wurde, gingen mit der Sprache auch die in England bestehenden Religionsbekenntnisse dahin über.

Durch die von dem zwar dogmatisch gelehrten, aber sehr unwürdigen König Heinrich VIII. in England 1532 begonnene Reformation ging die katholische Kirche daselbst nach und nach unter, nur in Irland konnte der mehrhundertjährige blutige Kampf gegen sie ihre Ausrottung nicht bewirken. An die Stelle der katholischen trat in England und Schottland die englische Hochkirche mit Beibehaltung der Bischöfe und mancher anderen katholischen Einrichtungen und Bräuche, ihr Oberhaupt war der König. In dieser neuen Episkopal- oder Hochkirche, die als Staatskirche herrschte, entstand bald eine zahlreiche Partei, welche, von Kalvinischen Lehren angestochen, die englische Reformation für unvollständig ansah, und fortan Alles beseitigt wissen wollte, was von der katholischen Kirche entlehnt worden war. Diese vorzüglich in Schottland schnell um sich greifende Glaubenspartei wollte ihr System von allem Aeußerlichen reinigen, und, wie alle Schismatiker, das Christenthum in seiner ursprünglichen Reinheit herstellen. Sie wurde unter dem Namen Presbyterianer oder Puritaner von der episkopalen Staatskirche mit derselben fanatischen Grausamkeit wie die Katholiken verfolgt, ohne daß man ihr Wachsthum hindern konnte. Ein puritanischer Prediger Robert Brown, der den Titel eines Patriarchen annahm, trieb die Kirchenreinigung 1581 noch weiter, verwarf alles Ceremonielle, mündliche Gebete und das Gebet des Herrn.

Seine Anhänger nannten sich die „ganz reine Kirche“, auch Independenten. In ihren kirchlichen Versammlungen wurde nur gepredigt. Von den Episkopalen verfolgt flüchtete Brown nach Seeland, gründete da eine Gemeinde, aber die in derselben entstandenen Zerwürfnisse bewogen ihn zur Rückkehr und Aussöhnung mit der Hochkirche, worauf er eine Pfarre erhielt. Wegen unpatriarchalischen Lebenswandels wurde er verhaftet und starb im Kerker. Seine verlassene Independenten-Gemeinde leitete Heinrich Barrow. Sie spaltete sich abermals in mehrere Sekten, die nach Barrows Hinrichtung häufig das Land verließen, und unter dem Namen Congregationalisten anderwärts Gemeinden errichteten.

1624 entstand durch den träumerischen Schuster Georg Fox die Sekte der Quäker. 1633 tauchten die Baptisten auf, deren Glaubensbekenntniß aus Lehren und Einrichtungen der Independenten und Kalviner zusammengesetzt wurde. 1729 kamen durch John Wesley die Methodisten zum Vorschein, welche durch Georg Whitefield's hinreißende Beredsamkeit sich schnell vermehrten.

Diese vielen von einander mehr oder weniger abweichenden Religionsparteien verfolgten einander lange mit grimmiger Wuth, worin die herrschende Hochkirche die anderen stets übertraf. Es war oft ein mörderischer Kampf auf Leben und Tod, und die blutige Sektenwiege ward zu enge, Viele richteten ihren Blick nach den fernen Wildnissen Amerikas, wo die Hand und der Haß ihrer Gegner sie nicht erreichten, wo sie ungehindert ihre kirchlichen Einrichtungen nach Belieben gestalten und entwickeln konnten. Von 1620 bis 1630 wanderten große Schaaren von Puritanern dahin aus, und legten den Grund zu der Stadt Boston, der nachmaligen Hauptstadt von Massachusetts. Sie verbanden daselbst Kirche und Staat auf das innigste, machten sich eine streng theokratische Verfassung auf mosaischer Grundlage, duldeten keinen Bekenner einer andern Religion unter sich, verfolgten Katholiken und Quäker auf das heftigste. Ihre damaligen Satzungen athmeten einen finstern, unerhört strengen despotischen Geist. Wer mißbilligende verletzende Reden gegen ihre Vorgesetzten sich erlaubte, büßte das Vergehen mit dem Verluste seiner beiden Ohren. Wer Schwüre oder Flüche ausstieß, dem wurde die Zunge mit einem glühenden Eisen durchstochen. Am Sonntage durfte Niemand anderswohin gehen, als in die Kirche, nicht kochen, kehren oder sich rasiren, auch die Mutter ihr Kind nicht küssen. Es war strenge vorgeschrieben, wie viel die jungen Leute täglich spinnen mußten, controllirende Vorsteher besuchten deßhalb die Häuser. Es war bestimmt, was und wie viel gegessen und getrunken werden durfte, eben so Stoff und Schnitt der Kleider, die Weite der Aermel. Wer auf der Straße eine Weibsperson küßte, wurde öffentlich gepeitscht. Wer sich der Unkeuschheit schuldig machte, wurde mit Ruthen gezüchtiget und dann als Sklave verkauft. Tabakrauchen, Tanzen, Karten- und Würfelspiel waren bei schweren Strafen verboten. Die in der Gegend angesiedelten Quäker wurden vertrieben, und wenn sich Einer in ihrem Bereiche wieder blicken ließ, nach einem 1658 gemachten Gesetze ohne alle Umstände hingerichtet. Man sieht, es war ihnen, wie um die Kirchenreinigung, auch um die Reinigung der Sitten völliger Ernst.

Ein solcher Despotismus mit der lästigsten Polizei konnte sich auf die Dauer nicht behaupten. Die kommenden politischen Angelegenheiten der Kolonien nöthigten zur Mäßigung, zur wechselseitigen Annäherung und Verbindung. Die häßlichen Auswüchse der Unduldsamkeit und überhebender Abgeschlossenheit sind allmählig abgestorben, auf der tiefen religiös sittlichen Grundlage konnte Besseres gedeihen, und dieses puritanische Massachusetts ist der Kern des eigentlichen Yankeethums geworden. Tiefes religiöses Gefühl ist jetzt noch ein Charakterzug der Bewohner dieses und aller Neuenglands-Staaten. In neuerer Zeit hat kein Staat der Union mehr für Wissenschaft und Kunst, für Bildungs- und Wohlthätigkeitsanstalten gethan, als Massachusetts, so wie er in industrieller und kommerzieller Hinsicht den ersten Platz einnimmt.

Die Quäker (Quakers) wurden durch den edelmüthigen William Penn nach Pennsylvanien verpflanzt, welcher Staat noch heute die eigentliche Heimath der Quäker in Amerika ist. Der wunderliche Mystizismus ihrer Glaubenssätze von der inneren Erleuchtung durch den heiligen Geist, welche sich durch Zittern des ganzen Körpers, als würden sie von heftigem Fieberfroste ergriffen, äußerlich ankündiget, und von der jedem Einzelnen zu Theil werdenden göttlichen Offenbarung, welcher sie selbst vor der heiligen Schrift den Vorzug geben, charakterisirt sie als finstere Schwärmer. In ihren religiösen Versammlungen, wo nie gesungen wird, herrscht Todtenstille, bis plötzlich Einer auffährt und zu predigen beginnt. Alles, was ein Solcher in seiner Begeisterung vorbringt, gilt den gläubigen Zuhörern als Gottes Wort. Doch haben größere Gemeinden bereits bestimmte Prediger, da die in dem Zustande plötzlicher Erweckung Redenden durch ihre Vorträge dem durch sie sprechenden Geiste nicht immer genügend Ehre machten. Uebrigens hat diese Sekte in ihrem sittlichen Verhalten viel Achtungswürdiges. Sie verwerfen den Eid als überflüssig und sündhaft, weil sie immer die Wahrheit reden. Der Kriegsdienst ist ihnen ein Gräuel. Sinnliche Vergnügen, welche nur im Entferntesten zu Unanständigkeit Anlaß geben könnten, werden streng gemieden. Von dem Grundsatze der wesentlichen Gleichheit durchdrungen, machen sie nie Komplimente, reden Jederman als Bruder mit „Du" an. Ihre Kleidung ist nach Vorschrift sehr einfach und von bestimmter Form. Ihre Wohlthätigkeit läßt Niemanden betteln oder darben. Von Verbrechen hört man äußerst selten unter ihnen. Ein Quäker konnte, als auch den Weißen feindliche Indianerstämme in ihrer Nähe waren, unbesorgt in deren Gebiete reisen, kein Wilder fügte ihm irgend ein Leid zu, weil die Quäker seit ihrer Niederlassung ihnen das Land abkauften und redlich bezahlten, die eingegangenen Verträge treulich hielten, und keine Grausamkeiten gegen sie verübten. Die spekulativen, Alles benützenden Amerikaner kleideten sich nicht selten als Quäker, um von den feindlichen Rothhäuten unangefochten reisen zu können; aber die scharfsinnigen Natursöhne erkannten bald auch im grauen Rocke den verhaßten Nimmersatt und der breite Hut schützte den spekulativen Kopf nicht gegen das Skalpirmesser.

Eine mit den Quäkern verwandte Sekte sind die Shakers (Shaking Quakers, Schüttler), welche diesen Namen von den tanzartigen Bewegungen und Grimassen in den kirchlichen Versammlungen erhalten haben. Sie bilden, meist in einsamen Gegenden, kleine Gemeinden, leben in Gütergemeinschaft, vermeiden jede Geschlechtsverbindung, auch die Ehe, und zeigen in ihrem Aeußeren ein ernstes, trauriges Wesen. Da sie unter sich selbst sich nicht vermehren, so können sie sich nur durch Proselytenmacherei erhalten. Ihre Stifterin Anna Lee hatte 1774 versichert, daß sie den Messias gebären würde, der Tod machte ihre und ihrer Anhänger Erwartungen bald darauf zu nichte. „Shaker" ist bei den Amerikanern die spottweise Benennung eines Sonderlings oder Dummkopfes.

Die Methodisten bilden mit ihren zahlreichen schismatischen Verzweigungen die stärkste Confession und sind besonders in den südlichen Staaten verbreitet. Schon John Wesley und Georg Whitefield verpflanzte um 1793 diese Glaubenssekte nach Amerika. Sie haben die meisten der 39 Glaubensartikel von der anglikanischen Kirche beibehalten. Ihr Hauptdogma ist: „Die Bekehrung oder geistige Wiedergeburt des Menschen erfolgt blitzschnell, und macht ihn unfähig, zu sündigen; das etwa doch begangene Böse ist dann das Werk des Satans, ohne daß der Mensch daran Schuld hätte." Bemerkenswerth sind ihre Camp meetings, kirchliche Versammlungen im Freien zur Sommerszeit, welche an acht Tage dauern, und wozu sich die Glaubensgenossen aus weiter Ferne einfinden. Die Nächte bringen sie unter Zelten zu. Ihre nächtlichen Andachten bleiben von Andersglaubenden nicht immer ungeneckt. Bei Tage hört man das reumüthige Schluchzen und Stöhnen während den langen Predigten schon von Ferne. Ihre Wanderprediger in den noch wenig bevölkerten Gegenden machen unter den eingewanderten deutschen Protestanten viele Proselyten, wie in Komalstadt und Friedrichsburg von Texas. Unter den Katholiken jener Gegenden konnten sie bisher keine Anhänger gewinnen, weßhalb die von ihrem glühenden Bekehrungseifer getriebenen Sendprediger diesen Verstockten auf der Heerstraße zur Hölle unter allen Confessionen den ersten Platz anwiesen.

Auch die englische Episkopalkirche selbst zählt viele Anhänger in den östlichen und mittleren Staaten. Da aber kein König da ist, der ihnen, wie in England, Bischöfe einsetzt, so wählen sie diese in einem von Geistlichen und Laien zusammengesetzten Concil selbst, ohne ihnen den Glanz und Reichthum der englischen Pfründen verleihen zu können; weßhalb auch die amerikanischen Episkopalen durchweg duldsamer und bescheidener sind.

Unter den aus Deutschland stammenden Sekten ist die der Baptisten die stärkste. Die vielen schismatischen Parteien derselben unterscheiden sich durch unwesentliche Abweichungen in Glaubenssätzen und Gebräuchen. Die meisten vollziehen die monatliche Taufe durch Untertauchen in einem Flusse, was in den nördlichen Staaten zur Winterzeit nicht das bequemste Entsündigungsmittel ist. Die Kalvinischen Baptisten sind weit zahlreicher als die Sabbathaner und Tunker, welche mit den Juden den Samstag heiligen. Die Mennoniten, welche wieder in mehrere baptistische Sektchen verzweigt sind, zeigen eine besondere Gutmüthigkeit.

Die Deutschlutheraner (German lutherian church) finden sich in allen Gegenden, wo Deutsche sich niedergelassen haben, doch weit häufiger die Deutschreformirten (German reformed church). Die preußische Vereinigung dieser beiden Glaubensparteien ist nicht bis Amerika wirksam vorgedrungen. Auch die Holländisch-Reformirten haben ihre eigenen Kirchengemeinden. Außer diesen finden sich Unitarier, Universalisten, Schwedenborgianer, Herrenhuter im Bereiche der Vereinigten Staaten. Juden leben allenthalben zerstreut, haben aber nur in einigen großen Städten Synagogen und Rabbiner.

Die südeuropäischen Entdecker und Eroberer Amerikas hatten mit ihrer Herrschaft auch die katholische Kirche nach Mittel- und Südamerika übertragen; die entdeckten und besiegten Völker wurden alsbald, wenn auch oft nicht in humaner Weise, zum Christenthum gebracht; die nordeuropäischen brachten ihre Religionsbekenntnisse mit nach Nordamerika, ohne sich sehr zu bemühen, die eingebornen Völkerstämme damit zu beglücken. Katholiken fanden sich sehr wenige ein, um sich mit ihrem Glauben da heimathlich niederzulassen, und die Wenigen überzeugten sich sehr bald, wie richtig die Vermuthung war, daß in den nordamerikanischen Kolonien unter Englands Herrschaft und englischen Sekten ihnen weder Duldung noch Freiheit der Religion gegönnt seyn werde. Lord Baltimore führte 1632 einige Hundert meist irländische Katholiken nach Nordamerika, siedelte sich mit ihnen in der noch ganz unbewohnten Gegend am Patapsco an, gründete mittelst dieser Kolonie den Staat Maryland und die berühmte Hafenstadt Baltimore.

Diese Ansiedlung gedieh durch die Weisheit und die Geldopfer ihres katholischen Gründers und seiner würdigen Nachfolger sehr bald zu einem blühenden Zustande. Gleich bei der Gründung wurde eine freisinnige Verfassung eingeführt und allen Religionsbekenntnissen vollständige Freiheit gesichert. König Carl I. verlieh später Maryland dem Lord George Baltimore auf erblich. Von der Gemahlin dieses Königs Mary erhielt das Land den Namen. Cromwell aber erklärte nach der Hinrichtung des Königs diese Verleihung für nichtig. Carl II. erneuerte sie, aber nach seinem Tode wurde sie abermals annullirt. Um wieder zu dem so werthvoll gewordenen Besitzthum zu gelangen, und von ferneren Verationen frei zu seyn, trat 1746 ein Lord Baltimore aus der katholischen Kirche, worauf er unangefochten blieb.

Die katholischen Einwohner von Maryland hatten genug Ursache, an dem Streben der Kolonien nach Unabhängigkeit von dem nichts weniger als mütterlich gesinnten Mutterlande den thätigsten Antheil zu nehmen. Dr. John Caroll, seit 1790 Bischof von Baltimore, half die Unionsverfassung vom 17. September 1787 berathen, zu der unterm 15. Dezember 1791 der Verbesserungsartikel I. hinzugefügt wurde: „Der Congreß soll kein Gesetz erlassen, welches sich auf die Einführung einer Religion bezieht, oder die freie Ausübung einer solchen verbietet."

Mehr wünschten und hofften die in Maryland und noch hier und da zerstreut lebenden Katholiken, zusammen etwa 30,000, keineswegs. Die hierarchische Hochkirche des Mutterlandes konnte sie seit dem siegreich ausgefochtenen Unabhängigkeitskampfe nicht mehr erreichen; alle Confessionen im vereinigten nordamerikanischen Staatenbunde waren einander gleich gestellt; der puritanische Fanatismus gegen andere Glaubensbekenner war ermattet; im heißen Kampfe auf Leben und Tod gegen Englands so vielfach überlegene Macht wurde nach keinem Bekenntnisse gefragt. Und als die Gefahr vorüber, die Freiheit errungen war, konnte man, ohne sie sogleich wieder zu vernichten, Keinen von dem Genusse derselben ausschließen, der sie mit gleicher Tapferkeit und gleichen Opfern mit erkämpft hatte.

Die katholische Kirche zählt gegenwärtig innerhalb der Vereinigten Staaten 34 Bisthümer, 1094 Kirchen, 1157 Priester,

91 weibliche Erziehungsanstalten, 35 wissenschaftliche und 97 Wohlthätigkeits-Institute. In Maryland und Louisiana bildeten die Katholiken von jeher die Mehrzahl der Staatsbürger. In allen Staaten und Gebieten der gesammten Union bestehen katholische Gemeinden, und Missionäre wirken auf vielen Stationen zur Civilisirung und Bekehrung der Indianer. Die Amerikaner anderer Confessionen zeigen sich nicht unduldsam oder feindselig gegen die katholische Kirche, wenn es auch ihre Prediger nicht selten thun. Sie lassen nicht nur ihre Töchter häufig in den Erziehungsanstalten der katholischen Frauenklöster bilden, sondern auch zur wissenschaftlichen Ausbildung ihrer Söhne sind ihnen die katholischen Lehranstalten, besonders die der Jesuiten, eine willkommene Gelegenheit. Die 15 Professoren an der St. Louis-Universität, auch die der medizinischen Facultät daselbst, sind sämmtlich Jesuiten. Zu dem Baue katholischer Kirchen spenden selbst die methodistischen und puritanischen Amerikaner nicht selten namhafte Beiträge und benehmen sich gegen katholische Bischöfe und Priester mit vieler Hochachtung und Freundlichkeit. Die Bischöfe flößen auch wirklich in den Vereinigten Staaten durch ihre glanzlose Anspruchslosigkeit und Genügsamkeit, ihre wissenschaftliche Bildung, ihren Eifer in allen Zweigen der Seelsorge, vornehmlich für die Erziehung und Ausbildung der Jugend, so wie durch ihren musterhaften Lebenswandel jedem Unbefangenen Hochachtung ein. Die Priester wie die Bischöfe selbst werden nur von den freiwilligen Beiträgen der Gläubigen unterhalten; und hierin liegt ein mächtiger Antrieb zur genauen Erfüllung aller ihrer Obliegenheiten. Keine Gemeinde läßt ihren Seelsorger, der sein Amt treu verwaltet, den Gläubigen mit erbaulichem Wandel vorleuchtet, im geringsten Noth leiden. Man bezahlt Stolagebühren ohne staatsgesetzlichen Zwang. Kein Dezem haftet auf Grund und Boden, aber man theilt dem Priester freiwillig mit von dem Erträgniß der Viehzucht, des Feld- und Gartenbaues. Die Gemeinde sieht in ihm nicht den Beamten des Staates, den beneideten Inhaber reichdotirter Pfründen, sondern den Priester ihrer Kirche, den Lehrer der Religion, ihren Rathgeber und Freund, ganz den Ihrigen, dem sie mit einer in Deutschland schwerlich anzutreffenden Liebe ergeben sind. In den schon mehr

bevölkerten Staaten, wo die katholischen Gemeinden zahlreich sind, beträgt das jährliche Einkommen eines Seelsorgsgeistlichen 400 bis 500 Doll. In Staaten von geringerer Einwohnerzahl ist dieser Gehalt wohl keineswegs zu ermitteln, aber ein genügendes Auskommen fehlt auch da nicht. Oft wohnen die Katholiken von dem *stabilen Aufenthaltsorte eines Priesters Hunderte von Meilen entfernt*, und es ist an eine regelmäßige Seelsorge, an eine Befriedigung ihrer religiösen Bedürfnisse nicht zu denken. Mit welcher Sehnsucht erwarten da die einzelnen oder weniger benachbarten Familien die Ankunft eines Missionärs, und welche herzliche Aufnahme findet der Bote des Evangeliums bei ihnen! Ihr Blockhaus wird zum Gotteshause, der Werktag zum Festtage, welche Andacht, welche Weihe des Herzens, welche Erhebung des Geistes bei dem einfachen Gottesdienste, bei dem Empfange der heiligen Gnadenmittel! Wie tönt den Einsamen nach langer Entbehrung das heilige Wort so freundlich und lieb! Von solcher Heiligung, von solchen himmlischen Freuden bei den verlassenen Hinterwäldlern ahnet die Welt nichts, und sie mag es kaum begreifen, wie der wandernde Priester bei all den Beschwerden und Gefahren seiner Reisen so beneidenswerth glücklich ist.

An einer strengen Ueberwachung ihres Klerus lassen es die nordamerikanischen Bischöfe keineswegs fehlen. Nach einer Uebereinkunft auf dem Concil von Baltimore nimmt kein Bischof einen fremden Priester auf, der nicht von seinem früheren Bischofe ein gutes Zeugniß bringt, und er darf den Gläubigen nicht viel Anlaß zum Aergerniß geben, so wird er ohne Zeugniß entlassen, worauf er faktisch in den Laienstand zurücksinkt. Der sittlich strenge Lebenswandel der Priester dient der katholischen Kirche in den Augen des Amerikaners sehr zur Empfehlung.

Bei der ehrenden Anerkennung der katholischen Kirche von Seiten des amerikanischen Volkes und bei ihrem raschen Wachsthum in allen Staaten der Union ist es wohl begreiflich, daß es ihr an Neidern und Feinden nicht fehle. Diese finden sich meistens unter den eingewanderten, aber noch nicht amerikanisirten Deutschen, welche größtentheils protestantischen Confessionen angehören. Aber jene Protestanten, welche noch positiven Glauben besitzen, und nicht etwa gegen die katholische Kirche verhetzt werden, benehmen sich in der Regel nicht feindlich gegen sie; ich habe vielmehr gefunden, daß sie, sobald sie die Vorurtheile, Vorwürfe und Verleumdungen, welche man ihnen in der deutschen Heimath von Jugend auf gegen alles Katholische beizubringen gewußt, als nichtig erkannt hatten, duldsam und freundlich gegen die Katholiken sich betrugen. So traf ich es unter andern zu Friedrichsburg in Texas, wo die Protestanten nach dem Beispiele ihres humanen und wackeren Pastors Dangers und seines würdigen Vorgängers Basse gegen die Katholiken ausnehmend friedlich und freundlich gesinnt sind. Aber die große Menge der Glaubenslosen, meistens Atheisten, die Feinde der bestehenden kirchlichen und staatlichen Ordnung, die radikalen Volksbeglücker Deutschlands wollen, nachdem ihr Werk diesseit des Oceans nicht gelang, ihre demokratischen Zersetzungskünste in Amerika versuchen. Sie meinten da eine Freiheit nach ihrem Sinne zu finden, oder eine solche sehr bald schaffen zu können; doch sie treffen Alles anders an, als sie es vermuthet: Staatsgesetze für öffentliche Sittlichkeit und Ordnung von den Bürgern geachtet, die sie gegeben, ein conservatives Volk voll praktischer Intelligenz und tiefer Religiosität, zahlreiche Kirchen wie in Deutschland, nur fleißiger besucht, als in Norddeutschland, eine gesetzliche strenge Sonntagsfeier und — Jesuiten! — Nachdem sie sich von ihrem Staunen und Schrecken ein wenig erholt, sind sie sogleich zum Kampfe entschlossen. Aber materielle Waffen fehlen, denn keine beweglichen Volksmassen lassen sich durch ihre Reden erhitzen, die früher Enttäuschten sind klüger, und fügen sich den Gesetzen und Einrichtungen ihres jetzigen Heimathlandes; der Wühler ist sehr am unrechten Orte in der nordamerikanischen Republik. Viele der Ankommenden erkennen gar bald die Ungunst des Terrains, und greifen, vom Magen ernstlich dazu vermahnt, zu den brotgebenden Waffen, Axt, Sense, Schaufel. Die Literaten aber drängen sich zu der freien Presse, und die gigantischen Bogen werden mit Schmähungen und Lästerungen gegen Alles überfüllt, was ihnen nicht gefällt. Das positive Christenthum aller Confessionen, das gesammte Kirchenwesen wird auf das niedrigste geschmäht und verlästert, und die katholische Kirche, die ihnen der ärgste Dorn in den Augen ist, immer am reichlichsten bedacht. Sie schreiben wieder und immer wieder: „Die Kirche ist staatsgefährlich! die Jesuiten werden die amerikanische Freiheit vernichten!“ Von den häufigen maßlosen Unanständigkeiten, die alles der Art in Deutschland von den gröbsten Polemikern jemals Aufgetischte weit überbieten, so wie von den wahnwitzigen ekelhaften Gotteslästerungen, welche die Tiefe der Verworfenheit eines Menschen, der solche Tagesblätter schreibt und mit Vergnügen liest, so offen und grauenhaft zeigen, könnte kein vernünftiger und ehrlicher Berichterstatter Details erwähnen. Solche Produkte der deutschen Journalistik in Nordamerika liefern unter andern: der Hochwächter in Cincinnati, der Lügenfeind in Buffalo, der Beobachter und Lucifer in New York. Der Amerikaner liest solche Blätter nicht, er versteht nicht Deutsch, und würde sie auch in der Landessprache nicht lesen, dazu hätte er viel zu viel Pietät. Die religiösen Deutschen aller Confessionen verschmähen ebenfalls solche Geistesnahrung, und sind nicht thöricht genug, ihre und ihres Glaubens Schmähung noch bezahlen zu helfen. Es bleiben als Lesepublikum dieser Geistesprodukte nur jene Deutschen übrig, welche ihre religiöse und sittliche Verwilderung bereits vollendet haben, aber noch fortwährend der tröstlichen Zusprache bedürfen, daß sie auf dem rechten Wege seyen; sowie auch Solche, die mit dem Abthun aller Religion nicht so leicht fertig werden können, und in diesem schwierigen Emanzipationsgeschäfte Unterweisung und Nachhilfe benöthigen. Sonach ist die deutsche Tagespresse in Nordamerika wohl ein unversöhnlicher Feind der katholischtn Kirche, aber für ihr Bestehen und Wachsthum lange nicht so gefährlich und verderblich, als man meinen sollte. Sie hat allerdings ein bedeutendes Heer unserer Landsleute um das Banner der Irreligiosität versammelt, aber es sind meistens solche, die wenig oder gar keine Religion aus Deutschland mitgebracht haben, sich an kein Bekenntniß, an keine Kirchengemeinde anschließen, was auch keine sehr zu bedauern Ursache haben dürfte, weil ihr Wandel selten rühmlich, wie ihre Vermögensumstände selten günstig sind. Eingewanderte dieser Kategorie dienen den Deutschen und ihrer Aufklärung in den Augen des Amerikaners leider nicht zur Empfehlung, zumal er so häufig bemerkt, daß sie zu den Banden der loafers ein so bedeutendes Contingent liefern. Den katholischen Deutschen bringen die Zion von New York, die katholische Kirchenzeitung von Baltimore, der Wahrheitsfreund von Cincinnati, das katholische Sonntagsblatt von St. Louis nicht nur religiöse Abhandlungen und kirchliche Nachrichten, sondern auch politische und andere interessante Neuigkeiten.

Die Rongische Bewegung in Deutschland wurde von der sentimentalen deutschen Tagesliteratur zwar auch in Amerika als die Morgenröthe von Deutschlands schnell nahender Freiheit und Größe mit Jubel begrüßt; aber zu so weihevollen Triumphzügen, Illuminationen und Raketenfeuern, zu solchen für Leib und Geist genußreichen Versammlungen kam es im fernen Abendlande nicht; für die mit dem Propheten von Laurahütten sympathisirenden Deutschen waren die Kosten zu solchen Festen unerschwinglich, die Anderen blieben gleichgiltig und meinten, die Deutschen wären schon genug zerreformirt.

Wo eine Kirchengemeinde viele deutsche, noch nicht amerikanisirte Mitglieder zählt, da vermißt man oft Einigkeit und dauerhaften Frieden. Das Erbübel der Deutschen, der Separationsgeist, der überall sich zeigt, wo einhelliges Zusammenwirken zu einem gemeinschaftlichen Zwecke erfordert wird, tritt in Amerika noch viel unumwundener hervor, und erzeugt nicht selten auch in katholischen Kirchengemeinden Zerwürfnisse und Uneinigkeiten. Während der Amerikaner seine Meinungen und Wünsche ruhig der Stimmenmehrheit unterwirft, sind unter den Deutschen so Viele, deren Jeder seine Ansicht für die richtigste und beste hält, und um jeden Preis geltend zu machen strebt. Welche kleinliche und ärgerliche Debatten fallen bei dem Baue einer Kirche oder Schule, bei der Wahl weltlicher Kirchenvorstände, bei der Ermittelung der Beiträge zu gemeinschaftlichen kirchlichen Zwecken und anderen Veranlassungen vor! Solche Zwistigkeiten wissen die Feinde der katholischen Sache gar oft nach ihrer Weise zu benützen, und es ist nur das Ansehen der Bischöfe und Priester, sowie ihre umsichtige und humane Leitung der Angelegenheiten im Stande, den Streit zu schlichten, die Parteien zu versöhnen und die Einigkeit zu erhalten.

Die seit einigen Jahren sich mehrende Einwanderung aus Süddeutschland, noch mehr aber aus Irland, woher bereits über eine Million Auswanderer nach den Vereinigten Staaten gekommen sind, gibt den Katholiken vieler Gegenden einen immer steigenden Zuwachs und demnächst ein numerisches Uebergewicht. Zu bedauern ist nur der Mangel an Priestern, vornehmlich in den neuen westlichen Staaten der Union, wo es der Kirche an Mitteln und Anstalten zur Ausbildung von Priestern fehlt. Möchten sich recht bald geeignete Boten des Evangeliums dorthin aufmachen, wo die Verlassenen ihrer Ankunft mit Sehnsucht entgegensehen!

33. Die Mormonen.

Eine auffallende Erscheinung auf dem kirchlichen Gebiete ist die neue räthselhafte Sekte der Mormonen. Ihr Stifter war Joseph Smith, geb. 1805 zu Sharon in Vermont. Im Jahre 1815 übersiedelte er mit seinen Eltern nach Palmyra im Staate New York. Seine vernachlässigte Erziehung wie sein nicht sonderlich tugendsames Jugendleben ließen keineswegs die Rolle vermuthen, durch die er zur Berühmtheit gelangte. Im westlichen Pennsylvanien und anderwärts trieb er sich mit einigen ebenfalls lustigen Consorten längere Zeit als Schatzgräber herum und beschwindelte viele Leichtgläubige; sein exaltirtes abenteuerliches Wesen und seine einnehmende Ueberredungskunst brachten ihm nicht unbedeutenden Gewinn. Von diesem Gewerbe ist in seiner von ihm selbst geschriebenen Biographie nichts zu lesen, darin erzählt er vielmehr, daß er in früher Jugend schon dem Gebete eifrig obgelegen, von Engeln öftere Besuche erhalten, und vom Teufel habe viel zu leiden gehabt, der ihn von der rechten Bahn abzuleiten sich bemühte.

Ein Engel, so versicherte Smith, und kein ächter Mormone bezweifelt es, habe ihm geoffenbart, daß er zum Wiederhersteller der von der Erde entschwundenen wahren Kirche Gottes berufen sey, er werde hierzu himmlische Urkunden bei Palmyra im Staate New York in der Erde finden. Nach mehrfachen Anfechtungen des Satans fand er endlich am bezeichneten Orte unter Anleitung des Engels hieroglyphisch beschriebene goldene Platten, dabei zwei durchsichtige hellglänzende Steine in Form einer Brille, durch welche er sehen mußte, um die geheime Schrift lesen und verstehen zu können, und sie dann ins Englische zu übersetzen. So entstand das Buch Mormon, die Mormonenbibel (book of Mormon).

Smith durfte die von ihm aufgefundenen heiligen Urkunden nach ausdrücklicher Anordnung des Engels nur drei Erleuchteten zeigen, die dann ihre wirkliche Existenz durch ihr Zeugniß bestätigen mußten; als aber der Glaube an diesen Fund bei Einigen dennoch späterhin zu wanken schien, da erwählte auf Geheiß des Engels der Finder fünf Männer, zeigte ihnen die besagten Urkunden, und diese fünf Zeugen benahmen den Glaubensschwachen jeden Zweifel über ihr wirkliches Vorhandenseyn.

Die faktische Entstehung des Mormonbuches war folgende: Paulding, ein Pastor im Staate Ohio, hatte ein Buch „Die verlorenen Stämme Israels", einen Roman in biblischer Sprachweise geschrieben, in welchem er die paradoxen Hypothesen amerikanischer Gelehrten über eine Auswanderung der Israeliten nach Amerika im Alterthume, mit unterhaltender Naivität parodirte. Der Verfasser gab das Manuscript einem Verleger in Pittsburg, starb aber, ehe das Werk im Drucke erschien, und der Verleger, bei welchem Rigdon, ein intimer Vertrauter Smith's, in Condition stand, wurde bankerott. Rigdon gelangte bei dieser Gelegenheit in den Besitz des Manuscriptes. Als das Mormonbuch die Presse verlassen hatte, erkannten es die Freunde des verstorbenen Verfassers alsogleich, nur war es von dem Propheten Smith und seinen beiden Aposteln Rigdon und Cowdery, einem gewesenen Schullehrer, mit mancherlei Zusätzen versehen worden, um es ihrem Zwecke anzupassen. Die Zugaben stachen gegen das Original sehr unvortheilhaft ab, und gaben für die literarische Bildung ihrer Verfasser kein sehr günstiges Zeugniß.

Smith ging nun mit seinen Gehilfen, Rigdon, Cowdery und Harris, ernstlich daran, eine neue Glaubenssekte zu gründen; das Auftauchen einer solchen ist in den Vereinigteu Staaten keine ungewöhnliche Erscheinung. Zu Manchester im Staate New York hatte er meistens aus englischen Einwanderern eine beträchtliche Zahl von Anhängern gewonnen, von hieraus gingen seine Sendboten nicht nur in die benachbarten Staaten, sondern selbst nach England, wo sie die rege Auswanderungslust sehr zu benützen verstanden. Er wendete sich mit seiner wachsenden Heerde nach Missouri, wo er ein beträchtliches Stück Landes zu ihrer Ansiedlung kaufte.

Es ist keineswegs richtig, wie von vielen Seiten behauptet wird, daß nur schlechtes Gesindel sich um den wunderlichen Propheten schaarte. Für die gedrückten Pächter Englands und Irlands hatte die Aussicht auf einen leicht zu erwerbenden Grundbesitz in Nordamerika einen mächtigen Reiz, und Tausende von redlichen und arbeitsamen Leuten dieser Art, worunter sich auch viele Bemittelte fanden, wendeten sich dem neuen Bekenntnisse zu, das ihnen nebst dem ewigen auch zeitliches Wohl gewährte, und ließen sich taufen. Smith besaß die Kunst, die Menschen zu fesseln und zu leiten, in einem sehr hohen Grade, sie folgten ihm mit der unbedingtesten Hingebung. Seine glänzenden, „ihm von Gott geoffenbarten" Verheißungen, daß den Heiligen des jüngsten Tages (latter day Saints), wie die Mormonen sich nennen, als „dem erwählten Volke Gottes", nach einem siegreichen Kampfe mit den Ungläubigen, deren Hab und Gut als „rechtmäßiges Erbe" zufallen müsse — verfehlten ihre Wirkung nicht. Der technische Ausdruck: „Sie sollen die Milch der Heiden saugen", wurde ihnen von dem fanatischen Propheten in sehr eindringlicher und praktischer Weise erläutert. Eine bewaffnete Cohorte, die er anfangs die „Töchter Sions", später „Daniten" nannte, gab seinen Verheißungen eventuell auch Nachdruck, sie war eidlich verpflichtet, zu diesem Behufe „das Werkzeug in der Hand Gottes" zu seyn. Daher kam es, daß die Mormonen überall, wo ihr gewaltiger Schwarm unter ihrem Propheten sich niederließ, mit den Einwohnern der Gegend in Händel und harte Conflikte geriethen, weil die letzteren ihrerseits gegen das „Saugen der Heidenmilch" ausgiebige Vorkehrungen trafen, welche die Prätendenten oftmals zur Flucht nöthigten.

Kaum hatten sich die Mormonen bei Independence in Missouri niedergelassen, als sie durch ihr überhebendes Betragen und verschiedene, mit frappanter Keckheit besonders an Vieh verübte Diebstähle den Nachbaren unerträglich wurden. Die missourischen Settler gleichen keineswegs den feigen Mexikanern, die sich regelmäßig alljährlich von den Indianern ausplündern lassen, sie sind Farmer, Jäger und nöthigenfalls auch Soldaten, und wissen sich, fern von Gerichtshöfen und militärischem Schutze, Sicherheit des Lebens und des Eigenthums selbst zu wahren. Die Diebe wurden im Betretungsfalle, trotz ihrer vermeintlichen höheren Berechtigung zu solchem Erwerbe, unnachsichtlich getheert, gepeitscht, gehängt oder erschossen. Und als der Unfug kein Ende nahm, ergriffen die Missourier in Masse die Offensive und verjagten sie. Sie sahen sich nun genöthigt, ihr Benehmen zu ändern, und als sie sich in ihrer Ansiedlung bei Clay gehörig betrugen, blieben sie ganz unbehindert in ihren Kolonisations-Unternehmungen.

Das einsame schwach bevölkerte Missouri bot dem unternehmenden Propheten für größere Pläne kein günstiges Terrain. Auf sein Gebot verkauften die Mormonen ihre Realitäten daselbst, und zogen mit ihm nach dem volkreicheren Staate Ohio, wo ihr einmüthiger Fleiß sehr bald wieder eine blühende Ansiedlung und einen Tempel zu Stande brachte. Der Prophet errichtete eine Bank, setzte sich durch einen wohlberechneten und glücklich durchgeführten Bankerott schnell und leicht in den Besitz eines ansehnlichen Vermögens, und wußte vorzusorgen, daß man ihm auf dem Rechtswege gar nichts anhaben konnte. Aber dieser großartige Betrug bewirkte allgemeine Erbitterung, Massendemonstrationen ließen ihn erkennen, daß von nun ab seine Lage unhaltbar geworden sey; er zog mit dem größten Theile seiner Getreuen abermals nach Missouri. Er kaufte ein schönes, ihm längst bekanntes, zum Theile schon angebautes Land; die Besitzung erweiterte sich durch Ankäufe immer mehr, Jeder war froh, aus ihrer Nähe wegzukommen, und die Mormonen bezahlten baar. Von allen Seiten strömten Gläubige herbei, eine Stadt, Far West, ein Tempel und ein Vorrathshaus des Herrn (Lords store), so wie Mühlen, Brücken, Straßen, waren wie durch Zauberkraft entstanden, das neue Jerusalem gedieh wundersam, der Prophet, die Seele des Ganzen, herrschte als Hoherpriester und König unbeschränkt.

Die Zahl der sonderbaren Heiligen war (im Jahre 1838) bereits auf 50,000 angewachsen, und die Danitenschaar wurde ansehnlich vermehrt, mit der Anzahl stieg auch der rücksichtslose Uebermuth der Verblendeten; sie verübten Diebstahl, Betrug, Brandlegung und Mord, und weckten nicht nur in den Beschädigten einen Durst nach blutiger Rache,' sondern in der weiten Umgegend die höchste Entrüstung; man schritt zu Gewaltmaßregeln, es fehlte nicht an blutigen Kämpfen, ein großes Blutvergießen stand in naher Aussicht. Die Regierung sah sich genöthigt, die Miliz aufzubieten, und stellte dieselbe unter den Oberbefehl des General Lucas, welcher den Auftrag erhielt, die Unverbesserlichen mit Güte oder Waffengewalt aus dem Staate zu entfernen, und die Anführer in Haft zu bringen.

In Far West hatten diese Vorkehrungen große Aufregung und lebhafte Besorgnisse bewirkt, es bangte Vielen nicht nur für ihr neues aufblühendes Jerusalem, sondern auch für ihr Leben. Aber der Prophet richtete ihren sinkenden Muth wieder auf, schalt sie Feiglinge und Kleingläubige, versicherte sie des Beistandes von Oben, da der Allmächtige für sie streiten, ihnen Engel und Heilige zu Hilfe senden würde, wofern sie sich durch Vertrauen und Tapferkeit dessen würdig bewiesen. Er befahl, die Burg Zion mit einem vier Fuß hohen Bretterzaune zu verschanzen, und versicherte, daß diese leichte Befestigung gegen die Angriffe der Heiden vollkommen genüge. Endlich setzte sie der Schall der Trommel über das Anrücken des Militärs außer jeden Zweifel. Zum Ueberflusse bemerkten sie, daß sich von anderen Seiten eine beträchtliche Zahl Freiwilliger mit Büchsen und Aexten nahe, und zwar in der unschwer zu errathenden Absicht, bei dieser Gelegenheit etwas mit ihnen abzurechnen. Während die Belagerten noch begeisternde Lieder sangen, und brünstige Gebete zum Himmel sandten, rückte die Compagnie heran, der Anführer eröffnete ihnen seinen Auftrag, aber seine theilnehmende humane Sprache galt ihnen als Furcht und Schwäche. Die Sturm-Colonne wurde gebildet, die freiwilligen Belagerer erwarteten den Angriff mit steigender Ungeduld. Der Kommandant wollte nichts unversucht lassen, die Verblendeten zu schonen, und stellte ihnen die unvermeidlichen Folgen ihres längeren Widerstandes ernst vor Augen. Da die verheißene himmlische Hilfe immer noch auf sich warten ließ, der Prophet im Innern auch kleinlaut wurde: so bequemte man sich, den Propheten sammt den andern Hauptführern auszuliefern und sich zum Abzuge anzuschicken. Ein Artangriff auf das „Vorrathshaus des Herrn“ von Seiten der Nachbaren ließ sich nicht wohl verhindern, und Viele reklamirten daraus Gegenstände als ihr Eigenthum. Binnen wenig Monaten hatten alle Mormonen Missouri verlassen.

Sie zogen über den Mississippi, setzten sich am linken Ufer dieses Stromes im Staate Illinois fest, wo sie sehr gut aufgenommen wurden, theils weil man sie wegen ihrer gewaltsamen Vertreibung aus Missouri bemitleidete, theils weil durch ihre Einwanderung nicht nur die Einwohnerzahl beträchtlich stieg, sondern auch ein beträchtliches Vermögen ins Land kam. Mittlerweile war auch der Prophet aus seiner Haft zu St. Louis entkommen, und das Wunder seiner Rettung befestigte bei Vielen wieder das Vertrauen, welches durch das zu lange Ausbleiben der von ihm zu Far West verheißenen himmlischen Hilfe zu wanken begonnen hatte. Sie bauten die Stadt Nauwoo sammt einem großartigen steinernen Tempel; die Gegend wurde durch sie volkreich und blühend. Die Regierung von Illinois begünstigte sie auf alle Art, ertheilte ihnen selbst Privilegien, wie sie in den Vereinigten Staaten noch nie waren bewilligt worden. So wurde dem Stadtrathe von Nauwoo die gesetzgebende und ausübende, dem Mayor (Bürgermeister) derselben die richterliche Gewalt ohne jede Beschränkung übertragen. Ein Dekret der Legislatur ermächtigte den so erstandenen Staat im Staate zur Errichtung eines selbstständigen Militär-Corps, zu dessen Bewaffnung man das Staatszeughaus öffnete. Gegen die Nachbaren betrugen sich hier die Mormonen, eingedenk der in Missouri erhaltenen Lehre, ziemlich gut. Aber der Prophet benützte nicht nur die ihm zugestandenen Befugnisse, sondern überschritt sie in seinem Hochmuthe noch weit. Er annullirte alsbald das Staatsgesetz, nach welchem zur Schließung einer bürgerlich giltigen Ehe der Erlaubnißschein von der Behörde erforderlich ist. Im Jahre 1843 erließ er ein Gesetz, vermöge welchem jeder Beamte der Stadt Nauwoo gehalten war, Denjenigen alsogleich gefänglich einzuziehen, der etwa kommen dürfte, um den Joseph Smith wegen Angelegenheiten in Missouri zu verhaften. Bald darauf verordnete er, daß kein Staatsbeamter, der nicht von ihm dazu ermächtigt worden, an irgend einer Verhandlung in Nauwoo sich betheiligen dürfe. Die ihm vom Staate bewilligten Zugeständnisse und seine Prätensionen, beide gleich unerhört, erregten in der ganzen Union Aufsehen und entschiedene Mißbilligung. Dazu kam noch die notorische Haremwirthschaft des Propheten, die wunderlichen zeitlichen und ewigen Ehen, welche von den Amerikanern keineswegs gleichgiltig angesehen wurden. *In der heiligen Stadt selbst keimte der Same der Uneinigkeit* und Unbotmäßigkeit. Die Abgaben zum Tempelbaue wie zur Unterhaltung der immer zahlreicher herbeiströmenden armen Heiligen aus Europa und den Unionsstaaten wurden immer drückender. Die in Nauwoo erscheinende Zeitung (the Expositor) erlaubte sich unliebsame Beleuchtungen so vieler Maßregeln des Propheten, daß er sich bewogen fühlte, ihr Erscheinen zu verbieten, und die Presse zertrümmern zu lassen. Man verklagte ihn über dieses Verbrechen, das Gericht erließ einen Verhaftsbefehl, der unbefolgt blieb.

Nun mußte auch die Regierung von Illinois dem Beispiele jener von Missouri folgen, und die Miliz aufbieten. Die privilegirte vom Staate selbst mit Waffen ausgerüstete Streitmacht der Mormonen war nicht unbedeutend, man mußte ernst und umfangreich zu Werke gehen. Die einberufene Miliz zählte etwas über 2000 Mann, mehrere Compagnien Freiwilliger wurden errichtet, aus Missouri kamen bewaffnete Schaaren zu Hilfe; in den Augen des Volkes galt es einen Vertilgungskampf. Der Gouverneur von Illinois hatte alle Mühe, die um Nauwoo lagernden Streitkräfte von einem unzeitigen, erbitterten und gewiß schrecklichen Angriffe abzuhalten. Der Prophet erkannte seine Lage, redete diesmal wenig von himmlischen Hilfstruppen, die ihn schon einmal im Stiche gelassen hatten, er lieferte sich am 24. Juni 1844 sammt seinem Bruder H i r a m S m i t h aus. Sie wurden nach Carthago in Haft gebracht, und von allen Seiten wurden Klagen, mitunter über alte Vergehen des verhafteten Oberhauptes angestellt. In Nauwoo war Alles entmuthigt, die Entwaffnung des vom Staate armirten mormonischen Truppencorps erfolgte ohne Schwierigkeit. Das Volk war weniger gegen die Mormonen, als vielmehr gegen ihren übermüthigen, allem Rechte hohnsprechenden Führer erbittert; diesen so oft verhafteten, aber immer wieder entwischten Verbrecher wollte man dießmal nicht entkommen lassen; dieser Entschluß gab sich durch viele Stimmen kund. Am vierten Tage seiner Inhaftirung drang ein bewaffneter Haufen in das schwach bewachte Gefängniß, und ermordete ihn und seinen Bruder. Es ist bezeichnend für nordamerikanische Zustände, daß ein Capitalverbrecher, der vierzigmal vor Gericht stand, durch Pöbeljustiz endete. So tragisch endete der sonderbare Mann seine Laufbahn im vierzigsten Lebensjahre. Dieser bedauerliche Lynch-Akt diente jedenfalls nur zur Verhärtung der Irregeleiteten, und machte den Ermordeten in ihren Augen zum Märtyrer ihres Glaubens; seine Grabstätte blieb den Heiden unbekannt. Es war nun auch in diesem Staate ihres Bleibens nicht mehr, und sie verließen das mit dem Blute ihres Propheten getränkte Land. Die Regierung war besorgt, daß den Scheidenden Zeit zum Verkaufe ihrer Güter gegönnt und bei ihrem allmähligen Abzuge Schutz gegen Gewaltthätigkeiten zu Theil werde; sie ganz klaglos zu stellen, lag unter den obwaltenden Verhältnissen wohl außer dem Bereiche der Möglichkeit.

Auszug nach Utah und ihre dortige Niederlassung.

Brigham Young übernahm als Prophet die Führung der Heerde, welche im Jahre 1845 in mehreren Zügen nach dem wüsten fernen Westen aufbrach. Tausende erlagen auf der langen Wanderung harten Drangsalen mancher Art: durch Hunger und Wassermangel, durch Angriffe feindlicher Indianerstämme und Krankheiten, vornehmlich die Cholera, welche fürchterlich unter ihnen wüthete, fanden die meisten ihre Gräber auf den öden Ebenen, und sahen nicht das gelobte Land, wo Milch und Honig fließt. Aber das Vertrauen und der Muth der Ueberlebenden waren unbesiegbar; und so erreichten im Frühlinge 1847 an 20,000 die Gegend am großen Salzsee nördlich vom 37.° nördlicher Breite, welche von den Quellen des großen Colorado und des Columbia bewässert wird. Diese fruchtbare Oase bot den Heimatlosen endlich eine bleibende Stätte, und so war vorläufig die Verheißung des gelobten Landes erfüllt.

Kaum waren sie da angelangt, so wiederholte sich das Schauspiel des unbegreiflich schnellen Aufblühens einer großen Ansiedlung durch diese Meister im Kolonisiren. Ihre einmüthig zusammengreifende, beharrliche und klug berechnende Thätigkeit lieferte die überraschendsten Resultate. Eine Stadt von 700 Häusern, wozu das Bauholz aus fernen Gebirgsschluchten herbeigeschafft werden mußte, ringsum kultivirte Felder, Wasserleitungen, Mühlen u. s. w. waren das Werk eines Jahres; Ansiedlungen und Städte erhoben sich bald in weiter Ferne. Ein Mormonenstaat Deseret (Honigbiene) war ins Leben getreten, welcher als Gebiet Utah mit 187,923 Geviertmeilen im Jahre 1850 in die nordamerikanische Union eintrat, und von der Centralregierung zu Washington als Beitrag zur Errichtung öffentlicher Anstalten 25,000 Doll. erhielt.

Das ausgedehnte Utah-Gebiet ist nur zum Theile anbaufähig, die Sand- und Steinprairien ohne Holz und Wasser lassen sich nie der Kultur gewinnen; fruchtbaren Boden haben nur die Bottoms der Flüsse, welche zum Gedeihen der Kulturpflanzen dennoch einer künstlichen Bewässerung bedürfen. Die Luft ist im Sommer von beständigem Höhenrauche getrübt, im Winter dagegen ausnehmend hell und im Ganzen sehr gesund. Im Sommer mangelt es an Regen. Holz findet sich nur an den tief eingeschnittenen Gebirgsbächen. Jagdwild sind Hirsche, Bären, Antilopen; Wassergeflügel und Fische gibt es in Menge. Steinkohlen und Eisen sind an mehreren Orten entdeckt worden; der Salzsee gibt treffliches Kochsalz in Masse. An plagenden Mosquitos fehlt es nicht.

Die Mormonen bauen da Mais, Kartoffeln, Runkelrüben zu Zucker und im Süden auch Baumwolle. Dem Gemüsbaue widmen sie viele Sorgfalt. Pferde-, Rindvieh- und Schafzucht betreiben sie mit vielem Eifer.

Lehren und Einrichtungen.

Unter den schriftlichen Erkenntnißquellen ihres Glaubens steht das Mormon-Buch oben an. Der Bibel gestehen sie zwar göttliche Autorität zu, behaupten jedoch, daß sie im Verlaufe der Zeit Fälschungen erlitten habe, von welchen sie durch ihre unmittelbaren göttlichen Offenbarungen gereinigt werden müsse. Die Auslegung der Bibel anlangend, müsse Alles wörtlich verstanden werden, indem Gott in derselben aufrichtig und deutlich zu den Menschen spreche. Die Doctrines and Covenants (Lehren und Bündnisse), ein Buch von Rigdon im Namen des Propheten Smith verfaßt, genießt mit den vorigen gleiches Ansehen.

Der Prophet oder Seher steht unter fortwährender Inspiration des heiligen Geistes, und ist durch diese unmittelbar göttliche Offenbarung in den Stand gesetzt, jederzeit und unter allen Umständen den Gläubigen Gottes Willen kund zu geben.

Einige ihrer Hauptlehren sind:

„Es gibt mehrere Götter, welche von einander abstammen. Gott Vater ist ein sehr entfernter Descendent von dem Urgotte; er hat einen menschlichen Leib; denn Adam war ja ganz nach seinem Bilde gemacht. Gott Vater zeugte den Sohn auf Erden in menschlicher Weise. Der heilige Geist hat keinen Leib, er wohnt im Vater und Sohne zugleich. Der Sohn hat die Erde und die Planeten aus ewigen Stoffen gemacht, bevölkert und erlöset. Derselbe wird wieder auf die Erde kommen, sie paradiesisch gestalten und tausend Jahre in Glanz und Herrlichkeit regieren."

„Als Adam gesündigt hatte, versammelte sich der himmlische Rath behufs der Erlösung: Christus und Luzifer boten sich dazu an, sie wurde Ersterem übertragen; da empörte sich Letzterer, wurde mit seiner Schaar aus dem Himmel verstoßen, und hieß nun Satan; derselbe betreibt die Verführung und anderes Unheil der Menschen durch seine untergebenen Teufel."

„Die Erde ist ein lebendiger Körper, durch den Sündenfall verdorben, wird aber bei der Wiederkunft Christi ihre ursprüngliche Herrlichkeit wieder erlangen, die Welttheile werden wieder mit einander verbunden werden. Dem tausendjährigen Reiche geht die Auferstehung des Fleisches voran; der Leib der Auferstandenen gleicht dem gegenwärtigen bis auf das Blut, welches als Ursache der Sterblichkeit in dem auferstandenen fehlt, welcher fortan unsterblich ist. Nach dem tausendjährigen Reiche geht die Erde in einen himmlischen Zustand über, in welchem sie ewig verharret."

„Die menschliche Seele besteht aus einer feinen Materie, und ist ewig. Durch die Seligkeit wird die Rückerinnerung an das Erdenleben aufgehoben. Die Seele des bösen Menschen geht nach dem Tode in unvollkommnere Wesen über, wandert aus einem unvollkommenen in ein noch unvollkommneres und so fort, bis sie festen Glauben erlangt, und dann wieder stufenweise steigt."

„Die Sünden können blos durch die Taufe, welche durch gänzliches Untertauchen des Menschen vollzogen werden muß, vergeben werden. Man kann sich auch für Abgestorbene taufen lassen, um ihnen dadurch den Weg zum Himmel zu öffnen. Vor dem achten Lebensjahre darf Niemand getauft werden. Es gibt keine Erbsünde. Durch Auflegung der Hände des Priesters wird dem Getauften der heilige Geist mitgetheilt."

„Das Abendmahl ist eine symbolische Handlung; es darf dabei kein Wein gebraucht werden, der von Heiden (Nichtmormonen) gemacht ist. Da die Mormonen noch keinen Wein erzeugen, so bedienen sie sich statt dessen einstweilen des Wassers, und es erhalten die Communikanten aus der Hand des Bischofs ein Stückchen Brot und einen Trunk Wasser."

Es ist zu bemerken, daß die Glaubenslehren der Mormonen keineswegs genau bestimmt und deutlich ausgeprägt sind, und es würde kein leichtes Geschäft seyn, sie zu einem Bekenntnisse zusammenzufügen, weil viele einander widersprechen. Eine unentbehrliche und bequeme Ausflucht bietet den mormonischen Religionslehrern der Glaubenssatz: daß die immerwährend dem Seher zuströmende Offenbarung über allen anderen Erkenntnißquellen steht, und daß sein Ausspruch, auch wenn er bestehenden Glaubenssätzen offen widersprechen sollte, dennoch als wahr und geoffenbart gelte, da sich Gott zu verschiedenen Zeiten und unter verschiedenen Umständen über einen und denselben Gegenstand verschieden ausspreche.

Bei gemeinen Mormonen findet man nur eine sehr unvollständige Kenntniß der Lehren ihrer Religion, die sich auf die wunderbare Entstehung des Mormonbuches, die dem Propheten unausgesetzt zufließende höhere Offenbarung, ihre Berufung zu zeitlicher und ewiger Glückseligkeit und den unvermeidlichen Untergang der Heiden beschränkt. Ein Mormonen-Apostel, mit dem ich im Jahre 1851 auf einer Missisippifahrt mehrere Tage conversirte, ein feingebildeter, in Wissenschaften nicht unbewanderter junger Mann, war selbst über einige Dogmen nicht ganz im Reinen. So enthusiastisch er auch für den jetzigen Propheten Young schwärmte, so hielt er doch nicht viel auf dessen Vorgänger Smith, und meinte, dieser sey schon einige Jahre vor seinem Ende von dem wahren Wege abgewichen, weßhalb ihn der Herr den Händen seiner Feinde übergeben habe. Dieser junge Apostel äußerte mehrmals, daß es keine besondere Schwierigkeit haben werde, die Bekenner aller Confessionen in die für *Zeit und Ewigkeit und allein beglückende* Mormonenkirche einführen zu können; aber mit der katholischen Kirche werde es einen harten Kampf absetzen, bei dem Blutvergießen unvermeidlich sey; er habe während seines dreijährigen apostolischen Amtes in den Vereinigten Staaten schon 460 Ungläubige bekehrt, darunter waren nur 5 Katholiken, und zwar 3 geborne Irländer und 2 Deutsche.

Nebst den allgemeinen christlichen Sittenlehren werden ihnen insbesondere nachdrücklichst eingeschärft: fester Glaube an die göttliche Sendung ihres Propheten und seine fortwährende Offenbarung, pünktlicher Gehorsam gegen ihre Oberen, gewissenhafte Leistung des Zehent, Eifer für die Ausbreitung ihrer Kirche, welchen sie durch reichliche Beiträge zur Herbeischaffung der auswärtigen Gläubigen aus allen Welttheilen und von allen Inseln zu bethätigen haben.

Ihr sonntägiger Gottesdienst beginnt mit Musik und Gesang, dann folgen mehrere öffentliche Vorträge von verschiedenen Rednern. Diejenigen Gemeindeglieder, welche sich durch Fleiß, Erfindungen, reichliche Beiträge zu gemeinsamen Zwecken, oder sonst ausgezeichnet haben, werden öffentlich belobt, so wie jene ernstlich vermahnt und mit Ausschließung bedroht, welche sich in Erfüllung ihrer Pflichten säumig finden ließen. Die Fortschritte ihrer Kirche in fremden Ländern, und die Wunder, welche Gott zur Ausbreitung derselben gewirket hat, werden bekannt gemacht. Wenn der große Tempel des Herrn erbaut seyn wird, werden Thieropfer eingeführt werden. Ein bestimmter allgemeiner Ritus bei ihren religiösen und kirchlichen Verrichtungen ist noch nicht eingeführt.

Das kirchliche ist mit dem weltlichen Regimente so innig verschmolzen, daß letzteres als solches nicht bemerkbar ist. Der Herr regiert sein heiliges Volk durch seine heilige Priesterschaft. Die höchste Gewalt ruht in der Person des Propheten, welcher, da der Mormonenstaat als Gebiet Utah in die Union eingetreten ist, nothwendig Präsident desselben seyn muß. Die bei der Aufnahme in die Union gemachte republikanische Verfassung gilt nur so viel, als der Prophet-Präsident sie gelten zu lassen für gut findet. Die weltlichen, zwar ebenfalls mit Mormonen besetzten Gerichte in Utah bestehen nur für die Heiden (Nichtmormonen), welche zeitweilig unter ihnen wohnen. *Außerhalb Utah können sich die kleineren Gemeinden* der Heiligen den weltlichen Gerichten nicht ganz entziehen, vermeiden aber soviel wie möglich, mit ihnen in Berührung zu kommen, da sie alle ihre Angelegenheiten vor dem Hohenpriester abthun. Nach dem Präsidenten behaupten die 12 Apostel den vornehmsten Rang, sie sind mit der Leitung der auswärtigen Gemeinden betraut. Der hohe Rath besteht aus 12 Hohenpriestern, sie sind zu Handen des Präsidenten und eigentlich seine geheime Polizei. Die Bischöfe überwachen die verschiedenen öffentlichen Verwaltungszweige und fungiren als Gerichtsbeamte, wozu ihr geistliches Amt ihnen hinlänglich Zeit übrig läßt. Auch den übrigen Priesterbranchen, den Aeltesten, Priestern, Diakonen u. s. w. sind nebst den kirchlichen auch bürgerliche Geschäfte zugewiesen. Demnächst sollen auch noch Priesterinnen mit vielleicht noch unbekannter Geschäftssphäre hinzukommen. Den Eintritt in den zahlreichen und vielgliedrigen Priesterorden kann jeder Gläubige durch ein hierzu empfehlendes Verhalten erstreben.

Als im Sommer 1851 die von der Centralregierung der Vereinigten Staaten in üblicher verfassungsmäßiger Weise gesandten Gerichtsbeamten in Utah eintrafen, fanden sie eine freundliche Aufnahme, aber nichts zu thun bei den Heiligen; als sie aber ihr Amt dennoch wirksam ausüben wollten, wurde ihnen der Aufenthalt so verleidet, daß sie bald wieder abzogen. Diese Heiligen wollen von den Heiden durchaus unabhängig seyn. Sie haben ihre eigene Kriegsmacht, welche sie vorläufig gegen die feindlichen Indianer verwenden. Sie haben ihre eigene Münze.

Ihre bürgerliche Einrichtung ist zwar communistisch, aber nicht nach dem Prinzipe der Sozialisten: Gleichheit des Vermögens und des Ranges. Jeder von ihnen betreibt sein Gewerbe und besitzt Privateigenthum für sich, aber in solcher Art und Weise, daß das gemeinsame Beste dadurch am meisten befördert werde. Hierzu geben die Anordnungen Gottes und die Rathschläge der Vorsteher die einzige Richtschnur. Sie heißen einander Bruder und Schwester, ohne den Rangunterschied beseitigen zu wollen.

Die Vielweiberei wird in Nordamerika allgemein verabscheut, und der Stifter der Mormonen, Smith, konnte es sich nicht verhehlen, daß er mit der Einführung derselben gegen die dem Frauengeschlechte überall bewiesene Achtung schwer verstoßen werde. Wenn auch die vielen von ihm erzählten Entführungs- und Jungfernraubgeschichten auf Verleumdungen beruhen, so waren seine persönlichen Verhältnisse doch von der Art, daß sie sich mit der christlichen Monogamie unmöglich in Einklang bringen ließen. Auf Grund der dießfälligen alttestamentarischen Institutionen und in Folge spezieller hierüber erhaltener Offenbarungen stellte er die Vielweiberei als eine göttliche Anordnung dar, der er sich selbst aus purem Gehorsam unterzogen hatte. Als dieses Statut der Mormonen bekannt wurde, erregte es besonders in Illinois großen Skandal. Smith, der sich aufs Läugnen immer gut verstand, erklärte: „Das Verhältniß, in welchem ein Mann in der Heiligengemeinde nebst dem wirklichen Weibe noch zu andern steht, ist eine spirituelle Ehe, die blos auf Ewigkeit und Seligkeit Bezug hat." In Utah ertheilt der Prophet, in den auswärtigen Gemeinden der von ihm hierzu delegirte Oberpriester einem Manne die Erlaubniß, so viel Weiber zu nehmen, als er ernähren kann, und die spirituellen Ehen unterscheiden sich von der eigentlichen nicht wesentlich. Findet sich für eine heirathslustige Lady kein Bräutigam, so wird ihr auf Begehren ein solcher vom Propheten zugewiesen. Ein Mann, der eines Andern Weib verführt, verfällt dem Tode, und der Mörder bleibt unbestraft.

Obschon diese Sekte in ihren Lehren und Einrichtungen so viel Unsinniges, der Verfassung der Vereinigten Staaten Zuwiderlaufendes hat, so läßt die Centralregierung sie dennoch bei ihrem Wesen unbehindert; weil sie der Ansicht ist, daß sich durch Gewalt mit diesen wunderlichen Heiligen nicht viel ausrichten lasse, ihre verwerflichen Satzungen und widernatürlichen Institutionen die Auflösung der Sekte von innen am sichersten herbeiführen dürften. Ihr gegenwärtiger Prophet Young ist viel nüchterner und umsichtiger, als sein überaus fanatischer und phantastischer Vorgänger; sein Streben für Kunst und Wissenschaft scheint darauf hinzudeuten, daß er die Nothwendigkeit einer allmähligen Reformation des Mormonismus begreife.

In England, wo die Mormonenapostel die meiste Thätigkeit entwickeln, haben sich seit 1837 über 50,000 Individuen dieser Sekte zugewendet, auch in Frankreich, Dänemark und Schweden sind zahlreiche Gemeinden, in Hamburg wurde ihre Ausbreitung verhindert. Die Bekehrten aus allen Theilen der Welt sollen sich sobald wie möglich in Utah versammeln, um dem bevorstehenden Untergange aller Heiden zu entgehen.

VI. Erwerbszweige.

34. Eigenthümlichkeit und Standpunkt der Landwirthschaft.

Wenn die großartigen, kühnen und kostspieligen Unternehmungen der Nordamerikaner, ihre riesenhaften Fortschritte in Schifffahrt und Handel, in Kanal- und Eisenbahnanlagen, so wie in mehreren Zweigen der Industrie unsere Bewunderung erregen: so muß es nicht wenig befremden, ihre gesammte Landwirthschaft im Allgemeinen noch auf einer niedrigen Stufe der Entwickelung zu finden. Der Amerikaner hat allerdings Vorliebe für die Landwirthschaft; aber er ist ein zu rascher ungenügsamer Geschäftsmann, es fehlt ihm an der geduldigen ausdauernden Bestrebsamkeit, durch welche sich der Deutsche auszeichnet, er will auch in diesem Fache auf die leichteste Weise in der kürzesten Zeit den größten Gewinn erringen, und verliert die Nachhaltigkeit ganz aus dem Auge, seine Wirthschaft ist Plünderung und Aussaugung des Bodens.

Die Urkraft des landwirthschaftlichen Bodens der Vereinigten Staaten ist nur stellenweis eine unerschöpfliche zu nennen, da nämlich, wo mächtige Lagen von humusreicher Erde aufgeschwemmt sind; im Uebrigen gibt es in diesem Lande eben auch alle Abstufungen von Fruchtbarkeit der Erdoberfläche, wie in andern Welttheilen und Ländern, und eine allmählige Abnahme des Grunderträgnisses ist längst bemerkt, in mancher Gegend schon schmerzlich empfunden und beklagt worden.

Die Atlantischen Staaten von Maine bis Carolina liefern bei weitem nicht mehr die reichen Weizenernten wie ehedem, ja man hat sich genöthigt gesehen, theilweise den Weizenbau ganz aufzugeben, während derselbe nun im Westen umfangreich betrieben wird. Aber auch hier, in Indiana, Ohio u. s. w., geht das Erträgniß dieser Frucht zurück, und die Verwüstungen der Hessischen Fliege und des Brandes nehmen in bedenklicher Art zu. In Virginien ist der Boden durch den häufigen ohne Düngung betriebenen Tabakbau zum großen Theile ganz erschöpft; man hat durch Verwüstung der Wälder neue Strecken urbar gemacht, und sie bald auf denselben Stand gebracht. Man erntet durchschnittlich 15 Bushel Mais und 5 bis 6 Bushel Weizen vom Acre. Man zieht treffliche Renner und kauft die Arbeitspferde. Ein großer Theil der Farmer sind verschuldet, viele nach dem Westen gezogen. Innerhalb der Granitformation von Süd-Carolina hat man den lockeren fruchtbaren Boden nicht nur erschöpft, sondern die Ackerkrume von den heftigen Regengüssen hinwegschwemmen lassen, ohne dagegen die geringste Vorkehrung zu treffen; nun liegt der todte Sand oder der Felsen zu Tage, und weite Strecken bleiben unbebaut. Die Viehzucht ist außerhalb der Prairie-Regionen meistens im erbärmlichsten Zustande, man gewährt dem Viehe auch im Norden während des rauhen Winters weder Obdach noch Futter; große Farmer halten nebst dem Zugvieh und einer Heerde Schweine 3 oder 4 verkrüppelte Kühe, um die sich weiter Niemand kümmert, als wenn man im Sommer Milch zum Kaffee benöthiget, den man im Winter schwarz trinkt, weil die Kühe bei Frost und Hunger keine Milch geben. Die Sklavenwirthschaft des Südens hat schon seit lange ihre Segenslosigkeit merken lassen, der Wohlstand der südlichen Staaten ist im Sinken, während er in den sklavenfreien Staaten des Nordens im Steigen ist. — Das ist die von Vielen zu hochgepriesene nordamerikanische Landwirthschaft im Allgemeinen.

Ausnahmsweise sieht man sowohl Feldbau als Viehzucht gut bestellt, hin und wieder sogar in einem blühenden Zustande. Den verderblichen Irrweg erkennend, bemühen sich viele Landwirthe durch Düngung und einen zweckmäßigen Fruchtwechsel das Erträgniß ihrer Felder zu heben, die Viehzucht mit dem Feldbaue in Einklang zu bringen; edlere Racen von allerhand Zuchtvieh wurden aus Europa, besonders England, eingeführt, um theils den einheimischen Schlag zu verbessern, theils die Fremdlinge unvermischt zu acclimatisiren. Die auf solche Art erzielten Resultate sind ganz geeignet, zur Nachahmung anzueifern, und so nach und nach die Landwirthschaft allgemein auf einen besseren, gedeihlicheren Standpunkt zu erheben. Daß dieses nur allmählig geschehen könne, leuchtet bei einem flüchtigen Blicke auf die Hindernisse ein, welche dabei zu besiegen sind.

Sowohl unter den einheimischen als unter den eingewanderten meist irischen und deutschen Landwirthen sind doch nur wenige, welche ein zureichendes Kapital besitzen, um die Landwirthschaft in einen erfolgreichen Betrieb zu setzen. Kapitalisten wenden ihr Geld anderweitigen Unternehmungen zu, wohin weit höhere Zinsen sie locken. Der hohe Arbeitslohn ist besonders für größere Landwirthe eben so hemmend und drückend, als er für die arbeitende Klasse beglückend erscheint. Wenn auch der Ankaufspreis des wüsten Grundes an manchen Orten noch sehr niedrig ist, so macht die Beurbarung des Waldgrundes und die Umzäunung des Prairiebodens wegen Mangel an tauglichem Holze in der Nähe sehr viel Arbeit und große Auslagen, um bald eine Farm in Stand zu bringen. In vielen Gegenden der östlichen, weit mehr jedoch der westlichen Staaten und Gebiete ist der Mangel an Absatz der landwirthschaftlichen Produkte noch ein schwerer Uebelstand; es fehlt an Straßen, um die Erzeugnisse auf den Markt zu bringen; daher der außerordentlich niedrige Preis derselben am Erzeugungsorte. Man läßt im Westen gar häufig die Schweine den Mais ernten, um ihn zu verwerthen, diese kann man zum Markte treiben, der Mais müßte gefahren werden. Auch klimatische Einflüsse wirken oft sehr ungünstig, selbst in den fruchtbarsten Gegenden. In den nördlichen Staaten ist es nicht Seltenes, daß die Weizen- und Kleesaat im

Winter zu Grunde geht, oder durch späte Frühlingsfröste zerstört wird, auf dem üppigen Boden der Niederungen geschieht Letzteres am öftesten. Das schönste Kleefeld kann manchmal nur einmal gemäht werden, weil nach dem ersten Abmähen wegen Hitze und Dürre kein Nachwuchs erfolgt. Landwirthschaftliche Bildungsanstalten fehlen in den Vereinigten Staaten ganz, wenn auch mehrere Hilfswissenschaften der Oekonomie an den Colleges gelehrt werden. Oekonomische Zeitschriften erscheinen dreißig, in deutscher Sprache eine einzige, und diese taugt nicht viel.

Ackerbau und Viehzucht zeigen in Nordamerika manche Abweichung von der in Deutschland üblichen Art und Weise. Das Vieh (Kühe, Ochsen, Pferde, Schweine) läuft frei herum, wird nur selten in eigenen Einzäunungen gehalten, das Rindvieh ausnahmsweise zuweilen auf der Weide gehütet. Ein unbezäuntes Grundstück ist dem Viehe preisgegeben, es mag darauf wachsen, was immer will. Daher ist Jedermann genöthiget, seinen Acker, worauf er etwas anzubauen und zu ernten gedenkt, sorgfältig einzufriedigen. Diese Umzäunung (Fence) gibt einer angebauten Gegend ein eigenthümliches, nicht schönes Ansehen. Wo sich Ansiedlungen im Walde bilden, muß man Weideplätze für das Vieh herrichten; denn häufig haben die Wälder einen so dichten Bestand, daß kein Grashalm darin wachsen, und das Vieh keine Nahrung finden kann; an solchen Stellen sind auch die Viehweiden eingezäunt, und die Viehzucht ist da äußerst ärmlich. Auf den weiten westlichen Prairien ist der Graswuchs zu Jedermanns Benutzung, Jeder kann nicht nur sein Vieh darauf weiden, sondern auch Heu machen, so viel ihm beliebt, ohne sich um die Gränzsteine zu kümmern, welche selten vorhanden sind. So wenig Jemand auch Land besitzt, Vieh kann er da halten, so viel er will. Ein Hühnerstall ist bei jeder Farm anzutreffen, um das Geflügel bei Nacht gegen Raubthiere zu verwahren, Stallungen für andere Thiere sind nur ausnahmsweise vorhanden. Auch die Scheuer ist nicht überall; wo vornehmlich Mais gebaut wird, ist ein aus unbehauenen Stämmen aufgeführter luftiger Kasten, oben mit einem nothdürftigen Schindeldache oder einem Heuhaufen gedeckt, — Scheuer und Schüttboden zugleich; selbst wo Halmfrüchte cultivirt werden, fehlt die Scheuer nicht selten. Man drischt und reinigt den Weizen u. dgl. auf dem Felde mittelst der Maschine, und verbrennt das Stroh.

35. Die Viehzucht.

a. Die Rindviehzucht.

Diese findet man in den verschiedenen Gegenden der Union, oft sogar in wenig von einander entfernten Ortschaften, in einem so verschiedenen Zustande, daß sich im Allgemeinen nur wenig über dieselbe sagen läßt. Im Sommer nährt sich das Rindvieh allgemein von der Weide. Während es im Westen und in mehreren Bezirken des Alleghany-Gebirges auf unbeschränkten grasreichen Flächen herumschweift, und Nahrung in überschwenglicher Fülle und Güte findet, ist es dagegen dort, wo die Ansiedler mit großer Mühe den endlosen Urwald auf kleine Strecken gelichtet haben, auf einen kleinen eingezäunten Raum beschränkt, wo es nur eben das Leben fristet. In den schneelosen südwestlichen Regionen gibt das stehend vertrocknete Prairiegras demselben auch im Winter zwar kein saftiges, aber doch ein hinreichendes Futter, und der deutsche Farmer spendet ihm zu dieser Zeit, wenn es bei seiner Wohnung am Abende sich einstellt, einige Maiskolben oder ein wenig gutes Heu, welche Sorgfalt ihm einige Kühe mit einem kleinen Milchertrage lohnen, während der härtere Amerikaner, der diese Mühe scheut, im Winter gar nichts zu melken hat. Im Norden sieht man bei eisigen Schneestürmen Ochsen, Kühe und Kälber bis auf Haut und Knochen abgedörrt im Walde den tiefen Schnee durchwaten, vor Hunger an niedrigem Strauchwerk nagen, oder um die oft sehr erbärmliche Hütte des Eigenthümers schleichen, der für sie kein Obdach, kaum ein Bischen Futter hat. Auf wohleingerichteten Farmen, bei Brauereien und Brennereien wird Rindvieh üppig genährt, um reichlichen Milchertrag zu gewinnen, oder es zum Schlachten zu mästen.

Die in den Vereinigten Staaten verbreiteten Rindviehracen sind ein buntes Gemisch, wie es aus den ehemals meist aus England eingeführten Racen nach mannigfacher Vermischung unter den obwaltenden klimatischen Einflüssen hervorgegangen ist, an welchem sich nur noch einzelne Charaktere der ehemaligen Stammeltern erkennen lassen. Durch die in der Folge aus England bezogenen Originalthiere hat man die herabgekommene Landrace mit mehr oder weniger günstigem Erfolge zu veredeln sich bemüht, so wie von reichen Farmern auch englische Stammheerden gehalten werden. Wer mit dem hohen Standpunkte der englischen Landwirthschaft und insbesondere mit der dortigen Rindviehzucht ganz unbekannt ist, der dürfte die Ergebnisse, welche man im Einzelnen auch in Nordamerika dießfalls zu erstreben gewußt hat, unglaublich finden. So hat man in Maryland Ochsen von der Devonshire-Race zu einem Gewichte von 15 bis 17 Zentnern gebracht. In Massachusetts wundert man sich nicht, wenn eine gute Milchkuh dieser Race bei englischer Pflege und Fütterung in der Woche 16 Pfund Butter liefert.

Am großartigsten wird die Rindviehzucht auf den südwestlichen Prairien (Texas) betrieben, wo ein Farmer nicht selten eine Heerde von 5000 Stück besitzt. Das Rindvieh dieser Prairie-Region gehört zu keiner Originalrace. Die Amerikaner, welche von 1830 an aus den östlichen und nördlichen Staaten dahin übersiedelten, brachten einen Theil ihrer Viehheerden mit. Bei dem immerwährenden freien Aufenthalte auf der Prairie ist durch die vielfache Kreuzung ein eigener Schlag entstanden; derselbe ist von mehr als mittlerer Größe, großem aufwärts gebogenem Gehörne, verschiedener, einfacher oder mehrfacher Farbe, doch ist die einfache rothe Farbe vorherrschend. Die Ochsen dieses Schlages sind 8 bis 12 Zentner schwer, und wegen dem schnellen Gange zum Zuge sehr brauchbar. Da das Haupterträgniß des Rindviehes hier in der Vermehrung besteht, so wird kein Kalb geschlachtet, und auf die Milcherzeugung weniger geachtet. Doch kann man einer Kuh, welche im Frühjahr gekalbet hat, nebst der Ernährung des Kalbes, den Sommer über täglich einen Milchbetrag von 5 bis 6 Quart abnehmen. Die Milch ist sehr substanziös und wohlschmeckend, und wäre zur Bereitung der Butter und des Käses vortrefflich, womit sich aber nur die deutschen Ansiedler etwas befassen. Wo auch Heerden von Hunderten und Tausenden gehalten werden, pflegt man in der Regel doch nur etliche Kühe für den Hausbedarf zu melken, die übrigen haben blos ihre Kälber zu erhalten.

Die Farmer so wie die Bewohner kleiner Städte, welche ebenfalls Kühe zu halten pflegen, haben nahe bei ihrer Wohnung einen wohl umzäunten Platz, die Kuh-pen, wo die Milchkühe bei Nacht und beim Melken sich aufhalten, und wo ihnen bei ihrer Ankunft gewöhnlich ein wenig Salz oder Maiskörner verabreicht werden. An die Kuh-pen schließt sich unmittelbar die Kälber-pen an. Kommt die Kuh gegen Sonnenuntergang von der Weide nach Hause, so wird ihr alsbald eine Quantität Milch abgenommen, sodann ihr Kalb herbeigelassen, das den übrigen Theil verzehrt. Sind die Kühe alle gemolken und die Kälber mit dem Ueberreste gesättigt, so werden diese in ihre Pen zurückgetrieben, während die Kühe die Nacht über in der Kuh-pen, oder wenn sie vor Raubthieren sicher sind, in der Nähe des Hauses lagern. Früh nach Sonnenaufgang findet das Melken und Säugen wieder, wie am Abende, Statt, nach dessen Vollendung die Kälber in ihre Pen zurückgebracht, die Kühe auf die Weide entlassen werden, von da sie erst am Abend wiederkehren. Den Tag über läßt man die Kälber auch frei in der Nähe des Hauses herumgehen, vor der Rückkehr der Kühe müssen sie aber wieder in ihren Zwinger getrieben werden. Nur in sehr seltenen Fällen kommt eine Kuh zu Mittag nach Hause, um ihrer Milchlast entledigt zu werden. Wenn im Spätherbste der Milchertrag endlich schwindet, so läßt man das Kalb mit der Kuh auf die Prairie laufen, von wo sie Beide Abends freiwillig und regelmäßig nur dann zurückkehren, wenn man ihnen bei ihrer Ankunft etwas Salz oder ein wenig Futter verabreicht. Bei einem mehrtägigen kalten Nordwinde pflegen sie dennoch auszubleiben, wenn sie auswärts Schutz gegen denselben finden können. Während der Zeit, wo die Kühe täglich zu ihren Kälbern nach Hause kommen, entfernen sie sich nicht über 1 oder 1½ Stunde weit; wenn aber weder das Kalb noch die Hoffnung auf Futter dieselben nach Hause zieht, dann gehen sie mit dem übrigen Rindvieh viele Meilen weit fort, um die beste Weide oder den ausgiebigsten Schutz gegen den periodisch wiederkehrenden Nordwind aufzusuchen. Beim Eintritte eines heftigen und kalten Nordwindes verläßt alles Rindvieh die freie Prairie, und birgt sich im Gebüsch der Niederungen, in Flußthälern und Uferwäldern, wo selbst das wärmere Wasser der Flüsse (16° R.) die ruhige Luft etwas erwärmt. Die an Bäumen so häufig wachsende Tillandsia usneoides. L. ist dem Rindvieh bei diesem Unterstande ein sehr erwünschtes Futter. Die Kälte macht die Fäden, mit welchen dieses graue Geflecht an den Aesten und Zweigen der Bäume hängt, spröde, daß sie leicht brechen und reißen, und ein wenig Wind das Herabfallen dieses Winterfutters bewirken kann. So gibt es Stellen in dichten Uferwäldern, wo das Rindvieh sich zahlreich einfindet, und da eine Art Stallfütterung genießt. Es ist bemerkenswerth, daß man bei dieser Veranlassung keinen Futterneid bei den Thieren bemerkt, starke Ochsen, Kühe und Kälber zerren ganz friedlich an einem und demselben Futterzopfe, die darneben stehenden drängen sich nicht gewaltsam herzu, sondern warten geduldig ab, bis der gütige Himmel auch ihnen eine ähnliche Gabe spendet. Ueberhaupt herrscht unter den freien Heerden der Prairien Friede, es ist Raum und Futter genug und keine Veranlassung zu Streit und Kampf, weil kein Glied der Gesellschaft mehr verlangt, als es nöthig hat.

Um Verwechslungen und Entwendungen vorzubeugen, bekommt jedes Stück ein Brandmal (brand), nach Art der Cavalleriepferde, gewöhnlich die Anfangsbuchstaben vom Namen des Eigenthümers eingebrannt; an dem Rande der Ohren werden ebenfalls Merkmale (mark), verschiedene Einschnitte, angebracht. Wenn ein bereits gebranntes Stück zur Zucht verkauft wird, so drückt ihm der Käufer seinen Brand noch dazu auf. Das Brandmal und das Markzeichen seines Viehes läßt man in das hierfür bestimmte Buch des Bezirkes eintragen, um nöthigen Falles sein Eigenthumsrecht zu beweisen.

Der Farmer besucht seine Viehheerde reitend, und der gelegenheitlichen Jagd wegen meistens mit der Büchse versehen, fast täglich auf der Prairie, er findet sie auch in großer Entfernung leicht, weil er genau die Richtung kennt, nach welcher sie zu ziehen pflegt. Gute Nachbaren unterstützen einander in dieser Verrichtung, und theilen einander die etwa gemachten Beobachtungen mit. Wenn im Sommer ein Stück irgend wie verwundet worden ist, so muß alsbald Calomel in die Wunde gestreut werden, um die schnell entstehenden Würmer zu tödten, durch welche die Wunde bösartig und gefährlich wird. Diejenigen Kühe, welche man zur Milchnutzung verwenden will, werden, sobald das Kalb geboren ist, mit demselben nach Hause gebracht. Der Preis einer guten Milchkuh ist 12 bis 15 Doll., ausnahmsweise auch 20 Doll.; eines dreijährigen Schlachtochsen von 6 bis 7 Zentner Gewicht 10 bis 12 Doll.; ein Pfund Rindfleisch 3 bis 4 Cents; ein Paar Zugochsen kosten 50 bis 60 Doll.; diese pflegen nicht geschlachtet zu werden, ihr endliches Loos ist das der Pferde, wenn sie fallen, dienen sie den Raubthieren zur Nahrung.

Diese freie Rindviehzucht auf den Prairien von Texas ist einer der lohnendsten landwirthschaftlichen Zweige in dem ganzen Unionsgebiete; Mancher hat sein Kapital, welches er zur Anschaffung eines guten Viehstockes in einer günstigen Gegend dieses Landes verwendete, durch die Vermehrung der Rinder im Verlaufe von 5 Jahren auf das Vierfache gebracht. Bei der beträchtlichen Einwanderung, sowohl aus den südlichen und mittleren Staaten der Union, als auch aus Deutschland, nach diesem Lande fehlt es nicht an Absatz, in den nordwestlichen Gegenden des Staates ist sogar der Preis des Rindviehes in neuerer Zeit gestiegen. Texanisches Rindvieh wird auch per Dampfschiff nach New Orleans zu Markte gebracht, und sowohl zu Schlachtvieh verwendet, als auch zur Zucht von da weiter gebracht.

Illinois und seine Nachbarstaaten haben ebenfalls grasreiche Prairien, aber der rauhe Winter macht zum besseren Gedeihen der Viehzucht schützendes Obdach und Fütterung unumgänglich nothwendig.

In diesen Staaten, vornehmlich in Illinois, Indiana und deren Nachbarschaft, grassirt unter dem Rindvieh im Sommer eine merkwürdige, äußerst bösartige Krankheit, die Milchkrankheit (milk-sickness); ihre bemerkbarsten Symptome sind: Appetitlosigkeit, unterdrückte Verdauung, warmer, sehr stinkender Athem, Hitze des Kopfes und Röthe der Augen, Zittern des ganzen Körpers, Schwäche der Beine und schwankender Gang; endlich fallen die Thiere um, strecken den Kopf an der Erde hin und verenden. Diejenigen, welche genesen, unterliegen einem langwierigen Siechthume, bei denen, welche daran sterben, dauert der Verlauf 3 bis 4 Tage. Ochsen werden weniger davon befallen. An der Milch der erkrankten Kühe läßt sich anfänglich keine Veränderung wahrnehmen, nur nimmt sie im Verlaufe der Krankheit immer mehr ab und erscheint in dem *letzten Stadium mehr oder weniger geröthet.*

Durch den Genuß des Fleisches so wie von Milch, Butter und Käse wird die Krankheit auf Menschen und Thiere übertragen, wo sie fast unter denselben Erscheinungen auftritt und verläuft. Sie beginnt bei Menschen mit Schwere des Kopfes und Mattigkeit der Glieder, bald folgt Brennen im Magen, sehr übelriechender Athem, Erbrechen mit oder ohne Blut, Fieberanfälle von nervösem Charakter, Kopfschmerzen und Gehirnentzündung, Irrereden und bei Vielen der Tod.

Man hat trotz vielen und sorgfältigen Untersuchungen die Ursache dieser Krankheit noch nicht ermitteln können. Einige vermuthen, sie rühre von dem Genusse des Giftbaum-Sumachs her (Rhus toxicodendron. Barr.), aber dieser Strauch wächst auch anderwärts häufig, wo diese Krankheit nicht entsteht, z. B. in einem Posteichenwalde bei Friedrichsburg in Texas, hier wird dieses Gewächs von keinem Vieh berührt. Die Krankheit erscheint in einer und derselben Gegend nicht immer alljährlich, doch ist sie nur auf gewisse Bezirke beschränkt, die öfters von sehr kleinem Umfange sind. Werden Butter und Käse, welche man aus der Milch von erkrankten Kühen bereitet hat, in ferne Gegenden versendet, so zeigt sich am ersten Tage gleich nach dem Genusse die Krankheit eben so, wie in dem Distrikte, wo sie einheimisch ist, wie es bereits zu Natchez, St. Louis, Louisville und New York sich zugetragen hat. Die Einwohner jener Bezirke, wo die Krankheit entsteht, wollen dieses selten eingestehen, um ihre Gegend nicht in Verruf zu bringen.

Die Milch kann in den Vereinigten Staaten nur in der Nähe von Städten oder Eisenbahnen verwerthet werden. Im Westen trachten die Farmer blos ihr Haus mit frischer Butter zu versehen, im Osten dagegen wird die Butter- und Käsebereitung auch für den Handel betrieben, und es wird von beiden Artikeln zusammen für eine Million Doll. ausgeführt. Die große Sommerwärme macht die Bereitung der Butter schwierig; sie hat gegenwärtig fast allgemein den hohen Preis von 12 bis 15 Cents, Käse 7 bis 8 Cents pro Pfund.

b. Die Schafzucht.

In diesem wichtigen Zweige der Landwirthschaft haben es die Nordamerikaner zu keiner Meisterschaft und zu keinem erheblichen Resultate gebracht, und sie werden denselben zu ihrem nicht geringen Verdrusse in nicht gar ferner Zukunft unter den Händen deutscher Einwanderer in einigen Staaten blühen sehen. Ein Geschäft, welches zu seinem Gedeihen ein mehrjähriges Studium und praktisches Erlernen, in der Ausübung ununterbrochene aufmerksame Beobachtung, Mühe und Sorgfalt erfordert, dessen Einführung in ein neues Land von so verschiedenen Natur- und Kulturverhältnissen auch bei der größten Umsicht und Bedachtsamkeit mit Gefahren und harten Verlusten verbunden zu seyn pflegt, das endlich erst nach einer Reihe von Jahren die mannichfaltigen Opfer reichlich zu lohnen verspricht — ein solches Geschäft ist des Amerikaners Sache nicht, in einem solchen wird er nie glänzende Fortschritte machen. Es fällt ihm schwer, sich für ein Geschaft fast ausschließlich zu qualifiziren; er scheut Anstrengung und Gefahr nicht, aber dennoch will er Ruhe haben; wo er säet, da will er bald und reichlich ernten; er ist gewohnt, alles Vieh schlecht zu halten, es sich selbst zu überlassen, wie das allenfalls bei Rindern und Schweinen, aber nicht bei Schafen stattfinden kann.

Die europäischen Einwanderer brachten frühzeitig aus ihren Heimatländern Schafe verschiedenen Schlages mit nach Nordamerika, aus welchen sich durch kunstlose Fortpflanzung und Vermischung nach und nach die dasige Landrace von sehr ungenügender Beschaffenheit gebildet hat. Die Amerikaner erkannten sehr bald die Wichtigkeit und Einträglichkeit veredelter Schafheerden für ihr großes Land, und machten zu Anfang dieses Jahrhunderts angestrengte Versuche, in den Besitz von solchen zu gelangen. Sie kauften für ungeheure Summen Merinoböcke zur Veredlung ihrer Landschafe, und ganze Merinoheerden aus Spanien, und wurden schmählich von unkundigen und betrügerischen Händlern betrogen. Die theuer erkauften spanischen Schafe hatten zwar feine Wolle, aber wenige darunter waren fehlerfrei und gesund, die meisten starben, ehe sie sich acclimatisirten, da es ihnen obendrein an der gehörigen Pflege fehlte. Von 1820 bis 1830 verschleuderte man abermals ungeheure Summen im Ankaufe von sächsischen Merinos, aber der Betrug war noch ärger und das Ergebniß noch kläglicher als bei den spanischen. Besser ging es hierauf mit den eingeführten englischen Racen, die, wenn auch keine feine, doch viel Wolle und ein bedeutendes Fleischgewicht brachten. Die Southown- und Leicester-Race entsprachen den Landesverhältnissen am besten.

Am belangreichsten wird die Schafzucht in Vermont, New York, Ohio, Indiana, Pennsylvanien und Michigan betrieben. Nach offiziellen Angaben beträgt die Anzahl der Schafe in den Vereinigten Staaten 22 Mill., wovon der jährliche Wollertrag auf 525,000 Zentner veranschlagt wird. In den sämmtlichen Schafwoll-Manufakturen der Union werden jährlich 800,000 Zentner verarbeitet. Im Jahre 1849 betrug der Werth der aus fremden Ländern eingeführten fertigen Wollenwaaren nicht weniger als 18 Mill. Doll.

Die baum- und wasserlosen Prairien, die Lichtungen im Urwalde und die mit fettem Marschboden oder Sümpfen bedeckten Niederungen werden sich nie für feinwollige edle Schafheerden eignen, wohl aber einzelne Bezirke des Alleghany-Gebirges, mehrere Gegenden von Texas, New Mexico und am Stillen Ocean.

c. Die Pferdezucht.

Das Pferd ist dem Amerikaner unentbehrlich; im Norden dient es zum Ziehen und Reiten, im Süden und Westen fast nur zu letzterem. Männer und Frauen reiten zur Kirche, zur Hochzeit, zum Leichenzuge, Kinder oft zur Schule.

Die schönste einheimische Race ist die amerikanische, welche viel Aehnlichkeit mit dem englischen Rennpferde hat, von dem sie abstammt, an Sanftmuth, Gelehrigkeit und Ausdauer aber dasselbe übertrifft. Diese Race gibt die besten Reit- und Kutschenpferde, ihr mittlerer Preis ist 100 Doll.

Wohlhabende Amerikaner betreiben die Veredlung der Pferde zwar mit großem Aufwande, aber nicht mit gehöriger Sorgfalt; sie zahlen für eingeführte Engländer, Spanier und Araber enorme Summen, oft über 1000 Doll. Vollbluthengste werden gegen gute Bezahlung zur Belegung einheimischer Stuten im Lande umhergeführt, wodurch auch dem weniger Bemittelten die Gelegenheit zur Veredlung seiner Pferde geboten wird. Englische Renner hält man zu Wettrennen, welche in den östlichen Staaten ganz in englischer Weise gehalten werden.

Das sogenannte spanische Pferd, unter welcher Benennung nicht das edle spanische zu verstehen ist, findet sich im Südwesten, in Texas und New Mexico, wohin es sich aus Mexico verbreitet hat. Es ist von ansehnlicher Größe, Kraft und Ausdauer, aber durch Schönheit und Schnelligkeit nicht ausgezeichnet. Der Preis ist 50 bis 70 Doll.

Der Ponie, ein kleiner Gebirgsschlag, dem polnischen nicht unähnlich, empfiehlt sich durch Genügsamkeit und Dauerhaftigkeit; Preis 35 Doll.

Der Mustang lebt heerdenweise auf den südwestlichen Prairien von Texas, Arkansas und New Mexico im wilden Zustande. Als die Spanier, welche die ersten Pferde nach Amerika brachten, Mexico erobert hatten, verliefen sich mehrere ihrer Pferde in die Wildniß, wo sie sich vermehrten und einen eigenen Schlag bildeten, welcher im Allgemeinen klein und unansehnlich ist, aber ausnahmsweise recht hübsche Individuen hat; Schnelligkeit und Dauerhaftigkeit zeichnen diese Thiere auch im gezähmten Zustande aus. Dem Farmer ist die Nähe einer Mustang-Heerde sehr unlieb, weil sich nicht selten eins seiner Pferde oder Maulthiere verleiten läßt, sich unter dieselbe zu mischen, und die Freiheit bald so lieb gewinnt, daß es nicht mehr an die Rückkehr denkt, und die geringe Pflege leicht verschmerzt; darum verfolgt er diese Thiere eifrig mit seiner Büchse, aber ihre Wachsamkeit und Schnelligkeit entzieht sie meistens ohne Verlust seinen Nachstellungen. Die Mexikaner betreiben das Geschäft des Mustang-Fanges zu Pferde mittelst eines langen Strickes mit einer bewunderungswürdigen Gewandheit und Sicherheit; eben so meisterhaft wissen sie diese Thiere zu zähmen und zum

Reiten abzurichten. Kaum ist das Kind der Freiheit in der Schlinge, so bekommt es Zaum und Sattel, der kühne Reiter schwingt sich darauf, pfeilschnell schießt es mit ihm über den freien Raum der Prairie dahin, bis es aus Mangel an Kraft und Athem niederstürzt; von nun an läßt es sich willig führen, und fügt sich in das Unvermeidliche, und gilt 20 bis 30 Doll.

Das schwere Landpferd von ungewöhnlicher Größe und Stärke, aber schwerfällig, scheint aus Deutschland zu stammen, und eignet sich zum Frachter- und Ackerpferde. Man findet diesen Schlag in Kentucky, Pennsylvanien, Ohio und New York. Preis 70 bis 100 Doll.

Texanische Farmer erziehen große Heerden von Pferden im südlichen Theile des Landes auf der freien Prairie, nicht selten zu 1000 Stück. Auch die Indianer treiben eine Art freier Pferdezucht, und bringen selbst gezogene und gestohlene öfters in Menge zum Verkaufe, wobei sie sich als sehr gute Kenner beweisen.

Der Esel erzeugt mit der Pferdestute das Maulthier, Mule; diese Zucht wird vornehmlich in Missouri betrieben. Maulthiere dienen zum Zuge und zum Reiten, sind genügsam, ausdauernd und weniger Krankheiten als die Pferde unterworfen. Sie haben die Größe eines mittleren Pferdes, und sind auch in der äußeren Gestalt manchmal wenig von demselben verschieden. Der Esel von Malta wird am meisten zu dieser Zeugung gebraucht, und ein schöner Hengst bis zu 1000 Doll. bezahlt. Die Tücke des maltesischen Vaters geht ungeschwächt auf das Maulthier über, das sich mit seltener Ausnahme als stutzig und boshaft zeigt und heftig schlägt, während Pferde weder beißen noch schlagen, selbst Ochsen nicht stößig sind. Die Indianer bringen viele Maulthiere zum Verkaufe, welche sie in Mexico bei ihren Raubzügen erbeuten. Die Bespannung des Militair-Fuhrwesens besteht meistens aus Maulthieren. Diese Thiere bleiben bis in ein hohes Alter von 50 bis 60 Jahren kräftig und brauchbar, wenn sie nicht mit Gewalt ruinirt werden.

d. Die Schweinzucht.

Nirgends ist die Zucht des Schweines so im Schwunge wie in Nordamerika. Schweinfleisch ist ein Hauptnahrungsmittel der

Bevölkerung, und erscheint täglich dreimal auf dem Tische des Amerikaners. Selbst die Bewohner kleiner Städte halten Schweine, jeder Farmer hat eine große Heerde, deren Zahl er oft nicht weiß. Die Zahl der Schweine in den Vereinigten Staaten ist um 2 Millionen größer als die der Einwohner, nämlich 26 Millionen. Die vielen Eichenwälder liefern einen großen Beitrag zur Fütterung für dieselben.

Mit dem geräucherten und eingesalzenen Fleische und dem Fett von Schweinen wird ein namhafter Handel nicht nur im Inlande, sondern selbst nach fernen Ländern und Welttheilen unterhalten. In der Stadt Cincinnati am Ohio, dem Mittelpunkte des Schweinhandels, sind 20 Schlachthäuser, in einem derselben (Duffields pork-house) werden in der jährlichen Schlachtzeit von 4 Monaten 25,000 Schweine geschlachtet, und in den Rauchkammern desselben 20,000 Zentner Schweinfleisch geräuchert. In den sämmtlichen Schlachthäusern der Stadt werden jedes Jahr über eine halbe Million Schweine geschlachtet und durch Räuchern und Einsalzen zur Versendung zubereitet. Auch in St. Louis und anderen Städten sind ähnliche Anstalten. Man erstaunt über die Schinkenberge, welche in den Hafenstädten des Ohio und Mississippi zur Verschiffung bereit stehen.

Die allgemeinste und vorzüglichste Race des nordamerikanischen Borstenviehes ist eine durch Kreuzung der großen englischen Berkshire und der kleinen chinesischen Art entstandene, welche sich durch schnelles Wachsthum, Güte und Menge des Fleisches am meisten empfiehlt. Im Alter von einem Jahre haben Thiere dieser Art ein Gewicht von 250 Pfund; die ungeheure Größe von 800 bis 1000 Pfund und darüber kommt nur als Ausnahme bei der reinen Berkshire-Race vor.

Mais ist das allgemeine Futter für Schweine im Süden wie im Norden, jedoch ist die Fütterung nur während ein oder zwei Monaten vor dem Schlachten von Bedeutung. Bei Brauereien und Brennereien werden ebenfalls Schweine gemästet, aber das Fleisch derselben hat keinen angenehmen Geschmack. In der Gegend des untern Ohio ist ein Pfund Schweinfleisch für 3 Cents, in Texas für 5 Cents; das geräucherte hat den doppelten Preis und darüber.

e. Andere landwirthschaftliche Thiere.

Ziegen werden wenig und nur an manchen Orten unter den Schafen gehalten, welche in ihrer Gesellschaft besser gedeihen sollen. Der Nutzen von Ziegen ist weder an Milch noch an Fleisch von Wichtigkeit.

Von Geflügel werden Gänse und Enten wenig, desto mehr aber Hühner gezüchtet, welche in den südlichen Staaten mit geringer Unterbrechung das ganze Jahr hindurch Eier legen. Diese sind ein beliebtes Nahrungsmittel der Einwohner, und der Fuhrmann entbehrt sie selbst auf weiten Reisen in unbewohnten Gegenden nicht, er pflegt sie täglich mit geräuchertem Speck beim Lagerfeuer zu braten. Jeder Farmer hält eine große Heerde Hühner, und gibt ihnen etwas Mais, wenn sie im Freien nicht zureichend Futter finden. Bei Nacht schützt man sie durch ein wohl verwahrtes Hühnerhaus gegen ihre vielen Feinde, bei Tage richten diese, besonders die beflügelten Räuber unter ihnen nicht geringe Verheerungen an.

Hunde hat nicht nur jeder Farmer mehrere zur Bewachung seines Hofes, sondern auch in Landstädten sind sie sehr zahlreich anzutreffen. Sie werden nicht angebunden, und sind der Wuth nicht unterworfen. In Städten finden sie bei den Schlachthäusern reichliche Nahrung an den vielen Abfällen. Die besten aus Europa gebrachten Jagdhunde verlieren ihren feinen Geruch, Sagazität und Orientirungsvermögen, durch welches letztere sich hier das Pferd so sehr auszeichnet. Vor großen Hofhunden haben die Indianer viel Respekt. Gute Schäferhunde sind nirgends zu finden, so nothwendig sie auch wären.

Bei der allgemeinen Zugänglichkeit der Wohnungen für die Mäuse sind auch die Katzen unentbehrlich. Die amerikanischen Mäuse begnügen sich nicht, an den Nahrungsmitteln der Einwohner Theil zu nehmen, sie haben noch die Unart, daß sie so gern Tuchkleider zerschroten, ohne auf den hohen Preis derselben auch nur im geringsten Rücksicht zu nehmen.

f. Die Bienenzucht.

Bienen sind in Nordamerika viel, aber noch in wildem Zustande. Daß diesen nützlichen, aber nicht unbedingt nothwendigen

Thieren daselbst nicht die Aufmerksamkeit wie in Deutschland bisher geschenkt werden konnte, läßt sich leicht erachten. Indeß sieht man in den älteren Staaten bei Farmen und Landsitzen reicher Leute mitunter schon ein nettes Bienenhäuschen. Von dem Stande der Bienenzucht und von der reichhaltigen Literatur dieses interessanten landwirthschaftlichen Zweiges in Deutschland scheint man jedoch nichts zu ahnen. Deutsche Auswanderer haben sich ein oder das andere Bienenbuch mitgebracht, aber sie kommen einstweilen selten dazu, einen praktischen Gebrauch davon zu machen.

Das Hauptbienengeschäft besteht in der Aufsuchung und Beraubung der wilden Bienen im Walde, das auch der lüsterne Bär meisterlich, aber mit mehr Schonung gegen die Beraubten treibt. Man fällt die Bäume, schneidet das hohle Stammstück mit dem Bienenstaate heraus, tödtet das Volk mit Rauch und gewinnt so Wachs und Honig; Manche verfahren humaner, tragen diese kunstlose Klotzbaute sammt den Bienen in der Nacht sanft nach Hause, versehen sie mit Boden, Deckel und Flugloch, und verschaffen sich so einen Bienenstand. Die jungen Schwärme faßt man in zubereitete Klotzbauten, worin das Zeideln bequemer und weniger gewaltsam als in jenen natürlichen Behältnissen geschehen kann.

Der Geschmack des Honigs, auch von zahmen Bienen, ist von dem in Deutschland verschieden und weniger angenehm.

Die Indianer bringen viel Honig in Schläuchen von Thierfellen zum Verkaufe in die Gränzansiedlungen der Weißen. Die Comanches sind Meister im Zeideln der wilden Bienen. Es ist auffallend, daß die Bienen ihre Waffen gegen die rothen Räuber weit weniger als gegen die weißen gebrauchen, obschon sie bei den ersteren wegen der unvollständigen Bekleidung sehr wohl ankommen könnten. Vielleicht besitzen die Rothhäute ein den Weißen unbekanntes Präservativ gegen diese empfindlichen Sticheleien, oder es kann der Bienenstachel die dichtere Haut nicht durchbohren.

36. Der Ackerbau.

a. Ackergeräth, landwirthschaftliche Maschinen und Werkzeuge.

Der amerikanische Wirthschaftswagen für Ochsenbespannung weicht sehr von dem deutschen ab. Schon seine ungewöhnliche Breite, welche von der Mitte des einen Radreifens bis zu der des andern 5 Fuß und 10 Zoll beträgt, zeichnet ihn aus, und ist zur Vermeidung des Umwerfens dienlich. Die Räder haben eine Höhe von 4 bis 5 Fuß, die hintern und vordern öfters gleich hoch; die Speichen weichen von der senkrechten Stellung zur Nabe nur wenig nach auswärts ab, wodurch das Rad mehr aufrecht erscheint, was bei dem tiefen Einschneiden auf grundlosen Wegen zuträglich ist. Die Deichsel ist in den Armen (auf und nieder) beweglich; wo diese Vorrichtung mangelt, muß die Lampel im Schlosse viel Spielraum haben, weil sonst beim Durchgange durch größere Vertiefungen der Lampelkopf oder der Schloßnagel brechen müßte, wenn das Vorgespann scharf anzieht. Oben drauf hat man weder ein Leitergeschirr noch Wagenbretter, sondern einen großen Kasten aus starken Brettern von 14 Fuß Länge, 4 Fuß Breite und 2 Fuß Höhe, welcher auf dem hintern Wagen durch zwei Rungen, auf dem vordern mittelst eines gewöhnlichen Rungstockes fest gehalten wird. Zur bequemern Auf- und Abladung der Last ist sowohl die vordere als die hintere Wand des Kastens zum Wegnehmen eingerichtet. Um als Frachtwagen zu dienen, sind auswendig an den beiden Längenseiten Klammern zur Befestigung der Bogen für die leinene Decke angebracht. Die ganze Maschine wird gewöhnlich durch einen Oelfarbenanstrich gegen die schnell eintretende Fäulniß geschützt. Auf einem solchen Kastenwagen wird Alles gefahren, Holz, Heu, Getreide, Steine u. s. w.; nur um Klötze und Baumstämme zu fahren, wird der Kasten abgehoben.

Bei dem hohen Preise der Arbeit und der praktisch-mechanischen Geschicklichkeit der Amerikaner läßt sich voraussetzen, daß sie ihre landwirthschaftlichen Geräthe und Werkzeuge werden zweckmäßig einzurichten wissen. Das Maschinenwesen spielt im Betriebe der Landwirthschaft eine wichtige Rolle. Es bestehen großartige Fabriken, wo allerhand Maschinen, Geräthe und Werkzeuge verfertiget werden. Doch fehlt es auch hier nicht an Schwindelei, und manches Geräth, wofür in Zeitungen die glänzendsten Zeugnisse und Anpreisungen veröffentlicht werden, bewährt sich in der Anwendung nicht, und man findet bei Landwirthen nicht selten ansehnliche Sammlungen von schön gebauten, aber nicht gebrauchten Maschinen und Werkzeugen, wie bei so manchem unpraktischen Fortschritts-Oekonomen Deutschlands. Dieses gilt besonders von den Pflügen, wovon es sehr viele Arten und Formen gibt. Der Pflug mit Vordergestell ist nur bei Deutschen zu sehen, der Amerikaner bedient sich dessen höchstens zum Umbrechen von festem Prairieboden. Am gebräuchlichsten sind die einfachen Schwingpflüge, zuweilen jedoch mit einem Rade, selten mit der Stelze versehen. Außer dem Grindel und den beiden Handhaben sind alle Bestandtheile des amerikanischen Pfluges von Eisen, das Such und zuweilen auch die Schar von geschmiedetem, Haupt, Sohle, Griessäule, Streich- und Molterbrett von sehr zähem Gußeisen. Die einzelnen eisernen Bestandtheile sind durch Schrauben oft sehr sinnreich verbunden, um bei Abgang des einen nicht auch die übrigen unbrauchbar zu machen. Theile, welche der Abnutzung am meisten ausgesetzt sind, besonders Such, Schar und Sohlen, kauft man gleich in Mehrzahl. Bei den Schwingpflügen ist die Stellung für jede Richtung des Pfluges vorn am Grindel durch den veränderlichen Punkt der Verbindung mit der Zugkraft vermittelt. Das Material der amerikanischen Pflüge ist ganz untadelhaft. Es ist ein namhafter, besonders bei Pflügen sehr ersprießlicher Vortheil, daß man aus einer und derselben Fabrik immer ganz gleiche Exemplare eines Gegenstandes bekommt, und mit keinen mißrathenen angeführt wird; wie das noch häufig in Deutschland der Fall ist, wo bald der Stellmacher, bald der Schmied oder beide aus Absicht oder Ungeschicklichkeit sich Veränderungen erlauben, wodurch ein ökonomisches Werkzeug an Brauchbarkeit oft so viel verliert. Am allgemeinsten ist der Adlerpflug (Eagle plow) verbreitet, ein Schwingpflug mit und ohne Rad, wovon ein zweispänniges Exemplar 10 bis 12 Dollars, von einem einfachen gemeinen Schwingpfluge 8 Doll. kostet. Hakenpflüge sind sehr selten.

Die verschiedenen Formen des Cultivators weichen wenig

von den englischen ab, und sind weit vortheilhafter als die Eggen construirt, unter welchen die schottische wohl die beste ist, obschon es ihr an der erforderlichen Beweglichkeit gebricht. Für neukultivirtes Waldland ist nur die Triangel-Egge anwendbar, welche amerikanischen Ursprungs ist. Man findet in Nordamerika, vornehmlich im Westen noch sehr häufig hölzerne Zinken in den Eggen.

Von Walzen haben die Farmer des Ostens mehrere Formen, ohne sich derselben sehr zu bedienen.

Bei Beurbarung des Waldgrundes werden auch Maschinen zum Ausbrechen der Stöcke und Wurzeln angewendet. An Säe-, Mäh- und Dreschmaschinen fehlt es ebenfalls nicht. Der amerikanische Erfindungsgeist und der allgemeine Zweck, Handarbeit in Zugarbeit zu verwandeln, haben manche Verbesserung an denselben hervorgebracht, obschon man auch in diesem erfindungsreichen Lande nicht alle Uebelstände von denselben bisher beseitigen konnte. Von neuen Häckselmaschinen, kunstreichen Butterfässern, unübertrefflichen Käsepressen u. s. w. bringen die Zeitungen jeden Monat eine Menge Anzeigen und Patente, welche letzteren sehr leicht zu haben sind.

Unter den landwirthschaftlichen Werkzeugen ist die Sense unstreitig eines der wichtigsten. So vortrefflich auch der amerikanische Stahl an und für sich ist, so taugt er doch nicht gut als Sensenmaterial, weil die daraus fabrizirten Sensen sich nicht dängeln lassen, sondern nur geschliffen werden können. Die unthunliche Länge der Grassense von mehr als 40 Zoll macht dieselbe schwer und unbequem, wozu der unzweckmäßig gekrümmte Wurf das Seinige noch beiträgt. Mit einer gehörig vorgerichteten steyrischen Sense von 28 Zoll Länge wird mit weniger Anstrengung in derselben Zeit noch mehr geleistet, was selbst Amerikaner beim ersten Versuche eingestanden, und viel Verlangen nach dieser Art Sensen zeigten. Noch weit schwerfälliger sind die amerikanischen Getreidesensen mit dem großen schweren Korbe (Gerüste) eingerichtet. Es ist daher nicht zu wundern, daß trotz der theuern Arbeit die langweilige Sichel beim Getreidemähen noch so häufig im Gebrauche ist.

Andere bei der Landwirthschaft gebrauchte Werkzeuge, als: Spaten, Schaufeln u. a., haben denselben Hauptfehler der

Schwerfälligkeit, so dauerhauft sie auch seyn mögen. Bei der üblichen Haue, welche Spitz- und Rodehaue zugleich ist, erreicht dieser Fehler den höchsten Grad. Mit der gewöhnlichen Gartenhacke ist es nicht viel besser. Deutsche Einwanderer haben sich theilweise solche Werkzeuge von leichterer Beschaffenheit aus ihrer Heimat mitgebracht, welche ihnen gute Dienste leisten.

Dagegen ist die amerikanische Axt in jeder Beziehung, wo sie nicht als Keil oder Schlägel dienen soll, vollkommen zu nennen. Sie ist in der Regel von sehr gutem Stahl, kürzer, aber breiter als die deutsche, und hat einen schmalen Nacken. Alles Holz, selbst Klötzerstämme, werden damit gefällt; der hierdurch entstehende Verlust an Holz wird nicht geachtet. Selbst beim Zerstücken der Stämme zu Scheitholz muß sie die Stelle der Säge vertreten; was freilich ein Beweis ist, daß es an einer guten Holzhauersäge fehlt, durch welche sehr oft die Arbeit, wenn nicht schneller, doch schöner vollzogen werden könnte. Die fast in ganz Süddeutschland von Holzhauern gebrauchte Bogensäge mit den an beiden Seiten zugeschärften Zähnen wäre dort ein sehr erwünschter Artikel, nur müßte sie von ächt steyrischem Sensenmaterial und 3½ bis 4 Fuß lang seyn; da es dort viel hartes und sehr festes Holz gibt, so müßte hinsichtlich der Entfernung der Zähne darauf Rücksicht genommen werden. Zu Neustadtl bei Friedland in Böhmen werden diese Art Sägen von vielen Meistern sehr gut und zweckmäßig verfertiget.

Während mehrere landwirthschaftliche Werkzeuge durch ihre Schwerfälligkeit mangelhaft erscheinen, zeichnen sich die der Handwerker fast durchgängig sehr vortheilhaft aus, so zwar, daß die deutschen Zimmerleute, Tischler, Schmiede u. a. ihre mitgebrachten Instrumente sehr bald zur Seite legen, und zu den besseren amerikanischen greifen. Die landwirthschaftlichen Werkzeuge mit ihrer Schwere und Dauerhaftigkeit scheinen blos für die Negersklaven und irischen Einwanderer berechnet zu seyn, denen beiden es nicht an körperlicher Kraft, aber an dem Willen, die Werkzeuge des Herren zu schonen, fehlt.

b. **Das landwirthschaftliche und Frachtfuhrwerk.**

Solche Frachter, welche fortwährend mit Zug und Zeug auf der Straße wären, wie in Deutschland, gibt es in Nordamerika nur wenige auf einzelnen Punkten, wo für den momentanen größeren Gütertransport kein anderes Mittel zu Gebote steht. In der Regel aber verrichtet der kleinere Landwirth die Frachtfuhren, wenn er nach Vollendung seiner landwirthschaftlichen Verrichtungen dazu Zeit gewinnt; welcher Nebenerwerb gar oft beträchtlich ist.

In den nördlichen und mittleren Staaten benützt man häufig Pferde zum Zuge, deren Geschirre und Anspannungsweise von der in Europa allgemein üblichen nicht verschieden ist. Maulthiere werden wie Pferde beschirrt. Die Wagen für Pferde und Maulthiere sind leichter, als der vorhin beschriebene Ochsenwagen. Im Süden und Westen sind die Ochsen das allgemeine Zugvieh, sogar für die weitesten Landreisen nach Californien über die großen westlichen Prairien.

Es muß bemerkt werden, daß die Deutschen es den Amerikanern im Betriebe des Fuhrwerkes weit zuvorthun. Hat der Amerikaner sein Frachtgut auf dem Wagen, so kann er nicht früh genug an Ort und Stelle seyn, um das Frachtgeld in Empfang zu nehmen; was er durch Eile an Zeit gewinnt, geht ihm am Viehe vielfach verloren.

Man spannt 4 bis 16 und noch mehr Ochsen vor einen Wagen; sie ziehen alle paarweis am Joche. Das Joch ist ein starkes Stück Holz, welches beiden Ochsen auf dem Nacken vor den Schultern ruht,[1]) und mittelst eines hölzernen Bogens um den Hals festgehalten wird. Wo das Joch auf dem Nacken ruht, ist es bogenförmig ausgeschnitten, sonst ist dabei auf Größe und Gestalt des Zugthieres wenig Rücksicht genommen. In der Mitte ist unten am Joche ein eiserner Ring angebracht, um es bei den Stangenochsen mit der Deichsel, bei den übrigen mit der Kette, an der sie ziehen, in Verbindung zu bringen; diese Zugkette ist unter der Mitte der Deichsel befestiget. Es wird kein Lenkseil gebraucht, man leitet die Ochsen durch das Kommando, wobei jeder, besonders die des vor-

[1]) Die Mexikaner binden den Ochsen das Joch mit Riemen vor die Stirne.

dersten Joches, mit ihren Namen genannt werden. Auch zum schnelleren Gange werden sie mit Ausrufung des Namens, und aushilfsweise mittelst einer an 18 Fuß langen, gewichtigen Peitsche, welche mit beiden Händen geschwungen wird, angetrieben. Bei nicht ganz schlechter Witterung legen 4 bis 5 Joch Ochsen mit einer Ladung von 40 bis 50 Zentnern täglich etwa 15 Meilen zurück.

Ans Einkehren in Wirthshäusern ist da nicht zu denken. Die Fuhrleute lagern im Freien, wo Holz und Wasser in der Nähe ist. Beim Anlangen auf einem solchen Lagerplatze wird zuerst das Zugvieh abgespannt, und diejenigen Ochsen, von welchen man kein Entlaufen besorgt, abgejocht; unverläßliche behalten das Joch, so unbequem es ihnen auch z. B. beim Niederlegen seyn mag; übernacht muß das Vieh Sommer und Winter sein Futter auf der Weide suchen, und nur beim Aus- und Anspannen wird ihm ein geringer Betrag von Mais vorgeworfen. Die Fuhrleute führen Proviant für viele Tage mit sich, kochen sich beim Lagerfeuer Kaffee, braten geräucherten Speck mit Eiern, und backen Maisbrot in einem breiten gußeisernen Topfe. Als Bett dient ihnen eine schafwollene Decke, in welche sie sich einhüllen, und entweder in oder unter dem Wagen ihr Nachtlager nehmen. Wenn frühmorgens ein dem Abendmahle gleiches Frühstück verzehrt ist, wird das Vieh zusammengesucht, angespannt und der Zug bewegt sich weiter. Im Sommer wird auch während der Mittagshitze gelagert, außerdem gibt es zu Mittag weder Ruhe noch Fütterung. Gewöhnlich sind mehrere Wagen beisammen, damit die Fuhrleute erforderlichen Falls einander wechselseitige Hilfe leisten können. Wer sein Fuhrwerk einigermaßen im Schwunge hat, nimmt auch ein Pferd mit, das er früh beim Zusammentreiben der Ochsen reitet.

Das **Frachtlohn** ist nach der Beschaffenheit des Weges und der Konkurrenz verschieden, beträgt aber durchschnittlich für einen Zentner pro Meile 1 Cent, so daß ein Fuhrmann mit 5 Joch Ochsen täglich etwa 2½ bis 3 Doll. rein verdient. Das Anlagskapital zu einem solchen Fuhrwerk beträgt 400 Doll., nämlich: 5 Joch Ochsen à 50 Doll. = 250 Doll., Wagen sammt Zubehör 150 Doll. Aber bei Regengüssen, welche Bäche und Flüsse hoch anschwellen und die ohnehin schlechten Wege grundlos machen, oder wenn im Winter ein mehrtägiger eisiger Nordwind sich einstellt, und das Zugvieh nach fernen Gebüschen oder Thalschluchten flüchtet, oder endlich die fiebererregende Sommerhitze bei Tage, Schwärme von zahllosen Mosquitos die ganze schwüle Nacht hindurch quälen — dann ist das Loos des Fuhrmanns kein beneidenswerthes, und Viele haben dabei Krankheit oder gar den Tod gefunden.

Das mexikanische Fuhrwerk, welches in den südwestlichen an Mexico gränzenden Gebieten zu sehen ist, dürfte noch eine Erwähnung verdienen. Der zweirädrige Wagen ist von patriarchalischer Einfachheit, und oft nicht ein Loth Eisen daran zu finden. Aber der Fuhrmann ist im Stande, mittelst Axt und Meißel jeden Bestandtheil desselben zu ersetzen, ja, wofern nur Holz vorhanden ist, den ganzen Wagen neu herzustellen. Das Zusammenbrechen eines Rades setzt einen mexikanischen Robinson in keine große Verlegenheit, auch wenn ihm dieser Unfall in der einsamsten Wüste begegnet. Ein Baumstamm von 25 Fuß Länge und 1½ Fuß im Durchmesser wird gefällt, das Stammstück 5 Fuß lang zu vier Seiten vollkantig behauen, und queer durch die Mitte ein Loch nach der Stärke der Axe gemeißelt. Von diesem Nabenloche nach beiden Enden wird der Block bis auf eine Stärke von 8 Zoll abgearbeitet — so ist das Mittelstück mit der Nabe fertig. Hierauf werden zu beiden Seiten an das Nabenstück zwei andere Stücke von gleicher Stärke angepaßt, welche 5 Stücke zusammen ein Quadrat von 25 Fuß ausmachen; um dieselben fest mit einander zu verbinden, werden durch jedes Stück zwei viereckige Löcher gemacht, so daß das eine über, das andere unter dem Nabenloche durch die Wand hindurch gehet, und nun durch beide ein passender Riegel getrieben. Auf dieser so verbundenen Holzwand zeichnet der Meister nun die Peripherie des Rades, und rundet nach diesem Kreise das Rad mit der Axt gehörig ab — und es ist vollendet. Zwei Fuhrleute haben mit der Herstellung eines solchen massiven Rades nicht ganz einen Sommertag zu thun. Zu keilen und zu binden gibt es an einem solchen Wagen freilich oft etwas. Mexikanische Kaufleute pflegen auf weite Reisen nur Fuhrleute ohne Wagen und Zugvieh mitzunehmen, wenn sie wissen, daß letzteres am Einkaufsorte vortheilhaft zu kaufen ist. Der Wagen wird dann im ersten besten Uferwalde zusammengezimmert, mit 3 bis 5 Joch Ochsen bespannt, und mit 25 bis 35 Zentner Waaren beladen. Man findet zuweilen in ganz wüsten Gegenden Plätze mit altem und neuem Abraume, wo solche Künstler ihre Werkstätte aufgeschlagen haben.

37. Kulturpflanzen.

a. Die Baumwolle.

Die Spanier fanden bei ihrer Ankunft in Amerika nicht nur die Baumwollpflanze da einheimisch, sondern auch die Einwohner mit baumwollenen Stoffen bekleidet. Nach Nordamerika wurde diese Pflanze um das Jahr 1680 verpflanzt; ihr Anbau vermehrte sich anfänglich langsam, so daß die Ausfuhr erst 1770 begann, und 1790 noch unbeträchtlich war. Im Jahre 1849 betrug aber die Ernte 2,729,000 Ballen. Sie ist ein Produkt der südlichen Staaten, ihre Kultur reicht gegenwärtig über die nördliche Gränze von Virginien, Kentucky und Arkansas nicht hinaus, obschon die in Illinois und Indiana gemachten Versuche damit günstig ausgefallen sind.

Man pflanzt allgemein die einjährige Baumwolle (Gossypium herbaceum); Georgien liefert die meiste und schönste Baumwolle. In Texas nimmt der Anbau rasch zu, und gewährt ein sehr geschätztes Produkt.

Der Same wird Anfangs April in 3 bis 4 Fuß von einander entfernten Reihen gesäet. Die jungen Pflanzen müssen sorgfältig vom Unkraute befreit, umlockert, und die überflüssigen entfernt werden. Die Bearbeitung des Bodens der Zwischenräume geschieht mittelst Zug- und Handarbeit. Im Juni erreicht die Pflanze schon eine Höhe von 3 Fuß, treibt viele Zweige, und beginnt zu blühen. Sobald die schönen, röthlichweißen, malvenartigen Blumen abgefallen sind, bildet sich die nußähnliche Kapsel mit weicher Schale, welche zur Zeit der Reife in 4 Lappen aufspringt, und den schneeweißen, gelblichen oder röthlichen Inhalt den Händen des Sammlers darbietet. Das Sammeln beginnt um Anfang August, und dauert, bis im Spätherbste die Pflanze abstirbt. Auf einer Staude finden sich immer aufgesprungene und unreife Kapseln, Blumen und Knospen. Das Einsammeln muß an heitern Tagen, wenn die Pflanzen ganz trocken sind, geschehen. Die Arbeiter nehmen die abgepflückte Baumwolle in einen Korb, füllen sie in Säcke, worauf sie nach der *Cotton mill* gebracht wird, um sie von den ziemlich fest daran hängenden Samenkörnern zu reinigen; endlich preßt man sie in Ballen, wie sie zum Verkaufe kommt. Das mittlere Erträgniß von einem Acre ist 5 Zentner. Der Preis der rohen Baumwolle ist 6 bis 7 Cents pr. Pfund.

Der Baumwollenbau im Großen wird durch Negersklaven betrieben, weiße Arbeiter dauern dabei nicht gut aus. Durch fortwährenden Anbau der Baumwolle wird der Boden nach und nach so mager, daß die Pflanze nicht mehr das gewünschte Erträgniß abwirft, und die Pflanzer haben sich schon an manchen Orten bewogen gefunden, den Anbau ganz aufzugeben. Die Vereinigten Staaten bauen jährlich die ungeheure Masse von 10 Mill. Zentner Baumwolle, wovon im Lande 2¼ Mill. Zentner verarbeitet werden.

b. Der Zucker.

Das Zuckerrohr hat seinen Weg aus Ostindien allmählig in die Tropenländer Amerikas gefunden. Columbus nahm es aus Spanien mit auf seiner zweiten Reise dahin im Jahre 1493. Die Zuckerregion, die südlichste der Vereinigten Staaten, erzeugt jährlich 3 Mill. Zentner Rohzucker, wozu die Ufer-Plantagen des Mississippi in Louisiana den größten Betrag liefern. Auch in Texas nimmt der Zuckerbau jährlich bedeutend zu.

Das Zuckerrohr verlangt den fruchtbarsten, lockeren und feuchten Boden, wie ihn nur die oft erwähnten Bottoms der Ströme in der Nähe ihrer Einmündung in den Golf von Mexico haben. Es sind dies die wärmsten und ungesundesten Gegenden der Union, wo nur die Schwarzen die beim Zuckerbau erforderliche Arbeit verrichten können. Das Zuckerrohr hat Aehnlichkeit mit dem Mais, es wird in Reihen 4 bis 5 Fuß von einander gepflanzt und fleißig bearbeitet. Es gelangt in Nordamerika nicht zu dem gehörigen Grade der Reife wie in Ostindien; im Herbste werden die mehr als daumdicken Halmen abgeschnitten, durch die Maschinen zerquetscht, gekocht und der zuckerhaltige Saft weiter zu Zucker und Syrup in der Fabrik verarbeitet.

Die Einrichtung einer Zuckerplantage mit den nöthigen Fabriken zur Bereitung des Rohzuckers verlangt ein großes Anlagskapital. Bei dem gegenwärtigen Durchschnittspreise des Rohzuckers, 4 Cents pr. Pfund in New Orleans, ist der Ertrag dieser Plantagen bedeutend herabgekommen. Der jährliche Zuckerbedarf der Vereinigten Staaten wird auf 4 Mill. Zentner geschätzt. Bei der Gewinnung von 3 Mill. Zentner Rohr- und 350,000 Zentner Ahornzucker bleibt noch ein jährliches Defizit von 650,000 Zentner durch Einfuhr zu decken.

c. Der Reis.

Diese aus dem Oriente stammende Getreideart wird in Süd-Carolina schon über 150 Jahre lang gebaut, und der hier erzeugte Reis hat den Vorzug vor allen bekannten Sorten. In Louisiana wurde diese Frucht später in Kultur genommen, und gedeiht da ebenfalls gut. Durch die Wasserkultur wird das höchste Erträgniß erreicht. Das Reisfeld ist entweder von Natur schon so gelegen, oder muß durch Kunst so eingerichtet werden, daß man es nach Gefallen mit Wasser überstauen kann. Gleich nach der Saat wird das Feld bei 8 Zoll unter Wasser gesetzt; haben die Pflanzen diese Höhe erreicht, so wird es abgelassen, und das Feld für einige Wochen trocken gelegt; hierauf wird es abermals überstaut und bleibt bis kurz vor der Ernte unter Wasser, nur wird das Wasser während der Zeit mehrmals erneuert. Die Reinigung der Körner von der Schale und Zubereitung für den Markt ist mühevoll. Das 4 bis 5 Fuß lange Stroh wird zu Strohhüten und anderem Geflechte benützt. Die sämmtliche Reisernte beträgt jährlich 1 Mill. Zentner, wovon ein beträchtlicher Theil ausgeführt wird.

d. Der Mais.

Der Mais, Indian Corn, türkischer Weizen, Kukurutz, Welschkorn, — ist eine ursprünglich amerikanische Frucht. Columbus brachte sie von seiner ersten Reise mit nach der alten Welt, wo sie bald eine wichtige Kulturpflanze wurde. Die Vereinigten Staaten produziren jährlich an 600 Mill. Bushel dieser überaus wichtigen Getreideart.

Mit Ausnahme der nordöstlichen Staaten gedeiht der Mais *in der ganzen Union, liefert von allen Getreiden den höchsten und* sichersten Ertrag, ist Krankheiten fast gar nicht unterworfen und gibt für Menschen und Thiere eine sehr gedeihliche Nahrung. Es gibt davon sehr viele Arten und Varietäten, die sich für bestimmte Kulturverhältnisse mehr oder weniger ersprießlich zeigen. Er gedeiht in jedem nicht ganz magern Boden, erschöpft dessen Kraft nicht so wie anderes Getreide, und kann ohne Unterbrechung viele Jahre auf demselben Acker gepflanzt werden.

Der Maisbau ist sehr einfach und kostet weder viel Aufwand noch Mühe, lohnt aber sorgfältige Behandlung auf das reichlichste. Der Anbau beginnt im Süden schon in der zweiten Hälfte des März, in den mittleren und nördlichen Staaten aber später. Man säet den Samen in Reihen, die 3 bis 4 Fuß von einander entfernt sind. Das Lockern, Anhäufeln und Reinigen vom Unkraute, welche Verrichtungen in mancherlei Methode mit dem Pfluge und nur aushilfsweise mit der Hacke geschehen, sind bis zu der Zeit nothwendig, wo die Pflanzen mit ihren langen breiten Blättern den Boden vollständig beschatten und das Unkraut selbst unterdrücken.

Die Zeit und Art der Ernte ist nach Verhältniß der Gegend und der angenommenen Methode sehr verschieden. Im Süden beginnt man das Einbringen, wenn alle Aehren vollständig reif und die Fruchtstiele so hart geworden sind, daß sie leicht brechen. Man bricht die Aehren ab, wirft sie auf den Wagen, bringt sie nach dem Kornhause, wo sie aufbewahrt werden. Vor dem Verbrauche oder Verkaufe werden sie von den Hüllenblättern mit der Hand befreit, die Körner aber von den Spindeln mittelst einer sehr praktisch construirten Maschine getrennt. Blätter und Halme werden in mancherlei Weise hier und da zu Viehfutter verwendet.

Der Verbrauch der Körner ist der mannigfachste, am wichtigsten die Benutzung zu Brot. Wo es noch an Mahlmühlen fehlt, hat der einsame Farmer eine eiserne Handmühle, nach der Construktion einer Kaffeemühle, nahe beim Hause etwa auf einem Baumstuppen oder an der Wand des Hauses selbst befestiget, auf welcher er sich seine Maiskörner mahlt. Die gemeinste Brotbereitung ist folgende: zwei bis drei Pfund Maismehl werden mittelst der erforderlichen Quantität Wasser in einem Geschirre zu einem dünnen, fast flüssigen Teige gemacht, und so an einen lauwarmen Ort gestellt; nach etwa zwei Stunden wird dieser Teig in einen gußeisernen breiten Topf, der mit einem eisernen Deckel versehen ist, gegeben, nachdem man zuvor den Topf inwendig mit etwas Butter oder Fett bestrichen hat. Hierauf stellt man den mit Teig gefüllten Topf zwischen nicht zu heftig glühende Kohlen und überlegt ihn oben mit solchen. Nach etwa einer Stunde ist das Brot fertig. Das Backen geschieht auch in Bratröhren, wo solche zu Gebote stehen, aber immer in einem Geschirre, weil der dünne Teig sonst zerläuft. Wird beim Einteigen statt Wasser Milch oder Buttermilch verwendet und noch ein oder zwei Eier unter den Teig gemischt, so ist das Brot nicht nur schmackhafter, sondern bleibt auch mehrere Tage weich und angenehm, was beim Wasserteige nicht der Fall ist. Viele setzen auch dem Teige etwas Sauerteig zu und lassen ihn ein wenig durchsäuern, wodurch das Brot an Wohlgeschmack und Verdaulichkeit viel gewinnt. Ein solches Maisbrot wird von Vielen dem gesäuerten Roggenbrote vorgezogen. Die Deutschen pflegen beim Maisbrotbacken etwa den dritten Theil feines Weizenmehl (flower) beizugeben, was eine bedeutende Verbesserung ist. Das tägliche Backen des Maisbrotes ist zwar etwas lästig, aber im Sommer um so nothwendiger. Nebst Brot werden aus Maiskörnern, Maismehl und jungen saftigen Maisähren unzählige verschiedene Speisen bereitet.

Die durchschnittliche Ernte an Mais beträgt pr. Acre 35 Bushel à 52 Pfund, bei ganz gutem Boden und fleißiger Bearbeitung auch bis 100 Bushel.

Der Preis dieser Frucht ist sehr verschieden, und zwar nach dem Maße des Gedeihens in einem Jahrgange und den Lokalverhältnissen. In Texas zahlte man schon mehrmals seit 1837 über 1 Doll. pr. Bushel, öfters auch nur 40 Cents. In den nordöstlichen Staaten ist der Durchschnittspreis 50 bis 60 Cents, aber in Illinois und Nachbarschaft 15 Cents, in Missouri 7 bis 8 Cents. Auch die Indianer bauen theilweise sich etwas Mais an. Die Comanches mögen sich dazu nicht bequemen, so schmackhaft sie ihn auch sonst finden; diese verlassen sich diesfalls auf das Betteln und Stehlen.

e. Der Tabak.

Der Tabakbau hat sich in den östlichen Staaten bedeutend vermindert, in den westlichen dagegen vermehrt. Kentucky erzeugt den meisten, Connecticut den besten Tabak; im Süden und Nordosten ist der Anbau desselben nicht von Belang. Die Bestellungsweise ist von der europäischen in der Hauptsache nicht verschieden. In günstigen Verhältnissen gewinnt man vom Acre 12 Zentner; der Mittelpreis ist 5 Doll., jener von Connecticut gilt reichlich das Doppelte. Man schätzt die jährliche Ernte in den Vereinigten Staaten auf 2,150,000 Zentner, wovon 1,390,000 Zentner im Werthe von 10 Mill. Doll. ausgeführt werden.

Für den inländischen Verbrauch wird der meiste in Kautabak verwandelt, die Consumption des Schnupftabaks ist nicht von großer Bedeutung.

f. Der Weizen.

Dieser ist eine Hauptfrucht der Vereinigten Staaten, man baut davon vielerlei Sorten: Winter- und Sommer-, begrannten und glatten Weizen von verschiedener Farbe. Der weiße Flintweizen (White Flint wheat) ist die allgemeinste Sorte. Man erntet vom Acre 20 Bushel und darüber, das Gewicht eines Bushel ist 60 bis 65 Pfund. Eine Weizenernte liefert 105 Mill. Bushel. Weizen und Weizenmehl wird für 7½ Mill. Doll. ausgeführt. Der Preis im Inlande ist sehr verschieden; während er in den nordöstlichen Staaten einen Dollar übersteigt, ist er im Westen oft nicht einmal 30 Cents.

Die Weizenkultur hat in Nordamerika einen viel ärgeren Feind, als Mehlthau und Brand, obschon auch diese jenseit des Oceans nicht minder zerstörend auftreten, dieser Feind ist die Hessische Fliege, ein kleines beflügeltes Insekt von 1½ Linie Länge, welches sich in furchtbarer Menge an die Halmen setzt und den Saft aussaugt, wodurch oft mehr als die Hälfte der Saat zu Grunde geht. Von allen Mitteln und Vorkehrungen, die man gegen das verheerende Thier in Anwendung gebracht hat, ist keins wirksam befunden worden. Die hessischen Truppen, welche im Befreiungskriege den Engländern gegen die Nordamerikaner dienten, sollen dieses Insekt ins Land gebracht haben; wenigstens wurde es vor dem Kriege nirgends bemerkt.

g. Roggen

wird in Pennsylvanien und den nordöstlichen Staaten, wo Weizen und Mais nicht gedeihen, angebaut und meistens zu Kornbranntwein, wenig aber zu Brot verwendet. Der jährliche Gesammtbetrag wird auf 30 Mill. Bushel angeführt, der Preis ist in Illinois 20, in New York 40 Cents, das Gewicht 56 Pfund pr. Bushel.

h. Gerste

wird im Norden besonders im Staate New York zur Bierbrauerei kultivirt. Man erzeugt jährlich an 5 1/2 Mill. Bushel, ihr Gewicht ist 48 Pfund pr. Bushel, der Preis in Illinois 35, in New York 67 Cents.

i. Haber.

Dieser gedeiht in Nordamerika ganz vorzüglich und wird häufig angebaut; er leidet unter allen Halmfrüchten am wenigsten durch Krankheiten und ungünstige Witterung. Man hat eine große Anzahl von Sorten, unter welchen sich der schwere Sandhaber vorzüglich empfiehlt, der ein sehr schönes Mehl gibt und großentheils vermahlen wird, während die übrigen Sorten als Futter für Pferde und Schweine dienen. Man erntet vom Acre 30 bis 40 Bushel, in den Vereinigten Staaten jährlich 160 Mill. Bushel. In Illinois gilt ein Bushel Haber 10 bis 12 Cents, in den nordöstlichen Staaten 30 bis 40 Cents. Im Süden wird der Haberbau nicht allgemein Eingang finden, weil er durch die leichtere Kultur des Mais entbehrlich wird.

k. Erbsen

würden mit Vortheil zu bauen seyn, wenn die besseren Sorten nicht so viel von zerstörenden Insekten zu leiden hätten; man beschränkt sich daher auf einige kleinere Sorten von Felderbsen, welche nur grün als Gemüse, reif aber als Futter für die Schweine verwendet werden.

l. Buchweizen

oder Heidekorn (Polyg. Fagopyrum) bringt sehr reichlichen Ertrag, 30 bis 45 Bushel pr. Acre, dient zu Futter für Schweine und Geflügel, und wird im Norden belangreich kultivirt, so daß die jährliche Ernte 10 Mill. Bush. beträgt. Man säet ihn als Nachfrucht im Monat August, wo er noch ausreift, wofern ihn starke Herbstfröste nicht verderben.

m. Hopfen

wächst in dem Ufergebüsch der nördlichen Staaten wild, und wird daselbst auch kultivirt theils zur Bierbrauerei, theils zur Bäckerei, wo er in Verbindung mit Pottasche bei Weizenbäckereien als Hefen dienen muß. Ein bedeutendes Quantum wird nach Europa ausgeführt, findet aber nur dann einen guten Markt, wenn der Preis des europäischen sehr hoch steht, wie dies nach einem Mißjahre so oft der Fall ist. An Güte steht der amerikanische dem bessern europäischen sehr weit nach.

n. Kartoffeln

gedeihen im Norden besser als im Süden, erlangen aber nur selten den gewünschten Wohlgeschmack. Im Staate New York werden die meisten und besten erzeugt. Die Kartoffelfäule hat zwar die Vereinigten Staaten nicht verschont, ist aber nicht so verheerend wie in Irland und einigen Gegenden Deutschlands aufgetreten. Ueber den Ursprung dieser beklagenswerthen Krankheit und über ein probates Mittel gegen dieselbe ist man in Amerika eben so in vollständiger Unwissenheit, wie man es jetzt noch in Europa ist. Auf trockenem und etwas sandigem Boden hat sich das Uebel auch dort immer milder gezeigt. Man schätzt die jährliche Ernte von Kartoffeln auf

100 Mill. Bushel. In Illinois war der Preis bisher 12 bis 15 Cents, anderwärts galten sie auch mehr als das Doppelte.

o. Bataten.

Die Bataten, Sweet potatoes der Amerikaner, Convolvulus batates. L., entschädigen den Süden vollständig für das mindere Gedeihen der Kartoffeln. Diese Windenart hat genießbare Wurzeln, die Aehnlichkeit mit den Knollen der hochstämmigen Georginen haben, und weiß, gelb und roth von Farbe sind. Es sind immer mehrere an einem Stocke, doch wiegt eine selten viel über ein Pfund. Der Geschmack ist angenehm süß, und sie können auf mannigfache Weise wie die Kartoffeln zum Genusse zubereitet werden. Man baut sie mehr in Gärten als im Felde; nördlich vom Ohio gedeihen sie nicht mehr gut, man muß ihnen da einen geschützten Standort und sorgfältigere Pflege gewähren. Ihr Anbau geschieht in folgender Weise: Um Ende März steckt man einige Knollen zum Treiben in Gartenerde, die fingerlangen Triebe werden abgebrochen und auf ein Beet gesetzt, wo sie sich bestocken und Seitentriebe machen, diese sind die eigentlichen Setzpflanzen, welche man auf hohe Beete von 4 Fuß Breite, auf jedes nur eine Reihe, verpflanzt. Im Anfange ist fleißiges Umlockern und Reinigen vom Unkraute erforderlich, bald aber überlaufen die Triebe den ganzen Boden so dicht, daß jedes Unkraut ersticken muß. Im Juli kann man schon Knollen zum Genusse herausnehmen, die übrigen läßt man bis zum Spätherbste stehen. Gegen Frost sind die Knollen sehr empfindlich, und in feuchten Lokalen verfaulen sie leicht. In günstigen Jahrgängen ist ihr Erträgniß auf geeignetem, leichtem und tiefem Boden sehr groß, 60 Bushel vom Acre ist eine Mittelernte, ihr Preis pr. Bushel ist 25 Cents bis 1 Doll. In Texas gedeihen sie vorzüglich. Die rothe Varietät ist bei weitem die schmackhafteste. Die Bataten sind eine leicht verdauliche gesunde Nahrung, und jeder Ansiedler trachtet einige Beete damit zu bestellen, um ein angenehmes Gemüse für den Winter zu haben. Zum Blühen kommen sie im ersten Jahre nicht, und man vermehrt sie nicht durch Samen.

p. Futterpflanzen.

Wo die grasreiche Prairie fehlt, hat man längst den Anbau von Futterpflanzen begonnen, um das Vieh Sommer und Winter besser mit Nahrung zu versorgen; der Kleebau erweist sich da eben so nützlich wie in Europa. Die harten Winter der nördlichen Gegenden beschädigen die Kleesaat eben so wie in Deutschland, und die Sommerhitze hindert ihren Wachsthum mehr als hier. Man säet den Kleesamen theils zur Sommersaat, theils im Frühjahr unter die Winterfrucht. Das Kleefeld bleibt in der Regel drei Jahre liegen, im ersten zu Heu, dann zur Weide. Häufig säet man mit dem Kleesamen Timotheusgras (Phleum pratense). Weideplätze bebaut man gern mit weißem Klee (Trifolium repens), welcher als einheimische Pflanze weniger Unfällen als der rothe ausgesetzt ist. Als Futtergräser dienen am meisten noch folgende: Französisches Reigras (Avena elatior) — Knäulgras (Dactylis glomerata) — Ruchgras (Anthoxanthum odoratum), welches gleich den vorigen aus Europa kam, um auch dem amerikanischen Heu Würze und Wohlgeruch zu geben.

Die Sorge des amerikanischen Landwirthes für das nöthige Viehfutter ist außerhalb der Prairie-Region keine geringe, und nur durch einen eifrigen rationellen Anbau von Futterpflanzen kann die Viehzucht da auf einen besseren Stand gebracht werden; bisher fehlt es aber noch an einer zweckmäßigen Verbindung des Getreide- und Futterbaues.

q. Hanf.

Mit der Kultur dieses in Nordamerika so viel verbrauchten Produktes begann man in neuerer Zeit sich fleißiger zu befassen, vornehmlich seit 1840 in Missouri, weil der hohe Preis des importirten russischen Hanfes dazu ermunterte. Die jährliche Produktion beträgt an 500,000 Zentner. Da aber das einheimische Erzeugniß dem ausländischen weit nachstand, sowohl dessen Röste als andere Zubereitung allzuviel zu wünschen übrig ließ, so fiel der Preis bald unter die Hälfte, und der Eifer für den Anbau dieses Artikels fängt an nachzulassen. Die Einfuhr des vortrefflichen russischen Hanfes und der aus solchem verfertigten Waaren beträgt jährlich 1½ Mill. Doll.

r. Der Gartenbau.

Die Amerikaner halten viel auf grünes Gemüse, stehen aber im Anbaue desselben an Fleiß und Geschicklichkeit den deutschen Ansiedlern sehr weit nach, deren Frauen sich die Pflege eines Küchengärtchens besonders angelegen seyn lassen, während die Amerikanerin sich auf dem Schaukelstuhle wiegt. Die gewöhnlichsten Gartengewächse sind: Melonen, Wassermelonen, Gurken, Kürbisse, Zwiebeln, Bohnen, Spargel, Rhabarber, Senf und Salat. Gut bewässerte Gärten zeigen besonders im Süden eine bewunderungswürdige Fruchtbarkeit, wo aber das Wasser fehlt, wie es meistens der Fall ist, wächst in trockenen Sommern fast gar nichts. Im Süden entschädigt der Wintergarten noch zuweilen für das entgangene Erträgniß des Sommers. Eine Art große Ameisen, welche von Vegetabilien leben, sind verderbliche und unvertilgbare Gartenfeinde, und lassen an manchen Orten der südlichen und mittleren Staaten fast keine Pflanze aufkommen, selbst den ausgesäeten Samen, besonders des Salates, suchen sie aus der Erde und tragen ihn in ihre oft 30 Fuß tiefen Höhlen. Sie entlauben einen Baum in wenig Tagen, indem sie Stücke von den Blättern beißen und forttragen, womit sie auf ihren Heerstraßen einen interessanten Anblick gewähren. In Texas sind diese Gartendiebe besonders häufig. Nicht minder lästige Gäste sind dem Gärtner einige Arten kleiner Vögel, welche zur Frühlingszeit in wolkenähnlichen Zügen in die Gärten einfallen, und in kurzer Zeit den ausgestreuten Samen aus dem Boden hervorgesucht und die jungen zarten Pflanzen verzehrt und zerstört haben.

Blumengärten findet man nur bei einigen Landhäusern reicher Leute von deutschem oder französischem Geblüte in der Nähe großer Städte. Zierpflanzen in Töpfen, besonders schöne Nelken, Rosen, sind bei den fashionablen amerikanischen Damen sehr beliebt, und werden gut bezahlt. Hiermit machen Blumengärtner in der Nähe großer Städte recht gute Geschäfte. Oeffentliche Ziergärten und Anlagen findet man nicht; die amerikanischen Parks sind

Rasenplätze mit großen Bäumen und breiten Gängen, wo man kühlenden Schatten findet. Die häufigen an Bäumen und Pfählen angebrachten Warnungstafeln mit der gewöhnlichen Aufschrift: „Look of the gras“ schützen kaum das Gras gegen Verwüstung, und würden viel weniger schön blühende Pflanzen und Sträucher gegen die Angriffe des jugendlichen Janhagels besonders von New York verwahren können.

8. Der Obstbau.

Apfel- und Pfirsichbäume gedeihen in den Vereinigten Staaten unter allen Obstgattungen am besten, die Früchte derselben lassen in Ansehung der Menge, Größe und Güte nichts zu wünschen übrig, weßhalb sie auch am meisten kultivirt werden. In den mittleren Staaten behagt es beiden Gattungen, im Süden aber mehr dem Pfirsichbaume, wie im Norden dem Apfelbaume. In obstreichen Jahren werden nur die besseren Sorten zum Genusse eingesammelt, die schlechteren dienen als Schweinfutter. Pfirsiche, weit mehr noch Aepfel, werden in zwei oder vier Theile zerschnitten, Kern und Kernhaus beseitigt und so getrocknet, dann in großen Fässern nach dem obstärmeren Süden und ins Ausland versendet. Die im frischen Zustande zu Markte gebrachten Aepfel sind durchgängig vortrefflich und entbehren jener scharfen unangenehmen Säure, welche so vielen deutschen Sorten eigen ist. Der rothe und weiße Calville erscheinen in größter Vollkommenheit, der Gold-Pippin hat durch seine Verpflanzung nach Nordamerika eher gewonnen als verloren. Die Pfirsiche erreichen nicht selten eine ungewöhnliche Größe (1/4 Pfund schwer), ohne an Wohlgeschmack zu verlieren. Besitzer von Obstgärten, die Bäume von edlen Sorten dieser beiden Gattungen gepflanzt haben, sind dadurch wohlhabend geworden. Mit der Bereitung des Apfelweins wird viel Geld verdient. Von andern Obstgattungen, Birnen, Pflaumen, Kirschen, ist nichts Rühmliches zu berichten, und sie trifft mit Recht der Tadel, welchen man gegen das nordamerikanische Obst so oft vorgebracht hat. Der Feigenbaum kommt in den südlichen Gegenden im Freien fort, trägt aber nicht reichlich, und leidet im Winter durch Frost; in Texas erfroren im Winter von 1850 die größten Feigenbäume, welche nicht gegen den Nordwind geschützt waren. Die **Orangenbäume** in Louisiana tragen fleißig und gute Früchte, aber man scheint die Zucht dieses Obstes nicht lohnend genug zu finden, man denkt nicht sehr auf Vermehrung derselben. Obschon man die Baumzucht in mehreren Gegenden der Union schon sehr lange betreibt, so sind doch nirgends große Bäume zu sehen, welche auf ein hohes Alter schließen ließen; es scheint demnach, daß die Bäume überhaupt nicht lange dauern, was schon ihr außerordentlich schnelles Wachsthum vermuthen läßt.

In den mittleren und nördlichen Staaten sind bereits **Baumschulen** angelegt worden, wo man Aepfelbäumchen zu 25 bis 30 Cents, Pfirsich- zu 30, von anderen Gattungen Bäumchen zu 50 Cents bekommen kann. Woraus ersichtlich wird, daß eine Baumschule sehr einträglich seyn muß, da hochstämmige Aepfelbäumchen mit drei, Pfirsichbäumchen mit zwei Jahren verkaufbar sind. Die Zwergform liebt man nicht, da man bei Obstbäumen eben auch nur auf ein reiches Erträgniß sieht und Arbeit ersparen will.

Nach den südlichen Staaten sind von Zeit zu Zeit Obstbäumchen aus dem nördlichen Europa verpflanzt worden, aber das Resultat solcher Versuche war immer ein sehr klägliches. Die Bäumchen wurzelten gut, wuchsen mit ungeheurer Schnelligkeit, aber sie kamen nicht zum Fruchttragen. Bei einer Wärme von 20° R. im Februar und März treten sie in Saft, treiben Blätter und Blüthen, die der nächste kalte Nordwind zerstört, was in einem Frühjahr oft mehr als einmal geschieht. Die einheimischen Gewächse wagen sich trotz der hohen Temperatur mit Blättern und Blüthen nicht so schnell hervor.

Der Obstbau unterliegt aber auch in Nordamerika nicht geringen Schwierigkeiten und Unfällen. Die Obstbäume gedeihen nicht in allen Gegenden, das Obst ist nicht überall von gleicher Güte. Die günstigste Obstregion scheint das Flußgebiet des Ohio zu seyn. Der grelle Wechsel der Temperatur, die Spätfröste des Frühlings, die trockene Hitze des Sommers, ein zahlloses Heer von zerstörenden Insekten — bewirken gar oft ein Mißjahr für die Baumfrüchte. Eine Raupenart erweist sich besonders verderblich, da sie sich nicht mit Blättern und Blüthen begnügt, sondern auch die Rinde von den Zweigen frißt, worauf die so beschädigten Bäume absterben.

t. Der Weinbau.

Daß die von Zeit zu Zeit aus Europa nach Nordamerika verpflanzten Weinreben wenig und schlechte Trauben getragen haben, aus welchen man keinen trinkbaren Wein machen konnte, ist eine anerkannte Thatsache, welche schon frühzeitig darauf hinwies, mit der in den mittleren und südlichen Staaten so wohl gedeihenden wildwachsenden Vitis labrusca. L. Versuche anzustellen. Diese wilde Rebe ist denn auch wirklich durch fortgesetzte Kultur bedeutend veredelt worden, so daß sie genießbare Trauben und eine Flüssigkeit liefert, die als Wein getrunken werden kann. Die deutschen Einwohner des Städtchens Herrmann in Missouri und Herr Longworth bei Cincinnati in Ohio haben bisher das beste Produkt geliefert. In Indiana, Pennsylvanien, Nord-Carolina und mehreren anderen Staaten ist ein reger Eifer für diesen Kulturzweig zu bemerken. In New Mexico wurde schon zur Zeit der spanischen Herrschaft ein guter Wein erzeugt. Die Hügel- und Bergregion von Texas scheint sich für den Weinbau sehr zu eignen; bisher hat man noch wenig Versuche damit gemacht, weil die Bevölkerung noch zu gering und die Arbeit zu theuer ist.

Der ganze Betrag des in den Vereinigten Staaten gegenwärtig in einem Jahre produzirten Weines übersteigt 1000 Eimer nicht. Weintrauben finden in großen Städten immer einen sehr guten Markt.

u. Die Seidenzucht.

Diese begann in Nordamerika schon zur Zeit der englischen Herrschaft, konnte aber niemals recht erstarken, schien oft ganz untergehen zu wollen, und befindet sich noch heute auf einer niedrigen Stufe der Entwickelung. Von Maulbeerbäumen wachsen einige Arten wild.*) Die Staaten: Connecticut, Pennsylvanien und

*) Morus rubra. Mx. — nigra. L. — parvifolia. Engelm. — Morus alba multicaulis von strauchförmigem Wuchse stammt aus China, und findet sich an vielen Orten zahlreich angepflanzt.

Massachusetts erzeugen die meiste Seide, doch ist das ganze jährliche Erträgniß von roher Seide nicht über 500 Zentner; daher die starke Einfuhr von Seidenwaaren jährlich zu 15 Mill. Dollars nicht befremden darf. Diese Ziffer begreift aber jene beträchtlichen Quantitäten von Seidenstoffen nicht, welche eingeschmuggelt werden.

38. Die Errichtung einer Farm.

Wie bereits mehrmals erwähnt worden, ist noch der größte Theil des Landes innerhalb der Vereinigten Staaten unbebaut: bei der wachsenden Bevölkerung schreitet die Kultur des Bodens rasch vorwärts, und das Urbarmachen und Besiedeln wüster Gegenden geht selbst noch in den älteren östlichen Staaten, um so mehr in den neueren westlichen ohne Unterbrechung vor sich. In einer wüsten Gegend, sey es Prairie oder Wald, sich einen Wohnsitz zu gründen und Landwirthschaft zu treiben, ist ein so schwieriges, mit so viel Anstrengung, Entbehrung und Gefahren mancher Art unzertrennlich verknüpftes Unternehmen, daß wohl der beduinenartige, mit allen daher bezüglichen Verhältnissen vertraute Amerikaner in seiner Weise dasselbe durchzuführen vermag, nicht aber der Ankömmling aus Europa, mag er sich auch noch so klug und kräftig dünken. Tausende der Letzteren haben beim Angriffe dieses Werkes entweder große Verluste erlitten, oder den Untergang gefunden, und nur selten Einer sein Ziel erreicht. Ein anderes ist es, wenn der neue Niederlassungsplatz nicht allzu weit von einer älteren Ansiedelung entfernt liegt, um von da aus die neue Anlage bewerkstelligen zu können. In diesem letzteren Falle kann sogar der Boden zurechtgemacht und bepflanzt werden, ohne daß der Ansiedler da wohnt, und während die Ernte heranwächst und reift, wird erst die Wohnung errichtet; die Ernte gibt dann sogleich die wichtigsten Lebensmittel, und der Ansiedler ist geborgen. Um aber so bequem und sicher verfahren zu können, muß er sich anfänglich durch Kauf oder Pachtung einen zeitweiligen Sitz in der Nachbarschaft erworben haben, wo er, wenn seine Geldmittel nicht bedeutend sind, etwas verdient, und zugleich von da aus nebenbei seine neue Niederlassung begründet.

Liegt der Punkt der Niederlassung tief in der Wildniß, so ist die Errichtung eines Obdaches das erste und dringlichste Geschäft, damit der Ansiedler mit seiner Familie, wenn auch nur nothdürftig, gegen das Ungemach der Witterung verwahrt und gegen wilde Thiere geschützt sey. Ein Blockhaus (log house), d. h. ein aus unbehauenen Stämmen aufgeschrotener Kasten mit der Oeffnung für eine Thüre, mit zwei Fensterlöchern, mit einem Dache von Baumrinden oder roh gespaltenen Schindeln, ohne Fußboden und Decke, ist die erste Residenz des kühnen Vorkämpfers der Kultur. Die Küche ist einstweilen unter freiem Himmel, die Herstellung des Kamins, der Thüre und der Fenster, so wie das Ausfüllen der handbreiten Spalten in den Wänden mit Lehm oder Moos wird bis zum Herbste verschoben, denn das Wichtigste ist nun das Urbarmachen und Bepflanzen des Bodens, damit dieses Jahr noch eine Ernte erzielt werde. Wo Stämme für ein Blockhaus nicht zu Gebote stehen, werden Bretter aus der Ferne zu einem Bretterhause herbeigeholt, oder schwache Pfähle aus dem Prairiegestrüpp genommen, senkrecht in die Erde geschlagen und mit Lehm verstrichen; ein Rinden- oder Schilfdach wird darüber gelegt, bei Eintritt des Winters ein Kamin aus hölzernen Knitteln, inwendig mit Lehm verschmiert, an einer Wand des Hüttchens aufgeschroten — und ein solches Gehäus muß auch für den kalten Winter der nördlichen Region genügen. Die innere Ausstattung eines solchen Hauses ist dem äußeren Ansehen ganz entsprechend. Der Tisch von etlichen gespaltenen Holzstücken, an welchen die Axt den Hobel vertrat, ruht auf vier in die Erde geschlagenen Pflöcken; die Stühle sind kurze Stücke von Baumstämmen, wie die Axt sie ebenfalls für diese Bestimmung zurichtete, die Bettstelle ist eben nur eine Stelle, wo das Lager von Schilf, Heu oder Moos seinen Raum einnimmt, worauf nicht selten reine Leintücher und gute Federbetten liegen. Die elenden Hütten mit ihrer innern Einrichtung erregen Mitleid für die Bewohner derselben. In Deutschland sucht man vergeblich eine menschliche Wohnung von solcher Armseligkeit, der ärmste Tagelöhner wohnt da fürstlich im Vergleich zu jenem einsamen, hartgeprüften Selbstverbannten. Solche Wohnungen sind nicht etwa einzelne Ausnahmen oder Seltenheiten, man findet sie zu Tausenden nicht nur in den westlichen, sondern auch in den östlichen Staaten, im Süden wie im Norden, selbst an den Ufern des Mississippi und Ohio. Wem die erforderlichen Mittel zum Ankaufe einer schon eingerichteten Farm abgehen, wer nur so viel Vermögen hat, um einige Acres wüstes wohlfeiles Land an sich zu bringen, einige Stücke Vieh anzuschaffen und sich mit seiner Familie nur für etliche Monate mit Lebensmitteln zu versorgen — dem bleibt, um bald zur Selbstständigkeit zu gelangen, nichts übrig, als ein so harter bedrängter Anfang. Erst nach etwa zwei Jahren, wenn das beurbarte Land seine regelmäßigen Ernten trägt, und Alles glücklich geht, kann zur Erbauung eines besseren Wohnhauses geschritten werden, das aber mit einem gewöhnlichen deutschen Bauernhause bei weitem nicht verglichen werden kann. In Ansehung der Wohnung ist man in Amerika durchgängig, besonders auf dem Lande, sehr genügsam.

Es ist keine leichte Aufgabe, ein Stück Wald oder Prairie in ein tragbares Getreidefeld zu verwandeln. In Deutschland ist es freilich leicht und angenehm, einen erwachsenen Wald abzutreiben, weil man für das Holz, selbst für das Stockholz, ansehnliche Summen einstreichen kann, und der von allem Gehölz befreite kräftige Boden der Bestellung keine beträchtlichen Schwierigkeiten mehr entgegen stellt. Die Bäume nach deutscher Art auszuroden, wäre, abgesehen von der vielen Bäumen eigenthümlichen Beschaffenheit, daß sie meistens Pfahlwurzeln haben, welche senkrecht in die Tiefe dringen, schon darum unausführbar oder unpraktisch, weil die dazu erforderliche Arbeit in den meisten Fällen den Werth des Grundstückes übersteigen würde. Wo der Wald von schütterem Bestande ist, daß man mit dem Wagen in beliebiger Richtung hindurchfahren kann, da werden die Bäume nur gegürtelt, d. h. man haut rings um den Stamm einen Streifen Rinde weg, worauf sie verdorren müssen; hierauf pflügt und bepflanzt man den Boden, ohne sich um die Bäume zu bekümmern, welche nach etwa 7 Jahren so mürbe sind, daß sie mit leichter Mühe entfernt werden können. Wo aber auf dem Raume eines Acre an 1000 Bäume von ungeheurer Dicke und einer Höhe von 70 bis 90 Fuß stehen, und das Holz keinen Werth hat, da gibt die Vertilgung des Waldes ein hartes Stück Arbeit, und die Bereitung der Pottasche ist die einzige Verwerthungsart desselben.

Die Kultur geht einem dichten Walde auf folgende Art zu Leibe: Vor Allem werden faule Stämme und das Unterholz beseitigt und verbrannt, um Raum zu gewinnen. Hierauf fällt man die mäßigen Stämme von 1 bis 2 Fuß Durchmesser von solchen Baumarten, welche wegen ihrer leichten Spaltbarkeit und Dauerhaftigkeit zu Fence-Riegeln sich eignen, zertheilt sie in 10 Fuß lange Klötzer, und schafft sie bei Seite. Hierauf fällt man die großen Stämme über ungeheure Haufen zusammen; diese werden, sobald sie etwas getrocknet sind, angezündet, aber es verbrennen nur die schwächeren Aeste und das ganz dürre Holz; die Stämme werden nun in 12 Fuß lange Klötzer zertheilt, in Haufen zusammengerollt, wo sie trocknen, um dann ebenfalls verbrannt zu werden. Zwischen den stehengebliebenen Stöcken hat man nun einen mit Asche gedüngten Raum, den man aber weniger mit dem Pfluge, sondern mit der Hacke zur Aufnahme der Saat auflockert. Mais gedeiht auf solch jugendlichem Acker am besten. Die Stöcke stehen nach Beschaffenheit des Bodens und der Baumart 7 bis 10 Jahre, wo sie dann mit leichter Mühe mittelst verschiedener Maschinen ausgebrochen werden. Wo das Holz Absatz findet, wie an großen Gewässern für die Dampfschifffahrt, da braucht sich der Ansiedler nicht zu übereilen, er spaltet das Holz in Scheiter, bringt es ans Ufer und lebt recht gut von dem Erlös desselben; das Urbarmachen des Bodens ist hier nur Nebensache. Der Prairieboden wird zuerst von dem etwa vorhandenen kleinen Gestrüppe gereinigt, dann mit dem Pfluge umgebrochen. Je nach der Festigkeit des Bodens und der Pflanzenwurzeln werden dabei 2 bis 4 Joch Ochsen vor den Pflug gespannt. Man zahlt für das erste Umbrechen pro Acre 4 bis 6 Doll. Die Fäulung der Grasnarbe erfolgt im Süden sehr schnell, und ein im Februar umgebrochenes Feld wird im April nicht selten schon mit Mais bestellt.

Ist der Boden geräumt und zur Aufnahme der Saat vorbereitet, so muß die Einfriedigung desselben bewerkstelligt werden.

Jedes Saatfeld muß durch einen standhaften Zaun (fence) gegen das Wild und die frei herumlaufenden Hausthiere geschützt werden. Von Holzarten, welche der Fäulniß lange widerstehen und sich leicht spalten lassen, werden mäßig dicke Stämme in 10 Fuß lange Klötzer zertheilt, diese mittelst Art, Keil und Schlägel zerspalten, daß die Scheiter eine Stärke von 4 bis 6 Zoll behalten, diese heißen Fence-Riegel (rails). Ein guter Arbeiter fertigt durchschnittlich 100 Stück solcher Riegel in einem Tage. Unter den mancherlei Formen ist die sogenannte Wurm- oder Zickzack-fence die gebräuchlichste, sie wird auf folgende Art construirt: Man legt die

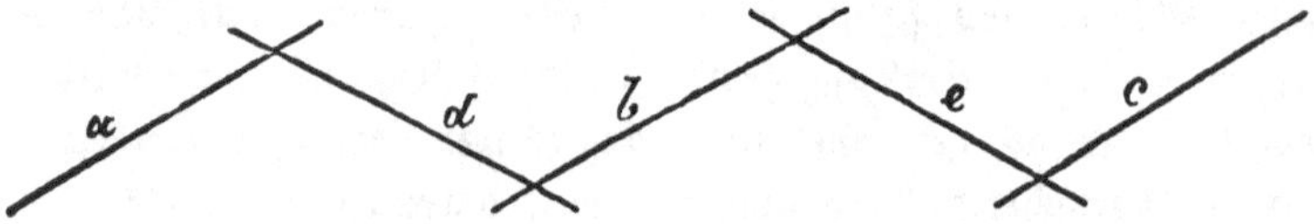

untersten Riegel a b c in der hier angedeuteten Richtung, auf diese die zweite Lage d e und so fort. Hat man mit 8 oder 9 Riegeln eine Höhe von 5 oder 6 Fuß erreicht, so werden in den Winkeln, wo die Riegel über einander liegen, zwei andere Riegel, der eine in dem äußeren, der andere in dem inneren Winkel so aufgestellt, daß sie auf dem Boden an 3 Fuß von der Fence entfernt stehen, wo sie ein wenig in die Erde eingelassen werden, oben über dem Schlusse der liegenden Riegel aber einander kreuzen, und so über jedem Schlusse weite Gabeln bilden, zwischen welche noch ein Riegel, der sogenannte Reiter (rider), eingelegt wird. Dieser Reiter hält nicht nur die stehenden Riegel fest, sondern gibt der ganzen Fence eine solche Standhaftigkeit, daß weder Sturm noch Hornvieh sie umzuwerfen vermögen. Jede Fence muß wenigstens einen Eingang haben, daß mit Wagen aus- und eingefahren werden kann. Auf jeder Seite des Einganges werden zwei Pfähle etwa 6 Zoll von einander in die Erde befestigt, durch beide so viel Löcher gebohrt und hölzerne Nägel durchgeschlagen, als Fence-Riegel übereinander liegen, deren Enden auf diesen Nägeln ruhen. Statt des Thores werden schwache Stangen, so viel als horizontale Riegel über einander sind, vorgeschoben, deren beide Enden mit auf den Nägeln zwischen den Pfählen ruhen.

Wo es an geeignetem spaltbarem Riegelholze fehlt, da macht

man aus krüppelhaftem ungespaltenem Gehölz eine sogenannte stehende Fence. Die Riegel von etwa 7 Fuß Länge werden nach Art der Palissaden zwei Fuß tief in die Erde eingesenkt und fest gestampft. Diese Art kostet mehr Mühe, hat aber vor jener den Vortheil, daß sie dichter ist, und so auch kleinere Thiere abhält; ferner braucht sie weniger Raum, und bietet den Unkrautpflanzen nicht so viele Asyle, als wie die Zickzack-Fence in ihren Winkeln. Wenn gar kein Holz vorhanden ist, muß man zur Erd-Fence seine Zuflucht nehmen. Es wird ein über 2 Fuß tiefer Graben gemacht und gegen das Feld aus der Erde ein Damm errichtet, zuweilen gräbt man auch zwei solche Gräben, zwischen welchen der Erddamm aufgeführt wird. Der Hauptfehler hierbei ist, daß der Damm leicht einrollt und öfterer Ausbesserung bedarf.

Wenn auch für das Holz zur Herstellung der Fence selten etwas gezahlt wird, so verursacht dieselbe doch eine beträchtliche Auslage: 100 Stück Riegel kosten an Arbeitslohn 1 Doll., öfters sind sie aus bedeutender Ferne herbeizufahren, wie es gewöhnlich auf Prairieland der Fall ist, und es mag für das Herzufahren und Aufstellen derselben ebenfalls 1 Doll. berechnet werden. Zur vollständigen Einfenzung eines Quadrates von 1 Acre Ausmaß werden 1600 Riegel erfordert im Geldbetrage von 32 Doll. Ein quadratförmiges Feldstück von 4 Acres würde man mit 3200 Riegeln umfenzen für 64 Doll., der Betrag für 1 Acre stellt sich auf 16 Doll., Eine Quadratfläche von 16 Acres kann mit 6400 R. umzäunt werden, und es kommt die ganze Umzäunung nur auf 128 Doll., für 1 Acre auf 8 Doll. zu stehen. Eine Kreisfläche würde sich zwar mit der kürzesten Fence einschließen lassen, aber diese Form so wie die eines Polygons ist sowohl wegen der Berainung als wegen der Bearbeitung des Feldes nicht so brauchbar. Ein Quadrat oder ein demselben nahekommendes Rechteck sind die günstigsten Formen für ein Feld, um nicht eine zu lange Fence-Linie zu brauchen. Ist aber das Grundstück sehr schmal und lang, so kann es leicht eine doppelt so lange Fence erfordern. Je größer das einzufenzende Grundstück ist, desto wohlfeiler wird die Fence für jeden einzelnen Acre. Wo mehrere Nachbaren ihre beisammen liegenden Aecker mit einer gemeinschaftlichen Fence umfassen, wie die deutschen Ansiedler von Castel am Llano in Texas, da wird ein beträchtliches Ersparniß erzielt. Bei sehr unebenen Grundstücken, wo die Fence über Berg und Thal geführt werden muß, empfiehlt sich die stehende Fence aus leicht zu erachtenden Gründen.

Die unerläßlich nothwendige Einfenzung der Felder in Nordamerika ist ein großer Uebelstand, und verursacht ungeheure Kosten. Man rechnet die sämmtlichen Fencen im Staate Pennsylvanien, und gewiß nicht zu hoch, auf 100 Mill. Doll., und die jährlich nothwendigen Reparaturen derselben auf 10 Mill. Doll.

Bei der immer fortschreitenden Kultivirung des wüsten Bodens sind die immer mehr und mehr verschwindenden Wälder nicht im Stande, die ungeheure Holzmasse für die Fencen und ihre Unterhaltung zu liefern, es fehlt schon jetzt an manchen Orten sehr daran. Daher wäre es hohe Zeit, auf lebendige Einfriedigungen zu denken, und vielleicht ein einträgliches Unternehmen, in holzärmeren Gegenden sich auf die Zucht grüner Hecken zu verlegen. Der hierzu unübertreffliche Weißdorn (Crataegus Oxyacantha. L.) würde in Amerika wahrscheinlich eben so gut wie in Europa gedeihen.

Das Kultiviren und Einfenzen der Aecker und in vielen Gegenden auch der Wiesen von Nordamerika verdient von Denjenigen wohl ins Auge gefaßt zu werden, welche, von der dortigen Wohlfeilheit des Bodens angelockt, mit unausgiebigen Mitteln versehen, dort durch Landwirthschaft ihr Glück machen wollen.

39. Preis und Erträgniß des Bodens.

Es gibt in den Vereinigten Staaten sehr viel an und für sich zu landwirthschaftlichen Zwecken ganz unbrauchbaren Boden, der für immer werthlos bleiben wird. Unerfahrene, welche sich durch Zeugnisse und lügenhafte Berichte zum Ankaufe von Land bewegen ließen, das sie nicht gesehen hatten, fanden sich schon oft sehr unangenehm überrascht, wenn sie bei der ersten Besichtigung Thalschluchten mit senkrechten Felswänden, chaotisch über einander geworfene Steinmassen oder windige kalte unfruchtbare Hochebenen fanden, die Niemand als Geschenk annehmen möchte. Auch sind in vielen Gegenden ansehnliche Landstrecken, welche in Hinsicht ihrer objektiven Beschaffenheit fast nichts zu wünschen übrig lassen: sie haben den fruchtbarsten Boden, köstliches Wasser, vortreffliches Holz, oft noch eine Lage, die man in Amerika gesund nennt — und dennoch ist das Land trotz diesen herrlichen Eigenschaften für die Gegenwart unbrauchbar, denn es hat keine Wege zu irgend einem Markte für die darauf erzeugten Produkte. In Deutschland, wo man durch Jahrhunderte an Straßen und Wegen, an Brücken und Stegen gebessert und gebaut hat, kann man sich freilich keinen Begriff von dem Mangel an Verbindungsmitteln machen, welcher in Amerika so häufig obwaltet, und nur durch die Thätigkeit einer zahlreichen Bevölkerung, aber nicht einiger Ansiedler behoben werden kann. Auf manchem Platze könnte der Erzeuger die schönsten Körnerfrüchte verschenken, Niemand wird sie holen, weil der Transport derselben auf eine Entfernung von wenigen Stunden schon den Werth derselben übersteigt.

Ein tragbarer und einträglicher Boden hat auch in Nordamerika seinen Werth, er mag noch wüst oder urbar seyn. Im Allgemeinen ist der Bodenpreis in den östlichen Staaten höher als in den westlichen. In der Nähe großer Städte, an Eisenbahnen und Kanälen hat er bereits einen sehr hohen Preis erstiegen. Bei New Orleans, Cincinnati, Pittsburg und New York wird 1 Acre mit 500 bis 1000 Doll., bei St. Louis, drei Meilen von der Stadt, mit 300 bis 400 Doll. bezahlt. Bei eingerichteten Farmen in einer bewohnten und mit Straßen nothdürftig versehenen Gegend der älteren Staaten kauft man den Acre mit 10 bis 40 Doll., im Westen mit 6 bis 15 Doll. Wüsten Boden, sowohl Wald als Prairie, bekommt man pro Acre an vielen Orten um 2 Doll., und unweit davon unter besseren Verhältnissen gelegen kostet er 5 bis 30 Doll. In Texas verkauft man wüstes Land pro Acre zu 2 bis 5 Doll. Man sieht hieraus, daß sich über Bodenpreise im Allgemeinen nichts Bestimmtes angeben läßt, und daß hierbei Alles auf Oertlichkeit und Umstände ankomme. Der Preis ist zwar veranderlich, aber das schnelle Steigen desselben, von dem so oft berichtet wird, findet nur auf einzelnen Punkten Statt, auf anderen geht er auch nicht selten zurück. Der Fremde, mag er viel oder wenig Geldmittel besitzen, thut immer besser, sich eine kleine, schon eingerichtete Wirthschaft (farm) zu kaufen, die er allenfalls wieder ohne bedeutenden Verlust an den Mann bringen kann. Wüstes Land mag, gegen beurbartes gehalten, sehr wohlfeil erscheinen, ehe aber der Besitzer den ersten Bissen Brot von demselben zum Munde bringt, wird es noch theurer geworden seyn. Wer zum Ankaufe einer kleinen Farm die Mittel nicht hat, mag eine in Pacht nehmen, von der er die Hälfte oder ein Drittel der Ernte an den Eigenthümer abgibt, oder durch Handarbeit, die gut bezahlt wird, sich so viel verdienen, als er zum Ankaufe benöthiget. Wer den größten Theil seines Baarvermögens auf den Ankauf von viel wüsten Grund verwendet, der wird es bald bereuen.

Trotz der gegenwärtigen größeren Fruchtbarkeit des Bodens ist der Reinertrag der Landwirthschaft in den Vereinigten Staaten nicht höher als in Deutschland, in vielen Gegenden weit geringer; das wird Manchem befremdend klingen. Im Staate New York verzinset sich das in Landwirthschaft angelegte Kapital am höchsten, und zwar mit 5 Prozent, in Pennsylvanien mit 4, in Ohio und Kentucky mit 3, in Indiana, Illinois und Missouri mit 2, in Wisconsin mit 1 Prozent! Es ist daher nicht wohl möglich, durch Landwirthschaft in Nordamerika schnell reich zu werden, ja nicht einmal leicht, selbst bei Thätigkeit und Genügsamkeit sein gutes Fortkommen zu finden. Lebensmittel für sich und seine Familie: Brot, Fleisch, Gemüse, auch wohl Obst erzeugt der nordamerikanische Landwirth leicht in genügender Quantität und Qualität, aber für seine Produkte Geld zu lösen, ist eine oft sehr schwierige Aufgabe, besonders da, wo der Boden am fruchtbarsten und wohlfeilsten ist. Die freie Viehzucht auf den Prairien von Texas mit zureichenden Mitteln, mit gehöriger Sachkenntniß und Sorgfalt in geeigneter Gegend betrieben, erschien mir als eine der lohnendsten landwirthschaftlichen Unternehmungen. Wenigstens haben mehrere deutsche und amerikanische Landwirthe in den von der Seeküste entferntern westlichen Gegenden dieses Landes mit der Rindviehzucht ein zufriedenstellendes Resultat erstrebt.

40. Erwerbung des Grundbesitzes.

Wenn in Deutschland Jemand eine Realität kaufen will, so genügt ein Blick in die betreffenden Grundbücher, um die sichere Ueberzeugung zu erlangen, daß er durch einen gehörigen legalen Kauffontrakt und durch die Bezahlung der Kaufsumme in den unbestreitbaren Besitz derselben trete. In den Vereinigten Staaten ist dieses anders, und jene beruhigende Ueberzeugung ist in den meisten Fällen schwer und mit großen Kosten, häufig auch gar nicht zu ermitteln.

Die Centralregierung der Vereinigten Staaten kam nach und nach in den Besitz von vielen unbewohnten und unbebauten Ländereien, welche ihr von den einzelnen Staaten freiwillig abgetreten wurden, oder ihr von den Indianern durch Kauf und Eroberung zufielen; sie heißen Congreßland, und werden nach der Vermessung zu 640, 320, 160, 80 und 40 Acres zur öffentlichen Versteigerung ausgeschrieben. Was im Wege der Versteigerung nicht abgeht, kann bei dem Landamte (land-office), deren es in jedem Staate, wo noch Congreßland zu verkaufen ist, einige gibt, zu dem Preise von 1¼ Doll. pr. Acre erkauft werden. Hat man bei der öffentlichen Versteigerung ein Stück Landes erstanden, oder für den Betrag von 1¼ Doll. pr. Acre nach derselben erkauft, das Geld dafür erlegt, so erhält man nach einigen Monaten von dem Oberlandamte (General land-office) eine Urkunde ausgestellt, welche in die Bücher des County, in welchem das erkaufte Land liegt, gehörig eingetragen werden muß. Die Soldaten erhalten zuweilen für geleistete Kriegsdienste bei ihrem Austritte als Belohnung eine Anweisung auf ein Stück Congreßland, welches sie sich selbst einantworten lassen, oder auch ihren Anspruch mit der Anweisung verkaufsweise an Andere abtreten können. Der Käufer eines solchen Anrechtes sucht sich unter den noch unverkauften Congreßländereien ein Stück von dem in der Anweisung bestimmten Flächeninhalte aus, läßt es sich im Landamte einantworten, und erhält darüber, wie beim Kaufe, eine Urkunde.

Auch die Regierungen einzelner Staaten haben noch verkäufliches Land, welches sie an Ansiedler verkaufen oder schenken, und hierüber dem Käufer oder Beschenkten eine Urkunde ausstellen.

Das Eigenthumsrecht eines sowohl von der Central- als von der Regierung eines einzelnen Staates im Wege des Kaufes oder der Schenkung urkundlich überkommenen Landes kann rechtlich nicht angefochten werden; ob aber der Eigenthümer in den ungestörten Besitz desselben gelange, ist zuweilen noch fraglich. Auf dem noch unvermessenen Congreßlande lassen sich zuweilen Ansiedler nieder, bauen sich da ein Blockhaus, machen einiges Land urbar und treiben Viehzucht, was Jedem unverwehrt ist. Kommt das von einem Solchen (squatter) eingenommene Land zum Verkaufe, und er will es käuflich an sich bringen, so hat er darauf ein Jahr lang für den Preis von 1¼ Doll. gesetzlich das Vorkaufsrecht. Hat er aber, gleichviel aus welchem Grunde, sein Vorkaufsrecht in der anberaumten Frist bis zum Versteigerungstage nicht geltend gemacht, und er will den Platz nicht verlassen, so hat der rechtmäßige Eigenthümer, wenn er sich mit ihm nicht vergleichen kann, immerhin einen harten Stand; denn bei einem Squatter des Westens ist die rifle (Büchse) gar oft die ultima ratio.

Wenn ein Grundbesitzer versäumt, durch 2, in einigen Staaten durch 3 Jahre die Landtaxe (Steuer) zu entrichten, so verwirkt er dadurch sein Eigenthumsrecht, und der Grund fällt an den Staat zurück, der ihn dann öffentlich versteigern läßt. Der Ausrufspreis ist der Betrag der rückständigen Steuer, wäre dieser auch noch so gering. Bietet Jemand diesen Betrag, und es überbietet ihn Niemand, so wird er ihm zugeschlagen, und er kann, wenn der saumselige Eigenthümer nicht vorhanden ist, oder es ihm nicht wehrt, die Realität in Besitz nehmen. Kommt er aber in der gesetzlichen Frist (die in einigen Staaten auf 1, in andern auf 2 Jahre festgesetzt ist), zahlt dem Ersteher den Erstehungspreis sammt Zinsen, und entschädiget ihn für die während dem gemachten Verbesserungen, die durch Zeugen bewiesen werden müssen: so ist er wieder der rechtmäßige Eigenthümer wie zuvor, und der Ersteher muß weichen. Ist aber die anberaumte Frist verstrichen, ohne daß der Eigenthümer die genannten Bedingungen erfüllte, so ist der Ersteher an seine Stelle getreten; und so ist Mancher schon für einen sehr geringen Betrag zu einem sehr beträchtlichen und werthvollen Grundbesitze gelangt.

Bei dem Kaufe einer Realität von Privatpersonen ist zu erforschen, ob der Verkäufer der rechtmäßige Besitzer derselben sey, was häufig so schwierig ist, daß nur der kostspielige Beistand eines geschickten Advokaten einige Beruhigung gewähren kann. Es ist schon vorgekommen, daß Jemand ein Stück Land von drei verschiedenen Personen, deren jede sich für den rechtmäßigen Eigenthümer ausgab, und durch allerhand Beweise ihr ausschließliches Eigenthumsrecht zu erhärten wußte, gekauft hat, um nicht in Schwierigkeiten und Prozesse verwickelt zu werden. Wo sich der Besitztitel auf eine von der Staats- oder Bundesregierung erflossene Urkunde zurückführen läßt, da ist freilich keine Schwierigkeit vorhanden; aber das ist doch nur selten der Fall, und die auf spanische, französische und englische Freibriefe, Belehnungen, Kontrakte u. s. w. sich stützenden Ansprüche auf Grundbesitze sind so verworren, daß damit selten aufs Reine zu kommen ist. Von Haus- und topographischen Zahlen war nie die Rede. Selbst die Einsicht in die unvollständigen Grund- und Hypothekenbücher älterer Zeit ist bei der oft veränderten Eintheilung der Staaten in Countys äußerst schwierig, und schwer zu erfahren, bei welchem County-Gericht eine fragliche Urkunde sich eingetragen finde. Am meisten Confusion der Besitztitel herrscht in Kentucky, Virginien, Georgien, Texas und anderen. In neuerer Zeit haben die Legislaturen einiger Staaten durch Verjährungsgesetze der bodenlosen Verwirrung abzuhelfen gesucht, nach welchen ein drei- oder vierjähriger ungestörter Besitz das Eigenthumsrecht begründet.

Der Umstand, daß in den meisten Staaten der Union die Frau des Eigenthümers Miteigenthümerin seines beweglichen und unbeweglichen Vermögens ist, wenn sie auch vor der Verehlichung gar nichts besaß, erschwert und verwickelt die Uebertragung des Eigenthumsrechtes in hohem Grade. Wer nur vom Manne und nicht zugleich von dessen Frau eine Liegenschaft kauft, der wird nur Eigenthümer von der Hälfte derselben.

Bei der Abfassung einer Kaufs- und Verkaufsurkunde sind so viele Vorsichtsmaßregeln zu beobachten, um den Käufer vor unangenehmen Verwickelungen, Prozessen und Verlusten zu bewahren, daß nur ein anerkannt rechtlicher und geschickter Anwalt Beruhigung gewähren kann. Alle Urkunden werden in englischer Sprache verfaßt, und dabei der Sinn in pedantische Formeln und in terminologischen Firlefanz so eingehüllt, daß nur ein Advokat ihn herauszufinden vermag.

Große Gefahr droht endlich dem Landkaufe von Seite der Landspekulanten, welche große Ländereien für sehr geringe Preise an sich gebracht haben, und dieselben nun für hohes Geld wieder an den Mann zu bringen suchen, und dieses auch mit unübertrefflicher Schlauheit, Gewandtheit und Gewissenlosigkeit auszuführen wissen. Diese Legion von Gaunern umstricken und prellen unerfahrene Einwanderer oft auf die empörendste Weise. Durch falsche, lügenhafte Beschreibungen, Zeugnisse und Karten, welche sie durch ihre Agenten zu verbreiten wissen, verlocken sie immer noch sehr Viele, ihnen Land abzukaufen, was entweder gar nicht existirt, oder unbrauchbar und werthlos ist. Selbst in europäischen Seestädten haben sie ihre Schlingen aufgestellt, und leider nicht fruchtlos.

41. Lebensverhältniß des nordamerikanischen Landwirthes.

Der südliche Pflanzer (planter), welcher mit seinen Sklaven Zucker und Baumwolle baut, spielt den Cavalier, hält sich von körperlicher Arbeit möglichst fern, umreitet öfters seine Felder, fährt in der Kutsche nach der Stadt, versäumt kein Pferderennen, vertreibt sich die übrige Zeit mit Jagd und Lektüre, oder lauscht dem Pianospiel seiner fein erzogenen Tochter — er lebt behaglich, wie ein deutscher Edelmann, bis auf die bescheidenere Wohnung. Abe der Wohlstand dieser Herren ist mit dem Preise des Zuckers un der Baumwolle merklich gesunken, und viele Plantagen sind tie verschuldet.

Der arbeitsame Farmer der mittleren und nördlichen Staaten pflanzt auf kleinerem Besitzthume Mais, Tabak, Weizen Haber, Kartoffeln u. s. w., meist bei beschränkter oder vernachlässigter Viehzucht. Seine Wohnung ist mehr für den heißen Sommer als den kalten Winter berechnet, die Wirthschaftsgebäude kaum für Nothdurft genügend. Er läßt sich's sauer werden bei harter Arbeit im heißen Sommer, und auch im Winter ist sein Leben einsam und reizlos; er wartet mit Verlangen auf die Ankunft der unentbehrlichen Zeitungsblätter. Die Deutschen sorgen wo möglich für eine bessere *Wohnung, sind im Felde eben so emsig, verschönern ihren* Wohnsitz eifriger mit Obstbäumen und Gärten, entbehren leichter Lektüre als Gesellschaft; aber ein blühender Wohlstand ist auch bei ihnen nur selten ersichtlich. In einer wohlgewählten günstigen Lage zeichnet sich hie und da eine umfangreiche Farm eines Amerikaners aus, der mit einem ansehnlichen Betriebskapitale und rationellerem Vorgange seine Wirthschaft in blühenden Stand gebracht hat. Da findet man Schaf- und Rinderheerden von bestimmter Race, gute Pferde und im Winter geregelte Stallfütterung; die Farm hat Aehnlichkeit mit einer deutschen Meierei bis auf die viel bescheideneren Wohn- und Wirthschaftsgebäude. Die Jagd gewährt den Farmern dieser Region nur mehr auf einzelnen Punkten Nutzen und Vergnügen.

In den nordwestlichen Staaten kämpfen die Ansiedler noch allgemein mit den harten Anfängen der Landeskultur; schwere Arbeit, Entbehrung und drückender Geldmangel ist ihr Loos, dem sich nur Einzelne hie und da ein wenig entwunden haben.

Der südwestliche Prairie-Farmer, welcher nördlich von der ungesunden Zucker- und Baumwollregion von Texas nur Mais pflanzet, aber die Viehzucht als Hauptzweig der Landwirthschaft betreibt, empfindet weniger den Druck des heißen Sommers, da er sein Maisfeld im Frühlinge bestellt und die Frucht im Herbste erntet. Die Obsorge für sein Vieh ist weder im Sommer noch im Winter mit großer Anstrengung verbunden. Wer aber als Solcher zur Arbeit dennoch fremder Hände bedarf, die Entbehrungen eines einsamen und einförmigen Lebens nicht wohl ertragen kann, der wird weder sein Fortkommen finden, noch trotz der freien Jagd diese Lebensweise liebgewinnen.

42. Gemeine Handarbeit.

Die Handarbeit hat in Nordamerika einen so hohen Preis, daß der gemeine Handarbeiter (Taglöhner) sich in einer ungleich besseren Lage befindet, als ein Farmer, der aus Mangel an dem erforderlichen Betriebskapitale seine Landwirthschaft nicht in gehörigen Schwung zu bringen vermag. Ein fähiger Arbeiter kann von dem Ertrage seiner Arbeit nicht nur sich und seine Familie anständig ernähren, sondern unter günstigen Verhältnissen noch etwas erübrigen. Drückende Nahrungssorgen und Noth können bei ihm nur in Folge von Unglücksfällen, Krankheiten und dergleichen eintreten. Die wichtigsten Nahrungsmittel, Brot und Fleisch, sind so billig, daß jeder fähige und thätige Arbeiter eine gesunde und kräftige Kost genießen kann, und nicht Ursache hat, mißvergnügt auf den etwas besser besetzten Tisch des Begüterten zu sehen. Bei der allgemeinen persönlichen Gleichheit gewinnen ebenfalls die Arbeitenden und Dienenden, da sie nicht als Untergebene, sondern nur als Gehilfen der Arbeit- und Dienstgeber angesehen werden. Der Arbeits- und Dienstlohn ist bei weitem nicht überall gleich, und richtet sich sehr nach persönlicher Beschaffenheit und Lokalverhältnissen.

Der Gehilfe eines Farmers (Knecht) erhält in der Regel nebst Kost, Wohnung und Reinigung seiner Wäsche monatlich 8 bis 10 Doll., ein Arbeiter in der Erntezeit täglich 1 Doll. mit oder ohne Kost, außer der Erntezeit aber etwas weniger. Ein Fuhrknecht (teamser) während der Reise täglich ½ bis ¾ Doll. Arbeiter an Kanälen, Eisenbahnen und anderen großen Bauten bekommen täglich 1 Doll. ohne Kost. Der Dienstlohn einer Magd beträgt pr. Monat 6 bis 8 Doll., in größeren Städten aber, sobald sie als Köchin dienen kann, 10 bis 12 Doll. Nebengeschenke an Dienstboten oder sogenannte Trinkgelder sind in Amerika nicht üblich.

Hieraus geht hervor, daß der Stand der gemeinen Arbeiter in den Vereinigten Staaten viel günstiger als in Deutschland, und daß es Denjenigen, welche hier mit dem geringen Arbeitslohne sich und ihre Familien nur mit Kummer und Noth durchbringen, nicht zu verargen sey, wenn sie den Wunsch hegen, dorthin zu kommen; was leider nur Wenigen dieser Kategorie möglich ist. Es dürfen hier aber auch die Uebelstände nicht verschwiegen werden, welche das Loos der Arbeiter auch dort erschweren und verbittern:

Die Arbeit, besonders im Freien, fällt unter den klimatischen Einflüssen Amerikas schwerer, wirkt ermattender und gefährdet die Gesundheit mehr als in Deutschland.

Der Arbeiter muß in Amerika für den weit höheren Lohn auch mehr Arbeit leisten, besonders wird zur Erntezeit in den mittleren und nördlichen Staaten sehr viel verlangt, und das Erkranken gerade in der verdienstvollsten Zeit ist keine Seltenheit, und trifft meistens die Eingewanderten, bevor sie sich einigermaßen acclimatisiren.

Auf Bewahrung des Lebens und der Gesundheit wird in Amerika überhaupt sehr wenig geachtet, und die Arbeitgeber wenden nicht die geringste Sorgfalt an, das Leben und die Gesundheit ihrer Arbeiter vor Gefahr zu schützen. In Bergwerken und Steinbrüchen, beim Brunnenmachen, in Thongruben und Ziegelhütten, bei Kanal- und Eisenbahnbauten, so wie durch schlechte Gerüste beim Häuserbau in größeren Städten macht man sich einer rücksichtslosen und schrecklichen Fahrlässigkeit schuldig, daher Unglücksfälle an der Tagesordnung sind, und Arbeiter sehr häufig Leben oder Gesundheit einbüßen.

Bei den großen Bauunternehmungen tritt für deutsche Arbeiter der bedenkliche Umstand ein, daß sie mit den eingewanderten Irländern in Berührung kommen, welche sich gegen sie feindselig und gehässig zeigen, bei Thätlichkeiten durch die Mehrzahl, bei den Aufsehern und vor Gericht durch ihre Landessprache jederzeit im entschiedenen Vortheile sind; es fehlt da nicht an sehr blutigen Auftritten.

In Nordamerika, besonders in den nördlichen und mittleren Staaten, ist auch nicht immer hinreichend Arbeit zu finden. Der Farmer dingt seine Arbeiter nur für einige Sommermonate, weil er ihrer im Winter nicht bedarf, Bauunternehmungen ruhen in dieser Zeit ebenfalls, und die Fabriken sind mit Arbeitskräften zureichend versehen. In der Nähe der Landungsplätze, wo der Zudrang arbeitsuchender Einwanderer am stärksten ist, fehlt es nicht nur an Arbeit, sondern der Lohn ist auch so herabgedrückt, daß man knapp dabei leben kann, und zur Weiterreise ins Innere fehlen gewöhnlich die Mittel.

Wenn gleich trotz der immer wachsenden Einwanderung aus Europa eine Entwerthung der Arbeit, wie sie zeitweilig in Deutschland eintritt, in Nordamerika noch für lange Zeit nicht zu erwarten steht: so wird durch das allmählige Sinken der Arbeitslöhne und das Steigen des Bodenwerthes dem Unbemittelten es nach und nach schwerer werden, sich ein Besitzthum zu erwerben und zur Selbstständigkeit zu gelangen.

Für deutsche Mädchen sind die Aussichten in Nordamerika unzweifelhaft am günstigsten, sie finden nicht nur im Dienste sogleich ein gutes Unterkommen, sondern auch bald Gelegenheit zum Heirathen, vorausgesetzt, daß sie die erforderlichen Eigenschaften besitzen, und vornehmlich in gesellschaftlicher Beziehung sich einer geziemenden Einschränkung unterziehen wollen.

43. Handwerke.

Man irrt sehr, wenn man glaubt, daß die Amerikaner in den Vereinigten Staaten in Hinsicht der Gewerbe den Europäern nachständen; sie sind vielmehr letzteren in den meisten Gewerben, die nicht höhere Luxusartikel erzeugen, bedeutend vorangeschritten. Den amerikanischen Handwerker hat der nationale Erfindungsgeist in Verbindung mit dem rastlosen Streben nach Erwerb vorwärts gebracht. Er hängt nicht am Hergebrachten, hält nichts für vollkommen, sondern trachtet an Allem noch zu verbessern, überall die Arbeit zu erleichtern, die Anstrengung zu vermindern, leichter und schneller zum Ziele zu kommen. Die vortrefflichen Werkzeuge, die vielen zweckmäßigen Maschinen liefern hierfür den vollgiltigsten Beweis. Ehe der deutsche Zimmermann mittelst Axt und Meißel durch unzählige Schläge ein Zapfenloch in den Zimmerstamm vertieft, hat der amerikanische wenigstens drei derselben fertig. Seine einfache Maschine hierzu ist ein Schneckenbohrer mit einer Schraube an der Spitze, welcher nicht unmittelbar mit der Hand, sondern mittelst Kurbel und Trieb spielend gedreht wird; damit bohrt er zwei oder mehrere cylinderförmige Löcher neben einander, und einige leichte Meißelstöße genügen, die Wände des Loches abzuglätten. In den meisten Gegenden Deutschlands sind die Brettmühlen noch auf demselben Standpunkte wie vor Jahrhunderten, man zertheilt die Klötzer in Bretter von sehr ungleicher Dicke, an einem Ende schwach, am andern stark. Sollen Zimmerleute daraus einen Fußboden oder etwas dergleichen machen, so rutschen sie wohl eine Stunde auf einem herum, ehe sie mit dem Hobel die rauhe Oberfläche ein wenig ebnen, und bei jedem Brett wiederholen sie mit der Rauhbank und den Spindern ein sehr langweiliges Spiel, bevor sie eine Anzahl derselben dahin bringen, daß sie sich mit Gewalt in eine ebene Fläche zwingen lassen, die dann noch mancher Nachbesserung bedarf. Auf einer vollständigen amerikanischen Sägmühle, welche entweder mit Wasser oder Dampf getrieben wird, theilt man einen Klotz in Bretter, glättet und nuthet dieselben mit einer Präcision, daß jede Nachhilfe entbehrlich ist, in einem Zeitraume, der zwei Zimmerleuten kaum genügt, ein Brett auf beiden Seiten glatt zu hobeln. Auch Schindeln und Faßdauben werden auf Maschinen geschnitten. Eine Schindelmaschine liefert bei vollständiger Bedienung täglich 20,000 Stück. Zum Ueberladen des Getreides in den Seehäfen aus den Booten in das Handelsschiff so wie auch in den Mühlen bedient man sich einer Maschine, welche in einem ununterbrochenen Strome in der Stunde 2000 Bushel überträgt, und jederzeit die Menge des bereits übertragenen Getreides anzeigt. Daß man in schwach bevölkerten Gegenden, wo die Kultur erst im Entstehen ist, solche Fortschritte nicht suchen darf, ist sehr begreiflich, da muß man sich mühseliger als anderswo behelfen, man trifft sogar Stellen an, wo man mit der Handsäge Bretter schneiden muß.

Der Amerikaner ist ein geschickter und fleißiger Handwerker, und arbeitet ohne Aufsicht gleich emsig, sei es im Kontrakte oder im Tagelohne. Die Leichtfertigkeit im gemeinen Bauwesen fällt dem Handwerker nicht zur Last; er baut eben so lieb solid und dauerhaft, wenn man das gehörige Material dazu liefert und ihn bezahlt; er kann nicht dafür, wenn ein Haus vor seiner Vollendung einstürzt, weil der Bauherr weder festen Grund legen ließ, noch für taugliches und hinreichendes Material sorgte, aber es in drei Wochen fertig haben wollte.

Bei der unbeschränkten Gewerbsfreiheit kann Jedermann ein Gewerbe betreiben, welches ihm beliebt, und von einem zum andern übergehen, so oft es ihm gefällt, wenn er dabei seine Rechnung zu finden meint. Der Handwerkslehrling bezahlt kein Lehrgeld, er bekommt vielmehr während der sehr kurz bemessenen Lehrzeit je nach seinen Leistungen einen Lohn, und hat die harte Behandlung von Meister und Gesellen, wie in Deutschland üblich, nicht zu ertragen. Zu Wanderjahren hat man in Amerika keine Zeit. Von Meisterberechtigung und Allem, was zum Zunftwesen gehört, ist keine Spur zu finden. Ein großer Theil der gewöhnlichen Handwerkserzeugnisse wird in großen Werkstätten und Fabriken verfertigt und damit Handel getrieben.

Die Arbeit der Handwerker hat ebenfalls einen viel höheren Preis als in Deutschland, doch ist derselbe nach Zeit- und Ortsverhältnissen und nach Maßgabe der Produktion verschieden. Der tägliche Verdienst für Tischler, Wagener, Schmiede, Zimmerleute, Maurer, Sattler, Schneider, Müller hält sich zwischen 1 und 2 Doll.

Deutsche Professionisten, welche nach Nordamerika auswandern wollen, um ihre Arbeit dort besser zu verwerthen, mögen sich auf eine kleine Lehrzeit gefaßt halten, um ihre Leistungen den dortigen Verhältnissen, Bedürfnissen und Wünschen anzupassen, was Jenen, die bereits im Alter vorgerückt sind, schwer wird. Handwerker, welche nicht in großen Werkstätten und Fabriken arbeiten wollen, sondern es vorziehen, ihr Gewerbe selbstständig zu betreiben, thun nicht gut, unverehlicht auszuwandern, weil es dort schwerer hält, eine Gattin nach Wunsche zu finden, jede fremde Dienstleistung theuer ist, und die Verrichtung häuslicher Arbeiten durch eigene Hände zu viel der theuren Zeit in Anspruch nimmt.

44. Manufakturen und Fabriken.

Man hegte oder simulirte lange den Irrthum, daß Nordamerika nur auf Ackerbau und Viehzucht seinen materiellen Wohlstand gründen könne, in Manufakturen und Handel aber nie Erhebliches zu leisten berufen sey. Da dieser Irrthum bereits handgreiflich widerlegt ist, findet man nun die Bedingungen für sein industrielles und kommerzielles Gedeihen alle in hohem Grade vorhanden. Die physische Beschaffenheit des Landes weist unverkennbar darauf hin, daß die *Vereinigten Staaten, besonders die mittleren und nördlichen*, zu dem Betriebe der wichtigsten Industriezweige vortrefflich geeignet sind. Die günstigste Lage für den Welthandel, die unerschöpflichen Wasserkräfte, Kohlen und Eisen in unübertroffener Menge und Güte, der für den Anbau der Baumwolle ganz geeignete Boden von ungeheurer Ausdehnung — das sind Elemente, welche der zum tüchtigen Manufakturisten sattsam begabte Nordamerikaner erkannte, und nicht lange unbenützt lassen konnte.

Wenn man bedenkt, daß Nordamerika seine Industrie seit der Continentalsperre Napoleons erst begonnen hat, während die Englands schon blühte, dessen Volk allezeit zum Verderben jedes fremden Industriekeimes, durch dessen Entwickelung es Eintrag zu leiden fürchtet, seine weltbekannte aufopfernde Intrigue versucht: so muß man die raschen Fortschritte des nordamerikanischen Manufakturbetriebes vom Anfange bis zum gegenwärtigen Standpunkte billig bewundern — mit einem Anlagskapital von 600 Mill. Doll. liefert Nordamerika bereits für 1000 Mill. Doll. Fabrikate — und es scheint, daß England mit seinem riesigen Unterdrückungssystem gegen Deutschland glücklicher und erfolgreicher wirke, als gegen den westlichen Nebenbuhler, dem obendrein Deutschland und England durch die zahlreiche Auswanderung das einzige Hinderniß der theuren Arbeit aus dem Wege räumen helfen.

Im glänzendsten Aufschwunge ist die Baumwollindustrie begriffen. Von seiner durchschnittlichen jährlichen Baumwollernte pr. 2,500,000 Ballen (à 400 Pfund) werden in Nordamerika 650,000 B. auf 3,250,000 Spindeln versponnen, und die daraus erzeugten Fabrikate betragen im Werthe 62,100,000 Doll. Aus England werden annoch für 19½ Mill. Doll. Baumwollwaaren importirt, jenen ansehnlichen über die canadische Grenze eingeschmuggelten Betrag aber nicht mit eingerechnet. Rohe Baumwolle kauft England von Nordamerika für 50 Mill. Doll. Die inländische Baumwollindustrie genießt eines Schutzzolles von 25 Prozent des Werthes dießfälliger Importe, welcher aber bei der niedrigen Fatirung der englischen Importe, die noch weit unter ihrem Schleuderpreise bleibt, viel von seiner schützenden Kraft verliert.

Die großartigsten Baumwollmanufakturen hat Lowel im Staate Massachusetts. Diese Fabrikstadt von 32,000 Einwohnern liegt am Merrimac, wo ein Kanal zum Behufe der Schiffahrt einige Wasserfälle, zusammen von 30 Fuß Höhe, umgeht, der unerschöpfliche und wohlfeile Wasserkräfte zum Fabriksbetriebe darbietet. In den Baumwollfabriken daselbst sind 100,000 Spindeln, 3500 Webestühle und 8000 Arbeiter in Thätigkeit. In den sämmtlichen Fabriken der Stadt aber sind 22,000 Arbeiter beschäftigt. Die Actiengesellschaften, welche diese großartigen Fabrikswerke betreiben, verdienen für die musterhaften Einrichtungen, welche sie zum Besten ihrer Arbeiter getroffen haben, die lobendste Anerkennung. Unter andern sind für die zahlreichen jugendlichen Arbeiterinnen eine große Zahl freundlicher Wohnhäuser errichtet, wo sie für einen sehr billigen Betrag zugleich mit Kost versorgt werden. Jedes Haus steht mit seinen Bewohnerinnen unter der Aufsicht und Obsorge einer älteren Frau, die von ihren Pflegempfohlenen „Mutter" genannt wird. Bei der täglich zehnstündigen Arbeit bleibt ihnen noch Zeit zu einem kleinen Nebenverdienst mit allerhand weiblichen Arbeiten, welche sie von einander lernen. In der Fabrik bekommen sie täglich 30 bis 60 Cents, männliche Arbeiter ½ bis 1 Doll. Jedes Arbeiter-Individuum läßt sein Ersparniß in dem Fonde der Gesellschaft zu gleichem Zinsenerträgnisse stehen, und Viele erheben beim Austritte aus dem Institute ein nettes Sümmchen. Durch diese Einrichtung werden die Arbeiter Mitglieder der Compagnie, und wirken zum Gedeihen des Ganzen um so emsiger und freudiger mit.

Die Baumwollen-Manufakturen haben von Massachusetts ihren Anfang genommen, sich bald in New Hampshire, Rhode Island, Connecticut, New York und Pennsylvanien belangreich verbreitet, und sind nach Süden bis Georgien vorgedrungen, wo man nun die Schwarzen als Fabriksarbeiter verwendet.

Die Schafwoll-Manufakturen verbrauchen jährlich

800,000 Zentner Wolle, die daraus verfertigten Fabrikate betragen im Werthe 43 Mill. Doll. Massachusetts steht auch in diesem Zweige oben an, diesem Staate am nächsten kommen: New York, Connecticut, Pennsylvanien und Virginien. Die Wollfabrikate decken den Bedarf des Landes noch bei weitem nicht, und es benöthiget noch einen Import an Wollstoffen von 18 Mill. Doll. Wie es die Yankees in Betreff der Aechtheit bei keinem Artikel genau nehmen, wo eine Fälschung anwendbar und profitabel ist, so erlauben sie sich zur Tuchwolle einen beträchtlichen Zusatz von Baumwolle, welche Mischung der Schönheit und Haltbarkeit viel Eintrag macht.

Leinen- und Seidenmanufakturen stehen noch auf einer sehr niedrigen Stufe, und werden sich noch lange nicht zu einer viel höheren erheben, da zu viel Mühe und sorgliche Pflege damit verbunden ist, was dem Geschäftsgalopp der Amerikaner nicht entspricht. Die überwiegend deutsche Bevölkerung Pennsylvaniens dürfte in diesen Zweigen dereinst zuerst etwas Erhebliches leisten.

In der Lederfabrikation haben es die nördlichen Staaten ziemlich weit gebracht; alle Ledersorten, welche von Schuhmachern verarbeitet werden, weiß man sehr gut herzurichten, und ein ansehnlicher Betrag davon gelangt in den Handel nach Mittel- und Südamerika. Da das Rohmaterial durchgängig billig und im Ueberflusse zu haben ist, fertige Leder aber selbst im Inlande einen guten Preis haben, so ist dieser Fabrikationszweig einer der gewinnreichsten. Die jährliche Produktion beträgt im Werthe 35 Mill. Doll.

Hüte und andere Filzwaaren wurden schon im Jahre 1840 zu dem Betrage von 8 Mill. Doll. fabrizirt. Die Schuhfabrikation ist noch weit beträchtlicher. Beide Fabrikationszweige senden einen großen Theil ihrer Erzeugnisse ins Ausland.

Die Eisenfabrikation ist sehr ausgebildet und wird großartig betrieben, obgleich im Jahre 1850 die Einfuhr von Stahl- und Eisenwaaren 7,800,000 Doll. betrug. Pittsburg, die erste Fabriksstadt der Union, deren jährliche Erzeugnisse sich auf 50 Mill. Doll. belaufen, ist auch der Hauptsitz der Eisenfabrikation. Ihre Lage am Zusammenflusse des Alleghany und Monongahela, ihr unerschöpflicher Reichthum an Steinkohlen und Eisen unmittelbar vor der Thür verbürgen ihr eine noch weit glänzendere Zukunft. In den Eisenfabriken daselbst (Guß-, Walz- und Schlosserwerken) werden 5200 Menschen beschäftiget und jährlich nicht weniger als 1,620,000 Zentner Roheisen verarbeitet und für 9 Mill Doll. Waaren erzeugt. Nach Pittsburg hat Philadelphia die wichtigsten Eisenwerke. Es ist unverkennbar, daß die Eisenfabrikation in den Vereinigten Staaten im Rückschritte begriffen ist, und die englische Einfuhr an Roheisen und Eisenwaaren alljährlich steigt. Die meisten neueren Unternehmungen für Erzeugung und Verarbeitung des Eisens, ja selbst ein großer Theil der älteren sind durch Bankerott eingegangen. Die Krisis hat viele Unternehmer ganz entmuthiget, und die eingetretene Lethargie, von der Pittsburg noch am wenigsten betroffen scheint, wird von den Engländern auf das eifrigste ausgebeutet. Der neue Zolltarif, welcher auf Eisen 30, auf Stahl 20 Prozent des Werthes als Einfuhrzoll setzt, und gegen den früheren diese Industrie weit weniger schützt, trägt das Seinige allerdings bei, aber weit nachtheiliger wirkte das häufige Auswandern der Bergleute und anderer Eisenarbeiter nach Californien.

Die Glasfabrikation entwickelt sich immer mehr und mehr; 84 Glashütten liefern als Fenster- und Hohlglas solide Waare. Die Schleifereien von Boston, New York, Pittsburg und Baltimore trachten mehr und mehr den Ansprüchen des Luxus nachzukommen, gepreßtes und Farbenglas macht schnelle Fortschritte, und mehrere Fabriken bringen ihre Erzeugnisse in den auswärtigen Handel, die ihren Weg schon nach dem Oriente gefunden haben, wo die Amerikaner, die ihre Erzeugnisse immer gut zu verkaufen wissen, vielleicht in nicht gar ferner Zukunft den Absatz europäischer Glasprodukte beeinträchtigen werden.

Die Gewehrfabriken zu Springfield, Harpersferry und Lancaster liefern einfache, bei den Amerikanern so beliebte Büchsen (rifles) von kleinem Kaliber, die nur in der Solidität der Schlösser und der äußeren Eleganz den besten deutschen Gewehren nachstehen, sonst aber nichts zu wünschen übrig lassen. In der Construktion der vielröhrigen Feuergewehre, die allgemein im Gebrauche sind und in hohem Preise stehen, hat man eine große Vollkommenheit erreicht.

Papierfabriken bestehen schon an 500, die Fabrikate derer von Massachusetts und Pennsylvanien empfehlen sich vorzüglich; die Tapetenindustrie steht der deutschen noch bedeutend nach.

Die Porzellanfabriken erfreuen sich noch keines großen Aufschwunges und werden durch die Einfuhr besserer Waaren und billigere Preise niedergehalten. Die mittelmäßigen Leistungen der Töpfereien gestatten den eisernen Kochgeschirren einen weiten Spielraum. Die unübertrefflichen gußeisernen Oefen sind mit Koch- und Bratgeschirren versehen, und gewinnen immer mehr Ausbreitung.

Die Zuckerraffinerie mehrt sich sehr, Rhode Island und Pennsylvanien haben bereits Etablissements, die den deutschen wenig nachgeben, und sich eines gedeihlichen Fortgangs erfreuen.

Die großen und zahlreichen Brennereien leiden durch die Mäßigkeitsvereine fühlbaren Abbruch, und der hitzige Kampf gegen den König Alkohol schlägt überall zu ihrem Nachtheile aus. Die Bierbereitung nimmt in den nördlichen Staaten zu, im Süden gewinnt sie keine bedeutenden Fortschritte. Englische Biere werden in großem Betrage eingeführt.

Weizenmehl (flower) ist in den Vereinigten Staaten ein wichtiger Handelsartikel, es wird in Fässern zu 200 Pfund aus den nördlichen und mittleren Staaten nach Süd und West in großer Menge verführt, ist zugleich der Brotstoff des Militärproviants, und wird nach den entlegensten Forts der Union versendet. Zur Erzeugung dieses Artikels bestehen über 4000 Handelsmühlen (merchant mills), welche bis auf wenige von Wasserkraft getrieben werden. Gewöhnliche Mühlen, auf 27,000 an der Zahl, verrichten das kleinere Mahlwerk für den Hausbedarf der Landbewohner. Jene Handelsmühlen liefern im Ganzen jährlich 8,100,000 Faß Mehl; am Ohio, im Staate New York und um Baltimore sind sie am zahlreichsten. Eine solche zu Richmond von 11 Gängen macht täglich 600 Faß Mehl. Die Größe vieler dieser Mühlen, von 4 bis 5 Stockwerken, und die mechanischen Vorkehrungen, durch welche es möglich wird, diese Riesenwerke mit nur wenigen Menschen zu bedienen, nöthigen dem Beobachter Verwunderung ab. Nach Westindien und Südamerika wird ein starker Handel mit Weizen- und anderen Mehlsorten getrieben, wo man häufig dafür Kolonialwaaren eintauscht.

45. Die Handelsschifffahrt.

Die Nordamerikaner behaupten unbestritten den zweiten Rang unter den seefahrenden Nationen der Erde, und verhehlen es nicht, daß sie in nicht ferner Zukunft noch Höheres zu erstreben gedenken. Kein Erwerbszweig behagt ihnen so wie die Schifffahrt, und für keinen anderen sind sie in so hohem Grade befähiget. Gefahr gilt ihnen nichts, reicher Gewinn aber alles. In der Schiffsbaukunst gestehen ihnen selbst Engländer die Meisterschaft zu; hierin wissen sie Solidität, Zweckmäßigkeit, Eleganz und Wohlfeilheit sehr praktisch zu verbinden. Trotz der theuren Arbeit bauen sie ihre Schiffe weit billiger als die Engländer. Im Schnellsegeln sind ihre Fahrzeuge trotz der geringeren Bemannung den englischen überlegen. Durch ihre mechanischen Erfindungen und Vorkehrungen, wie durch die leichten baumwollnen Segel bei kleineren Schiffen erzielen sie sehr erhebliche Vortheile. Das ausgezeichnete Schiffsmaterial in solcher Menge und Nähe kommt ihnen dabei sehr zu Statten. Im Jahre 1849 wurden nicht weniger als 208 Dampfer, 198 große Schiffe, 148 Briggs, 623 Schooner, 370 Slups und Kanalboote, zusammen 1547 Fahrzeuge von 256,577 Tonnen neu gebaut.

Der auswärtige Handel mit allen Welttheilen und Völkern betrug im Jahre 1851: Ausfuhr 218 Mill. Doll., darunter auswärtige Produkte für 21½ Mill. Doll., Einfuhr 216 Mill. Doll. Den größten Handel unterhalten die Vereinigten Staaten mit England; in dem genannten Jahre war die Ausfuhr dahin 112 M. D., die Einfuhr von dort 90½ M. D.

Mit Frankreich . . .	Ausf.	28 M. D.	Einf.	31½	M. D.
„ Cuba	„	6½ „ „	„	17	„ „
„ den Hanseestädten	„	7 „ „	„	10	„ „
„ Spanien . . .	„	4½ „ „	„	2	„ „
„ Brasilien . . .	„	4 „ „	„	11½	„ „
„ Oesterreich . . .	„	2½ „ „	„	730,788	„
„ Rußland . . .	„	1½ „ „	„	1½ M.	„
„ Preußen . . .	„	85,913 „	„	20,542	„

Belangreicher als mit den drei letztgenannten Staaten ist der Handel mit Mexiko, Westindien, den südamerikanischen Republiken, mit Afrika und China.

Der Binnenhandel auf den großen Seen, dessen Hauptpunkt Buffalo am Erie ist, betrug 1850 Aus- und Einfuhr 186 Mill. Doll.

Der Missisippi mit seinen Zuflüssen bildet eine schiffbare Wasserstraße von 15,000 Meilen, welche von mehr als 600 Flußdampfern und vielen Flachbooten befahren wird. Der Werth von den sämmtlichen Waaren, welche 1850 auf diesen Gewässern in den Handel kamen, belief sich auf 300 Mill. Doll.

Mit der Seefischerei sind nebst dem eine große Anzahl Fahrzeuge von 130,000 Tonnen beschäftiget.

Von den 120 Häfen der Vereinigten Staaten sind die wichtigsten Seehäfen: New York, Boston, Philadelphia, New Bedfort, Baltimore, New Orleans und San Francisco; — Flußhäfen: (New Orleans), Nashville, St. Louis, Louisville, Cincinnati und Pittsburg; Buffalo spielt an den canadischen Seen die Hauptrolle.

Die bedeutendsten Artikel der Ausfuhr sind gegenwärtig: Baumwolle für 70 —, Getreide und Mehl 15 —, Tabak 10 —, Fleisch und Fett 8 —, Baumwollwaaren 5 —; der Einfuhr: Baumwollwaaren 19 —, Wollwaaren 18 —, Seidenwaaren 15 —, Kaffee 9 —, Stahl- und Eisenwaaren 8 —, Leinwand 5 —, Thee 4 —, Zinn und Zinnwaaren 3 —, Porzellan und Steingut 2 —, Branntwein 2 —, Cigarren 1½ —, Wein 2 Mill. Doll.

Die nordamerikanische Dampfschiffahrt vermittelt nun, nebst ihrer Betheiligung an dem Handel, fast ausschließlich die Passage sowohl auf dem Weltmeere als auf den Binnengewässern. Die Zahl der sämmtlichen Dampfschiffe belief sich im Jahre 1851 auf 1389 von 440,000 Tonnen und 28,800 Mannschaft. Darunter befanden sich 217 Hochdruckdampfer. Die 458 Dampfer auf dem atlantischen Ocean beförderten in dem Jahre 1851 — 33 Millionen Passagiere. Der Personentransport auf den großen Seen, dem Hudson, vornehmlich aber auf dem Missisippi und seinen Nebenflüssen ist in Folge der zahlreichen Einwanderung und der Reiselust der Amerikaner groß und gewinnreich.

Ist eine Missisippi-Fahrt aus schon früher angeführten Gründen gefährlich, so wird sie nicht selten durch den Tollsinn und die Spielwuth der Kapitäne und ihrer Genossen zu einem halsbrecherischen Wettrennen, dem schon Tausende von Menschenleben hingeopfert wurden. In New Orleans, von wo aus die meisten Wettfahrten stroman unternommen werden, betheiligen sich Viele an diesem verbrecherischen Spiele, und verwetten dabei große Summen. Ein Dampfboot, welches zu einem solchen Unternehmen gebraucht wird, heißt Opposition-boat, und ist von vorzüglicher Beschaffenheit, besonders was die Maschinen betrifft. Die Passagiere, deren oft einige Hundert auf einem solchen Wettboote sich befinden, ahnen nichts von dem gefährlichen Spiele, bei dem sie nichts gewinnen, aber leicht das Leben verlieren können, bis der Wettlauf begonnen hat, wo es ihnen bald klar wird, auf was die rasende Schnelligkeit abzielt, da ein zweites sich derselben eben so befleißiget. Es läßt sich leicht denken, daß auf solchen Dampfern die Kraft der Maschinen auf das höchste getrieben wird; man versieht sich mit den besten Brennstoffen zur Heizung der Kessel, eine Masse Theer, Harz und Fett wird in Bereitschaft gehalten, um nöthigen Falls damit zu heizen und den Sieg zu erringen. Da geschieht es denn oft, daß der Dampfkessel oder die Dampfröhren platzen, und das Schiff sammt Allem, was darauf ist, durch die Explosion zu Grunde geht. Bei solchen Fahrten, wo an einer Minute Tausende von Dollars hängen, werden gefährliche Stellen und versteckte Hindernisse im Strom wenig beachtet, die Losung ist: „Sieg oder Untergang!" Zuweilen wird von einem oder dem andern Wettboote ein Dampfboot bestellt, dem Gegner an einer bestimmten Stelle, als ob es zufällig geschähe, vorwärts vorüber zu fahren, um durch das hinter sich aufgewühlte Fahrwasser seinen Lauf etwas zu hemmen, und ihm eine Verzögerung zu verursachen. Aber der Führer des Dampfers, auf dessen Aufenthalt es abgesehen ist, erkennt gar bald die feindliche Absicht, ihn zu Gunsten seines Gegners des Sieges zu berauben, und sie stachelt ihn zur fürchterlichsten Rache auf, die in nichts geringerem besteht, als bei der ersten Gelegenheit den Feind in Grund zu fahren, wobei nicht selten beide vernichtet werden. Solche schreckliche Dampfboot-Duelle hat der Missisippi schon viele gesehen. Die vielen Menschenleben, welche dabei zu Grunde gehen, gelten in den Augen solcher Ungeheuer nichts.

Um mit einem Dampfboote von New Orleans aus stromaufwärts zu fahren, thut man wohl, ein solches zu wählen, das nicht zu den renommirten Schnellfahrern gehört, sondern das man mit Waaren schwer beladen sieht, und das schon etwa zwei Jahre lang gegangen ist, was man ihm an den abgewässerten Planken über dem Wasserspiegel leicht ansehen kann; ein solches wird zu Wettfahrten nicht mehr gebraucht.

46. Das Zollsystem, der Zolltarif.

Der allgemeine Freihandel hat in Amerika seine Anhänger und Prediger so gut wie in Europa; Englands Einfluß steckt dort so gut dahinter wie hier, weil es überall und allein dabei im Vortheil wäre, wenn alle Zollschranken fielen. Die südlichen Staaten der Union waren früher aus vermeintlichem Interesse heftige Gegner der hohen Schutzzölle für die inländische Industrie, und als der volk= und industriereichere Norden in diesem Streitpunkte beim Congresse obsiegte, entstand heftige Erbitterung, welche das Band der Union bedrohte. Nach und nach begriff man im Süden, daß der Vortheil des Nordens beim Aufblühen der Industrie ein allgemeiner sey, und man bekämpfte den spezifischen Zolltarif vom Jahre 1842 trotz der Höhe seiner Zollsätze mit wenig Ernst und Nachdruck; er wirkte offenbar zum Gedeihen des Ganzen. Da trat die demokratische Partei in die Schranken, und forderte mit steigender Heftigkeit Ermäßigung der Einfuhrzölle. Der Hauptgrund ihres Eifers war die Mißgunst gegen die Fabrikanten und Kapitalisten, denen der hohe Schutzzoll freilich sehr zu Gunsten war; der mittelbare Nutzen der Arbeiter war den neidischen Augen weniger klar. Diese Partei wünschte ferner niedrige Preise der Manufakturerzeugnisse, diese konnten nur durch vermehrte fremde Einfuhr ermöglichet werden. Daß aber mit dem Waarenpreise auch der Werth der Arbeit nothwendig sinken müsse, daß Wohlfeilheit nur ein relativer Begriff sey, und der Arbeiter bei höherem Verdienste eine theure Waare leichter kaufe, als eine wohlfeile bei weit schwächerem Erwerbe, das wurde nicht in Betrachtung gezogen. Die mit Ueberzeugungsmitteln wohl versehenen englischen Emissäre entwickelten dabei eine wirksame, sehr umfassende Thätigkeit, und der Tarif vom Jahre 1846 kam zu Stande. Er wurde in England mit Jubel begrüßt, seine Waaren strömten in Massen ein, die Preise fielen, man kaufte manche Artikel zu Spottpreisen. Da nach dem neuen Tarif der Zoll nach Prozenten von dem Werthe der eingehenden Waaren erhoben wurde, so war nebst der ziffermäßigen Zollminderung noch eine andere durch unwahre Deklarirung ermöglichet, die sehr belangreich ausgebeutet wird. Die Rückwirkung auf die Arbeit ist schon sehr bemerkbar; aber die siegreiche Partei sieht jetzt nur noch auf die wohlfeilen Preise so vieler Fabrikserzeugnisse, freut sich ihrer Errungenschaft und über erlittene Schlappen der Kapitalisten. Die Industrie hat seit 1846 wenig Fortschritte gemacht, viele Zweige derselben sind offenbar wieder zurückgegangen. Und wenn die jetzt ans Staatsruder gelangte demokratische Partei noch eine fernere Verminderung der Eingangszölle durchführt, so werden die nachtheiligen Folgen sich in demselben Maße steigern, bis den Verblendeten die Augen aufgehen, und die schmerzlichen Wehen zur entgegengesetzten Richtung unabweislich hindrängen — aber England hat dabei gewonnen. — Für den Handel hat die Herabsetzung der Einfuhrzölle sich nicht nachtheilig erwiesen; die Kapitalisten ziehen zum Theil ihr Geld aus den Fabriken zurück, und legen es vortheilhafter in Handelsunternehmungen an, wobei die arbeitende Klasse weit weniger mitgenießt. — Es scheint hieraus hervorzugehen, daß die siegende Partei in den Vereinigten Staaten auch nicht immer klar erkenne, und leidenschaftslos wolle, was zum gemeinen Besten dient.

Auszug aus dem Zolltarif vom Jahre 1846.

Mit 100 Prozent vom Werthe werden verzollt:

Branntwein und andere Spirituosen, aus Getreide und andern Substanzen bereitet.

Mit 40 Prozent.

Cigarren, Schnupftabak und alle andern Sorten verarbeiteten Tabaks. Confekt, Zuckerwerk oder in Zucker eingemachte Früchte. Geschliffenes Glas. Mandeln, Korinthen, Rosinen. Sardellen und andere in Oel aufbewahrte Fische. Weine, ächt oder nachgemacht.

Mit 30 Prozent.

Bier in Fässern oder Flaschen. Mit Gold, Silber oder anderem Metall gestickte Waaren. Augengläser. Balsame, Essenzen, Extrakte. Baumwoll-, Leinen-, Seide-, Woll- und Kammwollwaaren, gestickt oder tambourirt, auf dem Stuhle oder in anderer Weise. Besen und Bürsten aller Art. Bleistifte. Diamanten, Gemmen, Perlen, Rubinen und andere Edelsteine oder nachgemacht, Steine in Gold, Silber u. s. w. gefaßt. Eisen in Stangen, Stäben, Platten oder in anderer Form, wenn nicht anderweitig vorgesehen. Eisengußgeschirre, altes Eisen. Fächer und Feuerschirme. Glas, colorirt, bunt oder gemalt. Glaswaaren aller Art, ganz oder theilweise aus Glas, wenn nicht anderswo vorgesehen. Gußeisenwaaren. Hüte. Irdene Waaren, Porzellan, Steingut, aus erdigen oder mineralischen Substanzen, wenn nicht anderweitig vorgesehen. Kämme aller Art. Kartoffeln. Kleidungsstücke und Anzüge jeder Art und von jedem Stoffe, ganz oder theilweise vom Schneider, der Näherin oder dem Fabrikanten verfertigt. Körbe und anderes Flechtwerk. Kutschen- und Pferdegeschirr. Lederarbeiten ganz oder theilweise aus Leder, wenn nicht anderweitig bemerkt. Medizinische Präparate, wenn nicht anderw. vorgesehen. Messerschmiedwaaren aller Art. Metallarbeiten, Gefäße, Waaren aus Gold, Silber, Messing u. s. w., wenn nicht anderw. Meubel für Zimmer- und Hauseinrichtung. Musketen, Flinten und andere Feuerwaffen. Nähseide. Oblaten. Olivenöl. Papier, Briefpapier und alle andern Sorten, welche nicht anderw. Pflaumen, Regenschirme, Sattlerwaaren, wenn nicht anderw. Seife. Seitengewehre aller Art. Sonnenschirme. Spielkarten. Tabak, unverarbeitet. Teppiche. Trauben. Stand- und Wanduhren und Theile derselben. Uhrgläser. Wachstuch aller Art. Wagen- und Geschirrzubehör aller Art. Wolle, unverarbeitet. Wollwaaren, und wenn Wolle der werthvollste Bestandtheil, wenn nicht anderw. Zucker aller Art. Zuckerwerk aller Art, wenn nicht anderw. Zwirn und Bindfaden.

Mit 25 Prozent.

Baumwoll-Spitzen, Einsätze, Geflechte, Schnüre. Baumwollwaaren ganz aus Baumwolle, wenn nicht anderweitig. Calomel. Federbetten und Bettfedern. Seidenwaaren oder theilweise aus Seide. Tauwerk. Woll- und Kammwollgarn.

Mit 20 Prozent.

Alaun. Bettdecken aller Art. Blei, Bleiröhren und Bleischrot. Bücher, unbeschrieben, gebunden oder ungebunden. Butter. Chokolade. Federkiele. Felle, gegerbt und zugerichtet. Felle aller Art, wenn nicht anderw. Fensterglas, Kron- und Cylinderglas. Gerste. Hanf- und Flachswaaren, wenn nicht anderw. Hutfilze, ganz oder hauptsächlich aus Wolle. Kreide, französ., Sohlleder. Leim. Leinwand aller Art. Leinsaamen. Lettern und Lettergut. Musikalische Instrumente und Darmsaiten. Nadeln aller Art. Papiertapeten. Pech. Quecksilber. Säuren, für welche Zwecke immer, wenn nicht anderw. Safran. Sammet am Stück, ganz oder hauptsächlich aus Baumwolle. Sattlerzeug. Schießpulver. Schinken, Schwämme. Schweinfleisch. Speck. Stärke. Stahl, wenn nicht anderw. Stearinkerzen. Terpentinöl. Wachs. Weinstein. Weiden, für Korbmacher zubereitet.

Mit 15 Prozent.

Arsenik, Chinarinde. Flachs, unverarbeitet. Glaserdiamanten. Seide, rohe, nicht weiter verarbeitet als Kokons-Seidenfäden. Stahl in Stangen, Gußstahl, deutscher Stahl. Zink. Zinn in Rollen und Blättern.

Mit 10 Prozent.

Bücher, Zeitschriften, illustrirte Zeitungen, gebunden oder ungebunden, wenn nicht anderw. Diamanten, Gemmen, Perlen, Rubinen u. s. w., ächt oder nachgemacht, ungefaßt. Kupferstiche. Land- und Seekarten. Mühlsteine. Musikalien und linirtes Notenpapier, gebunden oder ungebunden. Taschenuhren und Theile derselben. Uhrmaterial aller Art, wenn nicht anderw.

Mit 5 Prozent.

Borsten. Galläpfel. Häute, rohe, und Felle aller Art, wenn nicht anderw. Kreide, wenn nicht anderw. Kupfer. Lumpen von jedem Stoffe. Messing. Schleifsteine. Zink, gemeiner, unverarbeitet, wenn nicht anderw. Zinn, altes, zum Verarbeiten. Zinn in Blöcken und Stangen.

Zollfrei.

Bäume, Stauden, Pflanzen, Knollen, Wurzeln, wenn nicht anderw.

Baumwolle. Gartensämereien und Saamen aller Art, wenn nicht anderw. Gemälde und Bildhauerarbeiten von amerikanischen Künstlern im Auslande, aber nicht als Handelsartikel. Gold- und Silberbarren. Gold-, Silber- und Kupfermünzen. Hausgeräth, alt und im Gebrauche, aber nicht zum Handel. Hausthiere zur Zucht. Kaffee und Thee direkt vom Lande der Erzeugung eingeführt auf amerikanischen oder fremden begünstigten Schiffen. Kaffee aus den holländischen Besitzungen von den Niederlanden eingeführt in derselben Weise. Kleidungsstücke in wirklichem Gebrauch, und andere Personal-Effekten, die nicht Gegenstand des Handels sind, Professionsbücher, Apparate, Werkzeuge, Geräthe für den Geschäftsbetrieb von Personen, die in den Vereinigten Staaten ankommen, mit Ausschluß von Maschinen und andern Artikeln für Manufaktur-Etablissements oder für den Verkauf. Personal- und Hausgeräth amerikanischer Bürger, die im Auslande verstorben sind. Modelle von Erfindungen und andern Verbesserungen, wenn sie nicht als Maschinen anwendbar sind. Münzen-, Medaillen- und andere antiquarische Sammlungen. Naturhistorische, mineralogische und botanische Exemplare und Mustersammlungen. Platin, unverarbeitet. Schiffs-Kupferbeschlag, aber nur in Platten von 48 Zoll Länge und 14 Zoll Breite und von 14 bis 34 Unzen pr. Quadratfuß im Gewichte. Tauwerk, alt. Thran und alle andern Erzeugnisse amerikanischer Fischerei. Werg.

47. Der Kaufmann.

Daß der Handel der Vereinigten Staaten im Allgemeinen sich einer hohen Prosperität erfreue, liegt überall klar am Tage; faßt man aber den einzelnen Kaufmann, seine Lage und die Art seines Strebens näher ins Auge, so findet man da viel Eigenthümliches, mitunter Abstoßendes.

Der hastige Eifer, in der kürzesten Zeit so viel als nur möglich zu erwerben, erhält den Geist des amerikanischen Kaufmanns in einer unablässigen Spannung; er hat niemals genug, das Errungene ist ihm nur ein Mittel, mehr zu erstreben, seine Habgier steigt mit dem Vermögen. Er achtet keine Gefahr des Lebens und des Eigenthums, wo der größte Gewinn in Aussicht steht. Er verläßt ein einträgliches und gesichertes Geschäft, sobald er ein gewinnreicheres weiß. Jeder will es in der Spekulation allen Anderen zuvor thun, es ist sein Stolz, die größten Schwierigkeiten besiegt zu haben, seine Mitbewerber weit hinter sich zu lassen. Die ihm angeborne Erfindungsgabe, der unbesiegbare, durch nichts zu erschütternde Muth kommen ihm hierbei sehr zu Statten. Verliert er durch ein allzu kühnes Wagniß auch noch so viel, so verzweifelt er an der Erreichung seines Zieles deßhalb nicht; die Klippen, an welchen er scheiterte, umschiffend, steuert er ihm unverzagt aufs Neue entgegen. Durch diese Eigenthümlichkeit sind die Nordamerikaner in Handelsunternehmungen den Ausländern gegenüber allezeit im entschiedenen Vortheile, und erringen überall die günstigsten Resultate.

Aber der Einzelne ist nicht zu beneiden, seine Lage ist eine unsichere, unbehagliche. Fallimente sind nirgends so häufig wie hier, selten besteht eine Firma lange; ein vom Vater auf den Sohn vererbtes Geschäft wird man nicht oft finden, eine ältere Großhandlungsfirma gehört gewiß einem Kaufmanne von fremdem, französischem, englischem oder deutschem Geblüte.

Der Kredit hat in Nordamerika ebenfalls viel Eigenthümliches. Trotz dem Mißbrauche, dem das Bankwesen der Vereinigten Staaten von jeher unterworfen war, muß man es bei dem Mangel an Metallgeld als ein unentbehrliches Förderungsmittel des Handels und der Gewerbe erkennen. Dem verderblichen Schwindel der Banken sind die Regierungen der meisten Staaten mit energischen Gesetzen wirksam entgegen getreten, obgleich die verschiedenen und veränderlichen Course der Papiere so vieler Banken noch fortwährend viel Unbequemlichkeit verursachen, und Gelegenheit zu harten Verlusten und Betrügereien geben; ein Umstand, der es dem nicht gründlich orientirten eingewanderten Deutschen schon allein unräthlich macht, sein Kapital in dem Großhandel zu wagen, wobei ihn noch ein ganzes Heer von anderen Schlingen und Hindernissen bedrohen.

Das Vertrauen beruht in Amerika weit weniger auf Vermögen, als auf den erforderlichen persönlichen Eigenschaften des Mannes. Die Fähigkeit, die Geschicklichkeit, zu erwerben, ist die Hauptgrundlage des Kredits. Ein talentvoller und bestrebsamer Anfänger im Geschäfte, auch wenn er fast nichts besitzt, hat weit mehr Vertrauen, als ein älterer Geschäftsmann mit einem nicht unbedeutenden Vermögen, besonders dann, wenn er es nicht ganz selbst erworben, sondern geerbt hat. Viele bejahrte Kapitalisten treten mit unbemittelten, aber talentvollen Anfängern in Compagnie, und finden ihre Rechnung sehr gut dabei. So ist das Talent zugleich Kapital. Nur mögen junge Männer aus Deutschland nicht nach Nordamerika in der Hoffnung gehen, daß ihre in der Heimat erworbene kaufmännische Ausbildung ihnen dort in kurzer Zeit eine glänzende Sphäre eröffnen werde.

Der excentrische Spekulationsgeist der Nordamerikaner läßt sich durch die Schranken einer strengen Rechtlichkeit nicht fesseln, und die Männer, welche so ganz offen und redlich denken und handeln, machen unter den dortigen Kaufleuten keineswegs die Mehrzahl aus. Jene, welche bereits ein großes Vermögen errungen haben, halten auf den für sie profitabeln Ruf der Redlichkeit mehr als die, welche erst im Emporstreben begriffen sind. Einer offenen gemeinen Schurkerei macht sich der Kaufmann nicht leicht schuldig, ein unsolider Streich muß wenigstens von tiefer Spekulation zeigen, und so ausgeführt werden, daß dem Beeinträchtigten keine Aussicht auf eine wirksame Klage vor Gericht geboten wird. Die Amerikaner sind selbst vor einander im Geschäfte sehr auf der Hut, und der Eine traut dem Andern nur insoweit, als die Umstände einen Betrug unthunlich erscheinen lassen, da heißt es: „Er kann mich nicht betrügen, er würde sich in seinen Verhältnissen dadurch mehr schaden als nützen." Dem Ausländer ist gegen einen Amerikaner nicht genug Vorsichtigkeit zu empfehlen.

Großhandel ist in Landungs- und Handelsstädten, Detailhandel ist über das ganze bewohnte Land verbreitet; ein Städtchen von kaum 1000 Einwohnern hat 5 und mehr Krämer, welche nicht nur die Stadtbewohner, sondern auch die Farmer der Umgegend zu versehen haben. In Amerika sind die Erzeugnisse der meisten Gewerbe, die man in Deutschland unmittelbar von dem Handwerker bezieht, Handelsartikel, und ein Kaufladen (store) muß die verschiedenartigsten Gegenstände gewähren können, wenn der Inhaber desselben auf frequenten Zuspruch rechnen will. Sind auch Kaffee, Zucker, Whisky, Weizenmehl, Aepfelschnitzen, Schnittwaaren und mancherlei Werkzeuge die gangbarsten Artikel, so dürfen Wagenschmiere, Schuhe, Eier, Axtstiele, Besen und hundert andere Dinge doch auch nicht fehlen. In schwach bevölkerten geldarmen Gegenden muß der Detaillist sich großen Theils mit Tauschhandel befassen, was viel Unbequemlichkeit zur Folge hat, da es oft schwer hält, die eingehandelten Landwirthschaftserzeugnisse ins Geld zu bringen. Doch ist der Kleinhandel viel solider und sicherer; er befindet sich häufig in den Händen der Deutschen, der Amerikaner treibt ihn nur kurze Zeit als Uebergang zu größeren Unternehmungen. Manufakturerzeugnisse geben die Fabrikanten und Großhändler des Nordens den Krämern des Südens gern in Commission, was beiderseits von großem Vortheil ist.

Wie der Handel in Nordamerika überhaupt, so bringt auch der Kleinhandel reichlichen Gewinn; bei Viktualien, die immer schnell abgesetzt werden, beträgt er selten unter 10 Prozent; bei manchen Artikeln 25 bis 50, ausnahmsweise auch 100 Prozent. Es ist nichts Seltenes, daß ein Fuhrmann, der mit einigen Joch Ochsen in den westlichen Staaten etwa zwei Jahre Fuhrwerk getrieben hat, einen store eröffnet, und sich im Verlaufe einiger Jahre zur Wohlhabenheit bringt.

Die Hausirer aus den nordöstlichen (Neuenglands-) Staaten sind meistens anfangs mittellose, aber aufstrebende Handelsgenies, die mit ihrer bewunderungswürdigen Beredsamkeit, Betrüglichkeit und Schlauheit sich bald einige Hundert Dollars zu erwerben wissen, um dann an größere Geschäfte zu gehen. Die eingewanderten israelitischen Kaufleute vermögen die Yankees in keiner Eigenschaft zu überbieten.

VII. Die Auswanderung der Deutschen nach den Vereinigten Staaten.

48. Beweggründe und Ursachen derselben.

Der allgemeine Beweggrund des Menschen, seinen Wohnsitz zu verändern, ist die Hoffnung auf eine Verbesserung seiner Lage.

Wird ihm an einem Orte etwas zuwider oder drückend, und er kann diese Widerwärtigkeit nicht beseitigen: so ist er geneigt, sich dorthin zu begeben, wo er davon unberührt zu bleiben glaubt. In Deutschland, wie auch anderwärts, sind es vornehmlich zwei Dinge, welche Vielen seiner Bewohner unangenehm und lästig sind, denen sie durch die Auswanderung nach Amerika entgehen wollen.

In den meisten Staaten Europas, so auch in Deutschland, sind Viele mit den Staatseinrichtungen unzufrieden, sie fühlen sich durch die Regierung zu sehr beschränkt, klagen über Mangel an Freiheit, über Zuvielregieren und dergleichen, und wenden ihre Blicke nach den Freistaaten der großen nordamerikanischen Republik, als dem Lande der erwünschten Freiheit.

Weder der Bundesregierung, noch der Regierung der Einzelstaaten der nordamerikanischen Union kann im geringsten vorgeworfen werden, daß sie durch Zuvielregieren die Freiheit der Staatsbürger beschränkten; es deuten vielmehr so manche Zustände sehr fühlbar auf ein Zuwenigregieren hin. Da ist Jedem weit mehr persönliche Freiheit und ein weit größerer Spielraum verstattet, zumal auf die Quadratmeile durchschnittlich kaum acht Menschen kommen. Diejenigen Deutschen, welche wegen Erlangung größerer Freiheit Deutschland mit Nordamerika freiwillig vertauschten, oder, besonders seit dem Jahre 1848, irgendwie dazu bemüßiget wurden, äußern sich in ihren Berichten von dort immer sehr zufrieden über ihre nordamerikanische Freiheit, und bedauern herzlich Alle, welche derselben noch nicht theilhaft sind. Durch die dortige Tagespresse lassen sie sich aber ganz anders vernehmen, da ist gar Vieles auch nicht nach ihrem Sinne, da wollen sie manches Bestehende abgeschafft und Anderes an seine Stelle gesetzt wissen, haben aber in den dortigen republikanischen Verfassungen und demokratischen Einrichtungen noch nichts zu ändern vermocht; die Amerikaner achten nicht auf ihre reformatorischen Bestrebungen und sagen: „Diese Deutschen wollen überall regieren, aber sich nicht regieren lassen."

Weit größer ist die Zahl Derjenigen, welche wegen der Unergiebigkeit der Erwerbsquellen ihr Vaterland verlassen, um in Nordamerika ein besseres Fortkommen zu suchen. Die gewerblichen Verhältnisse sind in Deutschland für Viele von der Art, daß man ihnen ihre Lust und ihren Entschluß zur Auswanderung gar nicht verdenken kann, wenn sie vernehmen, daß in Nordamerika weit mehr und ergiebigere Erwerbsquellen zu Gebote stehen, die Arbeit einen viel höheren Werth als in Deutschland hat. Wer in seinem Vaterlande mit den Seinigen Mangel oder Noth leidet, oder dieses in nächster Zukunft erwarten muß: bei dem überwiegt die Hoffnung eines besseren Fortkommens die Anhänglichkeit an das Vaterland, er trennt sich leicht von demselben, und wandert mit der Hoffnung nach dem fernen Lande, daß es für ihn dort besser seyn werde.

Daß es in Nordamerika überhaupt leichter ist, sich zu ernähren, als in Deutschland, das läßt sich nicht in Abrede stellen; nur ist zu bedauern, daß Jenen zur Auswanderung dorthin die Mittel so häufig fehlen, die ihr Loos dadurch wirklich verbessern könnten, und daß Viele diesen Schritt wagen, aber nur zu ihrem Schaden oder zum Verderben. Daß Viele in Amerika das gehoffte Glück nicht finden, beweiset die Menge Derjenigen, welche von dort nach Deutschland zurückkehren. Wenn ein Auswandererschiff im Hafen von New York sich zur Rückfahrt nach Hamburg oder Bremen anschickt, so melden sich gewöhnlich zwanzig und mehr von Enttäuschten, welche das Land ihres geträumten Glückes nach ein- oder mehrjähriger bitterer Erfahrung wieder verlassen, und nach der alten Heimat mit zurücksegeln wollen, nachdem ihnen von ihrem Vermögen oft kaum die nöthigen Mittel dazu übrig geblieben sind. Mehrere würden ihnen nachfolgen, wenn sie die Reisekosten aufzubringen vermöchten, oder sich nicht allzu sehr dessen schämten.

Daher soll Jeder, der mit dem Plane der Auswanderung umgeht, sich strenge prüfen, ob er für Amerika geeignet sey oder nicht; er soll genau und unparteiisch abwägen, was er hier verlasse und dort finde, damit er sich keiner Voreiligkeit und keines Leichtsinns schuldig mache, welche Fehler er nur zu bald und schmerzlich würde bereuen müssen. Könnte der Auswanderungslustige zuvor hinreisen, um sich von den dortigen Verhältnissen und Zuständen persönlich zu überzeugen, so würde freilich allem Zweifel abgeholfen und der Voreiligkeit dadurch vorgebeugt werden; aber das ist nur für sehr Wenige ausführbar, obwohl es Manchem, trotz der damit verbundenen Schwierigkeit, weit eher anzurathen wäre, als die Auswanderung dahin. Der Auswanderer muß sich auf Andere verlassen, muß Andern glauben, was sie ihm von jenem Lande berichten, um sich danach zu richten, seinen Entschluß entweder aufzugeben oder auszuführen. Aber grade hierin machen sich die Meisten einer Leichtgläubigkeit schuldig, welche als eine Hauptursache der zahlreichen Auswanderung betrachtet werden kann.

Es sind eine große Menge Bücher über die Auswanderung nach Amerika geschrieben worden, und jedes Jahr kommen neue hinzu: „Rathgeber, Führer, Wegweiser für Auswanderer" sind die gewöhnlichsten Titel derselben. Ein Buch, welches gegen die Auswanderung geschrieben wäre, oder dieselbe nur in einzelnen Fällen als räthlich erscheinen ließe, würde wenig Reiz haben und wenig Abnehmer finden. Sobald aber ein Werk erscheint, welches das Land, wohin die Auswanderung gehen soll, recht paradiesisch schildert: so wird es fleißig gekauft und gelesen, und Tausende lassen sich dadurch zur Auswanderung bewegen. Manche Auswanderungsbücher berichten das Gute und Angenehme von Amerika ziemlich getreu, aber sie verschweigen das Unangenehme und Nachtheilige, und gewinnen durch diese einseitige Darstellung Viele für die Auswanderung. Es ist einleuchtend, daß jene zahllosen Spekulanten, welche zusammen in einem Jahre viele Millionen von den Auswanderern gewinnen, bemüht seyn werden, viele Bücher unter das Volk zu bringen, durch welche die Auswanderungslust geweckt und gesteigert wird. Das Loos der Auswanderer selbst ist ihnen aber ganz gleichgiltig, ob diesen die Auswanderung zum Heile oder zum Verderben gereiche, das ist ihnen einerlei. Viele Leser von Auswanderungsbüchern wenden ihren Blick nur auf das, was ihnen darin gefällt; aber das Unangenehme, was ohnehin nur mit schwachen Farben angedeutet ist, übersehen sie, und ziehen es nicht in reifliche Ueberlegung: so helfen sie selbst das Werk ihrer Täuschung erleichtern und vollbringen.

Aber die Berichte in den Briefen der Vorangegangenen an ihre in Deutschland zurückgebliebenen Angehörigen, Freunde und Bekannte müssen doch wahr und glaubwürdig seyn? Ich muß das entschieden verneinen. Erstens schon darum, weil kein Ausgewanderter es eingestehen will, daß er sich getäuscht, daß er das dort nicht gefunden habe, auf was er mit Zuversicht gerechnet und sich gefreut hatte, er besorgt mit Recht, daß er bei Wenigen in der Heimat auf ein aufrichtiges Bedauern, bei Vielen aber auf Schadenfreude und bitteren Spott zu rechnen habe; selbst das Bedauern wegen eines sich freiwillig zugezogenen Unheils ist nicht angenehm. Man will auch Denen, die von der Auswanderung abgerathen haben, es nicht eingestehen, daß sie mit ihren vorgebrachten Bedenken und Warnungen recht gehabt, und schärfer, richtiger gesehen haben.

Zweitens: Die Ausgewanderten wünschen aus verschiedenen Gründen, daß recht Viele von ihren Angehörigen und Landsleuten ihnen nachfolgen, und sich in ihrer Nähe niederlassen mögen; eines Theils schon wegen der nachbarlichen Gesellschaft und Unterstützung, deren Mangel die Meisten dort sehr schmerzlich empfinden; ferner wünscht man überall Zuzug von Einwanderern, weil diese den bereits Angesiedelten Land, Vieh u. s. w. abkaufen müssen, wodurch baares Geld, an dem es immer sehr mangelt, in die Gegend kommt, und der Werth des Bodens und der Produkte steigt; das Nachfolgen der Angehörigen, besonders wenn sie bemittelt sind, ist offenbar den Vorangegangenen wünschenswerth, sie mögen sich in einer günstigen oder ungünstigen Lage befinden.

Daher ist es wohl begreiflich, daß man aus den Briefen der Ausgewanderten keine Klagen vernimmt, so gerechte Ursache dazu mancher Schreiber auch haben mag. Ich bekam vor meiner Reise nach Amerika viele Briefe von dort Ansässigen zu lesen, worin sie alle ihre Lage als ganz zufriedenstellend schilderten; als ich mich dann von ihren Umständen persönlich überzeugte, und befremdet frug, warum sie sich in ihrer brieflichen Darstellung so gar weit von der Wirklichkeit ihrer Verhältnisse entfernt hätten, erhielt ich gewöhnlich zur Antwort: „Andere können es hier ja auch versuchen; in Deutschland sind der Menschen mehr als genug, und hier fehlen sie.“

49. Was hat Nordamerika für Deutsche Gutes und Wünschenswerthes?

Dieses große Land bietet seinen Bewohnern anerkennungswerthe Vortheile, die hier ganz ungeschmälert aufgezählt werden sollen:

1. Sind auch die Bürger der Vereinigten Staaten keineswegs, wie Manche glauben, frei von Abgaben (vergl. Nr. 24), so ist doch die Grundsteuer sammt der Viehtaxe, welche der Landwirth zu entrichten hat, nicht hoch, und Handwerker zahlen von ihrem Gewerbe keine Abgaben.

2. Die Staatsbürger sind zwar während eines bestimmten Alters zur Miliz verpflichtet (vergl. Nr. 25), aber sie wird außer dem Falle eines Krieges nur selten, etwa zur Dämpfung eines Tumultes, aufgeboten. Zum regulären Militärdienste werden Freiwillige angeworben, deren sich immer genug finden, weil sie gut bezahlt werden. Militäreinquartierung darf verfassungsmäßig in Friedenszeit Niemanden ins Haus gelegt werden.

3. Unbeschränkte Freiheit für Handel und Gewerbe, Jagd und Fischerei ist Jedermann gestattet. Ueber Preßfreiheit vergl. Nr. 29.

4. Es besteht kein Unterschied des Ranges; die Benennungen „Vornehme" und „Niedrige" haben keine Bedeutung; der Beamte hat vor dem Landwirthe, der Kaufmann vor dem Fuhrmanne nichts voraus.

5. Nordamerika als ein Land mit fruchtbarem, zum Theile noch wüstem Boden, schwacher Bevölkerung, aufblühendem Handel und allgemeiner Gewerbefreiheit bietet weit mehr und ergiebigere Erwerbsquellen als Deutschland; vergl. Nr. 42, 43 und 44.

6. Die Arbeit hat dort einen viel höheren, die Lebensmittel einen niedrigeren Werth; daher im Allgemeinen die peinliche Sorge um den täglichen Lebensunterhalt, Mangel und Noth die Bevölkerung weit weniger bedrohen und drücken.

50. Was hat Nordamerika für Deutsche Unangenehmes und Nachtheiliges?

Gegen die so eben erwähnten Vortheile werden Auswanderungslustige wohl nichts einzuwenden haben, aber die nun folgenden Nachtheile und Schwierigkeiten werden ihnen nicht gefallen; doch mögen sie vor denselben ihre Augen nicht schließen, sondern sie reiflich bedenken.

Vielen erscheint die lange weite Seereise als die größte Schwierigkeit der Auswanderung, und sie meinen: wenn nur diese überstanden wäre, so würde schon Alles gut seyn. Dieselbe ist wohl mit Gefahr und großer Unbequemlichkeit verbunden, aber sie ist doch bald überstanden; und selbst die Seekrankheit ist zwar für Viele peinlich, aber nicht gefährlich, und braucht nicht so sehr gefürchtet zu werden, da sie sogar nach vollendeter Seereise einen gedeihlichen Einfluß auf die Gesundheit hat. Weit allgemeiner verderblich und sehr bedenklich ist schon:

1. Die Gefahr, nach der Landung in Amerika sein Vermögen durch Betrug, Diebstahl oder Raub zu verlieren. Diejenigen, welche in New York landen, und von da tiefer ins Land reisen, sind dieser Gefahr am allermeisten ausgesetzt, und es kommt nicht leicht Einer ungerupft davon. Ein zahlloses Heer von Gaunern und Spitzbuben lauern schon am Hafen auf jedes Emigrantenschiff; kaum hat eins angelegt, so dringt ein gewaltiger Haufen von Lastträgern, Fuhrleuten und Zutreibern für Wirthshäuser, Eisenbahnen und Dampfboote mit solchem Ungestüme und wildem Lärme ein, daß die armen Auswanderer ganz verblüfft dastehen und nicht wissen, was sie anfangen sollen. Schon bei diesem ersten Tumulte verschwinden manche Effekten, Koffer u. dergl. Von da an bis zu seiner Niederlassung kommt der Einwanderer nicht mehr aus den Händen der Schurken; denn das Gasthaus, der Bahnhof, das Dampf- und Kanalboot sind nicht mit einzelnen, sondern mit ganzen Banden von Galgenvögeln besetzt, welche mit unergründlicher Industrie ihre Opfer prellen und ausplündern. Am ärgsten ergeht es den armen Einwanderern bei ihrer Weiterbeför-

derung. Die Passage-Bureaux der Eisenbahnen, der Kanal- und Dampfbootlinien halten eine Menge Mäkler oder Zutreiber (runners), welche sehr hoch besoldet werden, aber nebstdem die Immigranten auf das Unverschämteste betrügen und prellen. Diese durchtriebenen Gauner wissen sich durch List und Schlauheit das Vertrauen der rathlosen Leute zu erzwingen, und nehmen von denselben das Doppelte und Dreifache des bestehenden Fahrpreises für Personen und Gepäck; und wenn die Arglosen meinen, für die ganze Linie, welche sie befahren wollen, bezahlt zu haben, werden sie auf einer Zwischenstation zur Erlegung ähnlicher Beträge gezwungen, und sie müssen sich drein fügen, wollen sie mit ihren Effekten nicht am Bahnhofe zurückgelassen oder vom Dampf- oder Kanalboote über Bord geworfen werden. So liefern die Runnerbanden von New York die Betrogenen zum abermaligen Betruge jenen von Albany oder Buffalo zu. Die Immigranten aus England und Irland verstehen wenigstens die Landessprache, aber die Deutschen sind völlig rathlos und verlassen. Die Runner sind aber Deutsche, welche ihre Landsleute so ausplündern. Alle Gesetze und Verfügungen der Regierung und der Stadtbehörden, so zweckmäßig und strenge sie auch erscheinen mögen, haben gegen dieses Raubsystem nur wenig vermocht. Die Zahl und die Macht dieser Banden ist zu groß, der Kläger richtet nichts aus; ein Loafer (vergl. Nr. 27) wird von seinen Consorten ungestraft aus den Händen der Gerechtigkeit durch falsche Eide oder Gewalt befreit. Die Hafenstädte von Texas, Galveston und Indiannola bieten diesem Raubgesindel noch zu wenig Erwerb, und man ist vor ihm da noch ziemlich sicher.

2. Das ungesunde Klima von Amerika sollte weit mehr in Rechnung gebracht werden, als es gewöhnlich geschieht (vergl. Nr. 8 und 9), da dasselbe den Eingewanderten während den ersten Jahren ihres Dortseyns schwere Krankheiten und Vielen den Tod bringt. Auch die Arbeit fällt dort aus klimatischen Ursachen viel schwerer als in Deutschland. Wie ungenügend und theuer die ärztliche Hilfe trotz den vielen Aerzten in Amerika ist, wurde früher bemerkt (vergl. Nr. 28.)

3. Der Deutsche ist in Amerika ein vollständiger Fremdling, Alles ist ihm da fremd: das Land und sein Klima, Sprache,

Gesetze, Sitten. Es ist wohl zu erwägen, was es heiße: in einem so fernen Lande Fremdling seyn. Der Deutsche ist in Amerika noch dazu ein verachteter Fremdling, der gar oft den Spottnamen dutchman (spr. Dötschmen; Holländer, Deutscher) hören muß, wenigstens so lange, bis er geläufig englisch sprechen kann. Es ist schauderhaft, was sich deutsche Einwanderer auf den Dampf- und Kanalbooten von Amerikanern, Irländern und Engländern müssen gefallen lassen. Ich war mehr als einmal Augenzeuge, wie deutsche Einwanderer von dem amerikanischen Kapitain oder Steuermanne mit fürchterlicher Brutalität, Fußstößen und dergl. zum Holztragen vom Ufer auf das Boot gezwungen wurden, obschon sie ihr Fahrgeld richtig bezahlt und keine derlei Verpflichtung übernommen hatten. Nur wo die Deutschen in Mehrzahl angesiedelt sind, hat der neuangekommene Landsmann nach den überstandenen Mühsalen der Reise ein erträglicheres Loos zu erwarten; die Amerikaner pflegen ihr Betragen gegen ihn erst zu ändern, wenn er bereits amerikanisirt ist. Das viele Gesindel, was in früherer Zeit aus Deutschland mit nach Amerika gekommen ist, hat den deutschen Namen sehr in Mißkredit gebracht.

4. Die Unterrichtsanstalten sind in Amerika entweder sehr mangelhaft und theuer, oder sie fehlen ganz. Eltern können ihren Kindern daher die nöthige Ausbildung nur mit großen Opfern verschaffen, oder müssen sie im Falle des Unvermögens, was häufig ist, gewissermaßen verwildern lassen (vergl. Nr. 28).

5. Die Befriedigung des religiösen und kirchlichen Bedürfnisses unterliegt nicht geringen Schwierigkeiten. Die Kirchengemeinden müssen sich ihre Kirchen selbst bauen und erhalten, und ihren Priestern die nöthigen Subsistenzmittel gewähren, was um so schwerer ist, da so vielerlei Confessionsverwandte unter einander wohnen (vergl. Nr. 32). Diejenigen, welche sich von aller kirchlichen Gemeinschaft loszählen, um die Beiträge zu ersparen, sind dann von ihren Glaubensgenossen und von den Amerikanern allgemein übel angesehen.

6. Die Mehrzahl der nach Amerika auswandernden Deutschen ist Willens, dort durch Landwirthschaft ihr Fortkommen zu suchen. Das hat schon beim Ankaufe von Realitäten seine Gefahren und

Schwierigkeiten (vergl. Nr. 40). Der Preis des Bodens ist in Rücksicht auf das Erträgniß nicht so gering, wie man gewöhnlich glaubt (vergl. Nr. 39). Eine Farm auf wüstem Grunde einzurichten, ist für den Neuangekommenen eine fast unlösbare Aufgabe (vergl. Nr. 38). Das Leben eines nordamerikanischen Farmers ist keineswegs so beneidenswerth, als Manche meinen (vergl. Nr. 41). Wo die Arbeit so theuer, die landwirthschaftlichen Produkte so wohlfeil sind, da kann nur der bestehen, der selbst arbeiten kann und will, und fremder Hände nicht bedarf.

7. Wer etwa die meistens vom Volke gewählten Beamten in den Vereinigten Staaten für sehr amtstreu halten will, der mag sehen, wie er folgende Episode mit seiner Ansicht in Einklang bringe: Im Herbste 1850 wurde das Eisenbahn-Depot zu Detroit im Staate Michigan in Brand gesteckt. Man hatte schon längst Grund zu der Vermuthung, daß eine zahlreiche Räuber- und Mordbrennerbande in der Gegend bestehe. Durch die umsichtigen und wohlberechneten, wenn auch kostspieligen Verfügungen der Eisenbahngesellschaft gelang es, 39 Mitglieder dieser Bande sammt ihrem Anführer Dows einzubringen; unter diesen befanden sich: 1 Distriktsrichter, 3 Friedensrichter und 4 Konstabler; noch andere Beamte sollen durch das mit den Verbrechern gepflogene Verhör schwer compromitirt worden seyn. —

Das wären etwa die wichtigsten Uebelstände, welche gegen die unter Nr. 49 gemeldeten Vortheile Nordamerikas in die Waagschale zu legen sind, und bei ernstlicher Betrachtung die paradiesische Vorstellung von Amerika bei Vielen herabstimmen können.

51. Ungünstige persönliche Eigenschaften und Verhältnisse zur Auswanderung.

Ich wurde seit meiner Rückkehr aus Nordamerika von sehr Vielen um Auskunft über die dortigen Verhältnisse und um Rath betreffs ihrer projektirten Auswanderung dahin angegangen. Kaum der vierte Theil derselben war nach den persönlichen Eigenschaften und Verhältnissen so beschaffen, daß ich ihnen mit einiger Beruhigung zu diesem wichtigen Schritte rathen konnte. Ich fand bei den Meisten mehr oder weniger folgende bedenkliche Umstände:

1. Eine schwächliche Körper-Constitution oder eine erschütterte Gesundheit. Der Auswanderer nach Amerika bedarf eines kräftigen und gesunden Körpers, das ist von selbst einleuchtend.

2. Ein vorgerücktes Alter. Wer bereits über 40 Jahre zählt, und nicht einige Söhne hat, die ihm mit ihrer Arbeit an die Hand gehen können, darf auf keine gedeihliche Wirksamkeit und Wohlfahrt in Amerika rechnen.

3. Kinderlosigkeit bei etwas vorgerücktem Alter. Was wollen Eheleute thun, wenn mit den Jahren ihre Kräfte zur Arbeit schwinden? Sie können sich nicht früher so viel erwerben, um in späteren Jahren davon leben zu können; haben sie ein bedeutendes Vermögen mit aus Deutschland hinüber gebracht, so war ihre Auswanderung sehr unklug, denn ohne Erwerb lebt man in Amerika viel theurer als in Europa, besonders wenn man Bedienung oder Aufwartung von Fremden braucht, oder Bequemlichkeit und feinere Genüsse nicht entbehren kann.

4. Ungewohnheit der Arbeit bei Denjenigen, welche dort durch schwere Arbeit ihr Fortkommen suchen. Sowohl die landwirthschaftlichen als die Verrichtungen der meisten Handwerker sind schwere Arbeiten. Viele geben sich dem Wahne hin, daß sie sich dort schon an die Arbeit gewöhnen oder gar dieselbe erlernen werden, wenn sie auch hier wenig gearbeitet haben. Wer nicht von Jugend auf anstrengende Arbeiten anhaltend verrichtet hat, dem fehlt es doch in Amerika dann um so mehr an Kraft und Geschicklichkeit dazu, wo die Arbeit schwerer fällt, für den hohen Lohn mehr gearbeitet werden muß als in Deutschland, er wird gewiß kein guter und glücklicher Arbeitsmann. Diejenigen, welche in Schulen und Kanzleien, oder sonst mit Stubensitzen ihre Jugendjahre verbracht haben, spielen dort eine sehr leidende, mitunter erbärmliche Rolle.

5. Gemächlichkeit, Gewöhnung an ein bequemes comfortables Leben. Findet man auch in den großen Städten Nordamerikas alle Bequemlichkeiten und Genüsse, welche europäische

Hauptstädte bieten, so sind sie daselbst nur für Wenige, für Reiche, zu welchen deutsche Auswanderer nicht zu gehören pflegen. Selbst die Genüsse des gemeinen Bürgers stehen in Amerika nicht der Mehrzahl zu Gebote. Für so manche Entbehrungen wollen sich Viele durch den Whisky entschädigen, was der Weg zum sicheren Verderben ist.

6. Mittellosigkeit. Wenn auch die Ueberfahrt sammt Beköstigung für einen einzelnen Auswanderer nur 50 Thaler beträgt, so muß man für die Landreise hier und in Amerika wenigstens eben so viel rechnen. Dieser Betrag ist gerade für Diejenigen, welche in Amerika die meiste Aussicht auf eine Verbesserung ihrer Lage hätten, unerschwinglich. Der Handwerker, auch wenn er sein Gewerbe dort nicht selbstständig betreiben, sondern in großen Werkstätten und Fabriken arbeiten will, muß oft noch eine weite Landreise machen, um sich die für ihn geeignetsten Punkte aufzusuchen, und bedarf, vorzüglich wenn er Familie hat, eines nicht unbedeutenden Geldbetrages. Selten findet Einer in der Nähe des Landungsplatzes, wo Alles schon mit Arbeitern überfüllt ist, Beschäftigung; fehlen ihm zur Weiterreise die Mittel, so geräth er in Verlegenheit und Noth, muß seine etwa mitgebrachten Effekten für einen Spottpreis verkaufen, oder sich glücklich schätzen, wenn er nur für den niedrigsten Lohn irgend eine Beschäftigung findet, der ihn und seine Familie kaum vor Hunger schützt. Welche sich auf Landwirthschaft verlegen wollen, dürfen ohne Kapital nicht nach Amerika kommen, außer Jemand ist jung, stark und arbeitslustig, und will sich im Dienste oder durch Tagarbeit die Mittel zur Selbstständigkeit erst erwerben, was zwar nicht leicht, aber sicherer ist, als gleich mit dem mitgebrachten Gelde eine unabhängige Stellung einzunehmen. Man hört so oft die Frage: „Wie viel braucht man, um in Nordamerika mit Landwirthschaft seine Subsistenz zu gründen?“ Hierauf läßt sich im Allgemeinen nichts Bestimmtes antworten, da Alles auf persönliche und lokale Eigenschaften und Verhältnisse ankommt. Eine Familie, die aus arbeitsfähigen, genügsamen und einmüthig zusammenwirkenden Gliedern besteht, bringt sich ohne bedeutende Geldmittel durch; wer dagegen ohne oder mit einer zur angestrengten Arbeit nicht fähigen

oder geneigten Familie nur durch fremde Arbeit Landwirthschaft betreiben will, kann nicht genug Geld mit nach Amerika bringen. Vergl. Nr. 38 bis 42 incl.

52. Wo ist es für Deutsche in Nordamerika am besten in Rücksicht auf Landwirthschaft?

Wenn auch vorläufig die Vereinigten Staaten von Nordamerika unter allen Ländern, wohin sich europäische Auswanderer zu wenden pflegen, den zur Auswanderung geneigten Deutschen noch die meiste Aussicht auf ein erträgliches Fortkommen, in einzelnen Fällen sogar auf eine Verbesserung ihres Looses darbieten: so ist doch die Frage: „Nach welchem Theile der Vereinigten Staaten sollen sich deutsche Auswanderer begeben?“ immer sehr verschieden beantwortet worden, weil dießfalls individuelle Erfahrungen, Ansichten oder Interessen das Urtheil begründeten oder modifizirten.

Der größte Strom der aus Europa anlangenden Einwanderer, auch der Deutschen, ergießt sich von New York aus in die westlichen Staaten und Gebiete: Michigan, Wisconsin, Illinois und Iowa. Auch Amerikaner aus den östlichen Staaten wandern dahin, so wie nach Texas, Californien und Oregon. Durch die Auswanderung der Letzteren nach dem Westen ist in manchen Gegenden der östlichen Staaten wieder Platz geworden, wo der Boden durch die amerikanische Aussaugungsmethode ziemlich entkräftet und im Erträgnisse wie theilweise im Preise gesunken ist. Durch deutsche Bewirthschaftungsweise mit Düngung lassen sich solche Gründe aber leicht und bald wieder in tragbaren Stand versetzen, und sie haben dann bei den etwas besseren Verbindungsmitteln und anderen Vortheilen vor den geldarmen wüsten westlichen Regionen, wo die Ansiedler größtentheils noch mit den harten Anfängen der Kultur, ohne vorwärts zu kommen, sich jahrelang abmühen, für Deutsche den Vorzug. Der westliche Theil der Staaten New York, Pennsylvanien und Virginien scheint für den deutschen Betrieb der Landwirthschaft am geeignetsten unter allen Theilen der Union. Am Alleghany-Flusse im westlichen Pennsylvanien erinnern die grünen, von vielen Bächen durchschnittenen Wiesen zwischen waldigen Anhöhen, die blühenden freundlichen Städte, die zahlreichen Farmen mit hohen Scheuern und den Düngerhaufen auf den Feldern lebhaft an Deutschland.

Der junge große Staat Texas kam durch den 1844 ins Leben tretenden „Mainzer Verein zum Schutze deutscher Auswanderer" als Auswanderungsziel in Aufnahme. Verfiel auch dieser Verein bald einem chronischen Siechthume, das ein ruhmloses Ende andeutete: so hat er doch das Verdienst, einen Kolonisationspunkt für deutsche Auswanderer aufgefunden zu haben, der trotz allen nachtheiligen Berichten und Warnungen dagegen mehr und mehr Deutsche anzieht. Nordwestlich von San Antonio, Neubraunfels und Austin, wo die höhere Bergregion beginnt, dehnt sich eine sehr große, erst an der angedeuteten unteren Linie, und zwar meist von Deutschen besiedelte Gegend aus, welche in Hinsicht auf gesunde Lage, Preis des Bodens, Absatz der Landwirthschaftsprodukte und Gelegenheit zur freien Prairie-Viehzucht auf jeden Fall eine günstige genannt werden muß Nur in den ungesunden südlichen und südöstlichen Theilen von Texas soll der Deutsche sich nicht niederlassen, so fruchtbar da auch der Boden seyn mag.

Nach Californien und Oregon wandern meistens Abenteurer und Verbrecher.

53. Bemerkungen für auswanderungslustige Gewerbsleute. Vergl. Nr. 43.

Tüchtige Handwerker haben in Nordamerika einen ansehnlichen Verdienst; aber nicht jeder deutsche Professionist darf erwarten, daß er dort sogleich seine Arbeit überall so hoch werde verwerthen können; es ist hierbei Manches zu bemerken:

1. Viele Handwerker wandern nach Amerika aus, welche in der deutschen Heimat mit ihren Gewerbsgenossen nicht concurriren konnten, weil ihre Leistungen den Anforderungen des Publikums nicht entsprachen, oder weil sie aus Mangel an Körperkraft, Fertigkeit und Fleiß zu wenig leisteten, und dadurch im Verdienste zurückblieben. Solchen Gewerbsleuten, welche sich in Deutschland von andern überflügelt sehen, fehlt grade das, was zu einem guten Fortkommen in Amerika nothwendig ist, und sie werden dort in demselben Verhältnisse zu ihren Mitbewerbern stehen. Solche müssen in den Werkstätten der östlichen Staaten, wo ihre Leistung sehr richtig tarirt wird, um einen viel minderen Lohn arbeiten; sie würden aber am besten thun, sich nach den schwachbevölkerten westlichen Staaten zu wenden, wo es noch an Handwerksleuten fehlt, und wo man sich mit ihren Leistungen eher begnügen wird — vorausgesetzt, daß ihre Profession dort überhaupt gangbar ist. Der hohe Verdienst aber, den andere erwerben, wird ihnen nie und nirgends zu Theil werden. Wenn es daher heißt: „Dieser oder jener Professionist verdient in Amerika 1 bis 2 Doll.", so mögen sie nur auf den einen rechnen.

2. Bei der Betrachtung des hohen amerikanischen Arbeitslohnes von 1 bis 2 Doll. täglich wird immer außer Acht gelassen, daß dort das Geld im Verhältnisse zu den meisten andern Dingen einen weit geringeren Werth als in Deutschland hat, das heißt: mit einem Dollar richtet man in Amerika nicht so viel aus, als hier mit 2 Fl. 4 Kr. Conv.-Münze, was ein Dollar doch eigentlich gilt.

Schon die kleinliche Sparsamkeit ist in Amerika nicht gebräuchlich, und die Deutschen verlieren sie nach dem Beispiele der Amerikaner dort sehr bald. Man gibt leicht ein Geldstück aus, weil man es leicht wieder verdient; der Handwerksmann kann in Kost und Kleidung andern Geschäftsleuten nicht wohl nachstehen.

Manche Gegenstände sind viel theurer als in Deutschland; so die Wohnungen. Man zahlt in kleinen Städten für eine hölzerne Baracke mit einer Wohnstube, in welcher oft der Wind das Licht auf dem Tische nicht will brennen lassen, monatlich 5 bis

6 Doll.; in Deutschland würde man kaum so viele Groschen dafür bezahlen, wenn man sich auch mit einem solchen Logis begnügen wollte. Aerztliche Hilfe, die sehr oft gebraucht wird, und Schulunterricht für die Kinder stehen fast in demselben Preisverhältnisse.

Die stabilen städtischen Gemeindeabgaben sind gar nicht unbedeutend; dazu kommen noch die außergewöhnlichen. Größere und kleinere Städte in den Vereinigten Staaten sind meistens noch sehr jung, da fehlt es denn immer an sehr vielem, was aus den Mitteln der Einwohner hergestellt werden muß: öffentliche Gebäude, Pflaster, Brücken, Wasserleitungen u. s. w.; dazu müssen die Bürger so beträchtliche Beiträge leisten, daß die eingewanderten Deutschen sich anfänglich davor entsetzen. Dazu kommen noch die Beiträge für kirchliche Angelegenheiten. Dörfer wie in Deutschland, wo sich Gewerbsleute ansässig machen könnten, gibt es nur wenige, und auch diese verwandeln sich sehr bald in Städte. Wo nur einzelne Farmen weit von einander entfernt stehen, da hat der Gewerbsmann natürlicher Weise keinen Verdienst zu hoffen.

Wenn man diese und ähnliche Verhältnisse richtig in Rechnung bringt, so schrumpft der hohe Verdienst bedeutend zusammen. Wer sich in Deutschland täglich 30 Kr. Conv.-M. verdient und in Amerika nur auf 1 Doll. rechnen kann, der erzielt durch die Auswanderung dahin keinen andern materiellen Gewinn, als daß er dort eine bessere Kost genießt.

3. Manche auswandernde Handwerker verfehlen dort ganz die Gegend, wo sie ihr Gewerbe mit Vortheil betreiben könnten, und gerathen in solche, wo sie kein genügendes Material zum Betriebe ihres Gewerbes finden, wo man sie gar nicht braucht oder ihre Erzeugnisse besser und billiger aus den Kaufläden bezieht. Wenn Weber, Gürtler, Steinmetzer u. a. nach Texas oder Wisconsin gehen, so werden sie mit ihrem Gewerbe nichts verdienen. Es ist zum Erstaunen, wie so ganz unbekannt mit den dortigen Erwerbsverhältnissen Manche nach Amerika auswandern. So fragte mich ein eben eingewanderter deutscher Jäger in Albany, ob ich nicht wisse, wo er als Jäger oder Forstmann eine gute An-

stellung bekommen könne? und er verwunderte sich sehr, als ich ihm bedeutete, daß in der ganzen Union kein angestellter Jäger oder Forstmann existire.

4. Viele Handwerker können ihr Gewerbe in Amerika gar nicht selbstständig betreiben, sondern müssen in den betreffenden großen Werkstätten und Fabriken Beschäftigung suchen, wo alle Artikel durch mechanische und andere Vortheile wohlfeiler und besser erzeugt werden; dahin gehören unter anderen: Kammmacher, Färber, Weber, Maschinisten, Gürtler und Branntweinbrenner.

5. Jene Handwerker, welche in Amerika den Meister zu spielen, aber nicht selbst zu arbeiten gedenken, mögen erwägen, aß jeder Geselle dort eben so gut Meister seyn, und das Gewerbe auf eigene Faust betreiben kann, wenn zum Betriebe desselben qnicht ein bedeutendes Kapital erfordert wird.

6. Ohne Kenntniß der Sprache und Verhältnisse des Landes ist es schwierig und gefährlich, sich in ein größeres selbstständiges Geschäft einzulassen. Wer sich in Ansehung der Bezugsquellen und Absatzwege nicht selbst zu rathen weiß, sondern sich auf Andere verlassen muß, wird in dem spekulativen Amerika immer den kürzeren ziehen. Von Neueingewanderten gegründete Unternehmungen haben immer bald ihr Ende gefunden, aber mit dem Verluste des darin angelegten Kapitals. Jeder Gewerbs- und Geschäftsmann muß in Amerika wieder zuerst Lehrling seyn, wer sich dessen überheben zu können glaubt, kann in Amerika sein Fortkommen nicht finden.

7. Die verschiedenen Professionen gewähren den auswandernden deutschen Gewerbsleuten in Nordamerika nicht ein gleich sicheres Unterkommen und einen gleich guten Verdienst.

Am sichersten, wenn auch nicht unmittelbar in den Hafenstädten, wo sie landen, finden folgende ihr Unterkommen und einen Verdienst von 1 bis 2 Dollars des Tags, in besonders günstigen Verhältnissen ausnahmsweise zuweilen noch etwas mehr: Büchsenmacher, Schmiede, Klempner, Schlosser, Uhrmacher, Wagner, Tischler, Zimmerleute, Schneider, Barbiere, Sattler, wenn sie zugleich Riemer sind, Schankwirthe, unter welchen es sehr viele Deutsche gibt, die sich sonst mit nichts zu ernähren wissen.

Folgende können nur in den östlichen Staaten in größeren Städten oder deren Nähe auf einen mit den vorigen fast gleichen Verdienst rechnen: Zuckerbäcker, Bierbrauer, Branntweinbrenner, Mahlmüller, Färber, Seifensieder, Faßbinder, Drechsler, Maschinenbauer, Maurer, Steinmetzer, Ziegelstreicher, Feilhauer, Gürtler, Gärtner, Gerber, Papiermacher, Schuhmacher, Hutmacher, Seiler, Töpfer, welche selten gebraucht werden, Bergleute müssen die Bergwerke, Glasmacher von Philadelphia aus die Glashütten aufsuchen. Die Arbeiter in den Baumwollspinnereien und Webereien, wozu meistens Kinder verwendet werden, verdienen wenig, und sehr viele sind seit einiger Zeit entlassen worden, weil die Baumwollmanufakturen ins Stocken gerathen sind.

Wenig Aussicht auf Erwerb haben: Kaufleute, Bäcker, außer in deutschen Gegenden, Tuchmacher, Buchhändler, Buchdrucker, Buchbinder.

Keine Beschäftigung finden: Goldarbeiter, Handschuhmacher, Leinweber, weil ihre Erzeugnisse aus Europa kommen; ferner Glaser, weil die Scheiben, welche der Tischler einsetzt, schon in der Fabrik von bestimmten Größen geschnitten werden; Nagelschmiede, weil allerhand Nägel mit Maschinen in Fabriken sehr wohlfeil verfertiget werden; endlich Jäger und Forstwächter, weil Jedermann jaget, wo es noch etwas zu jagen gibt, und Niemand an Forstkultur oder Bewachung des Waldes denkt.

Mögen auswanderungslustige Gewerbsleute diese Bemerkungen wohl beherzigen, und sich ernstlich prüfen, ob sie von den Nr. 51 angeführten zur Auswanderung ungünstigen persönlichen Eigenschaften und Verhältnissen frei sind, damit sie sich nicht unbedachtsam zu diesem überaus wichtigen Schritte entschließen, und nicht von eitlen Hoffnungen geblendet, ihr eigenes und der Ihrigen Wohl leichtsinnig aufs Spiel setzen, was sie nur zu bald und schmerzlich würden zu bereuen haben. Selbst Diejenigen, welche ein für Amerika geeeignetes Gewerbe und die erforderlichen persönlichen Eigenschaften besitzen, werden manche Gefahr und harte

Proben zu bestehen haben, bevor sie dort zu einem ihren Erwartungen entsprechenden Wohlstande gelangen.

Ich habe in allen Erwerbszweigen unzufriedene Deutsche in Nordamerika gefunden, am wenigsten aber unter den weiblichen Individuen, welche als Dienstmädchen dorthin gewandert sind, vergleiche Nr. 42. Solche finden überall Unterkommen und gute Behandlung, einen viel leichteren Dienst als in Deutschland, und wenn sie sich dessen würdig beweisen, oft schon binnen Jahresfrist annehmbare Gelegenheit zum Heirathen; selbst Amerikaner nehmen wohlgesittete deutsche Mädchen gern zu Frauen, weil sie thätiger sind, als die Amerikanerinnen, und in Ansehung der Bedienung und des Luxus weniger Ansprüche machen.

Anmerkung.

Von deutschen Künstlern finden Organisten noch dann und wann bei Kirchen eine gute Anstellung. Concertisten machen in der Regel wenig Glück. Musiklehrer müssen der englischen Sprache kundig seyn, um auf Verdienst rechnen zu können. Portraitmaler finden allenfalls in großen Städten Beschäftigung. Außer den Aerzten, welche sich auf Marktschreierei verstehen, haben deutsche Gelehrte als solche wenig zu hoffen. Ein Astronom würde ohne anderweitigen Erwerb verhungern müssen, wenn er auch die Parallaxen von allen Fixsternen und jede Woche ein Paar Planeten entdeckte.

Anhang.

Münzen, Maaße und Gewichte
der Vereinigten Staaten.

Münzen.

Gold.

1 Eagle	= 10 Dollars	20 Fl.	40 Kr.	Conv.=M.
½ Eagle	= 5 „	10 „	20 „	„
¼ Eagle	= 2½ „	5 „	10 „	„
Neue Goldstücke zu	20 D.	41 „	20 „	„
dito	1 „	2 „	4 „	„

Silber.

1 Dollar	= 100 Cents	2 Fl.	4 Kr.	Conv.=M.
½ D.	= 50 „	1 „	2 „	„
¼ D.	= 25 „	— „	31 „	„
1/10 D. (dime)	= 10 „	— „	12½ „	„

Kupfer.

1 Cent = 1¼ Kr. Conv.=M.

Geltung einiger fremden Münzen.

Gold.

1 englische Guinee	5 Doll.	10 C.
1 Doppel=Louisd'or, 10 Thalerstücke von Hannover, Braunschweig, Sachsen	7 „	60 „

1 einfacher Louisd'or	3	Doll.	80 C.
1 preußischer Doppel-Friedrichsd'or	7	"	95 "
1 französischer Doppel-Napoleonsd'or (40 Francs)	7	"	70 "
1 französischer einfacher Napoleonsd'or (20 Francs)	3	"	85 "
1 österreichischer Doppel-Dukaten	4	"	58 "
1 österreichischer einfacher Dukaten	2	"	29 "

Silber.

1 österreichischer Species-Thaler	96	Cents.
1 französischer Fünffranken-Thaler	95	"
1 preußischer Thaler	68	"

Europäisches Silbergeld hat in den südlichen Staaten einen niedrigeren Cours; kleine Silbermünzen unter Thaler- und Guldenstücken sind gar nicht oder zu sehr niedrigem Course in den Vereinigten Staaten anzubringen.

Maaße.

Längenmaaß.

1 englische Meile = 8 Furlongs = 848½ österreichische Klafter.

1 Furlong = 40 Poles oder Roods.

1 Pole = 5½ Yards.

1 Yard = 3 Fuß.

1 Fuß = 12 Zoll = 11 österreichische Zoll und 7 Linien.

Flächenmaaß.

1 Quadratmeile = 640 Acres.

1 Acre = 4 Quadrat-Roods = 1119 österreichische Quadrat-Klafter.

1 Quadrat-Rood = 40 Quadrat-Poles.

1 Quadrat-Pole = 30½ Quadrat-Yards.

1 Quadrat-Yard = 9 Quadrat-Fuß.

1 Quadrat-Fuß = 144 Quadrat-Zoll = 133¼ österreichische Quadrat-Zoll.

Trockenes Maaß.

1 Last = 10 Quarters = 47½ österreichische Metzen.
1 Quarter = 2 Cooms.
1 Coom = 4 Bushel.
1 Bushel — 4 Pecks.
1 Peck = 2 Gallonen.
1 Gallone = 8 Pints.
1 Pint = 34¹⁄₁₂ Kubik-Zoll.

Weinmaaß.

1 Pune = 1½ Hogshead = 9 österreichische Eimer und 27 Maaß.
1 Hogshead = 1½ Tierce.
1 Tierce = 1¾ Barrels.
1 Barrel = 31½ Gallonen.
1 Gallone = 4 Quarts.
1 Quart = 2 Pints.
1 Pint = 28¾ Kubik-Zoll.

Biermaaß.

1 Butt = 2 Hogshead = 6 österreichische Eimer und 32 Maaß.
1 Hogshead = 2 Barrels.
1 Barrel = 4 Firkins.
1 Firkin = 8 Gallonen.
1 Gallone = 2 Pints.
1 Pint = 35¼ Kubik-Zoll.

Gewichte.

Troygewicht (für Gold und Silber).

24 Gran = 1 Drachme.
20 Drachmen = 1 Unze.
12 Unzen = 1 Pfund.

Handelsgewicht.

16 Drachmen = 1 Unze.
16 Unzen= 1 Pfund.

112 Pfund = 1 Zentner, Hundredweight.
20 Hundredweights = 1 Tonne.
100 Pfund Handelsgewicht = 90,96 Pfund Zollgewicht.

Apothekergewicht.

20 Gran = 1 Scrupel.
3 Scrupel = 1 Drachme.
8 Drachmen = 1 Unze.
12 Unzen = 1 Pfund.

Verbesserungen.

Seite	7	Zeile	1 v. o.	statt	— ihr — ihre.
"	23	"	6 v. u.	"	— Juni — Jan.
"	34	"	10 v. u.	"	— unaufgebrochenen — neuaufgebrochenen.
"	43	"	9 v. o.	"	— Folge — Folgekrankheit.
"	60		Anm. 1)	"	— F — T.
"	64		2 v. u.	"	— nur — nun.
"	81		3 v. u.	"	— Alecs — Alces.
"	82		16 v. o.	"	— Er — Es.
"	92		8 v. u.	"	— J. — F. Römer.
"	111		8 v. u.	"	— am — an.
"	120		5 v. o.	"	— Johson — Johnson.
"	148		5 v. u.	"	— nu — nur.
"	159		18 v. o.	"	— chadet — schadet.
"	165		1 v. u.	"	— un — und.
"	198	"	8 v. o.	"	— bewachte — bewahrte.
"	224	"	2 v. u.	"	— el in die letzte Zeile verrückt.
"	235	"	17 v. o.	"	— Reisepost — Reitpost.
"	243	"	7 v. o.		nach dem Worte: „Union" ist einzuschalten: „und der einzelnen Staaten."
"	247	"	17 v. u.	"	— auch — noch.
"	248	"	10 v. o.	"	— verpflanzte — verpflanzten.
"	252	"	9 v. o.	"	— weniger — wenigen.
"	280	"	15 v. u.	"	— dennoch — darnach.
"	288	"	14 u. 20. v. o.	statt	Such — Sech.

Druck von W. Pormetter in Berlin, Kommandantenstr. 7.

www.fsc.org
MIX
Papier | Fördert gute Waldnutzung
FSC® C083411

Kolibri 360 GmbH
Ferdinand-Jühlke-Straße 7
99095 Erfurt, Deutschland
produktsicherheit@kolibri360.de